"十二五"普通高等教育本科国家级规划教材

# GNSS 原理及应用
## (第四版)

李天文 等 编著

科学出版社

北京

## 第 4 章 GNSS 定位原理 ································································ 73
- 4.1 绝对定位原理 ································································· 73
- 4.2 观测卫星的几何分布与 GNSS 测时 ······································ 81
- 4.3 相对定位原理 ································································· 83
- 4.4 差分 GNSS 测量原理 ······················································· 91
- 4.5 差分 GNSS ····································································· 95
- 4.6 整周未知数的确定方法与周跳分析 ······································ 98
- 4.7 精密单点定位技术简介 ···················································· 103
- 习题 ······················································································· 105

## 第 5 章 GNSS 测量的误差来源 ···················································· 106
- 5.1 GNSS 测量误差的分类 ···················································· 106
- 5.2 与 GNSS 卫星有关的误差 ················································ 106
- 5.3 与卫星信号传播有关的误差 ············································· 110
- 5.4 与接收机有关的误差 ······················································ 115
- 5.5 其他误差来源 ································································ 117
- 习题 ······················································································· 118

## 第 6 章 GNSS 测量技术设计与外业施测 ········································ 119
- 6.1 GNSS 测量的技术设计 ···················································· 119
- 6.2 GNSS 控制网的图形设计及设计原则 ·································· 123
- 6.3 GNSS 控制网的优化设计 ················································· 125
- 6.4 GNSS 测前准备及技术设计书的编写 ·································· 130
- 6.5 GNSS 测量外业实施 ······················································· 132
- 6.6 技术总结与上交资料 ······················································ 140
- 习题 ······················································································· 140

## 第 7 章 GNSS 测量数据处理 ······················································· 141
- 7.1 概述 ············································································· 141
- 7.2 GNSS 基线向量的解算 ···················································· 143
- 7.3 GNSS 控制网的三维平差 ················································· 147
- 7.4 GNSS 基线向量网的二维平差 ··········································· 153
- 7.5 GNSS 高程 ···································································· 157
- 习题 ······················································································· 163

## 第 8 章 GNSS 卫星信号接收机 ···················································· 164
- 8.1 GNSS 卫星信号接收机的分类 ··········································· 164
- 8.2 GNSS 接收机的组成及工作原理 ········································ 166
- 8.3 几种常见 GNSS 卫星信号接收机 ······································· 169
- 8.4 GNSS 接收机的选用与检验 ·············································· 176
- 习题 ······················································································· 178

## 第 9 章 GNSS 在控制测量、精密工程测量及变形监测中的应用 ········· 179
- 9.1 概述 ············································································· 179
- 9.2 GNSS 在控制测量中的应用 ·············································· 179

| 9.3 | GNSS 在精密工程测量中的作用 | 181 |
| 9.4 | GNSS 在工程变形监测中的应用 | 184 |
| 习题 | | 187 |

## 第 10 章 GNSS 在航空遥感中的应用 … 188
| 10.1 | 概述 | 188 |
| 10.2 | 常规空中三角测量 | 188 |
| 10.3 | GNSS 辅助空中三角测量 | 189 |
| 10.4 | 机载 GNSS 天线与摄影机偏心测量 | 191 |
| 10.5 | GNSS 辅助空中三角测量平差及结果分析 | 192 |
| 习题 | | 194 |

## 第 11 章 GNSS 在土地资源调查中的应用 … 195
| 11.1 | 土地资源调查的目的与任务 | 195 |
| 11.2 | 土地资源调查的内容与方法 | 197 |
| 11.3 | 实时动态测量系统 | 199 |
| 11.4 | CORS 系统原理 | 201 |
| 11.5 | GNSS 在土地资源调查中的应用 | 203 |
| 习题 | | 203 |

## 第 12 章 GNSS 在地质调查、地形测量、地籍测量及水下地形测量中的应用 … 204
| 12.1 | 概述 | 204 |
| 12.2 | GNSS 在地质调查中的应用 | 204 |
| 12.3 | GNSS 在地形测量中的应用 | 205 |
| 12.4 | GNSS 在地籍测量中的应用 | 205 |
| 12.5 | 差分 GNSS 在水下地形测量中的应用 | 206 |
| 习题 | | 214 |

## 第 13 章 GNSS 在其他领域中的应用 … 215
| 13.1 | GNSS 在地球动力学及地震监测中的应用 | 215 |
| 13.2 | GNSS 在城市规划中的应用 | 216 |
| 13.3 | GNSS 在气象信息测量中的应用 | 217 |
| 13.4 | GNSS 在公安、交通系统中的应用 | 220 |
| 13.5 | GNSS 在航海导航中的应用 | 223 |
| 13.6 | GNSS 在航空导航中的应用 | 227 |
| 13.7 | GNSS 在海洋测绘中的应用 | 229 |
| 13.8 | GNSS 在水土保持生态建设中的应用 | 232 |
| 13.9 | GNSS 在其他领域中的应用 | 236 |
| 习题 | | 239 |

**主要参考文献** … 240
**附录 GNSS 静态测量数据处理** … 242

# 第1章 绪 论

GNSS 是全球导航卫星系统(global navigation satellite system)的英文缩写，泛指所有的导航卫星系统。随着现代科学技术的发展，导航卫星系统不断成熟，其导航定位的精度及可靠性越来越高，应用领域更加广泛。本章主要介绍几个主要导航卫星系统发展的概况、特点、组成以及 GNSS 的应用。

## 1.1 卫星定位技术发展概况

1957 年 10 月，世界上第一颗人造地球卫星的发射成功，标志着空间科学技术的发展跨入了一个崭新的时代。随着人造地球卫星的不断发射，利用卫星进行定位测量及导航已成为现实。

### 1.1.1 初期的卫星定位技术

所谓卫星定位技术，就是指人类利用人造地球卫星确定测站点位置的技术。最初，人造地球卫星仅仅作为一种空间观测目标，由地面观测站对卫星的瞬间位置进行摄影测量，测定测站点至卫星的方向，建立卫星三角网。同时也可利用激光技术测定观测站至卫星的距离，建立卫星测距网。用上述两种观测方法，均可以实现大陆同海岛的联测定位，解决了常规大地测量难以实现的远距离联测定位问题。

1966～1972 年，美国国家大地测量局在英国和联邦德国测绘部门的协作下，用上述方法测设了一个具有 45 个测站点的全球三角网，获得了 ±5m 的点位精度。然而，这种观测和成果换算需要耗费大量的时间，同时定位精度较低，并且不能得到点位的地心坐标。因此，这种卫星测量方法很快就被卫星多普勒定位技术所取代。这种取代使卫星定位技术从仅仅把卫星作为空间测量目标的初级阶段，发展到了把卫星作为空间动态已知点来观测的高级阶段。

### 1.1.2 卫星多普勒测量

1958 年 12 月，美国海军和约翰斯·霍普金斯(Johns Hopkins)大学物理实验室为了给北极核潜艇提供全球导航，开始研制一种卫星导航系统，称为美国海军导航卫星系统，简称 NNSS(navy navigation satellite system)。在该系统中，因为卫星轨道面通过地极，所以被称为"子午(transit)卫星系统"。1959 年 9 月美国发射了第一颗试验性卫星，经过几年试验，于 1964 年建成该系统并投入使用。1967 年美国政府宣布该系统解密并提供民用。在美国子午卫星系统建立的同时，苏联于 1965 年也建立了一个卫星导航系统，叫作 CICADA，该系统有 12 颗卫星。

虽然子午卫星系统对导航定位技术的发展具有划时代的意义，但由于该系统卫星数目较少(6 颗工作卫星)，运行高度较低(平均约 1000km)，从地面站观测到卫星通过的时间间隔也较短(平均约 1.5 小时)，而且因纬度不同而变化，因而不能进行三维连续导航。加之获得一次导

**2. 坐标系统与时间系统**

北斗卫星导航系统的坐标系统采用了中国 2000 大地坐标系统(CGS2000)，它与国际地球参考框架 ITRF 的一致性约为 5cm，对于大多数应用者而言，可以不考虑 CGS2000 与 ITRF 坐标的转换。

北斗卫星导航系统的系统时间称为北斗时，属于原子时，溯源到中国的协调世界时，与协调世界时的误差在 100ns 以内，起算时间是协调世界时 2006 年 1 月 1 日 0 时 0 分 0 秒。北斗试验系统的卫星原子钟是由瑞士进口的，北斗二号的星载原子钟逐渐开始使用国产原子钟。2012 年以后北斗系统已经开始全部使用国产原子钟，其性能与进口产品相当。

**3. 信号传输**

北斗卫星导航系统使用码分多址 CDMA(code division multiple access)技术，它是数字通信技术的分支。CDMA 技术的原理是基于扩频技术，即将需传送的具有一定信号带宽的信息数据，用一个带宽远大于信号带宽的高速伪随机码进行调制，使原数据信号的带宽被扩展，再经载波调制并发送出去。它与 GPS 和 Galileo 定位系统一致，而不同于 GLONASS 的频分多址技术。两者相比，码分多址有更高的频谱利用率，在 $L$ 波段频谱资源非常有限的情况下，选择码分多址的方式更妥当。此外，码分多址的抗干扰性能以及与其他卫星导航系统的兼容性能更佳。

北斗卫星导航系统在 $L$ 波段和 $S$ 波段发送导航信号，在 $L$ 波段的 B1、B2、B3 频点上发送服务信号，包括开放的信号和需要授权的信号。B1 频点：1559.052～1591.788MHz；B2 频点：1166.220～1217.370MHz；B3 频点：1250.618～1286.423MHz。

国际电信联盟分配给北斗卫星导航系统 E1(1590MHz)、E2(1561MHz)、E6(1269MHz)和 E5B(1207MHz)四个波段，这与 Galileo 定位系统使用或计划使用的波段存在重合。然而，根据国际电信联盟的频段先占先得政策，北斗系统已经先行使用，即拥有使用相应频段的优先权。2007 年，中国发射了北斗 LA-M1，之后在相应波段上被检测到信号：1561.098MHz±2.046MHz，1589.742MHz，1207.14MHz±12MHz，1268.52MHz±12MHz，以上波段与 Galileo 定位系统计划使用的波段重合，与 GPS 的 $L$ 波段也有小部分重合。

北斗 LA-M1 是一个试验性的卫星，用于发射信号的测试和验证，并能以先占的原则确定对相应频率的使用权。北斗 LA-M1 卫星在 E2、E5B、E6 频段进行信号传输，传输的信号分成两类，分别被称作"I"和"Q"。"I"的信号具有较短的编码，可被用来作开放服务(民用)，而"Q"部分的编码更长，且有更强的抗干扰性，可被用作需要授权的服务(军用)。

北斗卫星采用了三个频率信号，GPS 使用的是双频信号，这也是北斗卫星的后发优势。虽然 GPS 从 2010 年 5 月 28 日发射了第一颗具有三个频率的卫星，但等到全部 GPS 卫星报废而更换成三个频率卫星尚需时日。三个频率信号可有效消除高阶电离层延迟的影响，增强数据预处理能力，提高整周模糊度的固定效率和导航定位的可靠性。当任意一个频率信号出现问题时，仍然可采用传统方法实现导航定位，提高了其导航定位的可靠性和抗干扰能力。北斗卫星导航系统是全球首先提供三个频率信号服务的导航卫星系统。

**4. 短报文通信服务**

短报文通信服务是中国北斗导航卫星系统的原创功能，其实用性非常强。早在 2008 年汶川地震时，震区唯一的通信方式就是当时的北斗一代，这一特色功能在北斗系统的发展中保留下来。但该功能也有容量的限制，所以并不适合作为人们日常的通信功能使用，而是作为在紧急情况下的通信使用。基于该功能，人们不但能知道自己在哪，而且还能让别人知道你在哪。

# 第1章 绪　　论

GNSS 是全球导航卫星系统(global navigation satellite system)的英文缩写，泛指所有的导航卫星系统。随着现代科学技术的发展，导航卫星系统不断成熟，其导航定位的精度及可靠性越来越高，应用领域更加广泛。本章主要介绍几个主要导航卫星系统发展的概况、特点、组成以及 GNSS 的应用。

## 1.1 卫星定位技术发展概况

1957 年 10 月，世界上第一颗人造地球卫星的发射成功，标志着空间科学技术的发展跨入了一个崭新的时代。随着人造地球卫星的不断发射，利用卫星进行定位测量及导航已成为现实。

### 1.1.1 初期的卫星定位技术

所谓卫星定位技术，就是指人类利用人造地球卫星确定测站点位置的技术。最初，人造地球卫星仅仅作为一种空间观测目标，由地面观测站对卫星的瞬间位置进行摄影测量，测定测站点至卫星的方向，建立卫星三角网。同时也可利用激光技术测定观测站至卫星的距离，建立卫星测距网。用上述两种观测方法，均可以实现大陆同海岛的联测定位，解决了常规大地测量难以实现的远距离联测定位问题。

1966~1972 年，美国国家大地测量局在英国和联邦德国测绘部门的协作下，用上述方法测设了一个具有 45 个测站点的全球三角网，获得了±5m 的点位精度。然而，这种观测和成果换算需要耗费大量的时间，同时定位精度较低，并且不能得到点位的地心坐标。因此，这种卫星测量方法很快就被卫星多普勒定位技术所取代。这种取代使卫星定位技术从仅仅把卫星作为空间测量目标的初级阶段，发展到了把卫星作为空间动态已知点来观测的高级阶段。

### 1.1.2 卫星多普勒测量

1958 年 12 月，美国海军和约翰斯·霍普金斯(Johns Hopkins)大学物理实验室为了给北极核潜艇提供全球导航，开始研制一种卫星导航系统，称为美国海军导航卫星系统，简称 NNSS(navy navigation satellite system)。在该系统中，因为卫星轨道面通过地极，所以被称为"子午(transit)卫星系统"。1959 年 9 月美国发射了第一颗试验性卫星，经过几年试验，于 1964 年建成该系统并投入使用。1967 年美国政府宣布该系统解密并提供民用。在美国子午卫星系统建立的同时，苏联于 1965 年也建立了一个卫星导航系统，叫作 CICADA，该系统有 12 颗卫星。

虽然子午卫星系统对导航定位技术的发展具有划时代的意义，但由于该系统卫星数目较少(6 颗工作卫星)，运行高度较低(平均约 1000km)，从地面站观测到卫星通过的时间间隔也较短(平均约 1.5 小时)，而且因纬度不同而变化，因而不能进行三维连续导航。加之获得一次导航解所需的时间较长，所以难以满足军事导航的需求。从大地测量学来看，因为它的定位速度慢(测站平均观测时间 1~2 天)，精度较低(单点定位精度 3~5m，相对定位精度约为 1m)，所以，该系统在大地测量学和地球动力学研究方面受到了极大的限制。

## 1.2 俄罗斯的格洛纳斯系统

俄罗斯全球导航卫星系统格洛纳斯(global orbiting navigation satellite system，GLONASS)由苏联于 1982 年开始研制，苏联解体后，该系统由俄罗斯继承。该系统的星座由 21 颗工作卫星和 3 颗在轨备用卫星组成，均匀分布在 3 个轨道，轨道平面倾角 64.8°，卫星飞行高度 19100km，卫星运行周期 11 小时 15 分钟。与美国的 GPS 系统不同，GLONASS 系统使用频分多址(FDMA)的方式，每颗 GLONASS 卫星广播两种信号——$L_1$ 和 $L_2$ 信号。具体地说，两种信号的频率分别为 $L_1=1602+0.5625\times k$ (MHz)和 $L_2=1246+0.4375\times k$ (MHz)，其中 $k$(取值范围 1~24)为每颗卫星的频率编号，同一颗卫星满足 $L_1/L_2=9/7$。按计划，该系统于 2007 年开始运营，当时只开放俄罗斯境内的卫星导航定位服务。到 2009 年，其服务范围已经拓展到全球。该系统的服务内容主要包括确定陆地、海上及空中目标的位置及运动速度等信息。俄罗斯 GLONASS 导航定位卫星如图 1-1 所示。

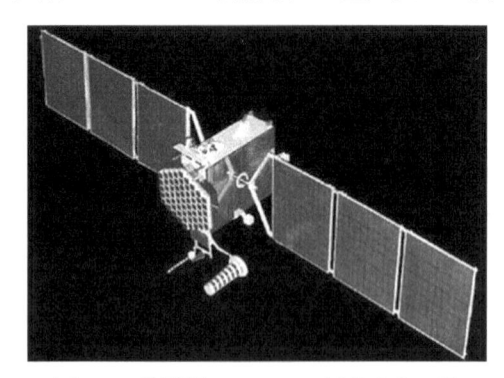

俄罗斯航天局于 2002 年前就启动了新一代的 GLONASS-K 卫星的研制工作，新的 GLONASS-K 卫星是全新的设计，卫星平台不密封，卫星设计寿命 10 年，重量为 995kg。星载原子钟精度达到了 $10^{-14}$ 秒，为提高定位精度提供了更大潜力。另外，为了便于和 GPS 兼容，GLONASS-K 卫星除了使用原来的 $L_1$ 和 $L_2$ 频段频分多址信号外，还增加了码分多址的 $L_1$，$L_2$，$L_3$ 信号。

图 1-1 俄罗斯 GLONASS 导航定位卫星

为了提高授时和定位精度，GLONASS-K 不仅在原子钟上做了努力，而且还使用了高性能的温控系统，使原子钟温度波动在 0.1°~0.5°，降低了温度变化对原子钟精度的影响。此外 GLONASS-K 还改进了卫星姿态控制系统，提高了太阳能电池板的指向精度，降低了微重力影响。新的 GLONASS-K 卫星已经开始地面测试。全新的卫星平台并配合这些改进措施，将 GLONASS 系统的定位精度提高到了一个新的水平，有望达到和超过现有 GPS 标准。

在技术方面，GLONASS 与 GPS 有以下几点不同之处：

(1) 卫星发射频率不同。GPS 的卫星信号采用码分多址体制，每颗卫星的信号频率和调制方式相同，不同卫星的信号靠不同的伪码区分。而 GLONASS 采用频分多址体制，卫星靠不同的频率来区分，每组频率的伪随机码相同。基于这个原因，GLONASS 可以防止整个卫星导航系统同时被敌方干扰，因而具有更强的抗干扰能力。

(2) 坐标系不同。GPS 使用世界大地坐标系(WGS-84)，而 GLONASS 使用地心坐标系(PZ-90)。

(3) 时间标准不同。GPS 系统时与世界协调时相关联，而 GLONASS 则与莫斯科标准时相关联。目前俄罗斯 GLONASS 已有 31 颗 GLONASS 卫星同时在轨运行。至此，GLONASS 开始提供覆盖全球的卫星导航。

## 1.3 欧洲的伽利略系统

### 1.3.1 伽利略系统的构成

伽利略定位系统(Galileo positioning system)是一种开放式的以民用为主的卫星系统。Galileo 系统由分布于 3 个轨道平面上的 30 颗 MEO 卫星构成核心星座，其中 27 颗卫星为工作卫星，3 颗为备用卫星，轨道面倾角为 56°，卫星高度为 24126km，其空间卫星信号等效于 GPS Block-ⅡF 卫星上的信号，具有在 $L$ 频段上和 GPS 兼容的多频体制，在无增强情况下可以获得 10m 的定位精度。Galileo 卫星系统空间星座如图 1-2 所示。

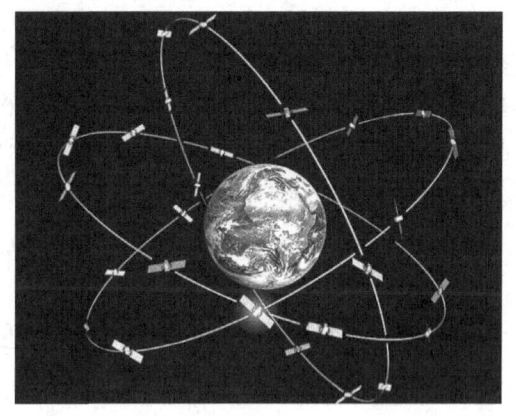

图 1-2 Galileo 卫星系统空间星座

Galileo 卫星系统信号采用 4 种位于 $L$ 波段的频率来发射，其频率分别为：E5a：1176.45MHz；E5b：1207.14MHz(1196.91～1207.14MHz，待定)；Eb：1278.75MHz；E2-$L_1$-El：1575.42MHz。

### 1.3.2 Galileo 系统精度指标及其服务领域

Galileo 系统服务的精度指标及其服务领域：免费公开服务精度 15～20m(单频)、5～10m(双频)；商业服务精度 5～10m(双频)、局部可达 1～10m；公共事业服务精度 4～6m(双频)、局部可达 1m。Galileo 系统的基本服务有导航、定位、授时；特殊服务有搜索、救援；扩展应用服务系统包括在飞机导航和着陆系统中的应用、铁路安全运行调度、陆地车队运输调度、精准农业等方面。Galileo 卫星如图 1-3 所示。

图 1-3 Galileo 卫星

### 1.3.3 Galileo 系统的特点

Galileo 系统具有下列特点：

(1) 该系统在研制和组建过程中，军方未直接参与，因此该系统是一个具有商业性质的民用卫星导航定位系统，非军方用户在使用该系统时受到政治因素影响较小。

(2) 鉴于 GPS 在可靠性方面存在的缺陷(用户在无任何先兆和预警的情况下，可能面临系统失效、出错的情况)，Galileo 系统从系统的结构设计方面进行了改进，以最大限度地保证系统的可靠性，并及时向指定用户提供系统的完备性信息。

(3) 采取措施进一步提高精度，如在卫星上采用了性能更好的原子钟；地面监测站的数量更多(30 个左右)，分布位置更合理；在接收机中采用了噪声抑制技术等，因而用户能获得更好的导航定位精度，系统的服务面及应用领域也更为宽广。

(4) 该系统与 GPS 既保持相互独立，又互相兼容，具有互操作性。相互独立可防止或减少两个系统同时出现故障时对用户产生影响，为此，Galileo 系统采用了独立的卫星星座、地面控制系统及不同的信号设计方案，并且采用了基本独立的信号频率。兼容性可保证两个系统都不会影响对方的独立工作、干扰对方的正常运行。互操作性是指可用一台接收机同时接收两个导航系统信号，以保障导航定位的精度、可用性和完好性。

Galileo 系统建设分为四个阶段。第一阶段(1999～2001)：论证计划的必要性、可行性以及落实具体的实施措施；定义 Galileo 系统框架，制订发展计划。第二阶段(2001～2005)：系统研制和卫星在轨验证阶段。第三阶段(2006～2007)：实施阶段，进行卫星的研制、发射及地面设施建设。第四阶段(2008～2020)：运行应用阶段，其任务是系统的保养和维护，提供运营服务，按计划更新卫星等。但由于各种原因，伽利略系统并未能按计划实施。

## 1.4 中国的北斗卫星系统

### 1.4.1 北斗卫星系统发展历程

北斗导航卫星系统(BeiDou navigation satellite system，BDS)是中国自主设计、自主研制、独立运行的全球导航卫星系统。该系统致力于向全球用户提供高质量的定位、导航及授时服务，并可对着更高要求的授权用户提供进一步的服务，其军民两用目的兼具。北斗卫星导航系统的发展经历了以下三个阶段。

**1. 试验系统**

北斗卫星导航试验系统又称为北斗一号，是中国的第一代卫星导航系统，即有源区域卫星定位系统。1994 年正式立项，2000 年发射 2 颗卫星后即能够工作，2003 年又发射了一颗备份卫星，试验系统完成组建。该系统服务范围为东经 70°～140°，北纬 5°～55°。

北斗卫星导航试验系统于 2000 年能够使用后，其定位精度为 100m，使用地面参照站校准后为 20m，与当时的全球卫星定位系统民用码相当。系统用户能实现自身的定位，也能向外界报告自身位置和发送消息，授时精度 20ns，定位响应时间为 1s。因为是采用少量卫星实现的有源定位，该系统成本较低，但是系统在定位精度、用户容量、定位的频率次数、隐蔽性等方面均受到限制。另外因为该系统不具备测速功能，所以不能用于精确制导武器的导航。

**2. 正式系统**

正式的北斗卫星导航系统也被称为北斗二号，是中国的第二代卫星导航系统，英文简称 BDS，曾用名 COMPASS。"北斗卫星导航系统"一词一般用来特指第二代系统。此卫星导航系统的发展目标是对全球提供无源定位，与全球定位系统相似。在计划中，整个系统将由 35 颗卫星组成，其中 5 颗是静止轨道卫星，并与使用静止轨道卫星的北斗导航卫星试验系统兼容。

北斗卫星导航系统的建设于 2004 年启动，2011 年开始对中国和周边提供测试服务，2012 年 12 月 27 日起正式提供卫星导航服务，服务范围涵盖亚太大部分地区，南纬 55°到北纬 55°、东经 55°到东经 180°为一般服务范围。该导航系统提供两种服务方式，即开放服务和授权服务。

开放服务是在服务区免费提供定位、测速、授时服务，定位精度为 10m，测速精度 0.2m/s，授时精度 10ns，在服务区的较边缘地区精度稍差。授权服务则是向授权用户提供更安全与更高精度的定位、测速、授时、通信服务以及系统完好性信息。该系统继承了试验系统的一些功能，因此能在亚太地区提供无源定位技术所不能完成的服务，如短报文通信。

**3. 北斗三号卫星导航系统**

2017年11月5日19时45分，中国在西昌卫星发射中心用长征三号乙运载火箭，以"一箭双星"方式成功发射第二十四、二十五颗北斗导航卫星。这两颗卫星属于中圆地球轨道卫星，是中国北斗三号第一、二颗组网卫星，开启了北斗卫星导航系统全球组网的新时代。

北斗三号全球卫星导航系统于2020年7月31日建成并开通服务，为全球用户提供定位、导航、授时服务，标志着北斗工程"三步走"发展战略取得成功，我国成为世界上第三个独立拥有全球卫星导航系统的国家。目前，全球已有120多个国家和地区使用北斗系统。

## 1.4.2 BDS系统的构成

北斗卫星导航系统由三大部分构成，具体包括空间段、地面段和用户段。

**1. 空间段**

北斗卫星导航系统的空间段由35颗卫星组成，包括5颗静止轨道卫星、27颗中地球轨道卫星、3颗倾斜同步轨道卫星。5颗静止轨道卫星定点位置为58.75°E、80°E、110.5°E、140°E、160°E；中地球轨道卫星运行在3个轨道面上，轨道面之间相隔120°，均匀分布。北斗卫星导航系统的空间星座如图1-4所示，地球同步卫星如图1-5所示，中地球轨道卫星如图1-6所示。

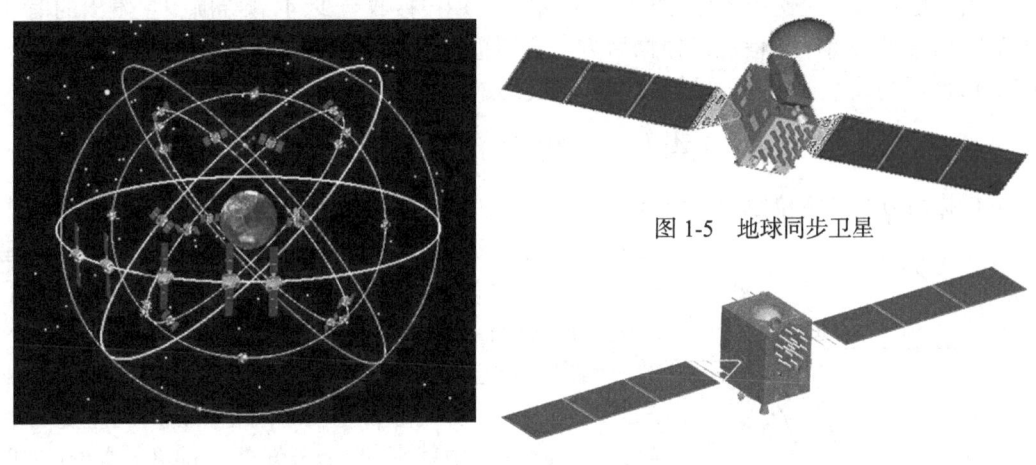

图1-4 北斗卫星星座

图1-5 地球同步卫星

图1-6 中地球轨道卫星

**2. 地面段**

北斗卫星导航系统的地面段由主控站、注入站、监测站构成。

主控站用于系统运行管理与控制等。主控站的主要任务是接收数据并进行处理，生成卫星导航电文和差分完好性信息，并交由注入站执行信息的发送。

注入站用于向卫星发送信号，对卫星进行控制管理，在接受主控站的调度后，将卫星导航电文和差分完好性信息向卫星发送。

监测站用于接收卫星的信号，并将其发送给主控站，实现对卫星的连续监测，确定卫星轨道，并为时间同步提供观测资料。

**3. 用户段**

用户段即用户的终端，既可以是专用于北斗卫星导航系统的信号接收机，也可以是同时

### 1.4.3 BDS 系统的定位原理

**1. 空间定位原理**

在空间中若已知了三颗卫星($A$、$B$、$C$)的空间位置，且第四点 $P$ 到上述三颗卫星的距离皆已知的情况下，即可以确定 $P$ 点的空间位置。原理如下：因为 $A$ 点位置和 $AP$ 间距离已知，可以推算出 $P$ 点一定位于以 $A$ 为圆心、$AP$ 为半径的圆球表面，按照此方法又可以得到以 $B$、$C$ 为圆心的另两个圆球，即 $P$ 点一定在这三个圆球的交会点上，即三球交会定位——后方交会。北斗卫星导航系统的定位都依据此原理。

**2. 有源及无源定位**

当卫星导航系统使用有源时间测距来定位时，用户终端通过导航卫星向地面控制中心发出一个申请定位的信号，之后地面控制中心发出测距信号，根据信号传输的时间得到用户与两颗卫星的距离。除了这些信息外，地面控制中心还有一个数据库，为地球表面各点至地球球心的距离。当认定用户也在此不均匀球面的表面时，三球交会定位的条件已经全部满足，控制中心可以计算出用户的位置，并将信息发送到用户的终端。北斗导航系统的试验系统完全基于此技术，而之后的北斗卫星导航系统除了使用新的技术外，也保留了这项技术。

当卫星导航系统使用无源时间测距技术时，用户接收至少 4 颗导航卫星发出的信号，根据时间信息可获得距离信息，根据后方交会原理，用户终端可以自行计算其空间位置。此即 GPS 所使用的技术，北斗卫星导航系统也使用了此技术来实现全球的卫星定位。

### 1.4.4 BDS 系统的定位精度

根据后方交会定位原理，结合 3 颗卫星到用户终端的距离信息，采用三维距离公式，即可列出 3 个方程解算出用户终端的位置信息。所以，理论上使用 3 颗卫星就可达成无源定位，但由于卫星时钟和用户终端使用的时钟间一般会有误差，而电磁波以光速传播，微小的时间误差将会使得距离信息出现巨大偏差。卫星时钟和用户终端使用的时钟间通常存在时间差，该时间差是一个未知数 $t$，如此方程中就有 4 个未知数，即客户端的三维坐标 $(X,Y,Z)$，以及时钟差 $t$，故需要 4 颗卫星来列出 4 个关于距离的方程式，最后才能求得用户端所在的三维位置信息，如图 1-7 所示。

当空中有足够的卫星，用户终端可以接收多于 4 颗卫星的信息时，产生多余观测值，则可列出一组方程，按最小二乘原理来求解结果，以提高定位精度。

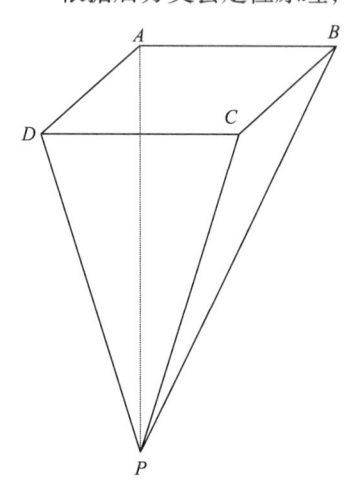

图 1-7 定位原理

由于电磁波以约 30 万 km/s 的光速传播，在测量卫星距离时，若卫星钟有 1ns(十亿分之一秒)时间误差，就会产生 30cm 距离误差。尽管卫星采用了非常精确的原子钟，但仍然会累积较大的误差，因此，地面工作站会监视卫星时钟，并将结果与地面上更精确的原子钟比较，得到误差的修正信息，最终用户通过接收机可以得到经过修正后的精确信息。当前有代表性的卫星用原子钟大约有数纳秒的累积误差，产生大约 1m

的距离误差。

为提高定位精度，减少卫星钟的影响，还可使用差分技术。在地面上建立基准站，将其已知的精确坐标与通过导航系统获得的坐标相比较，可以得出修正数，对外发布。用户终端依靠此修正数，可以将自己的导航系统计算结果进行再次修正，从而提高精度。

北斗导航系统精度可分为开放服务和授权服务两种形式，其服务的形式不同，精度也将不同。

1) 开放服务

对于开放服务而言，任何拥有终端设备的用户可免费获得此服务，其精度为：

(1) 定位精度平面 10m、高程 10m。

(2) 测速精度 0.2m/s。

(3) 授时精度单向 10nm，开放服务不提供双向高精度授时。

2) 授权服务

北斗导航系统除了面向全球的免费开放服务外，还提供需要获得授权方许可使用的服务，授权分成不同等级，以区分军用和民用。

北斗卫星导航系统可以提供比开放服务更高的精确度，但需要获得授权。在亚太地区借助类似于广域增强系统的广域差分技术(广域增强)，根据授权用户的不同等级，提供更高的定位精度，最高为1m。对于授权用户北斗卫星导航系统还为其提供信息的收发，即短报文服务，这项服务仅限于亚太地区。

### 1.4.5 BDS 系统相关技术

**1. 卫星平台**

在北斗卫星导航系统中，能使用无源时间测距技术为全球提供卫星无线电导航服务(radio navigation satellite system，RNSS)，也同时也保留了试验系统中的有源时间测距技术，即提供卫星无线电测定服务(radio determination satellite service，RDSS)，但目前仅限于亚太地区。从卫星所起到的功能来区分，可以分为非静止轨道卫星和静止轨道卫星两类。

1) 非静止轨道卫星

北斗卫星导航系统中地球轨道卫星和倾斜地球同步轨道卫星是在东方红三号通信卫星平台的基础上略有改进，其有效载荷都为 RNSS 载荷。

2) 静止轨道卫星

这类卫星使用改进型的东方红三号平台，其 5 颗卫星的定点位置在 58.75°E～160°E，每颗卫星均有 3 种有效载荷，即用作有源定位的 RDSS 载荷、用作无源定位的 RNSS 载荷、用于客户端间短报文服务的通信载荷。由于此类卫星仅定点在亚太地区上空，故只能在亚太地区提供 RDSS 载荷的有源定位服务和通信载荷的短报文服务。

北斗卫星导航系统同时使用静止轨道与非静止轨道卫星，对于亚太范围内的区域导航而言，无须借助中地球轨道卫星，只依靠北斗系统的地球静止轨道卫星和倾斜地球同步轨道卫星，即可保证服务性能。而数量庞大的中地球轨道卫星，主要服务于全球导航卫星系统。此外，如果倾斜地球同步轨道卫星发生故障时，则中地球轨道卫星可以调整轨道予以接替，即作为备份星。

在 2012 年前发射的北斗系统卫星设计寿命为 8 年，而后续的中地球轨道卫星采用了专门的中地球轨道卫星平台，不但形体趋于小型化，而且其寿命将延长至 12 年或更长。

**2. 坐标系统与时间系统**

北斗卫星导航系统的坐标系统采用了中国 2000 大地坐标系统(CGS2000)，它与国际地球参考框架 ITRF 的一致性约为 5cm，对于大多数应用者而言，可以不考虑 CGS2000 与 ITRF 坐标的转换。

北斗卫星导航系统的系统时间称为北斗时，属于原子时，溯源到中国的协调世界时，与协调世界时的误差在 100ns 以内，起算时间是协调世界时 2006 年 1 月 1 日 0 时 0 分 0 秒。北斗试验系统的卫星原子钟是由瑞士进口的，北斗二号的星载原子钟逐渐开始使用国产原子钟。2012 年以后北斗系统已经开始全部使用国产原子钟，其性能与进口产品相当。

**3. 信号传输**

北斗卫星导航系统使用码分多址 CDMA(code division multiple access)技术，它是数字通信技术的分支。CDMA 技术的原理是基于扩频技术，即将需传送的具有一定信号带宽的信息数据，用一个带宽远大于信号带宽的高速伪随机码进行调制，使原数据信号的带宽被扩展，再经载波调制并发送出去。它与 GPS 和 Galileo 定位系统一致，而不同于 GLONASS 的频分多址技术。两者相比，码分多址有更高的频谱利用率，在 $L$ 波段频谱资源非常有限的情况下，选择码分多址的方式更妥当。此外，码分多址的抗干扰性能以及与其他卫星导航系统的兼容性能更佳。

北斗卫星导航系统在 $L$ 波段和 $S$ 波段发送导航信号，在 $L$ 波段的 B1、B2、B3 频点上发送服务信号，包括开放的信号和需要授权的信号。B1 频点：1559.052～1591.788MHz；B2 频点：1166.220～1217.370MHz；B3 频点：1250.618～1286.423MHz。

国际电信联盟分配给北斗卫星导航系统 E1(1590MHz)、E2(1561MHz)、E6(1269MHz)和 E5B(1207MHz)四个波段，这与 Galileo 定位系统使用或计划使用的波段存在重合。然而，根据国际电信联盟的频段先占先得政策，北斗系统已经先行使用，即拥有使用相应频段的优先权。2007 年，中国发射了北斗 LA-M1，之后在相应波段上被检测到信号：1561.098MHz±2.046MHz，1589.742MHz，1207.14MHz±12MHz，1268.52MHz±12MHz，以上波段与 Galileo 定位系统计划使用的波段重合，与 GPS 的 $L$ 波段也有小部分重合。

北斗 LA-M1 是一个试验性的卫星，用于发射信号的测试和验证，并能以先占的原则确定对相应频率的使用权。北斗 LA-M1 卫星在 E2、E5B、E6 频段进行信号传输，传输的信号分成两类，分别被称作"I"和"Q"。"I"的信号具有较短的编码，可被用来作开放服务(民用)，而"Q"部分的编码更长，且有更强的抗干扰性，可被用作需要授权的服务(军用)。

北斗卫星采用了三个频率信号，GPS 使用的是双频信号，这也是北斗卫星的后发优势。虽然 GPS 从 2010 年 5 月 28 日发射了第一颗具有三个频率的卫星，但等到全部 GPS 卫星报废而更换成三个频率卫星尚需时日。三个频率信号可有效消除高阶电离层延迟的影响，增强数据预处理能力，提高整周模糊度的固定效率和导航定位的可靠性。当任意一个频率信号出现问题时，仍然可采用传统方法实现导航定位，提高了其导航定位的可靠性和抗干扰能力。北斗卫星导航系统是全球首先提供三个频率信号服务的导航卫星系统。

**4. 短报文通信服务**

短报文通信服务是中国北斗导航卫星系统的原创功能，其实用性非常强。早在 2008 年汶川地震时，震区唯一的通信方式就是当时的北斗一代，这一特色功能在北斗系统的发展中保留下来。但该功能也有容量的限制，所以并不适合作为人们日常的通信功能使用，而是作为在紧急情况下的通信使用。基于该功能，人们不但能知道自己在哪，而且还能让别人知道你在哪。

## 1.5 美国的 GPS 系统

为了满足军事及民用部门对连续实时三维导航的需求，1973 年美国国防部开始研究建设新一代的全球定位系统(global positioning system，GPS)。该系统主要由三大部分组成，即空间星座部分、地面监控部分和用户部分(图 1-8)。

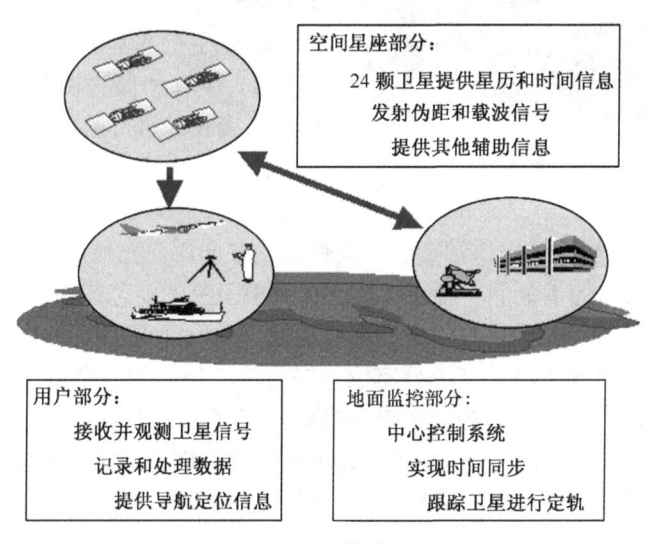

图 1-8 GPS 系统的组成

### 1.5.1 空间星座部分

**1. GPS 卫星星座的构成**

全球定位系统的空间卫星星座见图 1-9，由 24 颗(3 颗备用)卫星组成。卫星分布在 6 个轨道面内，每个轨道上分布有 4 颗卫星。卫星轨道面相对地球赤道面的倾角约为 55°，各轨道平面升交点的赤经相差 60°。在相邻轨道上，卫星的升交距相差 30°。轨道平均高度约为 20200km，卫星运行周期为 11 小时 58 分钟。因此，在同一观测站上，每天出现的卫星分布图形相同，只是每天提前 4 分钟。每颗卫星每天约有 5 个小时在地平线以上运行，同时位于地平线以上的卫星数目随时间和地点而异，但最少为 4 颗，最多可达 11 颗。

GPS 卫星空间星座的分布保障了在地球上任何地点、任何时刻至少有 4 颗卫星可供同时观测，而且卫星信号的传播和接收不受天气影响，因此，GPS 是一种全球性、全天候的连续实时定位系统。

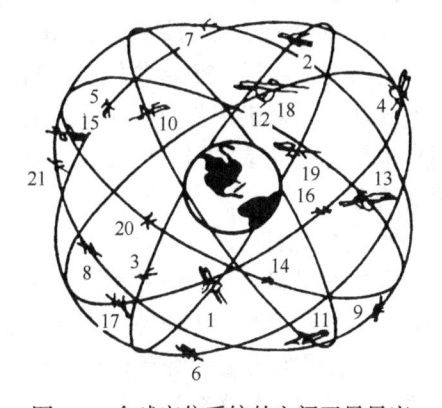

图 1-9 全球定位系统的空间卫星星座

空间部分的 3 颗备用卫星，可在必要时根据指令代替发生故障的卫星，这对于保障 GPS 空间部分正常工作极其重要。

**2. GPS 卫星及其功能**

GPS 卫星的主体呈圆柱形，直径约为 1.5m，重约 774kg(包括 310kg 燃料)，两侧设有两块双叶太阳能板，能自动对日定向，以保证卫星正常工作用电(图1-10)。

在每颗卫星上装有4台高精度原子钟(2台铷钟和2台铯钟)，它是卫星的核心设备，用来发射标准频率信号，并为GPS定位提供高精度的时间标准。

GPS卫星的基本功能包括：

(1) 接收和储存由地面监控站发出的导航信息，接收并执行监控站发出的控制指令。

(2) 在卫星上设有微处理机，可进行部分必要的数据处理工作。

图1-10  GPS卫星示意图

(3) 通过星载铯钟和铷钟提供精密的时间标准，并向用户发送定位信息。

在地面监控站发出的指令下，可通过推进器调整卫星的姿态或启用备用卫星。

在卫星大地测量学和大地重力学中，可将卫星作为一个高空观测目标，通过测定用户接收机到卫星之间的距离或距离差来进行定位；亦可将卫星作为一个传感器，通过观测卫星运行轨道的摄动，来研究地球重力场的影响和模型。当然，对于后一种应用，一般要求卫星轨道较低，而GPS卫星的轨道高度平均达20200km，对地球重力异常的反应灵敏度较低。所以它主要是作为具有精确位置信息的高空目标，被广泛用于导航和定位。

## 1.5.2  地面监控部分

GPS卫星地面监控部分，由分布在全球的5个地面站组成，包括卫星监测站、主控站和信息注入站三大部分，具体分布于夏威夷、科罗拉多、阿森松岛、迪戈加西亚及卡瓦加兰。

**1. 监测站部分**

现有5个地面站均具有监测站的功能。监测站是在主控站直接控制下的数据自动采集中心。站内设有双频GPS接收机、高精度原子钟、计算机及环境数据传感器等。对GPS卫星进行连续观测，采集相关数据和监测卫星的工作状况。原子钟用来提供时间标准，环境传感器用来采集有关气象数据。全部观测资料由计算机处理后，储存和传送到主控站，用以确定卫星的轨道。

**2. 主控站部分**

主控站只有一个，设在美国本土科罗拉多·斯平士的联合空间执行中心。主控站除协调和管理地面监控系统工作外，其主要任务包括：

(1) 根据监测站的所有观测资料，计算并编制各卫星的星历、卫星钟差和大气层的修正参数等，并将其传送到注入站。

(2) 可提供全球定位系统的时间基准。各测站和GPS卫星的原子钟，均应与主控站的原子钟同步，若不同步，则应测出其间的钟差，并把这些钟差信息编入导航电文，发送到注入站。

(3) 调整偏离轨道的卫星，当某颗GPS卫星偏离自己的轨道太远时，能够对它进行轨道修正，使之沿预定的轨道运行。

(4) 必要时可启用备用卫星，代替失效的工作卫星。

**3. 注入站**

注入站有三个，分别设在印度洋的迪戈加西亚、南大西洋的阿森松岛和南太平洋的卡瓦加兰。注入站的主要设备包括一台直径为 3.6m 的天线，一台 C 波段发射机和一台计算机。其主要任务是在主控站的控制下将主控站推算和编制的卫星星历、钟差、导航电文和其他控制指令信息等，注入相应卫星的存储系统，并能检测注入信息的正确性。

在 GPS 的地面监控部分中，除主控站外均无人值守。各站间用通信网络联系，在原子钟和计算机的驱动和精确控制下，实现了各项工作的自动化和标准化。

### 1.5.3 用户设备部分

GPS 的空间部分和地面监控部分，是用户应用该系统进行定位的基础，用户只有利用用户设备，才能实现应用 GPS 导航定位的目的。

根据 GNSS 用户的不同要求，所需的接收设备各异，但其主要任务是接收卫星发射的信息。随着 GNSS 定位技术的迅速发展和应用领域的扩大，许多国家都在研制、开发适用于不同要求的卫星信号接收机及相应的数据处理软件。

用户设备主要由卫星信号接收机硬件和数据处理软件，以及微处理机和终端设备组成；而卫星信号接收机的硬件，一般包括主机、天线和电源，主要功能是接收卫星发射的信号，以获得必要的导航和定位信息及观测量，并经简单数据处理而实现实时导航和定位；软件部分是指各种后处理软件包，其主要作用是对观测数据进行精加工，以便获得精密定位结果。

根据用户的不同要求，卫星信号接收机也有许多不同的类型，一般可分为导航型、测量型和授时型。

## 1.6 卫星定位技术相对于常规测量技术的特点

### 1.6.1 四大卫星定位系统参数对比

美国的 GPS 是目前世界上应用广泛、技术成熟的导航定位系统之一；欧洲的 Galileo 系统是欧盟正在建造的卫星定位系统，它的定位精度较高；俄罗斯的 GLONASS 的定位精度比 GPS、Galileo 较低，但其抗干扰能力很强；中国的北斗导航卫星系统是中国正在实施的自主发展、独立运行的全球导航卫星系统，其开放兼容及短信服务是其最大的特点，并得到了广泛的应用。四大卫星定位系统参数见表 1-1。

表 1-1 四大卫星定位系统参数

| 卫星系统名称 | 卫星数/颗 | 轨道高度/km | 定位精度/m | 授时精度/ns | 测速精度/(m/s) |
| --- | --- | --- | --- | --- | --- |
| GPS(美国) | 24 | 20200 | 6 | 20 | 0.1 |
| Galileo(欧盟) | 30 | 24126 | 1 | 20 | 0.1 |
| GLONASS (俄罗斯) | 24 | 19100 | 12 | 25 | 0.1 |
| 北斗卫星导航系统(中国) | 35 | 21500 | 10 | 10 | 0.2 |

## 1.6.2 卫星定位系统相对于常规测量技术的特点

随着卫星定位系统的不断成熟，其定位技术不但实现了高度的自动化，其所达到的定位精度及潜力使测量工作者产生了极大的兴趣，而且其应用领域也在不断拓宽。相对于经典的测量技术而言，卫星定位技术主要有以下几个特点。

**1. 观测站之间无须通视**

既要保持良好的通视条件，又要保障测量控制网的良好结构，这一直是经典测量技术在实践方面的难题之一。而 GNSS 测量不需要观测站之间互相通视，因而不再需要建造觇标，这一优点既可大大减少测量工作的经费和时间(一般造标费用约占总经费的 30%～50%)，同时也使点位的选择变得更加灵活，经济效益不断提高。

然而，也应指出，GNSS 测量虽不要求观测站之间相互通视，但必须保持观测站的上空开阔(净空)，以便接收的 GNSS 卫星信号不受干扰。

**2. 定位精度高**

大量实验表明，目前在小于 50km 的基线上，其相对定位精度可达 $1\times10^{-6}\sim2\times10^{-6}$，而在 100～500km 的基线上可达 $10^{-6}\sim10^{-7}$，随着观测技术与数据处理软件及方法的不断改善，其定位精度还将进一步提高。在大于 1000km 的距离上，相对定位精度达到或优于 $10^{-8}$。

**3. 观测时间短**

目前，利用经典的静态定位方法，测量一条基线的相对定位所需要的观测时间，根据要求精度的不同，一般为 1～3 小时。为了进一步缩短观测时间，提高作业速度，利用短基线(不超过 20km)快速相对定位法，其观测时间仅需数分钟。

**4. 提供三维坐标**

GNSS 测量中，在精确测定观测站平面位置的同时，亦可精确测定观测站的大地高程。GNSS 测量的这一特点，不仅为研究大地水准面的形状和确定地面点的高程开辟了新途径，同时也为其在航空物探、航空摄影测量及精密导航中的应用，提供了重要的高程数据。

**5. 操作简便**

如何减少野外的作业时间及强度，是测绘工作者探索的重大课题之一。GNSS 测量的自动化程度很高，在观测中测量员的主要任务只是安装并开关仪器、量取仪器高程、监视仪器的工作状态和采集环境的气象数据，而其他观测工作，如卫星的捕获、跟踪观测和记录等均由仪器自动完成。另外，GNSS 接收机一般重量较轻、体积较小，例如 NovAtel RPK-$L_1/L_2$ 型 GNSS 接收机，重量约为 1.0kg，体积为 1085cm$^3$，携带和搬运都很方便，从而极大地减少了外业劳动强度。

**6. 全天候作业**

GNSS 测量工作，可以在任何地点、任何时间连续地进行，一般不受天气状况的影响。因此，GNSS 定位技术的发展是对经典测量技术的一次重大突破。一方面，它使经典的测量理论与方法产生了深刻的变革；另一方面，也进一步加强了测量学与其他学科之间的相互渗透，从而促进测绘科学技术不断发展。

## 1.7 GNSS 的应用

### 1.7.1 GNSS 的应用前景

GNSS 最初的主要目的是用于导航、收集情报等。但后来的应用开发表明，GNSS 不仅可以实现上述目的，而且利用 GNSS 卫星信号能够进行毫米级精度的静态相对定位，厘米级精度的动态相对定位，厘米级精度的速度测量及毫微秒级精度的时间测量。

利用 GNSS 可以进行海、陆、空导航，导弹制导，大地测量和精密工程测量，时间传递和速度测量等。在测绘领域，GNSS 定位技术已用于建立高精度的大地测量控制网，测定地球动态参数；建立陆地及海洋大地测量基准，进行高精度海陆联测及海洋测绘；监测地球板块运动状态和地壳形变；在工程测量方面，已成为建立城市与工程控制网的主要手段；在精密工程的变形监测方面，它也发挥着极其重要的作用；同时 GNSS 定位技术也用于测定航空航天摄影瞬间相机的位置，可在无地面控制或仅有少量地面控制点的情况下进行航测快速成图，推动了地理信息系统及全球环境遥感监测技术的迅速发展。

在日常生活方面是一个难以用数字预测的广阔应用领域，手表式的 GNSS 接收机，将成为旅游者的忠实导游。GNSS 已像移动电话、传真机、互联网等对我们生活的影响一样，人们的日常生活将离不开它。

## 1.7.2 中国 GNSS 定位技术的应用和发展概况

中华人民共和国成立后，航天科技事业逐步建立和发展起来，我国现已跻身世界先进水平行列，成为空间强国之一。自从 1970 年 4 月第一颗人造卫星上天以来，我国已成功地发射了 100 多颗不同类型的人造卫星，为空间大地测量工作的开展奠定了基础。

20 世纪 70 年代后期，有关单位在理论研究的同时，引进并试制成功了各种人造卫星观测仪器。其中包括人造卫星摄影仪、卫星激光测距仪和多普勒接收机。根据多年的观测资料，实现了全国天文大地网的整体平差，从而建立了 1980 年国家大地坐标系，并成功地进行了南海群岛的联测定位。

20 世纪 80 年代初，一些院校和科研单位已开始研究卫星导航定位技术。20 多年来，测绘工作者在定位基础理论研究和应用开发方面做了大量的工作。80 年代中期，我国引进了卫星信号接收机，并应用于各个领域，同时研究建立自己的卫星导航系统。21 世纪以来，我国已建立了自己的北斗卫星导航系统，并于 2020 年 7 月 31 日全面建成并开通服务。目前一些公司已能生产自主产权兼容性的卫星信号接收机，同时可接收四大卫星系统信号。

在大地测量方面，用 GNSS 技术进行了国际联测，建立全球性大地控制网，测定和精化大地水准面，并组织各部门(10 多个单位，30 多台双频接收机)参加 1992 年全国 GNSS 定位大会战。经过数据处理，控制网各点地心坐标精度在 ± 0.2m 以内，点间相对精度优于 $10^{-8}$。建立了平均边长约 100km 的 A 级网，提供了亚米级精度地心坐标基准。而后，在 A 级网的基础上，又布设了边长为 30~100km 的 B 级网，全国约有 2500 个点。并在 A、B 级网点上都联测了几何水准，为各部门的测绘工作和建立各级测量控制网，提供了高精度的平面和高程基准。此后，又完成西沙、南沙群岛各岛屿的联测。

在精密工程测量方面，利用 GNSS 静态相对定位技术，布设精密工程控制网，用于城市、矿区和油田地面沉降监测、大坝变形监测、高层建筑物变形监测、隧道贯通测量等精密工程。亦可用于加密测图控制点，应用实时动态定位技术测绘各种比例尺地形图和施工放样。

在航空摄影测量方面，我国测绘工作者也经历了应用 GNSS 技术进行航测外业控制测量、航摄飞行导航、机载 GNSS 航测法等航测成图的各个阶段。

在地球动力学方面，GNSS 技术已用于全球板块运动监测和区域板块运动监测。GNSS 技术在监测南极洲板块运动、青藏高原地壳运动、四川鲜水河地壳断裂运动等方面都发挥了巨大的作用,并且建立了中国地壳形变监测网、三峡库区形变监测网、首都圈形变监测网等。

在海洋测绘方面,GNSS 技术已经用于海洋测量、水深测量、海上平台监测、水下地形测绘等方面。

此外,在军事部门、交通部门、邮电部门,地矿、煤矿、石油、建筑以及农业、气象、土地管理、土地资源调查、考古、电信、金融、公安等部门和行业,在航空航天、测时授时、物理探矿、姿态测定等领域,也都开展了 GNSS 技术的研究和应用。

国家测绘局发布的《全球定位系统(GPS)测量规范》已于 1992 年 10 月 1 日起实施,并于 2001 年 9 月 1 日起实施新的国家标准《全球定位系统(GPS)测量规范》(GB/T18314—2001)。另外,2009 年 2 月 6 日中华人民共和国国家质量监督检验检疫总局和中国国家标准化管理委员会发布了新的国家标准《全球定位系统(GPS)测量规范》(GB/T 18314—2009),并于 2009 年 6 月 1 日起开始实施。2021 年 7 月 15 日北斗国家标准及专项标准清单发布。

在静态定位和动态定位以及定位误差方面也进行了深入的研究,研制开发了静态定位和动态高精度定位软件以及精密定轨软件。在理论研究与应用开发的同时,培养和造就了一大批技术人才。

已建成了北京、武汉、上海、西安、拉萨、乌鲁木齐等永久性的跟踪站,对 GNSS 卫星进行的精密定轨测量,为高精度的定位测量提供观测数据和精密星历。

## 习 题

1. 从卫星大地测量的发展史,说明各阶段的特点。
2. 简述 GPS 定位系统的构成,并说明各部分的作用。
3. 为什么说 GNSS 定位技术的应用是测绘发展史上的一场革命?
4. 简述 GNSS 定位技术的应用前景。
5. 简述我国 GNSS 定位技术的应用概况。
6. 简述北斗系统与 GPS 之间的区别。

# 第 2 章 坐标系统及时间系统

卫星定位技术是通过安置于地球表面的接收机，同时观测四颗以上卫星信号来测定地面点位置。由于观测站固定在地球表面，其空间位置随地球自转而变动，而卫星围绕地球质心旋转且与地球自转无关。因此，在卫星定位中，需建立描述卫星运动的惯性坐标系，并找出卫星运动的坐标系与地面点所在坐标系之间的关系，从而实现坐标系之间的转换。

在 GNSS 定位测量中，采用两类坐标系，即天球坐标系与地球坐标系。天球坐标系是一种惯性坐标系，其坐标原点及各坐标轴指向在空间保持不变，用于描述卫星运行位置和状态。地球坐标系则是与地球相关联的坐标系，用于描述地面点的位置。本章主要介绍几种天球坐标系和地球坐标系，以及坐标系之间的转换模型和时间系统。

## 2.1 协议天球坐标系

### 2.1.1 天球的基本概念

天球，是指以地球质心 $M$ 为中心，半径 $r$ 为任意长的一个假想的球体。在天文学中一般均把天体投影到天球的球面上，并利用球面坐标系统来表述或研究天体的位置及天体之间的关系。为了建立球面坐标系统，必须确定球面上的一些参考点、线、面和圈。在 GNSS 定位系统中，为描述卫星的位置，首先应了解这些概念，现按图 2-1 介绍如下。

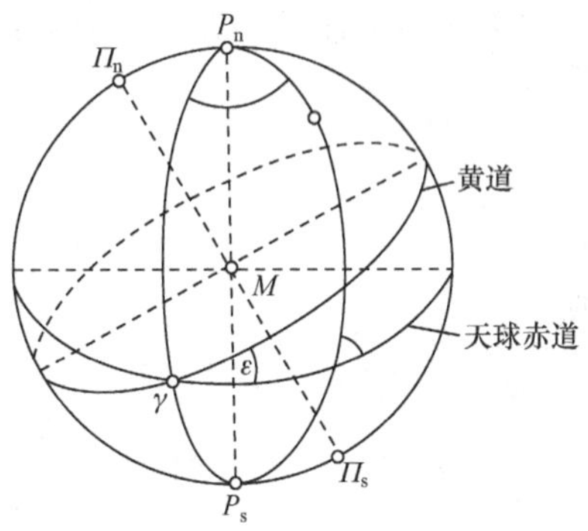

**1. 天轴与天极**

地球自转轴的延伸直线称为天轴；天轴与天球的交点 $P_n$ 和 $P_s$ 称为天极，其中 $P_n$ 称为北天极，$P_s$ 称为南天极。

**2. 天球赤道面与天球赤道**

通过地球质心 $M$ 并与天轴垂直的平面称为天球赤道面。此时天球赤道面与地球赤道面重合。该赤道面与天球相交的大圆，称为天球赤道，显然天球赤道是一个半径任意大的圆圈。

图 2-1　天球的概念

**3. 天球子午面与子午圈**

包含天轴并通过地球上任意点的平面，称为天球子午面。天球子午面与天球相交的大圆，称为天球子午圈。

**4. 时圈**

通过天轴的平面与天球相交的半个大圆称为时圈。

**5. 黄道与黄极**

地球公转的轨道面与天球相交的大圆。即当地球绕太阳公转时，地球上观测者所见到太阳在天球上运动的轨迹称为黄道。黄道面与赤道面的夹角 $\varepsilon$ 称为黄赤交角，约为 23.5°。通过天球中心且垂直于黄道面的直线与天球的交点称为黄极。其中靠近北天极的交点 $\varPi_n$ 称为黄北极，靠近南天极的交点 $\Pi_s$ 为黄南极。

**6. 春分点**

当太阳在黄道上从天球南半球向北半球运行时，黄道与天球赤道的交点 $\gamma$ 称为春分点。在天文学和卫星大地测量学中，春分点和天球赤道面，是建立天球坐标系的重要基准点和基准面。

### 2.1.2 天球坐标系

在图 2-2 中，任意天体 $s$ 的位置，在天球坐标系中，则可分别用天球空间直角坐标系和天球球面坐标系两种形式来描述。

在天球空间直角坐标系中，天体 $s$ 的坐标可表示为 $(x,y,z)$。该系统的定义是：原点位于地球质心 $M$；$z$ 轴指向天球的北极 $P_n$；$x$ 轴指向春分点 $\gamma$；$y$ 轴垂直于 $xMz$ 平面，与 $x$ 轴和 $z$ 轴构成右手坐标系统。

在天球球面坐标系中，天体 $s$ 的坐标可表示为 $(\alpha, \delta, \gamma)$。该系统的定义是：天球中心与地球质心 $M$ 重合；赤经 $\alpha$ 为过春分点的天球子午面与过天体 $s$ 的天球子午面之间的夹角；赤纬 $\delta$ 为原点

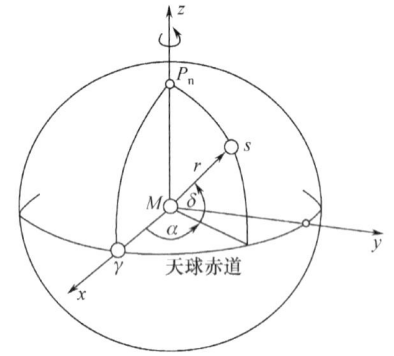

图 2-2 天球空间直角坐标系与天球球面坐标

$M$ 至天体 $s$ 的连线与天球赤道面之间的夹角；向径 $r$ 为原点 $M$ 至天体 $s$ 的距离。各坐标值以图 2-2 中箭头所指方向为正。

由于在上述两种天球坐标系中，表达同一天体的位置是等价的，故有下列转换关系：

$$\begin{bmatrix} x \\ y \\ z \end{bmatrix} = r \begin{bmatrix} \cos\delta \cdot \cos\alpha \\ \cos\delta \cdot \sin\alpha \\ \sin\delta \end{bmatrix} \tag{2-1}$$

或

$$\begin{cases} r = \sqrt{x^2 + y^2 + z^2} \\ \alpha = \arctan \dfrac{y}{x} \\ \delta = \arctan \dfrac{z}{\sqrt{x^2 + y^2}} \end{cases} \tag{2-2}$$

以上关于天球坐标系的两种表达形式，都和地球的自转无关，所以对于描述天体或人造地球卫星的运动、位置和状态尤为方便。

### 2.1.3 岁差与章动的影响

应该指出，天球坐标系统的建立，是以地球为均质的球体，且没有其他天体摄动力影响为基础，即假定地球的自转轴在空间的方向是固定的，因而春分点在天球的位置保持不变。然而，地球的形体接近于一个赤道隆起的椭球体，在日月引力和其他天体引力对地球隆起部分的作用下，地球自转轴方向不再保持不变，使春分点在黄道上产生缓慢的西移现象，在天文学中称为**岁差**。在岁差的影响下，地球自转轴在空间绕黄北极产生缓慢的旋转(从北天极上方观察为顺时针方向)，则北天极以同样的方式在天球上绕黄北极产生旋转。

地球自转轴在空间的方向变化,主要是日月引力共同作用的结果,其中月球的引力影响最大,太阳引力的影响仅为月球影响的 0.46 倍。若认为月球的引力及其运行的轨道都是固定不变的,同时忽略其他行星引力的微小影响,则日月引力的共同影响,将使北天极绕黄北极以顺时针方向缓慢的旋转,如图 2-3 所示的一个圆锥面。这时,天球北天极的轨迹近似的构成一个以黄北极 $\Pi_n$ 为中心,以黄赤交角 $\varepsilon$ 为半径的小圆。在该小圆圈上,北天极将以每年约 50.71″ 西移,周期约为 25800 年。

这种在天球上有规律运动的北天极,通常称为瞬时平北天极(简称为平北天极),而与之相应的天球赤道和春分点,称为瞬时天球平赤道和瞬时平春分点。在太阳和其他行星引力的影响下,月球运行轨道以及月地之间的距离都是不断变化的,北天极在天球上绕黄北极旋转的轨迹是复杂的。如果把观测时的北天极称为瞬时北天极(简称真北天极),而与之相应的天球赤道和春分点,称为瞬时天球赤道和瞬时春分点(或称真天球赤道和真春分点),那么,在日月引力等因素的影响下,瞬时北天极将绕瞬时平北天极产生旋转,形成椭圆轨迹,其长半径约为 9.2″,周期约为 18.6 年(图 2-4)。将这种现象称为**章动**。

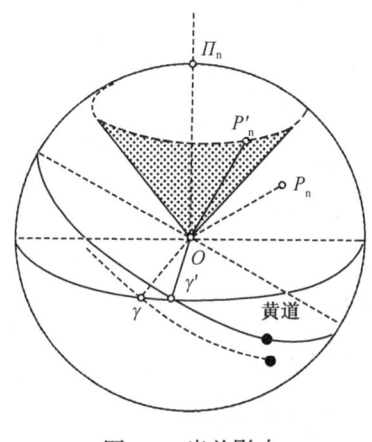

图 2-3  岁差影响

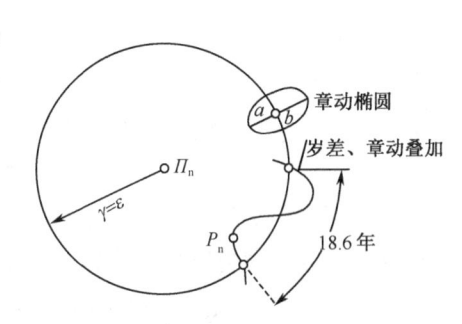

图 2-4  章动影响

为了描述北天极在天球上的运动,通常把这种复杂的运动分解为两种规律的运动,首先是北天极绕黄北极的运动,即岁差现象;其次是瞬时北天极绕平北天极顺时针的转动,即章动现象。在岁差和章动的共同影响下,瞬时北天极绕黄北极旋转的轨迹如图 2-4 所示。

### 2.1.4  协议天球坐标系的定义及变换

由于在岁差和章动的影响下,瞬时天球坐标系的坐标轴指向在不断变化。在这种非惯性坐标系统中,不能直接根据牛顿力学定律来研究卫星的运动规律。为了建立一个与惯性坐标系相接近的坐标系,通常选择某一时刻作为标准历元,并将此刻地球的瞬时自转轴(指向北极)和地心至瞬时春分点的方向,经该瞬时的岁差和章动改正后,分别作为 $z$ 轴和 $x$ 轴的指向。由此所构成的空间固定坐标系,称为所取标准历元 $t_0$ 时刻的平天球坐标系(或协议天球坐标系),也称协议惯性坐标系(conventional inertial system,CIS),天体的星历通常都在该系统中表示。国际大地测量学协会(IAG)和国际天文学联合会(international astronomical union,IAU)决定,从 1984 年 1 月 1 日后启用的协议天球坐标系,其坐标轴的指向,是以 2000 年 1 月 15 日 TDB(太阳质心力学时)为标准历元(标以 J2000.0)的赤道和春分点所定义的。

要将协议天球坐标系的卫星坐标,转换到观测历元 $t$ 的瞬时天球坐标,通常可分为两步，首先将协议天球坐标系中的坐标，换算到瞬时平天球坐标系统；然后再将瞬时平天球坐标系的坐标转换到瞬时天球坐标系统。

**1. 将协议天球坐标系转换为瞬时平天球坐标系(岁差旋转)**

协议天球坐标系与瞬时平天球坐标系的差别，仅在于由岁差引起的坐标轴指向不同。为了使两坐标系一致只需将协议天球坐标系的坐标轴加以旋转。若取 $(x,y,z)_{\text{CTS}}$ 和 $(x,y,z)_{\text{MT}}$ 分别表示协议天球坐标系和瞬时平天球坐标系，则其转换关系为

$$\begin{bmatrix} X \\ Y \\ Z \end{bmatrix}_{\text{MT}} = R_{zyz} \begin{bmatrix} X \\ Y \\ Z \end{bmatrix}_{\text{CTS}}$$

$$R_{zyz} = R_z(-z)R_y(\theta)R_z(-\zeta)$$

$$R_z(-z) = \begin{bmatrix} \cos z & -\sin z & 0 \\ \sin z & \cos z & 0 \\ 0 & 0 & 1 \end{bmatrix}$$

$$R_y(\theta) = \begin{bmatrix} \cos\theta & 0 & -\sin\theta \\ 0 & 1 & 0 \\ \sin\theta & 0 & \cos\theta \end{bmatrix} \tag{2-3}$$

$$R_z(-\zeta) = \begin{bmatrix} \cos\zeta & -\sin\zeta & 0 \\ \sin\zeta & \cos\zeta & 0 \\ 0 & 0 & 1 \end{bmatrix}$$

式中，$z$、$\theta$、$\zeta$ 分别为与岁差有关的三个旋转角，其表达形式为

$$\begin{aligned} \zeta &= 0.6406161°T + 0.0000839°T^2 + 0.0000050°T^3 \\ z &= 0.6406161°T + 0.0003041°T^2 + 0.0000051°T^3 \\ \theta &= 0.6406161°T - 0.0001185°T^2 - 0.0000116°T^3 \end{aligned} \tag{2-4}$$

式中，$T = t - t_0$，指从标准历元 $t_0$ 至观测历元 $t$ 的儒略世纪数[①]。

**2. 将瞬时平天球坐标系转换为瞬时天球坐标系(章动旋转)**

若要将瞬时平天球坐标系转换为瞬时天球坐标系，还需将瞬时平天球坐标系进行旋转。如果取 $(x,y,z)_{\text{T}}$ 表示瞬时天球坐标系统，则它与瞬时平天球坐标系统之间的转换关系为

$$\begin{bmatrix} X \\ Y \\ Z \end{bmatrix}_{\text{T}} = R_{xzx} \begin{bmatrix} X \\ Y \\ Z \end{bmatrix}_{\text{MT}}$$

$$R_{xzx} = R_x(-\varepsilon - \Delta\varepsilon)R_z(-\Delta\varphi)R_x(\varepsilon)$$

$$R_x(-\varepsilon - \Delta\varepsilon) = \begin{bmatrix} 1 & 0 & 0 \\ 0 & \cos(\varepsilon + \Delta\varepsilon) & -\sin(\varepsilon + \Delta\varepsilon) \\ 0 & \sin(\varepsilon + \Delta\varepsilon) & \cos(\varepsilon + \Delta\varepsilon) \end{bmatrix} \tag{2-5}$$

---

① 儒略历是公元前罗马皇帝儒略·恺撒所实行的一种历法。一个儒略世纪含有 36525 个儒略日。儒略日是从公元前 4713 年儒略历 1 月 1 日格林尼治平正午起算的连续天数。新标准历元 J2000.0 相应的儒略日为 2451545.0。

$$R_z(-\Delta\varphi) = \begin{bmatrix} \cos(\Delta\varphi) & -\sin(\Delta\varphi) & 0 \\ \sin(\Delta\varphi) & \cos(\Delta\varphi) & 0 \\ 0 & 0 & 1 \end{bmatrix}$$

$$R_x(\varepsilon) = \begin{bmatrix} 1 & 0 & 0 \\ 0 & \cos\varepsilon & \sin\varepsilon \\ 0 & -\sin\varepsilon & \cos\varepsilon \end{bmatrix}$$

式中，$\varepsilon$、$\Delta\varepsilon$、$\Delta\varphi$ 分别为黄赤交角、交角章动及黄经章动。

在章动现象的影响下，黄道与赤道的交角通常表达为

$$\varepsilon = 23°26'21.448'' - 46.815''T - 0.00059''T^2 + 0.001813''T^3 \tag{2-6}$$

关于 $\Delta\varepsilon$ 和 $\Delta\varphi$，根据国际天文学联合会所采用的最新章动理论，其常用表达形式是含有多达 106 项的复杂级数展开式。在天文年历中载有这些展开式的系数值，实际上根据 $T$ 值便可精确的计算相应的 $\Delta\varepsilon$ 和 $\Delta\varphi$ 值。

根据公式(2-3)和公式(2-5)便可写出

$$\begin{bmatrix} X \\ Y \\ Z \end{bmatrix}_T = R_{xzx} R_{zyz} \begin{bmatrix} X \\ Y \\ Z \end{bmatrix}_{CTS} \tag{2-7}$$

虽然坐标系统的这种转换，一般都借助计算机及相应软件自动完成，但对于广大 GNSS 应用者来说，了解一下有关各种天球坐标系的定义及其转换的基本概念，对于研究卫星的运动规律仍是必要的。

## 2.2 协议地球坐标系

### 2.2.1 地球坐标系

因为天球坐标系与地球自转无关，所以，地球上任一固定点在天球坐标系中的坐标将随地球的自转而变化，这在实际应用中极不方便。为了描述地面固定点的位置，有必要建立一个与地球体相固联的坐标系，即地球坐标系。该系统也有两种表达形式，即空间直角坐标系和大地坐标系，如图 2-5 所示。

地球空间直角坐标系的定义是：原点 $O$ 与地球质心重合，$Z$ 轴指向地球北极，$X$ 轴指向格林尼治平子午面与地球赤道的交点 $E$，$Y$ 轴垂直于 $XOZ$ 平面构成右手坐标系。

大地坐标系的定义是：地球椭球的中心与地球质心重合，椭球短轴与地球自转轴重合，大地纬度 $B$ 为过地面点的椭球法线与椭球赤道面的夹角，大地经度 $L$ 为过地面点的椭球子午面与格林尼治平子午面之间的夹角，大地高 $H$ 为地面点沿椭球法线至椭球面的距离。因此任一地面点 $P$ 在地球坐标系中的坐标，可表示为 $(X, Y, Z)$ 或 $(B, L, H)$。其换算关系为

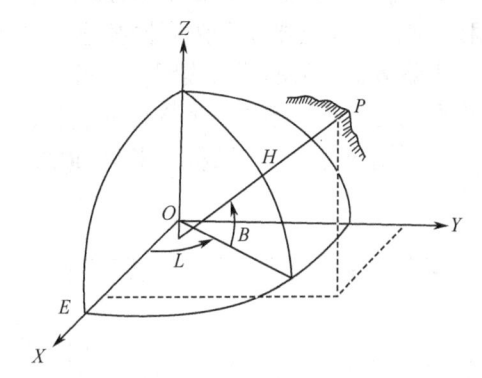

图 2-5 地球空间直角坐标系与大地坐标系

$$\begin{cases} X = (N+H)\cos B\cos L \\ Y = (N+H)\cos B\sin L \\ Z = [N(1-e^2)+H]\sin B \end{cases} \tag{2-8}$$

式中，$N$ 为椭球的卯酉圈曲率半径，$e$ 为椭球的第一偏心率。若 $a$、$b$ 分别表示所选椭球的长半径和短半径，其关系式为

$$N = \frac{a}{W}$$

$$W = (1-e^2\sin^2 B)^{1/2}$$

$$e^2 = \frac{a^2-b^2}{a^2}$$

由空间直角坐标系转换为大地坐标系时，其关系式为

$$\begin{cases} B = \arctan\left[\tan\Phi\left(1+\frac{ae^2}{Z}\frac{\sin B}{W}\right)\right] \\ L = \arctan\left(\frac{Y}{X}\right) \\ H = \frac{R\cos\Phi}{\cos B} - N \end{cases} \tag{2-9}$$

式中，

$$\Phi = \arctan\left[\frac{Z}{(X^2+Y^2)^{1/2}}\right]$$

$$R = [X^2+Y^2+Z^2]^{1/2}$$

## 2.2.2 极移与协议地球坐标系

地球自转轴不仅受日、月引力作用而使其在空间变化，而且还受到地球内部质量不均匀影响而在地球体内部运动。前者导致岁差和章动，后者导致极移。地球自转轴相对地球体的位置并不是固定的，因而，地极点在地球表面上的位置是随时间而变化的。这种现象称为地极移动，简称**极移**。观测瞬间地球自转轴所处的位置，称为瞬间地球自转轴，而相应的极点称为瞬时极。

大量观测资料的分析表明，地极在地球表面上的运动，主要包含两种周期性变化：一种是周期约为 1 年，振幅约为 0.1″ 的变化；另一种是周期约为 432 天，振幅约为 0.2″ 的变化。后一种周期变化，一般又称为张德勒(Chandler)周期变化。

为了描述地极移动的规律，选取一平面直角坐标系来表达地极的瞬时位置。假设该平面通过地极的某一平均位置，即平极 $\overline{P}_n$，并与地球表面相切。在此平面上取直角坐标系 $(x_P, y_P)$，并设其原点与平极 $\overline{P}_n$ 相重合，$x_P$ 轴指向格林尼治平均天文台方向，$y_P$ 轴指向格林尼治零子午面以西 90° 的子午线方向。于是任一历元 $t$ 的瞬时极 $P_n$ 的位置，可表示为 $(x_P, y_P)$(图 2-6)。

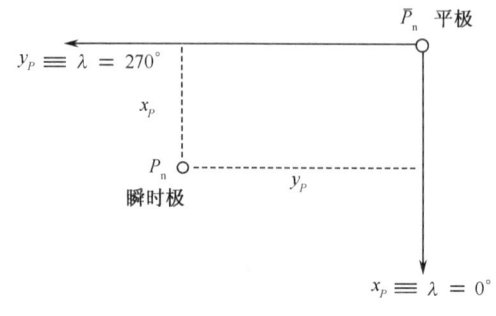

图 2-6 地极坐标系

由于地极的移动，将使地球坐标系坐标轴的指向发生变化，由此会给实际工作造成许多困难。因此，国际天文学联合会和国际大地测量学协会，早在1967年便建议采用国际上5个纬度服务站（表2-1），以1900年至1905年的平均纬度所确定的平均地极位置作为基准点。该基准点是相应于上述期间地球自转轴的平均位置，通常称为国际协议原点(conventional international origin，CIO)。其相应的地球赤道面，称为平赤道面或协议赤道面。在实际应用中，普遍采用CIO作为协议地极(conventional terrestrial pole，CTP)。以协议地极为基准点的地球坐标系，称为协议地球坐标系(conventional terrestrial system，CTS)，而与瞬时极对应的地球坐标系，称为瞬时地球坐标系。图2-7描绘了从1971~1975年相对于CIO地极运动的轨迹。

表 2-1 国际纬度站分布

| 站址 | 纬度($\varphi$) | 经度($\lambda$) |
| --- | --- | --- |
| 卡洛福特/意大利 | 39°08′09″ | 8°18′44″ |
| 盖瑟斯堡/美国 | 39°08′13″ | −77°11′57″ |
| 基斯布/苏联 | 39°08′02″ | 66°52′51″ |
| 水泽/日本 | 39°08′04″ | 141°07′51″ |
| 尤凯亚/美国 | 39°08′12″ | −123°12′35″ |

在上述地极平面坐标系中，地极的瞬时坐标$(x_P, y_P)$是由国际地球自转服务组织(international earth rotation service，IERS)根据所属台站的观测资料，推算并定期向用户提供。

极移现象主要引起地球瞬时坐标系相对协议地球坐标系的旋转(图2-8)。如果以$(X,Y,Z)_{\text{CTS}}$

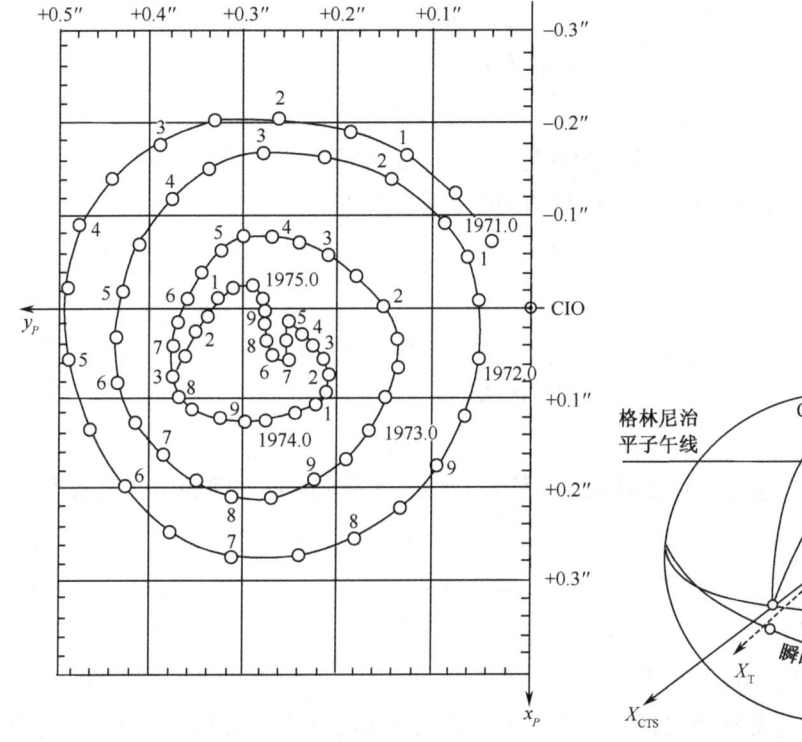

图 2-7 地极运动轨迹

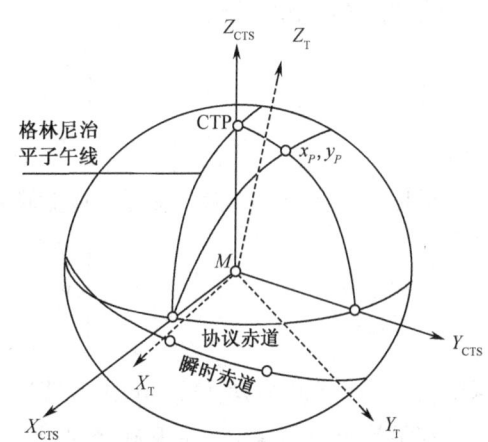

图 2-8 地球瞬时坐标系与协议坐标系

和 $(X,Y,Z)_T$ 分别表示协议地球空间直角坐标系和观测历元 $t$ 的瞬时地球空间直角坐标系，则其关系为

$$\begin{bmatrix} X \\ Y \\ Z \end{bmatrix}_{CTS} = M \begin{bmatrix} X \\ Y \\ Z \end{bmatrix}_T \tag{2-10}$$

$$M = R_y(-x_P)R_x(-y_P)$$

由于地极坐标为微小量，若取至一次微小量，则有

$$M = \begin{bmatrix} 1 & 0 & x_P \\ 0 & 1 & -Y_P \\ -X_P & y_P & 1 \end{bmatrix}$$

## 2.3 协议地球坐标系与协议天球坐标系的转换

由协议地球坐标系和协议天球坐标系的定义可知：
(1) 两坐标系的原点均位于地球的质心。
(2) 瞬时天球坐标系的 $z$ 轴与瞬时地球坐标系的 $Z$ 轴指向一致。
(3) 瞬时天球坐标系 $x$ 轴与瞬时地球坐标系 $X$ 轴的指向不同，且其夹角为春分点的格林尼治恒星时。

若春分点的格林尼治恒星时以 GAST(greenwich apparent sidereal time)表示，则瞬时天球坐标系与瞬时地球坐标系之间的转换关系为

$$\begin{bmatrix} X \\ Y \\ Z \end{bmatrix}_T = R_z(\text{GAST}) \begin{bmatrix} x \\ y \\ z \end{bmatrix}_T \tag{2-11}$$

$$R_z(\text{GAST}) = \begin{bmatrix} \cos(\text{GAST}) & \sin(\text{GAST}) & 0 \\ -\sin(\text{GAST}) & \cos(\text{GAST}) & 0 \\ 0 & 0 & 1 \end{bmatrix}$$

结合公式(2-10)，则有

$$\begin{bmatrix} X \\ Y \\ Z \end{bmatrix}_{CTS} = MR_z(\text{GAST}) \begin{bmatrix} X \\ Y \\ Z \end{bmatrix}_T \tag{2-12}$$

于是，结合公式(2-7)，便可得到协议天球坐标系与协议地球坐标系之间的转换关系为

$$\begin{bmatrix} X \\ Y \\ Z \end{bmatrix}_{CTS} = R_{zyz} R_{xzx} R_{yxz} \begin{bmatrix} x \\ y \\ z \end{bmatrix}_{CTS} \tag{2-13}$$

式中，$R_{yxz} = R_y(-x_p)R_x(-y_p)R_z(\text{GAST})$。

在卫星定位测量中，通常在协议天球坐标系中研究卫星运动轨道，而在协议地球坐标系中研究地面点的坐标，这样就需要进行两个坐标系的变换。其变换过程如图 2-9 所示。

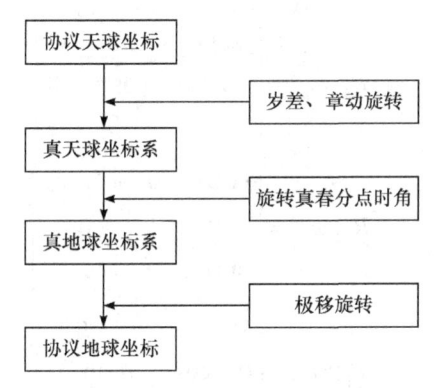

图 2-9 坐标系统变换框图

## 2.4 国家坐标系与地方坐标系

### 2.4.1 地球参心坐标系

在常规大地测量中，在处理观测成果及计算地面控制网的坐标时，选取一参考椭球面作为基准参考面，选一参考点作为起算点(或称为大地原点)，并且利用大地原点的天文观测资料，来确定参考椭球在地球内部的位置和方位。但由此所确定的参考椭球位置，其中心一般不会与地球质心相重合。这种原点位于地球质心附近的坐标系，称为地球参心坐标系，或简称参心坐标系，如图 2-10 所示。

若以下标"T"表示与参心坐标系有关的量，则参心空间直角坐标系的定义为：原点位于参考椭球的中心，且接近于地球质心的一点 $O_T$，$Z_T$ 轴平行于参考椭球的旋转轴，$X_T$ 轴指向起始大地子午面与参考椭圆赤道的交点，$Y_T$ 轴垂直于 $X_T O_T Z_T$ 平面，构成右手坐标系，则地面上任一点的坐标可表示为 $(X,Y,Z)_T$。在参心大地坐标系中，点的坐标为 $(B,L,H)_T$，它与参心空间直角坐标 $(X,Y,Z)_T$ 之间的转换关系，如公式(2-8)和公式(2-9)所示。

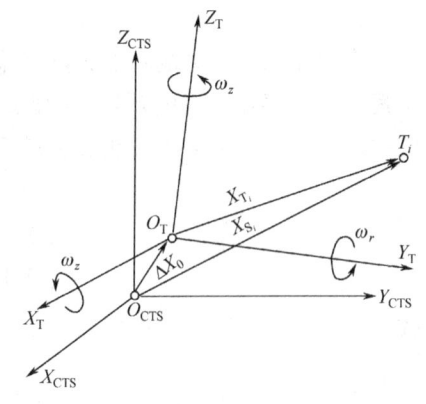

图 2-10 参心坐标系与协议地心坐标系

虽然上述坐标系与协议坐标系(或称协议地心坐标系)都是与地球体相固联的地球坐标系，然而，它们的原点位置与坐标轴的指向一般都不相同。因此，如何确定它们之间的转换关系是 GNSS 定位技术应用的问题之一。

假设，$(X,Y,Z)_T^T$ 为参心空间直角坐标向量，$(X,Y,Z)_{CTS}^T$ 为地心空间直角坐标向量，$(\Delta X_0 \quad \Delta Y_0 \quad \Delta Z_0)^T$ 为其间的定位参数向量，$(\omega_x \quad \omega_y \quad \omega_z)^T$ 为其间的定向参数向量，则两坐标系之间的关系可以表示为

$$\begin{bmatrix} X \\ Y \\ Z \end{bmatrix}_{CTS} = \begin{bmatrix} \Delta X_0 \\ \Delta Y_0 \\ \Delta Z_0 \end{bmatrix} + R(\omega) \begin{bmatrix} x \\ y \\ z \end{bmatrix}_T \tag{2-14}$$

式中，$R(\omega) = R_3(\omega_z) R_2(\omega_y) R_1(\omega_x)$，而

$$R_3(\omega_z) = \begin{bmatrix} \cos\omega_z & \sin\omega_z & 0 \\ -\sin\omega_z & \cos\omega_z & 0 \\ 0 & 0 & 1 \end{bmatrix}$$

$$R_2(\omega_y) = \begin{bmatrix} \cos\omega_y & 0 & -\sin\omega_y \\ 0 & 1 & 0 \\ \sin\omega_y & 0 & \cos\omega_y \end{bmatrix} \quad (2\text{-}15)$$

$$R_1(\omega_x) = \begin{bmatrix} 1 & 0 & 0 \\ 0 & \cos\omega_x & \sin\omega_x \\ 0 & -\sin\omega_x & \cos\omega_x \end{bmatrix}$$

若考虑到两个坐标系的坐标轴定向差别一般很小，则在略去二次微小量的情况下，公式(2-15)可简化为

$$R(\omega) = \begin{bmatrix} 1 & \omega_z & -\omega_y \\ -\omega_z & 1 & \omega_x \\ \omega_y & -\omega_x & 1 \end{bmatrix} \quad (2\text{-}16)$$

建立地球坐标系的目的，除考虑推算和表达大地控制点的位置及方向的差异外，还应考虑其间可能存在的尺度差异。因此，在不同坐标系之间转换的数学模型中，通常需引入一个尺度因子 $m$，于是上述转换关系式(2-14)便可进一步写为

$$\begin{bmatrix} X \\ Y \\ Z \end{bmatrix}_{\text{CTS}} = \begin{bmatrix} \Delta X_0 \\ \Delta Y_0 \\ \Delta Z_0 \end{bmatrix} + (1+m)R(\omega)\begin{bmatrix} x \\ y \\ z \end{bmatrix}_{\text{T}} \quad (2\text{-}17)$$

或

$$\begin{bmatrix} X \\ Y \\ Z \end{bmatrix}_{\text{CTS}} = \begin{bmatrix} \Delta X_0 \\ \Delta Y_0 \\ \Delta Z_0 \end{bmatrix} + \begin{bmatrix} x \\ y \\ z \end{bmatrix}_{\text{T}} + K \begin{bmatrix} \omega_x \\ \omega_y \\ \omega_z \\ m \end{bmatrix} \quad (2\text{-}18)$$

式中，

$$K = \begin{bmatrix} 0 & -Z & Y & X \\ Z & 0 & -X & Y \\ -Y & X & 0 & Z \end{bmatrix}_{\text{T}}$$

在大地坐标系中，有相应的关系式

$$\begin{bmatrix} B \\ L \\ H \end{bmatrix}_{\text{CTS}} = T \begin{bmatrix} \Delta X_0 \\ \Delta Y_0 \\ \Delta Z_0 \end{bmatrix} + \begin{bmatrix} B \\ L \\ H \end{bmatrix}_{\text{T}} + G \begin{bmatrix} \omega_x \\ \omega_y \\ \omega_z \\ m \end{bmatrix} \quad (2\text{-}19)$$

式中，

$$T = \begin{bmatrix} -\dfrac{1}{M}\sin B\cos L & -\dfrac{1}{M}\sin B\sin L & \dfrac{1}{M}\cos B \\ -\dfrac{1}{N\cos B}\sin L & \dfrac{1}{N\cos B}\cos L & 0 \\ \cos B\cos L & \cos B\sin L & \sin B \end{bmatrix}$$

$$G = \begin{bmatrix} -(1+e^2\cos 2B)\sin L & (1+e^2\cos 2B)\cos L & 0 & -e^2\sin B\cos B \\ (1-e^2)\tan B\cos L & (1-e^2)\tan B\sin L & -1 & 0 \\ -\dfrac{1}{2}Ne^2\sin 2B\sin L & \dfrac{1}{2}Ne^2\sin 2B\cos L & 0 & N(1-e^2\sin^2 B) \end{bmatrix}$$

公式(2-19)是在假设两大地坐标系的椭球参数 $a$、$b$ 一致(或已化为一致)的情况下，否则，还应考虑椭球参数不同的影响。

转换公式(2-17)，通常称为布尔沙-沃尔夫(Bursa-Wolf)模型。在地心坐标系中，如果以大地水准面来代替其中的椭球面，则相应的坐标系称为天文坐标系，如图 2-11 所示。

若取符号：$\xi$ 为垂线偏差在子午圈的分量，$\eta$ 为垂线偏差在卯酉圈的分量，$\zeta$ 为高程异常，则 $T_i$ 点天文坐标与大地坐标之间的关系，可写为

$$\begin{bmatrix} B \\ L \\ H \end{bmatrix} = \begin{bmatrix} \varphi \\ \lambda \\ H_\gamma \end{bmatrix} - \begin{bmatrix} 1 & 0 & 0 \\ 0 & \sec B & 0 \\ 0 & 0 & -1 \end{bmatrix}\begin{bmatrix} \xi \\ \eta \\ \zeta \end{bmatrix} \quad (2\text{-}20)$$

其中，大地坐标将依据式中的垂线偏差和高程异常求得，是相对于地心坐标系的绝对量，或者是相对于参心坐标系的相对量。

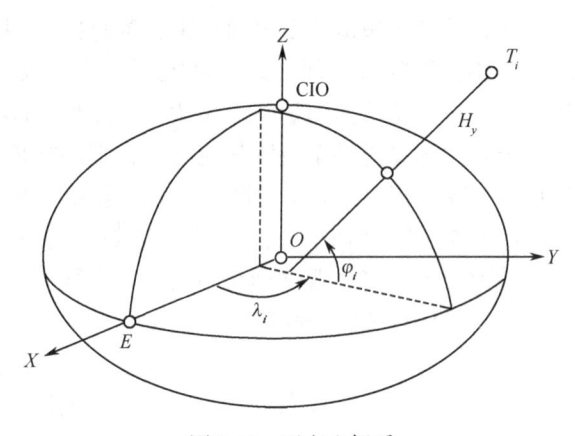

图 2-11 天文坐标系

## 2.4.2 站心坐标系

如果测量工作以测站为原点，则所构成的坐标系称为测站中心坐标系(简称站心坐标系)。站心坐标系分为站心地平直角坐标系和站心极坐标系。

站心地平直角坐标系是以测站的椭球法线方向为 $Z$ 轴，以测站大地子午线北端与地平面的交线为 $X$ 轴，平行圈(东方向)与地平面的交线为 $Y$ 轴，构成左手坐标系(图 2-12)。

GNSS 相对定位确定的是点与点之间的相对位置，一般用空间直角坐标差 $(\Delta X, \Delta Y, \Delta Z)$ 或大地坐标差 $(\Delta B, \Delta L, \Delta H)$ 表示。如果建立以已知点 $(X_0, Y_0, Z_0)$ 为原点的站心地平直角坐标系，则其他点在该坐标系内的坐标 $(x, y, z)$ 与基线向量的关系为

$$\begin{bmatrix} x_j \\ y_j \\ z_j \end{bmatrix}_{\text{站}} = \begin{bmatrix} -\sin B_0\cos L_0 & -\sin B_0\sin L_0 & \cos B_0 \\ -\sin L_0 & \cos L_0 & 0 \\ \cos B_0\cos L_0 & \cos B_0\sin L_0 & \sin B_0 \end{bmatrix}\begin{bmatrix} \Delta X \\ \Delta Y \\ \Delta Z \end{bmatrix} \quad (2\text{-}21)$$

站心极坐标系以测站的铅垂线为准，以测站点到某点 $j$ 的空间距离 $D$，天顶距 $Z^{天}$ 和大地方位角 $A$ 来表示 $j$ 点的位置(图 2-12)。

$j$ 点的站心地平直角坐标与站心极坐标之间的关系为

$$\begin{bmatrix} x_j \\ y_j \\ z_j \end{bmatrix}_{站} = \begin{bmatrix} D_{0j} \sin Z_{0j} \cos A_{0j} \\ D_{0j} \sin Z_{0j} \sin A_{0j} \\ D_{0j} \cos Z_{0j} \end{bmatrix} \quad (2-22)$$

$$\begin{cases} D_{0j}^2 = x_j^2 + y_j^2 + z_j^2 \\ \tan Z_{0j} = \sqrt{(x_j^2 + y_j^2)} / z_j \\ \tan A_{0j} = y_j / x_j \end{cases} \quad (2-23)$$

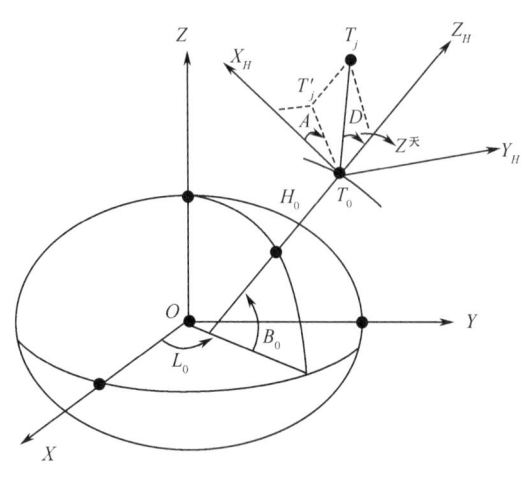

图 2-12 站心地平直角坐标系

### 2.4.3 独立坐标系

在我国许多城市和工程测量中，若直接采用国家坐标系，可能会因为远离中央子午线或测区平均高程较大，而导致长度投影变形较大，难以满足工程上或实用上的精度要求。当然，对于一些特殊的测量，如大桥施工测量、隧道贯通测量、水利水坝测量、滑坡变形监测等，若采用国家坐标系在实际应用中也很不方便。因此，基于限制变形、方便、实用、科学的目的，在许多城市和工程测量中，则会建立适合本地区的地方独立坐标系。

地方独立坐标系的建立，实际上就是通过一些元素的确定来确定地方参考椭球与投影面。

地方参考椭球一般选择与当地平均高程相对应的参考椭球，该椭球的中心、轴向和扁率与国家参考椭球相同，其椭球半径 $\alpha$ 增大为

$$\begin{cases} \alpha_1 = \alpha + \Delta \alpha_1 \\ \Delta \alpha_1 = H_m + \zeta_0 \end{cases} \quad (2-24)$$

式中，$H_m$ 为当地平均海拔高程；$\zeta_0$ 为该地区的平均高程异常。

在地方投影面的确定过程中，应当选取过测区中心的经线或某个起算点的经线作为独立中央子午线；以某个特定的点和方位为地方独立坐标系的起算原点和方位，并选取当地平均高程面 $H_m$ 为投影面。

### 2.4.4 国家大地坐标系

中国于 20 世纪 50 年代和 80 年代分别建立了 1954 年北京坐标系和 1980 年西安坐标系，完成了各种比例尺地形图测绘，为国民经济建设和科学研究发挥了重要作用。限于当时的技术条件，中国大地坐标系基本上是依赖于传统技术手段实现的。1954 年北京坐标系采用的是克拉索夫斯基椭球体，该椭球在计算和定位过程中，没有采用中国的数据，在中国范围内符合较差，不能满足高精度定位以及地球科学、空间科学和战略武器发展的需要。20 世纪 70 年代，中国大地测量工作者完成了全国一、二等天文大地网的布测。经过整体平差，采用 1975 年国际大地测量学与地球物理学联合会(The International Union of Geodesy and Geophysics, IUGG)第十六届大会推荐的参考椭球参数，中国建立了 1980 年西安坐标系，该坐标系在中国经济建设、国防建设和科学研究中发挥了巨大作用。

随着国民经济建设、国防建设和社会发展，科学研究对国家大地坐标系提出了新的要求，迫切需要采用原点位于地球质量中心的坐标系统(以下简称地心坐标系)作为国家大地坐标系。采用地心坐标系，有利于采用现代空间技术对坐标系进行维护和快速更新，测定高精度大地控制点三维坐标，并提高测图工作效率。因此，2008 年 3 月《关于中国采用 2000 国家大地坐标系的请示》由国土资源部正式上报国务院，并于同年 4 月获得国务院批准。自 2008 年 7 月 1 日起，启用 2000 国家大地坐标系，由国家测绘局授权组织实施。

**1. 1954 年北京坐标系**

1954 年北京坐标系采用了苏联的克拉索夫斯基椭球体，其参数是：长半轴 $a$ 为 6378245m；扁率 $f$ 为 1/298.3；原点位于苏联的普尔科沃。1954 年北京坐标系虽然是苏联 1942 年坐标系的延伸，但还不能说它们是完全相同的。因为该椭球的高程异常是以苏联 1955 年大地水准面重新平差结果为起算数据，按我国天文水准路线推算而得，而高程又是以 1956 年青岛验潮站的黄海平均海水面为基准。

**2. 1980 年西安坐标系**

为了解决 1954 年北京坐标系所存在的问题，1978 年我国开始建立新的国家大地坐标系统，并且在该系统中进行全国天文大地网的整体平差，该坐标系统取名为 1980 年西安大地坐标系统。其原点位于我国中部——陕西省泾阳县永乐镇。椭球参数采用 1975 年国际大地测量学与地球物理学联合会推荐值：椭球长半轴 $a = 6378140$m；重力场二阶带谐系数 $J_2 = 1.08263 \times 10^{-3}$；地心引力常数 $GM = 3.986005 \times 10^{14} \text{m}^3/\text{s}^2$；地球自转角速度 $\omega = 7.292115 \times 10^{-5}$ rad/s。

根据以上参数可得 80 椭球的几何参数为：$a = 6378140$m；$f = 1/298.257$。

椭球定位以我国范围高程异常值平方和最小为原则求解参数。椭球的短轴平行于由地球质心指向 1968.0 地极原点(JYD)的方向，起始大地子午面平行于格林尼治天文台所在的子午面；长度基准与国际统一长度基准一致；高程基准以青岛验潮站1956年黄海平均海水面为高程起算基准，水准原点高出黄海平均海水面 72.289m。

1980 年西安大地坐标系建立后，利用该坐标系进行了全国天文大地网平差，提供了统一的、精度较高的 1980 年国家大地坐标系。

**3. 新 1954 年北京坐标系**

由于 1980 年西安坐标系与 1954 年北京坐标系的椭球参数和定位均不同，因而大地控制点在两坐标系中的坐标值存在较大差异，最大差值达 100m 以上，从而引起成果换算的不便和地形图图廓和方格网位置的变化，而且已有的测绘成果大部分是1954年北京坐标系下的。所以，作为过渡，产生了所谓的新1954年北京坐标系。

新 1954 年北京坐标系是通过将 1980 年西安坐标系的三个定位参数平移至克拉索夫斯基椭球中心，长半轴与扁率仍取克拉索夫斯基椭球几何参数，而定位与1980年大地坐标系相同(即大地原点相同)，定向也与 1980 椭球相同。因此，新 1954 年北京坐标系的精度和 1980 年坐标系精度相同，而坐标值与旧 1954 年北京坐标系的坐标接近。

**4. 2000 国家大地坐标系**

随着经济发展和社会的进步，我国航天、海洋、地震、气象、水利、建设、规划、地质调查、国土资源管理等领域的科学研究需要一个以全球参考基准为背景的、全国统一的、协调一致的坐标系统，来处理国家、区域、海洋与全球化的资源、环境、社会和信息等问题，需要采用定义更加科学、原点位于地球质量中心的三维国家大地坐标系。2000 国家大地坐标系(China geodetic coordinate system 2000，CGCS2000)就是全球地心坐标系，其原点为包括海洋和大气的整个地球的质量中心。2000国家大地坐标系采用的地球椭球参数如下：

(1) 长半轴 $a = 6378137 \text{m}$。
(2) 扁率 $f = 1/298.257222101$。
(3) 地心引力常数 $GM = 3.986004418 \times 10^{14} \text{m}^3 \cdot \text{s}^{-2}$。
(4) 自转角速度 $\omega = 7.292115 \times 10^{-5} \text{rad/s}^1$。

采用2000国家大地坐标系可对国民经济建设、社会发展产生巨大的社会效益。采用2000国家大地坐标系将进一步促进遥感技术在我国的广泛应用，发挥其在资源和生态环境动态监测方面的作用。例如，汶川大地震发生后，国内外遥感卫星为抗震救灾分析及救援提供了大量的基础信息，显示出科技抗震救灾的威力，而这些遥感卫星资料都基于地心坐标系。

## 2.4.5 高斯平面直角坐标系与UTM坐标系

在建立各种比例尺地形控制及工程测量控制时，应将椭球面上各点的大地坐标按照一定的规律投影到平面上，并以相应的平面直角坐标表示。

因为椭球面是不可展的曲面，无论采用何种数学模型进行投影都会产生变形。所以，可根据具体的需要与用途，对一些变形加以限制，以满足需求。按变形性质，可以将投影分为等角投影、等面积投影、等距离投影和任意投影。

目前世界各国常采用的是高斯投影和UTM投影。这两种投影具有下列特征：

(1) 椭球面上任一角度，投影到平面上后保持不变。
(2) 中央子午线投影为纵坐标轴，并且是投影点的对称轴。
(3) 高斯投影的中央子午线长度变形 $m_0 = 1$，而UTM投影的 $m_0 = 0.9996$。

因此，椭球面投影到高斯平面的数学模型如下：

$$\begin{cases} x = X + \dfrac{1}{2} N \times t \times \cos^2 B \times l^2 + \dfrac{1}{24} N \times t(5 - t^2 + 9\eta^2 + 4\eta^4)\cos^4 B \times l^4 \\ \qquad + \dfrac{1}{720} N \times t(61 - 58t^2 + t^4 + 330\eta^2 t^2)\cos^2 B \times l^6 \\ y = N \times \cos B \times l + \dfrac{1}{6} N(1 - t^2 + \eta^2)\cos^3 B \times l^3 \\ \qquad + \dfrac{1}{120} N(5 - 18t^2 + t^4 + 14\eta^2 - 58\eta^2 t^2)\cos^5 B \times l^5 \end{cases} \quad (2\text{-}25)$$

式中，$B$ 为投影点的大地纬度；$l = L - L_0$，$L$ 为投影点的大地经度，$L_0$ 为轴子午线的大地经度；$N$ 为投影点的卯酉圈曲率半径；$t = \tan B$；$\eta = e' \cos B$，$e'$ 为椭球第二偏心率。

当 $l = 0$ 时，从赤道起算的子午线弧长，其计算公式的一般形式为

$$X = a(1 - e^2)(A_0 B + A_2 \sin 2B + A_4 \sin 4B + A_6 \sin 6B + A_8 \sin 8B)$$

其中系数

$$A_0 = \quad 1 + \dfrac{3}{4}e^2 + \dfrac{45}{64}e^4 + \dfrac{350}{512}e^6 + \dfrac{11025}{16384}e^8;$$

$$A_2 = -\dfrac{1}{2}\left(\dfrac{3}{4}e^2 + \dfrac{60}{64}e^4 + \dfrac{525}{512}e^6 + \dfrac{17640}{16384}e^8\right);$$

$$A_4 = +\dfrac{1}{4}\left(\qquad \dfrac{15}{64}e^4 + \dfrac{210}{512}e^6 + \dfrac{8820}{16384}e^8\right);$$

$$A_6 = -\frac{1}{6}\left( \qquad\qquad +\frac{35}{512}e^6 + \frac{2520}{16384}e^8 \right);$$
$$A_8 = +\frac{1}{8}\left( \qquad\qquad\qquad\qquad +\frac{315}{16384}e^8 \right);$$
(2-26)

$e$ 为椭球第一偏心率。

根据大地坐标计算高斯平面坐标的公式，通常也称为高斯投影正算公式，其反算公式的形式如下：

$$\begin{cases} B = B_f - \dfrac{t_f}{2M_f N_f}y^2 + \dfrac{t_f}{24M_f N_f^3}(5+3t_f^2+\eta_f^2-9\eta_f^2 t_f^2)y^4 \\ \qquad -\dfrac{t_f}{720M_f N_f^5}(61+90t_f^2+45t_f^4)y^6 \\ l = \dfrac{1}{N_f \cos B_f}y - \dfrac{1}{6N_f^3 \cos B_f}(1+2t_f^2+\eta_f^2)y^3 \\ \qquad + \dfrac{1}{120N_f^5 \cos B_f}(5+28t_f^2+24t_f^4+6\eta_f^2+8\eta_f^2 t_f^2)y^5 \end{cases}$$
(2-27)

式中，$B_f$ 为底点纬度；下标 $f$ 表示与 $B_f$ 有关的量。底点纬度 $B_f$ 是高斯投影反算公式的重要量，其数学模型的形式为

$$B_f = B_0 + \sin 2B_0 \{K_0 + \sin^2 B_0 [K_2 + \sin^2 B_0 (K_4 + K_6 \sin^2 B_0)]\}$$
(2-28)

其中系数

$$B_0 = \frac{X}{a(1-e^2)A_0};$$
$$K_0 = \frac{1}{2}\left(\frac{3}{4}e^2 + \frac{45}{64}e^4 + \frac{350}{512}e^6 + \frac{11025}{16384}e^8\right);$$
$$K_2 = -\frac{1}{3}\left(\qquad \frac{63}{64}e^4 + \frac{1108}{512}e^6 + \frac{58239}{16384}e^8\right);$$
$$K_4 = +\frac{1}{3}\left(\qquad\qquad +\frac{604}{512}e^2 + \frac{68484}{16384}e^8\right);$$
$$K_6 = -\frac{1}{3}\left(\qquad\qquad\qquad +\frac{26328}{16384}e^8\right)。$$

$X$ 为当 $y=0$ 时 $x$ 值所对应的子午线弧长，公式(2-28)是计算底点纬度数学模型的普遍形式。当椭球的几何参数一经确定，公式中的系数便为常数。数学分析表明，如果要求底点纬度的计算精度不高于 $1''\times 10^{-4}$，则式中含 $e^8$ 的项便可忽略。

目前，我国区域性控制测量的数据处理，各种比例尺地形图以及数字化电子地图的制作，普遍应用上述平面直角坐标系统。了解有关的基本知识，对 GNSS 定位成果的应用极为重要。

## 2.5 GNSS 坐标系

在 GNSS 导航定位中，用于计算卫星位置的轨道参数通常是在与地球固联的地心坐标系

中完成的,用户利用这些轨道参数来计算卫星在观测时刻的位置,并将其作为空间的已知点,进而用其确定用户所在的位置。因此,在 GNSS 导航定位中,直接定位(单点定位或相对定位)结果应与数据处理中所采用的轨道参数同属于一个坐标系。本节将简要介绍几种卫星导航定位所采用的坐标系统。

### 2.5.1 WGS-84 坐标系

在全球定位系统中,卫星主要被作为位置已知的空间观测目标。为了确定地面观测站位置,卫星的瞬间位置也应换算到统一的地球坐标系统中。

在 GPS 试验阶段,卫星的瞬间位置计算曾采用了 1972 年世界大地坐标系统(world geodetic system, 1972, WGS-72),从 1987 年 1 月 10 日开始采用了改进后的大地坐标系统 WGS-84 坐标系。世界大地坐标系统(WGS)是属于协议地球坐标系(CTS)的一种。

WGS-84 坐标系的原点为地球质心 $M$;$Z$ 轴指向 BIH1984.0 定义的协议地极(conventional terrestrial pole,CTP);$X$ 轴指向 BIH 1984.0 定义的零子午面与 CTP 相应的赤道的交点;$Y$ 轴垂直于 $XMZ$ 平面,且与 $Z$、$X$ 轴构成右手坐标系(图 2-13)。

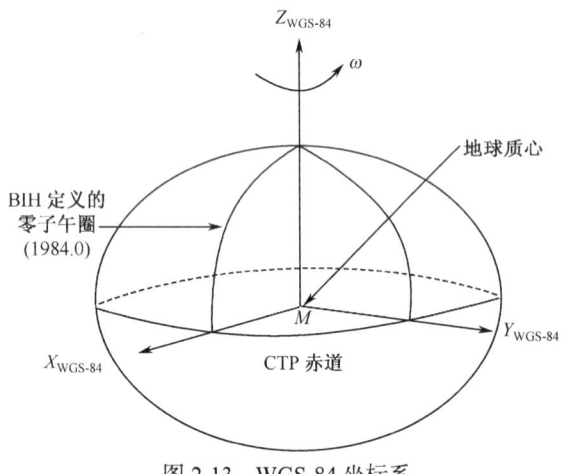

图 2-13 WGS-84 坐标系

WGS-84 坐标系采用的椭球,称为 WGS-84 椭球,其常数为国际大地测量学与地球物理学联合会(IUGG)第 17 届大会的推荐值,4 个主要参数如下:

(1) 长半径 $a = 6378137 \pm 2\text{m}$。

(2) 地球(含大气层)引力常数 $GM = (3986005 \pm 0.6) \times 10^8 \text{m}^3/\text{s}^2$。

(3) 正常二阶带谐系数 $C2.0 = (-484.16685 \pm 0.6) \times 10^{-6}$。

(4) 地球自转角速度 $\omega = (7292115 \pm 0.1500) \times 10^{-11} \text{rad/s}$。

利用上述 4 个基本参数,可计算出 WGS-84 椭球的扁率为

$$f = 1/298.257223563$$

### 2.5.2 2000 国家大地坐标系

北斗卫星导航系统采用的是 2000 国家大地坐标系(CGCS2000),该坐标系是利用国家 GNSS 大地网、重力网及常规天文大地网联合平差而建立的三维地心坐标系统。

**1. 2000 国家大地坐标系的定义**

(1) 原点位于包括海洋和大气在内的整个地球的质量中心。

(2) $Z$ 轴由原点指向历元 2000.0 的地球参考极所在的方向,该历元的指向由国际时间局给定的历元为 1984.0 的初始指向推算,定向时间演化保证相对于地壳不产生残余的地球旋转。

(3) $X$ 轴由原点指向格林尼治参考子午线与地球赤道面(历元 2000.0)的交点。
(4) $Y$ 轴与 $Z$ 轴、$X$ 轴构成右手坐标系。
(5) 尺度采用广义相对论意义下的尺度。

**2. 2000 国家大地坐标系椭球参数**
(1) 长半轴 $a = 6378137$m。
(2) 地心引力常数(含大气层)$GM = 3.986004418 \times 10^{14}$m$^3$/s$^2$。
(3) 地球自转角速度 $\omega = 7.292115 \times 10^{-5}$rad/s。
(4) 扁率 $f = 1/298.257222101$。

2000 国家大地坐标系是我国三维地心大地测量的基准,其几何参数与物理参数统一。该坐标系的建立使我国大地坐标框架的地心坐标精度由 ±5m 提高到 ±3m,重力基本点的精度由 ±25×10$^{-8}$m/s$^2$ 提高到 ±7×10$^{-8}$m/s$^2$。

根据目前测量技术水平的精度(坐标测量精度 ±1mm,重力测量精度 ±1×10$^{-6}$m/s$^2$),因 CGCS2000 椭球和 WGS-84 椭球的扁率差异而引起同一点在两坐标系中的坐标变化和重力变化是可以忽略。因此,CGCS2000 坐标系和 WGS-84 坐标系相容,也就是说同一点在两坐标系中的坐标相同。

### 2.5.3 PZ-90.02 坐标系

GLONASS 采用的坐标系是 PZ-90.02 地心地固大地坐标系,其坐标系的定义为:原点位于地球质心,$Z$ 轴指向 IERS 推荐的 CIP 方向,$X$ 轴指向地球赤道与 BIH 所定义的零子午线交点,$Y$ 轴与 $X$ 轴及 $Z$ 轴构成右手坐标系。PZ-90.02 大地坐标系所采用的椭球体的基本参数为:长半轴 $a = 6378136$m,地心引力常数(含大气层)$GM = 3.986004418 \times 10^{14}$m$^3$/s$^2$,地球自转角速度 $\omega = 7.292115 \times 10^{-5}$rad/s,扁率 $f = 1/298.257839303$。

地球上一点在 PZ-90.02 坐标系中的坐标和 WGS-84 坐标系中的坐标差异可达 20m。因此,通过地面点在两坐标系中的坐标差求解转换参数,或利用卫星在两坐标系中的坐标求解转换参数,求取多组参数。另外,俄罗斯于 1997 年在太空利用激光跟踪测轨数据,采用了从太空控制中心获取的 GLONASS 精密星历,并顾及地球极移对卫星轨道的影响,求取了由 PZ-90.02 坐标系转换至 WGS-84 坐标系的转换参数。

平移 3 参数:-0.47m、-0.51m、-1.56m。

旋转角 3 参数:$0.076 \times 10^{-6}$rad、$0.017 \times 10^{-6}$rad、$-1.728 \times 10^{-6}$rad。

尺度参数:$22 \times 10^{-9}$。

### 2.5.4 ITRF96 坐标系

Galileo 采用的坐标系是基于 Galileo 地球参考框架(Galileo terrestrial reference frame,GTRF)的 ITRF96 大地坐标系,其坐标系的定义为:原点位于地球质心,$Z$ 轴指向 IERS 推荐的 CIP 方向,$X$ 轴指向地球赤道与 BIH 定义的零子午线交点,$Y$ 轴与 $X$ 轴及 $Z$ 轴构成右手坐标系。ITRF96 大地坐标系所采用的椭球体的基本参数为:长半轴 $a = 6378137$m,地心引力常数(含大气层)$GM = 3.986004418 \times 10^{14}$m$^3$/s$^2$,地球自转角速度 $\omega = 7.2921151467 \times 10^{-5}$rad/s,扁率 $f = 1/298.257222101$。

## 2.6 时间系统

### 2.6.1 时间的概念

**1. 时间系统的意义**

在空间科学技术中,时间系统是精确描述天体和人造天体运行位置及其相互关系的重要基准,也是人类利用卫星进行定位的重要基准。

在卫星定位中,时间系统的重要意义主要表现为以下几点。

(1) 卫星作为一个高空观测目标,其位置是不断变化的。在给出卫星运行位置的同时,必须给出相应的时刻。若要求 GNSS 卫星的位置误差小于 1cm 时,则相应的时刻误差应小于 $2.6 \times 10^{-6}$ s。

(2) GNSS 定位是通过接收和处理 GNSS 卫星发射的无线电信号来确定用户接收机(即观测站)至卫星间的距离,进而确定观测站的位置的。因此,要精确测定观测站至卫星的距离,就必须精确地测定 GNSS 卫星信号的传播时间。若要求距离误差小于 1cm,则信号传播时间的测定误差应不超过 $3 \times 10^{-11}$ s。

(3) 由于地球的自转,在天球坐标系中,地球上点的位置是不断变化的。若要求赤道上一点的位置误差不超过 1cm,则时间的测定误差应小于 $2 \times 10^{-5}$ s。

显然,利用 GNSS 进行精密的导航与测量,尽可能获得高精度的时间信息,其意义至关重要。为此,了解有关时间的基本概念,对于 GNSS 应用来说极为必要。

**2. 时间的概念**

时间包含有"时刻"和"时间间隔"两个概念,所谓时刻,即发生某一现象的瞬间。在天文学和卫星定位中,所获数据对应的时刻也称为历元。而时间间隔,是指发生某一现象所经历的过程,是这一过程始末的时刻之差。对于时间间隔测量,称为相对时间测量,而时刻测量相应地称为绝对时间测量。

时间测量,必须建立一个测量基准,即时间的单位(尺度)和原点(起始历元)。其中时间的尺度是关键,而原点可以根据实际应用选定。一般来说,任意一个周期运动现象,只要符合以下要求,即可以用来确定时间的基准:

(1) 运动应是连续的,具有周期性的。
(2) 运动的周期应具有充分的稳定性。
(3) 运动的周期必须具有复现性,即在任何地方和时间,都可以通过观测和实验,复现这种周期性运动。

在卫星导航定位中,通常采用的时间系统主要有三种,即恒星时、力学时和原子时。

### 2.6.2 世界时系统

世界时系统是以地球自转为基准的一种时间系统。然而,由于观察地球自转运动时,所选的空间参考点不同,世界时系统又分为恒星时、平太阳时和世界时。

**1. 恒星时**(sidereal time,ST)

若以春分点为参考点,由春分点的周日视运动所确定的时间系统,称为恒星时。

春分点连续两次经过本地子午圈的时间间隔为一恒星日,一个恒星日含 24 个恒星时。由此可见，恒星时在数值上等于春分点相对于本地子午圈的时角。因为恒星时是以春分点通过本地子午圈时为原点计算的，同一瞬间对不同测站的恒星时不同，所以恒星时具有地方性，亦称地方恒星时。

因为岁差、章动的影响，严格地讲，地球自转轴在空间的指向是变化的，使得春分点在天球上的位置不固定，所以，对于同一历元，则有真北天极和平北天极，也有真春分点和平春分点之分。因此，恒星时也有真恒星时与平恒星时之分。恒星时是以地球自转为基础，并与地球自转角度相对应的时间系统。

**2. 平太阳时(mean solar time，MT)**

根据天体运动的开普勒定律可知，太阳的视运动轨道为椭圆，且速度是不均匀的。若以真太阳作为观察地球自转运动的参考点，那将不符合建立时间系统的基本要求。为此，假设一参考点视运动速度等于真太阳周年运动的平均速度，且其在天球赤道上做周年视运动，该参考点称为平太阳。平太阳连续两次经过本地子午圈的时间间隔为一个平太阳日，一个平太阳日包含 24 个平太阳时。与恒星时一样，平太阳时也具有地方性，故常称为地方平太阳时。

**3. 世界时(universal time，UT)**

以平子夜为零时起算的格林尼治平太阳时称为世界时。

若以 GAMT 表示平太阳相对格林尼治子午圈的时角，则世界时与平太阳时之间的关系为

$$UT = GAMT + 12(h) \tag{2-29}$$

世界时与平太阳时的尺度基准相同，其差别仅在于起算点不同。世界时系统是以地球的自转为基础的。因为地球自转轴在地球内部的位置并不固定(即极移现象)，并且地球的自转速度也不均匀，它不仅包含有长期的减缓趋势，而且还含有一些短周期变化和季节性的变化，情况甚为复杂。

由于地球自转的不稳定性，就破坏了上述建立时间系统的基本条件。为了弥补这一缺陷，从 1956 年开始，便在世界时中引入了极移改正和地球自转速度的季节性改正。由此得到相应的世界时可表示为 UT1 和 UT2，而未经改正的世界时可表示为 UT0，它们之间的关系为

$$\begin{aligned} UT1 &= UT0 + \Delta\lambda \\ UT2 &= UT1 + \Delta TS \end{aligned} \tag{2-30}$$

这里，$\Delta\lambda$ 为极移改正，其表达式为

$$\Delta\lambda = 1/15(x_p \sin\lambda - y_p \cos\lambda)\tan\varphi \tag{2-31}$$

式中，$\varphi$、$\lambda$ 为天文纬度与经度；$\Delta TS$ 为地球自转速度季节性变化的改正，从 1962 年国际上采用的经验模型为

$$\Delta TS = 0.002\sin 2\pi t - 0.002\cos 2\pi t - 0.006\sin 4\pi t + 0.007\cos 4\pi t \tag{2-32}$$

式中，$t$ 是白塞尔年岁首回归年的小数部分。

世界时经过极移改正后，仍含有地球自转速度变化的影响。而 UT2 虽经地球自转季节性变化的改正，但仍含有地球自转速度长期变化和不规则变化的影响，由此可见 UT2 仍不是一个严格均匀的时间系统。

世界时系统在天文学、大地测量学中有着广泛的应用。在 GNSS 测量中，主要用于天球坐标系与地球坐标系之间的转换等。

## 2.6.3 原 子 时

随着空间科学技术的发展和应用,对时间准确度和稳定度的要求不断提高,以地球自转为基础的世界时系统已难以满足要求。因此,20 世纪 50 年代便建立了以物质内部原子运动的特征为基础的原子时系统(atomic time,AT)。

因为物质内部的原子跃迁所辐射和吸收的电磁波频率不但具有很高的稳定性,而且也具有复现性,所以,由此而建立的原子时系统为理想的时间系统。

原子时秒长的定义为:位于海平面上的 $Cs^{133}$ 原子基态有两个超精细能级,在零磁场中跃迁辐射振荡 9192631770 周所持续的时间为一原子秒。该原子秒作为国际制秒(SI)的时间单位。

该定义严格地确定了原子时的尺度,而原子时的原点由下式确定:

$$AT = UT2 - 0.0039(s) \tag{2-33}$$

虽然原子时得到了迅速的发展和广泛的应用,许多国家也都建立了各自的地方原子时系统,但因为不同的地方原子时之间存在着差异,这样给其应用带来了诸多不便。所以,国际上大约有 100 座原子钟,通过相互对比和数据处理,推算出统一的原子时系统,称为国际原子时(international atomic time,IAT)。

因为原子时是通过原子钟来守时和授时的,所以,原子钟振荡器频率的准确度和稳定度,决定了原子时的精度。常用的几种频率标准的特性如表 2-2 所示。

**表 2-2 几种常用频标的特性比较**

| 特征值 | | 振荡器的种类 | | | |
|---|---|---|---|---|---|
| | | 晶体振荡器 | 铷气泡 | 铯原子束 | 氢原子激射器 |
| 相对频率稳定度 | 1s | $10^{-6} \sim 10^{-12}$ | $2 \times 10^{-11} \sim 5 \times 10^{-12}$ | $5 \times 10^{-11} \sim 5 \times 10^{-13}$ | $5 \times 10^{-13}$ |
| | 1d | $10^{-6} \sim 10^{-12}$ | $5 \times 10^{-12} \sim 5 \times 10^{-13}$ | $10^{-13} \sim 10^{-14}$ | $10^{-13} \sim 10^{-14}$ |
| 钟误差达 1μs 的时间 | | 1s～10d | 1～10d | 7～30d | 7～30d |
| 相对频率再现性 | | 不可应用,必须校准 | $10^{-10}$ | $10^{-11} \sim 2 \times 10^{-12}$ | $5 \times 10^{-13}$ |
| 相对频率漂移 | | $10^{-9} \sim 10^{-11}/d$ | $10^{-11}/月$ | $<5 \times 10^{-13}/d$ | $<5 \times 10^{-13}/a$ |

在卫星测量学中,原子时被作为高精度的时间基准,用于精密测定卫星信号传播的时间。

## 2.6.4 力 学 时

在天文学中,天体的星历是根据天体动力学理论建立的运动方程而计算的,而运动方程中所采用的独立变量是时间参数 $T$,这个数学变量 $T$ 被定义为力学时(dynamic time,DT)。

根据所述运动方程和对应参考点的不同,力学时可分为两种:

(1) 太阳系质心力学时(barycentric dynamic time,BDT),它是相对于太阳系质心的运动方程所采用的时间参数。

(2) 地球质心力学时(terrestrial dynamic time,TDT),它是相对于地球质心的运动方程所采用的时间参数。

在 GNSS 定位中,地球质心力学时作为一种严格均匀的时间尺度和独立变量,被用于描述卫星的运动。

地球质心力学时(TDT)的基本单位是国际制秒(SI)，它与原子时的尺度一致。国际天文学联合会(IAU)决定，于 1977 年 1 月 1 日原子时(IAT)0 时与地球质心力学时的关系为

$$TDT = IAT + 32.184(s) \tag{2-34}$$

若以 $\Delta T$ 表示地球质心力学时(TDT)同世界时(UT1)之间的时差，则由上式可得

$$\Delta T = -TDT - UT1 = IAT - UT1 + 32.184(s) \tag{2-35}$$

该差值可通过国际原子时与世界时的对比而确定，通常载于天文年历中。

### 2.6.5 协调世界时

在大地天文测量、导航和空间飞行器的跟踪定位等部门，仍需要以地球自转为基础的世界时。然而，因为地球自转速度长期变慢的趋势，世界时每年比原子时约慢 1s，两者之差逐年累积。为了避免播发的原子时与世界时之间产生过大的偏差而给应用者带来不便，因此，从 1972 年便采用了一种以原子时秒长为基础，在时刻上尽量接近于世界时的一种折中的时间系统，这种时间系统称为协调世界时(coordinated universal time，UTC)，或简称协调时。

协调世界时的秒长，严格等于原子时的秒长，采用闰秒(或跳秒)的办法，使协调时与世界时的时刻始终保持相接近，当协调时与世界时的时刻差超过 ± 0.9(s)时，便在协调时中引入 1 闰秒(正或负)，闰秒一般在 12 月 31 日或 6 月 30 日末加入。具体日期则由国际地球自转服务组织(IERS)安排并通告。

协调时与国际原子时之间的关系可定义为

$$IAT = UTC + 1s \times n \tag{2-36}$$

式中，$n$ 为调整参数，其值由 IERS 发布。

为使用世界时的用户得到精度较高的 UT1 时刻，时间服务部门在播发协调时(UTC)时号的同时，给出 UT1 与 UTC 的差值。

目前，几乎所有国家时号的播发，均以 UTC 为基准。时号播发的同步精度约为 ± 0.2ms。若考虑到电离层折射的影响，在一个台站上接收世界各国的时号，其误差将不会超过 ± 1ms。

### 2.6.6 GNSS 时间系统

时间在卫星测量中是一个基本的观测量，其精度直接关系着卫星测量定位的精度。因此，为了提高卫星导航定位的精度，四大卫星系统建立了各自的时间系统。

**1. GPS 时间系统**

为了精密导航和测量定位的需求，GPS 建立了专用的时间系统。该系统可简写为 GPST，并由 GPS 主控站的原子钟来控制。

虽然 GPST 属于原子时系统，其秒长与国际原子时相同，但却与国际原子时的原点不同。所以，GPST 与 IAT 在任一瞬间存在着一个常量的偏差，其关系可表达为

$$IAT - GPST = 19s \tag{2-37}$$

规定 GPST 与协调时的时刻于 1980 年 1 月 6 日 0 时相一致，其后随着时间的推移，两者之间的差别将表现为秒的整倍数。

考虑到关系式(2-36)和式(2-37)，GPST 与协调时之间的关系可进一步表示为

$$GPST = UTC + 1s \times n - 19s \tag{2-38}$$

从 1980 年到 1987 年，其调整参数 $n=23$，两个时间系统之差为 4s，而至 1992 年调整参数 $n=26$，上述两个时间系统之差已达 7s。

在 GNSS 导航及定位中，常用的几种主要时间系统及其关系如图 2-14 所示。

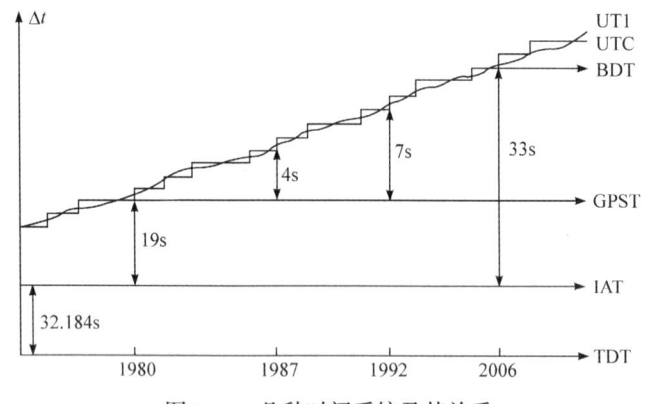

图 2-14 几种时间系统及其关系

### 2. BDS 时间系统

BDS 的时间基准为北斗时(BDS time，BDT)，BDT 采用了国际单位制(SI)的秒为基本单位，并连续累计，起始历元为 2006 年 1 月 1 日协调世界时 00 时 00 分 00 秒，采用了周和周内秒计数。BDT 通过国家授时中心(NTSC)与国际 UTC 建立联系，BDT 与 UTC 的偏差保持在 100 ns 以内，BDT 与 UTC 之间的闰秒信息在导航电文中播报。在 BDT 的起始历元，UTC 已经闰秒了 14 次。因此，BDT 比 GPST 慢了 14s(图 2-14)。即

$$\text{BDT} = \text{GPST} - 14\text{s} \tag{2-39}$$

### 3. GLONASS 时间系统

GLONASS 时间系统(GLONASS time，GLOT)是基于苏联世界协调时建立，以莫斯科时间为参考，包含闰秒，并与国家时间局 BIH 闰秒一致。GLOT 与 UTC 之间存在 3h 的偏差，除常数偏差外，由于 GLONASS 系统时间和 UTC 时间的主控钟不同，其时钟维持时间的尺度各异，两个时间系统存在同步误差 $C_1$，其量级为微秒级。因此，GLOT 与 UTC 的转换关系为

$$\text{UTC} + 3\text{h} = \text{GLOT} + C_1 \tag{2-40}$$

应该注意的是，在卫星接收机的自主交换格式 3.0 版本中，对 GLOT 记录已经取消了 3h 的区差。与 GPS 时间一样，更精确的计算参数可以从 GLONASS 导航电文中提取，除去跳秒的影响和 3h 的地区时差，GPS 与 GLONASS 时间还存在 100ns 到数百纳秒的差异。

### 4. Galileo 时间系统

Galileo 时间系统(Galileo system time，GST)是一个连续的时间系统，与国际原子时保持同步，其同步标准差小于 33ns，且在全年 95%的时间都小于 50ns。考虑到与 GPS 的兼容性和互用性，GST 的起算时间为 1999 年 8 月 22 日协调世界时的 00 时 00 分 00 秒。GST 以周数和从周六到周日午夜开始计算的周内时间方式计算，当周数满 4096 后再重新开始计算。GST 与 IAT 整周的时间关系式为

$$\text{GST} - \text{IAT} = 13\text{s} \tag{2-41}$$

值得注意的是，虽然 GST 与 GPST 之间相差 1024 周和一个很小的偏差，但在 RINEX 文件中常将 Galileo 的周数与 GPS 的周数设为一致。

## 5. GNSS 时间系统

从以上卫星导航定位的时间系统可见，各 GNSS 时间系统都是以相应 UTC 为参照，采用原子时为基准，不同之处在于参照的 UTC 类型、起始历元、时区及闰秒上。总体上可将其分为两类，一类为连续型，另一类为非连续型。连续的计时包含 GPST、BDT 和 GST，它们的表示方法采用了周和秒；非连续的是 GLOT，它直接采用了 UTC 的时刻表示。它们之间的关系见表 2-3。

表 2-3　各 GNSS 时间系统比较

| GNSS 名称 | GPS | BDS | Galileo | GLONASS |
|---|---|---|---|---|
| 时间系统简称 | GPST | BDT | GST | GLOT |
| UTC 维持机构简称 | USNO | NTSC | GSTP | SU |
| 起始/参考历元 | 1980-01-06 00-00-00 | 2006-01-01 00-00-00 | 1999-08-22 00-00-00 | 莫斯科标准时间 |
| 表示方法 | 周、周秒 | 周、周秒 | 周、周秒 | 年、日、时、分、秒 |
| 是否闰秒 | 否 | 否 | 否 | 是 |

在 GNSS 的集成应用中，必须将不同的时间系统转换到统一的时间基准上来。虽然 UTC 具有通用性及表达直观的优点，但不连续的时间系统在应用中极不方便，因此并不适合作为 GNSS 时间系统的统一。因为 GPST 不但具有计时连续和表达简洁的特点，而且多数 GNSS 时间系统直接或间接地以 GPST 作为参照，所以可采用 GPST 作为时间转换基准，以便统一各 GNSS 时间系统。

## 习　题

1. 解释下列名词：

天球　大地经纬度　天文经纬度　黄道　春分点　赤经　赤纬　岁差　章动　极移　世界时　原子时　力学时　协调时　GNSS 时间系统

2. 简述天球坐标系与地球坐标系的区别。
3. 简述协议天球坐标系与瞬时天球坐标系的区别。
4. 简述国家坐标系与独立坐标系的区别。
5. 简述协议天球坐标系转换到协议地球坐标系的转换过程。
6. 简述高斯平面直角坐标系与 UTM 坐标系之间的区别。
7. 简述 GNSS 定位时间系统与协调世界时 UTC 之间的区别。
8. 简述恒星时与平太阳时的区别。

# 第 3 章 卫星运动及 GNSS 卫星信号

在利用 GNSS 进行导航定位时，必须已知其在空间的瞬时位置，而研究 GNSS 卫星在协议地球坐标系中的瞬时位置，就是 GNSS 卫星的轨道理论。本章主要介绍卫星无摄运动、受摄运动、卫星瞬时位置的计算及 GNSS 卫星信号。

## 3.1 概　　述

卫星在空间运行的轨迹称为轨道，描述卫星位置及状态的参数，称为卫星轨道参数，而轨道参数取决于卫星所受到的各种力的作用。

人造地球卫星在空间运行时，除了受地球重力场的引力作用外，还受到太阳、月亮及其他天体引力的影响，同时还受到大气的阻力、太阳光压力及地球潮汐的作用力等因素的影响。因此，卫星的实际运动轨道非常复杂，难以用简单的数学模型来描述。然而，在所有作用力中，地球的引力是主要的。如果将地球的引力视为 1，则其他作用力均小于 $10^{-5}$。为了研究卫星运动的基本规律，可将卫星受到的作用力分为两类：一类是地球质心引力，即将地球看作密度均匀并由无限多的同心球层所构成的圆球，它对球外一点的引力等效于质量集中于球心的质点所产生的引力，即中心引力。它决定着卫星运动的基本规律和特征，由此所决定的卫星轨道，称为理想的轨道，它是研究卫星实际轨道的基础。另一类是摄动力，也称非中心引力，它包括地球非球形对称的作用力、日月引力、大气阻力、光辐射压力及地球潮汐作用力等。摄动力与中心引力相比，仅为 $10^{-3}$ 量级。在摄动力的作用下，将使卫星的运动产生一些小的附加变化而偏离理想轨道，而这种偏离量的大小也随着时间而发生变化。

在考虑摄动力的作用下的卫星运动，称为受摄运动，相应的卫星轨道称为受摄轨道。而理想的卫星轨道，一般为无摄轨道。

我们考虑到摄动力的影响较小，因此对卫星轨道的研究一般分为两步进行。第一，忽略所有的摄动力，仅考虑地球质心引力来研究卫星的运动，通常称为二体问题。二体问题下的卫星运动虽然是一种近似描述，但它能得到卫星运动方程的严密解。第二，研究各种摄动力对卫星运动的影响量值，并对卫星的无摄轨道加以修正，从而确定卫星受摄运动轨道的瞬时特征。

## 3.2 卫星的无摄运动

### 3.2.1 二体意义下卫星的运动方程

我们知道，卫星在预定的轨道上运行，如果忽略摄动力的影响，则地球可视为质量全部集中于质心的质点，卫星也可以看作是质量集中的质点。

根据万有引力定律，地球受卫星的引力为

$$\boldsymbol{F}_\mathrm{e} = \frac{GM \cdot m}{r^2} \cdot \frac{\boldsymbol{r}}{r} \tag{3-1}$$

式中，$M$ 为地球质量；$m$ 为卫星质量；$G = 6.672 \times 10^{-8} \mathrm{cm}^3/(\mathrm{g} \cdot \mathrm{s}^2)$ 为万有引力常数；$r$ 为卫星在(历元)平天球坐标系中的位置向量；$r = |r|$ 为向量 $r$ 的模，即卫星至地球的距离。

根据牛顿第三定律，卫星受地球的引力 $F_s$，其大小与 $F_e$ 相同而方向相反，即

$$F_s = -\frac{GM \cdot m}{r^2} \cdot \frac{r}{r} \tag{3-2}$$

根据牛顿第二定律，可得卫星及地球的运动方程为

$$m\frac{\mathrm{d}^2 r}{\mathrm{d}t^2} = -\frac{GMm}{r^2} \cdot \frac{r}{r}$$
$$M\frac{\mathrm{d}^2 r}{\mathrm{d}t^2} = \frac{GMm}{r^2} \cdot \frac{r}{r} \tag{3-3}$$

由此可得，在二体问题下卫星相对地球的运动方程

$$\frac{\mathrm{d}^2 r}{\mathrm{d}t^2} = -\frac{G(M+m)}{r^2} \cdot \frac{r}{r} \tag{3-4}$$

因为卫星质量(约 774kg)远小于地球质量(约 $5.97 \times 10^{21}$t)，所以，通常略去卫星的质量 $m$，并记 $\mu = GM$ 为地球引力常数。卫星在上述地球引力场中的无摄运动称为开普勒运动，其规律可用开普勒定律来描述。

### 3.2.2 开普勒定律

**1. 开普勒第一定律**

卫星运动的轨道是一个椭圆，而该椭圆的一个焦点与地球的质心重合。即在中心引力场中，卫星绕地球运行的轨道面，是一个通过地球质心的静止的平面。卫星轨道椭圆被称为开普勒椭圆，其形状和大小保持不变。在椭圆轨道上，卫星离地球质心(简称地心)最远的一点称远地点，而离地心最近的一点称近地点，它们在惯性空间的位置也是固定不变的(图 3-1 和图 3-2)。

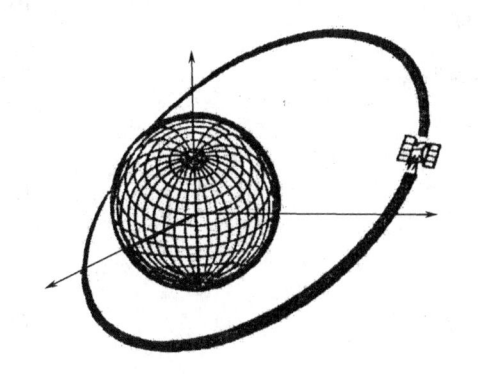

图 3-1　卫星绕地球运行的轨道　　　　图 3-2　开普勒椭圆

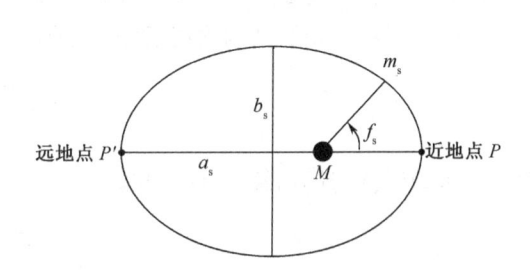

根据公式(3-4)的解，可得卫星绕地球质心运动的轨道公式为

$$r = \frac{a_s(1-e_s^2)}{1+e_s \cos f_s} \tag{3-5}$$

式中，$r$ 为卫星的地心距离；$a_s$ 为开普勒椭圆的长半径；$e_s$ 为开普勒椭圆的偏心率；$f_s$ 为真

近点角，它描述了任意时刻卫星在轨道上相对近地点的位置，是时间的函数，其定义如图 3-2 所示。

**2. 开普勒第二定律**

卫星在过地球质心的平面内运动，其向径在相同的时间内所扫过的面积相等。

该定律可根据公式(3-4)的能量积分而得出。在轨道上运行的卫星，与任何其他的物体一样，也具有两种能量，即位能(或势能)和动能。位能仅受地球重力场的影响，其大小和卫星在轨道上所处的位置有关。在近地点时其位能最小，而在远地点时为最大。卫星在任一时刻 $t$ 所具有的位能可表示为 $-\dfrac{GMm_s}{r}$。

而动能，则是由卫星的运动引起的，其大小是卫星运动速度的函数。若取卫星的运动速度为 $v_s$，则其动能为 $\dfrac{1}{2}m_s v_s^2$。根据能量守恒定律，卫星在运动过程中，其位能和动能之和应保持总量不变。即

$$\frac{1}{2}m_s v_s^2 - \frac{GMm_s}{r} = 常量 \tag{3-6}$$

由此可见，卫星运行在近地点时，其动能为最大，在远地点时动能为最小。这表明，卫星在椭圆轨道上的运行速度是不断变化的，且在近地点处速度为最大，而在远地点时速度为最小(图 3-3)。

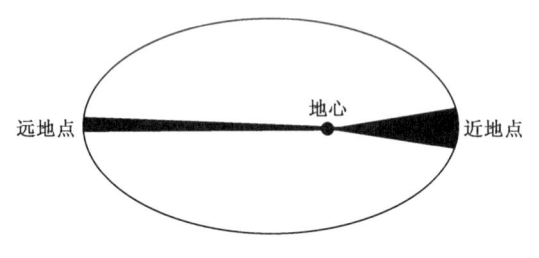

图 3-3　卫星地心向径在相同时间扫过的面积示意图

**3. 开普勒第三定律**

卫星运行周期的平方，同轨道椭圆长半径的立方之比为一常量，而该常量等于地球引力常数 $GM$ 的倒数。

开普勒第三定律的数学表达形式为

$$\frac{T_s^2}{a_s^3} = \frac{4\pi^2}{GM} \tag{3-7}$$

式中，$T_s$ 为卫星运动的周期，即卫星绕地球运行一周所需的时间。

若假设卫星运动的平均角速度为 $n$，则有

$$n = \frac{2\pi}{T_s} \quad (\text{rad/s}) \tag{3-8}$$

于是，将公式(3-8)代入公式(3-7)可得

$$n^2 a_s^3 = GM \tag{3-9}$$

或

$$n = \left(\frac{GM}{a_s^3}\right)^{\frac{1}{2}} \tag{3-10}$$

显然，当开普勒椭圆的长半径确定后，卫星运行的平均角速度便随之确定，且保持不变。公式(3-10)对卫星位置的计算具有重要意义。

### 3.2.3 无摄卫星运动的轨道参数

由开普勒第一定律可知，卫星运动的轨道是通过地心平面上的一个椭圆，且椭圆的一个焦点与地心相重合。而确定椭圆的形状和大小至少需要两个参数，即椭圆的长半轴 $a_s$ 及其偏心率 $e_s$（或椭圆的短半轴 $b_s$）。另外，为确定任意时刻卫星在轨道上的位置，尚需要一个参数，即真近点角 $f_s$。

参数 $a_s, e_s, f_s$ 唯一地确定了卫星轨道的形状、大小以及卫星在轨道上的瞬时位置。但是，卫星轨道平面与地球体的相对位置和方向还无法确定。要确定卫星轨道与地球体之间的相互关系，亦可表达为确定开普勒椭圆在天球坐标系中的位置和方向。根据开普勒第一定律可知，轨道椭圆的一个焦点与地球的质心重合，为了确定该椭圆在上述坐标系中的方向，尚需三个参数。

卫星的无摄运动，一般可通过一组适宜的参数来描述。而这组参数的选择并不是唯一的。其中一组常用的参数称为开普勒轨道参数(图 3-4)，或称开普勒轨道根数。这组参数的惯用符号及其定义如下：

$a_s$ 为轨道椭圆的长半轴； $e_s$ 为轨道椭圆的偏心率。

以上两个参数，确定了开普勒椭圆的形状和大小，称为轨道椭圆形状参数。

$\Omega$ 为升交点的赤经，即在地球赤道平面上，升交点与春分点之间的地心夹角(升交点，即当卫星由南向北运行时轨道与地球赤道面的一个交点)。

$i$ 为轨道面的倾角，即卫星轨道平面与地球赤道面之间的夹角。

以上两个参数，唯一地确定了卫星轨道平面与地球体之间的相对位置，称为轨道平面位置参数。

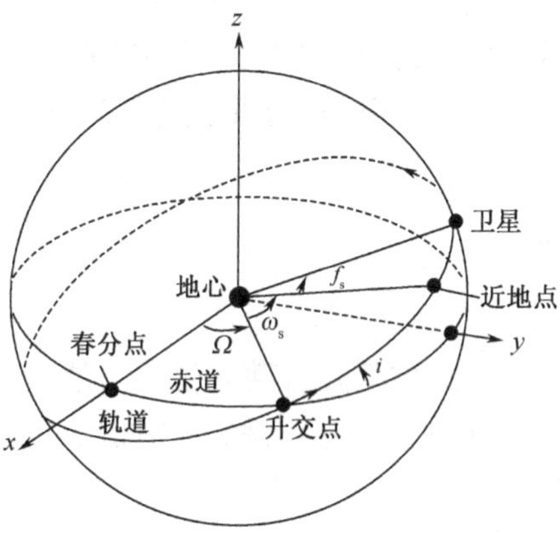

图 3-4 开普勒轨道参数

$\omega_s$ 为近地点角距，即在轨道平面上，升交点与近地点之间的地心夹角，这一参数表达了开普勒椭圆在轨道面上的定向，称为轨道椭圆定向参数。

$f_s$ 为卫星的真近点角，即在轨道平面上，卫星与近地点之间的地心角距。该参数为时间的函数，它确定了卫星在轨道上的瞬时位置。

应当指出，选用上述 6 个参数来描述卫星运动的轨道是合理而必要的。但在特殊情况下，例如，当卫星轨道为一圆形轨道，即 $e_s = 0$ 时，参数 $\omega_s$ 和 $f_s$ 便失去意义。但对于 GNSS 卫星来说，$e_s \approx 0.01$，所以，采用上述 6 个轨道参数是适宜的。至于参数 $a_s$、$e_s$、$\Omega$、$i$、$\omega_s$ 的大小，则是由卫星的发射条件决定的。

参数 $a_s$、$e_s$、$\Omega$、$i$、$\omega_s$ 和 $f_s$ 所构成的坐标系统，通常称为轨道坐标系统。在该系统中，当 6 个轨道参数一经确定，卫星在任一瞬间相对地球体的空间位置及其速度即可确定。

### 3.2.4 真近点角 $f_s$ 的计算

因为卫星无摄运动的 6 个开普勒轨道参数中，只有真近点角 $f_s$ 是时间的函数，其余参数均为常数。所以，计算卫星瞬时位置的关键，就在于计算参数 $f_s$，从而确定卫星的空间位置与时间的关系。因为真近点角 $f_s$ 无法直接计算(卫星在轨道上运行速度不断变化),所以需要引进有关计算真近点角的两个辅助参数 $E_s$ 和 $M_s$。

$E_s$ 为偏近点角。如图 3-5 所示,假设过卫星质心 $m_s$ 作平行于椭圆短半轴的直线,则 $m'$ 为该直线与近地点至椭圆中心连线的交点,$m''$ 为该直线与以椭圆中心为原点,以 $a_s$ 为半径所做大圆的交点。$E_s$ 是在椭圆平面上,近地点 $P$ 至 $m''$ 点的圆弧所对应的圆心角。

$M_s$ 为平近点角。它是一个假设量,如果卫星在轨道上运动的平均角速度为 $n$,则平近点角由下式定义:

$$M_s = n(t - t_0) \tag{3-11}$$

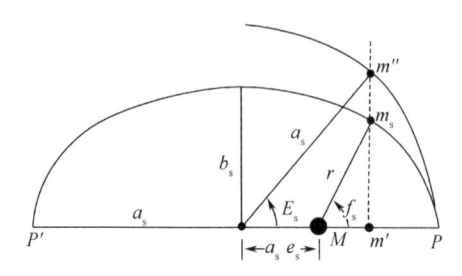

图 3-5 真近点角与偏近点角

式中,$t_0$ 为卫星过近地点的时刻;$t$ 为观测卫星的时刻。由公式(3-11)可见,平近点角仅为卫星平均速度与时间的线性函数。因为,对于任一确定的卫星而言,其平均角速度是一个常数。所以,卫星于任意观测时刻 $t$ 的平近点角,便可由公式(3-11)唯一地确定。

平近点角 $M_s$ 与偏近点角 $E_s$ 之间的关系为

$$M_s = E_s - e_s \sin E_s \tag{3-12}$$

或

$$E_s = M_s + e_s \sin E_s \tag{3-13}$$

上式称为开普勒方程,它是卫星轨道计算的关键。为了利用平近点角 $M_s$ 计算偏近点角 $E_s$,通常采用迭代法,该方法对利用电子计算机进行计算尤为适宜。迭代法中的初始值可近似取

$$E_{s0} = M_s$$

则有

$$E_{s1} = M_s + e_s \sin E_{s0}$$
$$E_{s2} = M_s + e_s \sin E_{s1}$$
$$\cdots\cdots$$
$$E_{sn} = M_s + e_s \sin E_{s(n-1)}$$

直至 $\delta E_s = E_{sn} - E_{s(n-1)}$ 小于某一预定微小量为止。对于 GNSS 卫星轨道而言,因为 $e_s$ 很小,所以收敛很快。

若要进一步加快收敛速度,亦可采用以下微分迭代法。

由公式(3-12)可得

$$dM_s = (1 - e_s \cos E_s) dE_s$$

或

$$dE_s = \frac{dM_s}{1 - e_s \cos E_s} \tag{3-14}$$

若首先取近似值

$$E_{s0} = M_s$$

则由公式(3-12)可得

$$M_{s1} = E_{s0} - e_s \sin E_{s0}$$

若 $M_{s1} \neq M_s$，则取

$$dM_{s1} = M_s - M_{s1}$$

并按公式(3-14)计算相应的偏近点角改正数

$$dE_{s1} = \frac{dM_{s1}}{1 - e_s \cos E_{s0}}$$

则有

$$E_{s1} = E_{s0} + dE_{s1}$$

而

$$M_{s2} = E_{s1} - e_s \sin E_{s1}$$

若 $M_{s2}$ 仍不等于 $E_s$，再取 $dM_{s2} = M_s - M_{s2}$，并重复以上计算，直到 $dM_s$ 可以忽略为止。

如果采用直接解法，亦可应用级数式：

$$\begin{aligned}E_s = M_s &+ \left(e_s - \frac{1}{8}e_s^3 + \frac{1}{192}e_s^5 - \frac{1}{9216}e_s^7\right)\sin M_s \\ &+ \left(\frac{1}{2}e_s^2 - \frac{1}{6}e_s^4 + \frac{1}{98}e_s^6\right)\sin 2M_s \\ &+ \left(\frac{3}{8}e_s^3 - \frac{27}{128}e_s^5 + \frac{243}{5120}e_s^7\right)\sin 3M_s \\ &+ \left(\frac{1}{3}e_s^4 - \frac{4}{15}e_s^6\right)\sin 4M_s + \left(\frac{125}{384}e_s^5 - \frac{3125}{9216}e_s^7\right)\sin 5M_s \\ &+ \frac{27}{80}e_s^6 \sin 6M_s + \frac{16807}{46080}e_s^7 \sin 7M_s\end{aligned} \quad (3\text{-}15)$$

对 GNSS 卫星轨道而言，该公式的模型误差将小于 $3.4'' \times 10^{-8}$。

我们知道，为了计算卫星的瞬时位置，需要确定卫星在轨道上的真近点角 $f_s$。为此，现介绍一下偏近点角与真近点角之间的关系。由图3-5可得

$$a_s \cos E_s = r \cos f_s + a_s e_s \quad (3\text{-}16)$$

于是

$$\cos f_s = \frac{a_s}{r}(\cos E_s - e_s) \quad (3\text{-}17)$$

将公式(3-17)代入开普勒椭圆公式(3-5)，可得

$$r = a_s(1 - e_s \cos E_s) \quad (3\text{-}18)$$

结合公式(3-17)和公式(3-18)，可得真近点角与偏近点角之间的关系

$$\begin{cases}\cos f_s = \dfrac{\cos E_s - e_s}{1 - e_s \cos E_s} \\ \sin f_s = \dfrac{(1 - e_s^2)^{\frac{1}{2}} \sin E_s}{1 - e_s \cos E_s}\end{cases} \quad (3\text{-}19)$$

或

$$\tan\left(\frac{f_s}{2}\right) = \left(\frac{1+e_s}{1-e_s}\right)^{\frac{1}{2}} \tan\left(\frac{E_s}{2}\right) \tag{3-20}$$

因此，可根据卫星的平近点角 $M_s$，按公式(3-13)确定相应的偏近点角 $E_s$，进而按公式(3-19)或公式(3-20)，计算相应的真近点角 $f_s$。

## 3.3 卫星的瞬时位置与瞬时速度计算

### 3.3.1 卫星的瞬时位置计算

在轨道坐标系中，为了表达卫星相对地球的瞬时位置，需要 6 个轨道参数，即 $a_s$、$e_s$、$\Omega$、$i$、$\omega_s$ 和 $f_s$(或 $M_s$)，其中 $f_s$(或 $M_s$)是时间的函数，其余均为常数。

在任意观测时刻 $t$，均可根据卫星的平均运行角速度 $n$，按公式(3-11)、公式(3-13)、公式(3-20)，即可唯一的确定相应的真近点角 $f_s$，进而可求出卫星于任一观测历元 $t$ 相对地球的瞬时空间位置。

然而，为了应用方便，卫星的瞬时位置，一般都采用与地球质心相联系的空间直角坐标系来描述。在此，介绍一下不同坐标系中表示卫星位置的方法。

**1. 轨道直角坐标系统中卫星的位置**

若定义直角坐标的原点与地球质心 $M$ 相重合，$\xi_s$ 轴指向近地点，$\zeta_s$ 轴垂直于轨道平面向上，$\eta_s$ 轴在轨道平面上垂直 $\xi_s$ 轴构成右手坐标系(图 3-6)。则在该坐标系统中，卫星 $m_s$ 于任意时刻的坐标($\xi_s$ $\eta_s$ $\zeta_s$)为

$$\begin{bmatrix} \xi_s \\ \eta_s \\ \zeta_s \end{bmatrix} = r \begin{bmatrix} \cos f_s \\ \sin f_s \\ 0 \end{bmatrix} \tag{3-21}$$

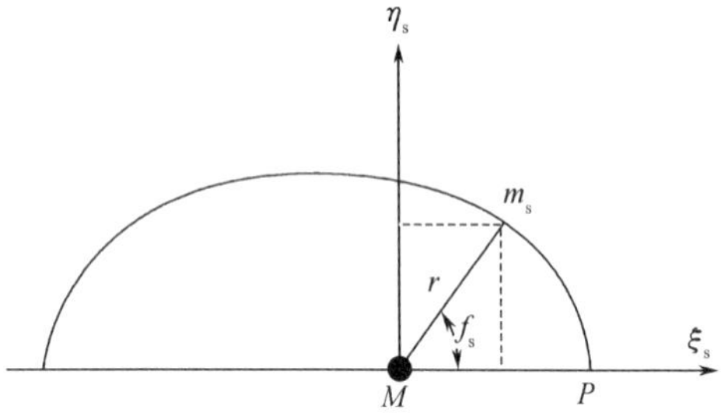

图 3-6 轨道平面坐标系

结合公式(3-17)和公式(3-18)，则有

$$\begin{bmatrix} \xi_s \\ \eta_s \\ \zeta_s \end{bmatrix} = a_s \begin{bmatrix} (\cos E_s - e_s) \\ (1-e_s^2)^{\frac{1}{2}} \sin E_s \\ 0 \end{bmatrix} \tag{3-22}$$

**2. 天球坐标系中卫星位置计算**

公式(3-21)只确定了卫星在轨道平面上的位置，而卫星轨道平面与地球体的相对位置及定向尚需由卫星轨道参数 $\Omega$、$i$、$\omega_s$ 来确定。

为了进一步得到卫星在天球坐标系中的瞬时位置，尚需建立天球空间直角坐标与轨道参数之间的数学模型。因此，我们可以通过建立轨道直角坐标与天球空间直角坐标的转换模型来实现。根据两坐标系的定义知，天球坐标系($x,y,z$)与轨道坐标系($\xi_s,\eta_s,\zeta_s$)的原点均为地球质心，只是坐标轴的指向不同。为了使两坐标轴指向一致，应将坐标系($\xi_s,\eta_s,\zeta_s$)依次作下列旋转：

(1) 绕 $\zeta_s$ 轴顺时针旋转角度 $\omega_s$，使 $\xi_s$ 轴的指向由近地点变为指向升交点。
(2) 绕 $\xi_s$ 轴顺时针旋转角度 $i$，使 $\zeta_s$ 轴与 $z$ 轴重合，且指向一致。
(3) 绕 $\zeta_s$ 轴顺时针旋转角度 $\Omega$，使 $x$ 轴与 $\xi_s$ 轴重合，且指向一致。

其变换模型如下：

$$\begin{bmatrix} x \\ y \\ z \end{bmatrix} = R_3(-\Omega) R_1(-i) R_3(-\omega_s) \begin{bmatrix} \xi_s \\ \eta_s \\ \zeta_s \end{bmatrix}$$

$$R_3(-\Omega) = \begin{bmatrix} \cos\Omega & -\sin\Omega & 0 \\ \sin\Omega & \cos\Omega & 0 \\ 0 & 0 & 1 \end{bmatrix}$$

$$R_1(-i) = \begin{bmatrix} 1 & 0 & 0 \\ 0 & \cos i & -\sin i \\ 0 & \sin i & \cos i \end{bmatrix}$$

$$R_3(-\omega_s) = \begin{bmatrix} \cos\omega_s & -\sin\omega_s & 0 \\ \sin\omega_s & \cos\omega_s & 0 \\ 0 & 0 & 1 \end{bmatrix}$$

(3-23)

若设 $R_{313} = R_3(-\Omega) R_1(-i) R_3(-\omega_2)$，并结合公式(3-22)，则公式(3-23)可写为

$$\begin{bmatrix} x \\ y \\ z \end{bmatrix} = R_{313} \begin{bmatrix} a_s(\cos E_s - e_s) \\ a_s(1-e_s^2)^{\frac{1}{2}} \sin E_s \\ 0 \end{bmatrix} \tag{3-24}$$

**3. 卫星在地球坐标系中的位置计算**

在利用 GNSS 卫星进行定位时，一般应使观测卫星和观测站的位置处于统一的坐标系统。因此，应给出地球坐标系中卫星位置的表示形式。

由于瞬时地球空间直角坐标系与瞬时天球空间直角坐标系的差别，仅在于 $X$ 轴的指向不同，其间的夹角为春分点的格林尼治恒星时 GAST，则地球坐标系统中卫星的瞬时坐标 $(X,Y,Z)$ 与天球坐标系中卫星的瞬时坐标 $(x,y,z)$ 之间的关系如下：

$$\begin{bmatrix} X \\ Y \\ Z \end{bmatrix} = R_3(\text{GAST}) \begin{bmatrix} x \\ y \\ z \end{bmatrix}$$

$$R_3(\text{GAST}) = \begin{bmatrix} \cos(\text{GAST}) & \sin(\text{GAST}) & 0 \\ -\sin(\text{GAST}) & \cos(\text{GAST}) & 0 \\ 0 & 0 & 1 \end{bmatrix}$$

(3-25)

或结合公式(3-24)写为

$$\begin{bmatrix} X \\ Y \\ Z \end{bmatrix} = R_2(\text{GAST}) R_{313} \begin{bmatrix} a_s(\cos E_s - e_s) \\ a_s(1-e_s^2)^{\frac{1}{2}} \sin E_s \\ 0 \end{bmatrix} \tag{3-26}$$

若再考虑到地极移动的影响，则在协议地球坐标系中卫星的位置为

$$\begin{bmatrix} X \\ Y \\ Z \end{bmatrix}_{CTS} = R_2(-x_p) R_1(-y_p) \begin{bmatrix} X \\ Y \\ Z \end{bmatrix} \tag{3-27}$$

### 3.3.2 卫星运动的瞬时速度计算

为了描述卫星的运动状态，不但应了解卫星的瞬时空间位置，而且应了解其相应的运动速度。根据开普勒第二定律可知，当 $e_s > 0$ 时，卫星在轨道上的运行速度是时间的函数。

在轨道坐标系中，如图 3-7 卫星运动的瞬时速度为

$$\begin{bmatrix} \dot{\xi}_s \\ \dot{\eta}_s \\ \dot{\zeta}_s \end{bmatrix} = \begin{bmatrix} \dfrac{\partial \xi_s}{\partial t} \\ \dfrac{\partial \eta_s}{\partial t} \\ \dfrac{\partial \zeta_s}{\partial t} \end{bmatrix} \tag{3-28}$$

图 3-7 卫星的运行速度

结合公式(3-22)可得

$$\begin{bmatrix} \dot{\xi}_s \\ \dot{\eta}_s \\ \dot{\zeta}_s \end{bmatrix} = \begin{bmatrix} -a_s \sin E_s \dfrac{\partial E_s}{\partial t} \\ a_s (1-e_s^2)^{\frac{1}{2}} \cos E_s \dfrac{\partial E_s}{\partial t} \\ 0 \end{bmatrix} \tag{3-29}$$

根据开普勒方程 $M = E - e\sin E$ 及平近点角 $M = n(t-t_0)$ 可得

$$\begin{cases} \dfrac{\partial E_s}{\partial t} = \dfrac{\partial E_s}{\partial M_s} \cdot \dfrac{\partial M_s}{\partial t} \\ \dfrac{\partial E_s}{\partial M_s} = \dfrac{1}{1-e_s \cos E_s} \\ \dfrac{\partial M_s}{\partial t} = n \end{cases} \tag{3-30}$$

则公式(3-29)可表示为

$$\begin{bmatrix} \dot{\xi}_s \\ \dot{\eta}_s \\ \dot{\zeta}_s \end{bmatrix} = \dfrac{a_s n}{1-e_s \cos E_s} \begin{bmatrix} -\sin E_s \\ (1-e_s^2)^{\frac{1}{2}} \cos E_s \\ 0 \end{bmatrix} \tag{3-31}$$

利用前面所介绍的方法进行坐标旋转，即可得到天球坐标系、地球坐标系中卫星运动的瞬时速度，此处不再讨论。

## 3.4 地球人造卫星的受摄运动

### 3.4.1 卫星运动的摄动力及受摄运动方程

在讨论卫星无摄运动轨道时，视地球为一均质球体，其全部质量集中于地球质心 $M$，研

究在地球质心引力作用下卫星相对地球的运动轨道，称为开普勒轨道。但是，由于卫星的实际运动轨道受到多种非地球质心引力的影响而偏离开普勒轨道。

对于 GNSS 卫星而言，仅地球的非球性影响，在 3 小时的弧段上，即可使卫星的位置偏差达 2km，而在两日弧段上位置偏差达 14km。显然，这种偏差对于任何用途的定位工作都是不容忽视的。因此，必须建立各种摄动模型，对卫星的轨道加以修正，以满足精密定轨和定位的要求。

卫星在运行中，除受到地球中心引力 $F_s$ 的作用外，还受到以下各种摄动力的影响，因此必将使卫星轨道产生摄动。

(1) 地球体的非球性及其质量分布不均匀而引起的作用力，即地球的非中心引力 $F_{nc}$。

(2) 太阳的引力 $F_s$ 和月球的引力 $F_n$。

(3) 太阳光的直接与间接辐射压力 $F_r$。

(4) 大气的阻力 $F_a$。

(5) 地球潮汐的作用力(包括海洋潮汐和地球固体潮所引起的作用力)。

(6) 磁力及其他作用力等。

卫星运行时所受的作用力，如图 3-8 所示。

在摄动力所产生的加速度的影响下，卫星运行的开普勒轨道参数不再保持常数，而是时间的函数。

根据分析可知，卫星运行的轨道，在数小时和数日内，因各种摄动力加速度影响而产生的偏差如表 3-1 所示。显然，这些偏差对任何用途的导航定位工作都是不能忽视的。因此，必须研究各种摄动力模型，以满足精密定轨的要求。

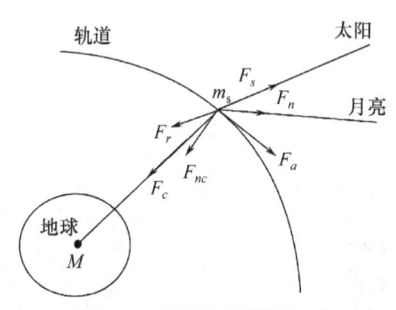

图 3-8 卫星运动所受的力

若以向量 $\boldsymbol{F}$ 表示地球质心引力与各种摄动力的总和，则有

$$\boldsymbol{F} = F_c + F_{nc} + F_s + F_m + F_r + F_a + F_p \tag{3-32}$$

根据牛顿第二定律，卫星受摄运动方程可以写为

$$m\frac{\mathrm{d}^2 \boldsymbol{r}}{\mathrm{d}t^2} = \boldsymbol{F} \tag{3-33}$$

表 3-1 摄动力对卫星的影响

| 摄动源 | | 加速度/(m/s²) | 轨道摄动/m | |
|---|---|---|---|---|
| | | | 3h 弧段 | 2d 弧段 |
| 地球的非对称性 | (a) $C_{2u}$ | $5 \times 10^{-5}$ | ≈2km | ≈14km |
| | (b) 其他调和项 | $3 \times 10^{-7}$ | 5~80 | 100~150 |
| 日、月点质影响 | | $5 \times 10^{-6}$ | 5~150 | 1000~3000 |
| 地球潮汐位 | (a) 固体潮汐 | $1 \times 10^{-9}$ | — | 0.1~0.5 |
| | (b) 海洋潮汐 | $1 \times 10^{-9}$ | — | 0.0~2.0 |
| 太阳光辐射压 | | $1 \times 10^{-7}$ | 5~10 | 100~800 |
| 反照压 | | $1 \times 10^{-8}$ | — | 1.0~1.5 |

在空间直角坐标系中，公式(3-33)可分解为

$$\begin{cases} m\dfrac{\mathrm{d}^2 x}{\mathrm{d}t^2} = F_x \\ m\dfrac{\mathrm{d}^2 y}{\mathrm{d}t^2} = F_y \\ m\dfrac{\mathrm{d}^2 z}{\mathrm{d}t^2} = F_z \end{cases} \tag{3-34}$$

受摄运动方程(3-33)等号右边的力是位置、速度和时间的函数，即

$$\boldsymbol{F} = F(X,Y,Z,v,t) \tag{3-35}$$

称为摄动力函数，其内涵十分复杂，微分方程组(3-34)的求解也非常困难，在此不再讨论。

### 3.4.2 地球引力场摄动力对卫星轨道的影响

因为地球的实际形状接近于一个长短轴相差约 21km 的椭球体且内部质量分布不均匀，形状也不规则。所以，在北极大地水准面高出椭球面约 19m，在南极大地水准面凹下椭球面约 26m，而在赤道附近两者之差最大值约 108m，如图 3-9 所示。

地球体的这种不均匀和不规则性，引起地球引力场的摄动，这时地球引力位模型中含有一摄动位 $\Delta V$。若设 $V$ 是地球引力位，则有

$$V = \dfrac{\mu}{\gamma} + \Delta V \tag{3-36}$$

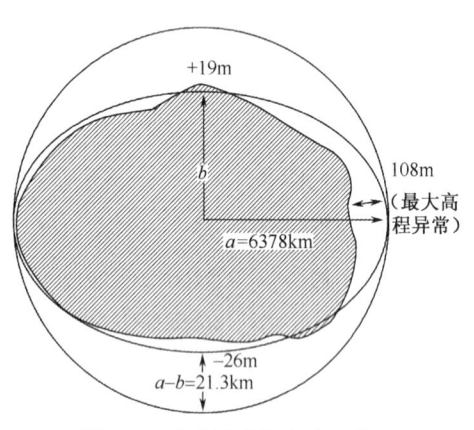

图 3-9 地球椭球与大地水准面

式中，$\Delta V$ 为摄动位，其球谐函数展开式如下：

$$\Delta V = \mu \sum_{k=1}^{n} r^{\frac{ak}{k+1}} \sum_{m=0}^{k} P_{km}(\sin\varphi)(C_{km}\cos m\lambda + S_{km}\sin m\lambda) \tag{3-37}$$

式中，$a$ 为地球长半径；$P_{km}(\sin\varphi)$ 为 $K$ 的 $m$ 次勒让德函数；$C_{km}$、$S_{km}$ 为球谐系数；$n$ 为预定的某一最高阶；$\varphi$、$\lambda$ 分别为测站的纬度和经度。

因为地球引力场是保守力场，所以，其位函数的重要特性之一是它对三个坐标的导数，分别等于质点沿三坐标轴方向的加速度。即

$$\dfrac{\mathrm{d}^2 x}{\mathrm{d}t^2} = \dfrac{\partial}{\partial x}\left(\dfrac{\mu}{\gamma} + \Delta V\right) = -\dfrac{\mu}{\gamma^2} \cdot \dfrac{\partial \gamma}{\partial x} + \dfrac{\partial}{\partial x}(\Delta V) = -\dfrac{\mu}{\gamma^3} x + \dfrac{\partial}{\partial x}(\Delta V) \tag{3-38}$$

同样：

$$\dfrac{\mathrm{d}^2 y}{\mathrm{d}t^2} = -\dfrac{\mu}{\gamma^3} Y + \dfrac{\partial}{\partial y}(\Delta V) \tag{3-39}$$

$$\dfrac{\mathrm{d}^2 z}{\mathrm{d}t^2} = -\dfrac{\mu}{\gamma^2} Z + \dfrac{\partial}{\partial z}(\Delta V) \tag{3-40}$$

以上三个公式就是顾及地球引力场摄动位的卫星运动方程。式中

$$\begin{cases} \dfrac{\partial}{\partial x}(\Delta V) \\ \dfrac{\partial}{\partial y}(\Delta V) \\ \dfrac{\partial}{\partial z}(\Delta V) \end{cases} \tag{3-41}$$

即为地球引力场摄动力加速度。日月引力、潮汐摄动力等也都是保守力场，这些摄动力的卫星运动方程有类似的形式。

地球引力场摄动力对卫星轨道的影响，主要由与地极扁率有关的二阶谐系数项引起，其对卫星轨道的影响主要表现在以下几方面。

(1) 引起轨道平面在空间旋转，使升交点赤经 $\Omega$ 产生周期性变化。其变化速率为

$$\frac{\partial \Omega}{\partial t} = -\frac{3nJ_2}{2}\left[\frac{a}{a_s(1-e_s^2)}\right]^2 \cos i \tag{3-42}$$

式中，$a$ 为地球椭球长半径；$a_s$ 为卫星轨道椭圆长半径；$e_s$ 为轨道椭圆偏心率；$J_2$ 为二阶带谐系数。

以 GPS 卫星为例，其轨道椭圆长半径 $a_s$ 约等于 26559km，偏心率($e_s$)约为 0.006。若取 $J_2 = 1.08263 \times 10^{-3}$，则根据公式(3-42)可算出升交点沿地球赤道每天西移约 3.3km(约 0.03°)。则任意时刻的升交点经度为

$$\Omega(t) = \Omega(t_0) + \frac{\partial \Omega}{\partial t}(t-t_0) \tag{3-43}$$

式中，$\Omega(t_0)$ 为参考历元的升交点赤经。

(2) 引起近地点在轨道平面内旋转，导致近地点角距 $\omega$ 的变化，其变化率可近似地表示为

$$\frac{\partial \omega}{\partial t} = -\frac{3}{4}nJ_2\left[\frac{a}{a_s(1-e_s^2)}\right]^2 (1-5\cos^2 i) \tag{3-44}$$

当轨道倾角 $i \approx 63.4°$ 时，$\partial \omega/\partial t \approx 0$。

同样，任意时刻近地点角距的表达式为

$$\omega(t) = \omega(t_0) + \frac{\partial \omega}{\partial t}(t-t_0) \tag{3-45}$$

式中，$\omega(t_0)$ 为参考 $t_0$ 的平近点角。

(3) 引起平近点角 $M$ 的变化，其变化率可表示为

$$\frac{\partial M}{\partial t} = -\frac{3}{4}nJ_2\left(\frac{a}{a_s}\right)^2 (1-e_s^2)^{-\frac{3}{2}} (1-3\cos^2 i) \tag{3-46}$$

于是，任意时刻的平近点角可表示为

$$M(t) = M(t_0) + \frac{\partial M}{\partial t}(t-t_0) \tag{3-47}$$

式中，平近点角变化率 $\partial M/\partial t$，在二体问题意义下就是平均角速度 $n$。若设

$$\Delta n = \frac{\partial \omega}{\partial t} + \frac{\partial M}{\partial t} \tag{3-48}$$

那么 $\Delta n$ 就是平均角速度改正数，或称卫星的平均运行速度差。对于 GPS 卫星来说，可算得 $\Delta n = -0.01°/d$。由于升交点和近地点在地球引力场摄动力作用下缓慢变化，卫星的实际轨道并不在同一平面上，而是在空间形成一条螺旋状的曲线(图 3-10)。

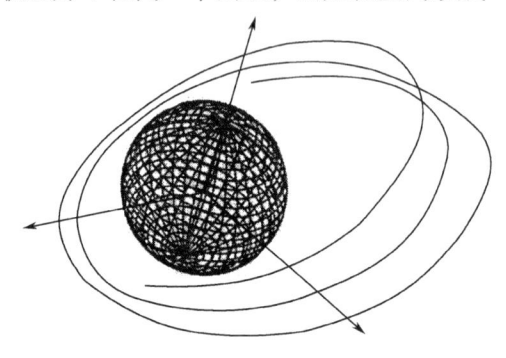

图 3-10　卫星的受摄轨道运动

### 3.4.3　日、月引力对卫星轨道摄动影响

若将日、月作为质点，则其引力是一种典型的第三体摄动力。由此引起的摄动位可表示为

$$\Delta v = \frac{Gm^*}{r^*}\sum_{k=2}^{\infty}\left(\frac{r}{r^*}\right)^R P_k(\cos\varphi) \quad (3-49)$$

式中，$m^*$ 为第三体质量；$r^*$ 为第三体地心距；$P_k(\cos\varphi)$ 为 K 阶勒让德函数；$\varphi$ 为卫星与第三体在地心处的夹角(图 3-11)。

由日、月摄动位引起的卫星轨道摄动力可表示为

$$\frac{\partial^2 r_s}{\partial t^2} + \frac{\partial^2 r_M}{\partial t^2} = Gm_s\left(\frac{r_s - r}{|r_s - r|^3} - \frac{r_s}{|r|^3}\right) + Gm_M\left(\frac{r_M - r}{|r_M - r|^3} - \frac{r_M}{|r|^3}\right) \quad (3-50)$$

式中，$r_s$、$r_M$ 为太阳、月球的地心向径；$r$ 为卫星的地心向径；$m_s$、$m_M$ 为太阳、月球的质量；$G$ 为万有引力常数。

日、月引力引起的卫星位置摄动，主要表现为一种长周期摄动。它们作用在卫星上的加速度约为 $5\times10^{-6}(m/s^2)$，如果不考虑这项影响，将造成卫星在 3h 弧段上，在径向、法向和切向上产生 50~150m 的位置误差。

尽管太阳的质量远大于月球的质量，但因为 GNSS 卫星距太阳较远，所以太阳引力的影响仅为月球引力影响的 46%。受月球引力影响，卫星在 4h 弧段上产生的摄动量见表 3-2。由于太阳系中的其他行星对卫星的影响远小于太阳引力的影响，因此可忽略不计。

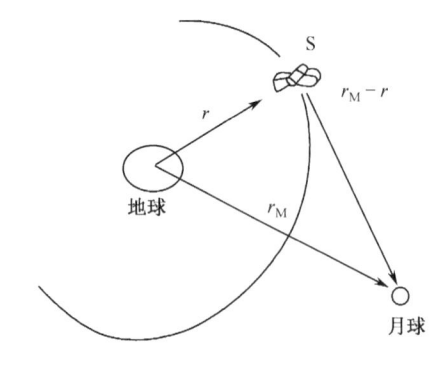

图 3-11　三体问题示意图

表 3-2　轨道参数和摄动量

| 轨道参数 | 月球引力产生的摄动/m |
| --- | --- |
| $a$ | 220 |
| $e$ | 140 |
| $i$ | 80 |
| $\Omega$ | 80 |
| $\omega + M$ | 500 |

### 3.4.4　太阳光辐射压力对卫星轨道的影响

卫星在运行中，将直接或间接受太阳光辐射压力的影响而使轨道产生摄动(图 3-12)。太阳光辐射压力对卫星产生的摄动加速度，不仅与卫星、太阳、地球三者间的相对位置有关，

而且也与卫星表面的反射特性、卫星接收阳光照射的有效截面积与卫星质量比有关。可近似地用一个简单模型表示

$$\frac{d^2r}{dt^2} = rP_rC_r\frac{A}{m_s}r_s^2\left(\frac{r_s-r}{|r-r_s|}\right) \tag{3-51}$$

式中，$P_r$ 为太阳光辐射压；$C_r$ 为卫星表面反射因子；$A/m_s$ 为卫星有效截面积与卫星质量之比，这里假定卫星的太阳能电池板总是朝向太阳，即为常数；$r_s$ 为太阳的地心距；$r$ 为地球阴影掩盖度参数，在阴影区 $r=0$，在阳光直接照射区 $r=1$，在半阴影区 $0<r<1$(图 3-13)。

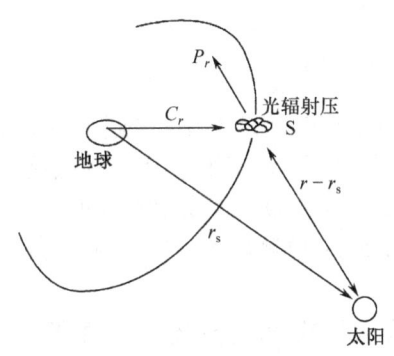

图 3-12　太阳光辐射压摄动力示意图　　　　图 3-13　太阳光辐射压

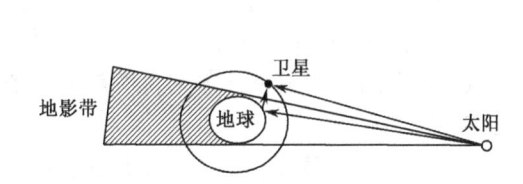

太阳光辐射压对卫星约产生 $10^{-7}\mathrm{m\cdot s^{-2}}$ 的摄动力加速度。若忽略这一影响，可使卫星在 3h 弧段上产生 5～10m 的位置偏差，其偏差对于基线长度大于 50km 的相对定位，一般也是不容忽视的。太阳光辐射压摄动对 4h 弧段产生的摄动量见表 3-3 所示，由地球表面反射到达卫星的间接的太阳辐射，称为反射效应。间接辐射压力对 GNSS 卫星运动的影响较小，一般只占直接辐射压的 1%～2%，通常可以忽略这一影响。

表 3-3　太阳光辐射压摄动量

| 轨道参数 | 太阳光辐射压影响/m | 轨道参数 | 太阳光辐射压影响/m |
| --- | --- | --- | --- |
| $A$ | 5 | $\Omega$ | 5 |
| $E$ | 5 | $\omega+M$ | 10 |
| $i$ | 2 | | |

## 3.4.5　其他摄动力对卫星轨道的影响

**1. 固体潮及海洋潮汐摄动影响**

固体潮和海洋潮汐也将改变地球重力位，进而对卫星产生摄动加速度，其量级约为 $10^{-9}\mathrm{m/s^2}$。如果忽略固体潮汐的影响，可使卫星在 2 天的运动弧段上产生 0.5～1m 的轨道误差。而忽略海洋潮汐的影响，也将对 2 天的弧段产生 1～2m 的轨道误差。目前，对于多数 GNSS 用户来说，此项影响可以忽略不计。

**2. 大气的摄动影响**

因为大气随着高度的增加而密度降低。所以，大气阻力摄动对低轨道卫星特别敏感，其影响量值主要取决于大气密度、卫星截面积与质量之比及卫星运行速度。例如，当卫星运行高度在 200km 时，其所受的大气摄动力加速度约为 $-2.51\times10^{-7}\mathrm{m/s^2}$。但 GNSS 卫星的运行

高度在20000km左右，大气密度极小，一般可以忽略其对轨道的影响。

## 3.5 GNSS卫星星历

卫星星历是描述卫星运动轨道的信息，即是一组对应于某一时刻的卫星轨道根数及其变率。根据卫星星历就可以计算出任一时刻的卫星位置及其速度。利用GNSS进行定位，就是依据已知的卫星轨道信息及用户的观测资料，经过数据处理来确定接收机位置及其载体的航行速度。因此，精确的轨道信息是精密定位的基础。GNSS卫星星历分为预报星历(广播星历)和后处理星历(精密星历)。

### 3.5.1 预报星历

预报星历，是通过卫星发射的含有轨道信息的导航电文传递给用户的，而用户利用接收机接收到的信号，并经过解码便可获得所需要的卫星星历，称这种星历为预报星历(广播星历)。卫星的预报星历，通常包括相对某一参考历元的开普勒轨道参数和必要的轨道摄动改正项参数。参考历元的卫星开普勒轨道参数，是根据GNSS监测站约一周的观测资料推算的，因此亦称为参星历。

参考星历只代表卫星在参考历元的瞬时轨道参数(密切轨道参数)，但在摄动力的影响下，卫星的实际轨道随后将偏离其参考轨道，偏离的程度主要取决于观测历元与参考历元间的时间差。如果我们用轨道参数的摄动项对已知的卫星参考星历加以改正，则可外推出任意观测历元的卫星星历。

为了保持卫星预报星历的必要精度，一般采用限制预报星历外推时间间隔的方法。为此，GNSS跟踪站每天都利用其观测资料，用以更新卫星参考星历的数据，以计算卫星轨道参数的更新值，并且，每天按时将其注入相应的卫星加以储存，以更新卫星的参考轨道。据此，GNSS卫星发射的广播星历每隔一定的时间更新一次，以供用户使用。如GPS卫星的广播星历和BDS卫星的广播星历每小时更新一次，GLONASS卫星的广播星历每半小时更新一次，Galileo卫星的广播星历每15分钟更新一次，QZSS卫星的广播星历每10分钟更新一次。如果将上述计算广播星历的参考历元 $t_0$ 选在两次更新星历的中央时刻，则外推星历(每小时更新一次)的时间间隔最大将不会超过0.5小时。从而使在相同的摄动力模型下，有效控制了外推轨道参数的精度。

广播星历是每隔一定的时间更新一次，从而使得在数据更新前后的各表达式之间产生微小的跃迁，其值可达分米。因此，一般应通过适当的拟合技术(如采用切比雪夫多项式)进行平滑处理。

预报星历的内容包括：参考历元瞬间的开普勒轨道的6个参数，反映摄动力影响的9个参数，以及参考时刻和星历数据龄期，共计17个星历参数。

### 3.5.2 后处理星历

后处理星历亦称精密星历。卫星广播星历是以跟踪站的历史观测资料推求的参考轨道参数为基础，加入轨道摄动改正而外推的星历。用户在观测时可通过导航电文实时获取广播星历，从而达到导航和实时定位的目的。但广播星历的精度较低，一般为1m左右。因此，对于一些需要进行精密定位的用户，其精度难以满足要求，尤其是当广播星历受到人为干扰而精度降低时，就更不能保障精密定位工作的要求。所以，就需要采用精密星历以满足要求。

精密星历是根据地面跟踪站所获得的精密观测资料，通过计算而得到的星历。该星历是一种不包含外推误差的实测星历，可为用户提供观测时刻的卫星精密星历，其精度可达厘米级，更好地满足了大地测量学和地球动力学研究所需的精密定位精度。然而，这种星历用户无法实时通过接收卫星信息而获得，只能在此获取。

目前 IGS(International GNSS Service)可提供 GPS、GLONASS、Galileo 等系统的精密星历，并可以从 ftp//cddis.gsfc.nasa.gov/pub/gps/products/mgex 网站下载。然而，建立和维持一个独立的跟踪系统来精密测定卫星的轨道，不但技术复杂，而且投资巨大。因此，如何利用卫星的广播星历来进行精密定位工作，仍是一个重要的研究领域。

## 3.6 GNSS 卫星的伪随机测距码

### 3.6.1 码的概念

码是指一种表达信息的二进制数及其组合，是一组二进制的数码序列。如果将各种信息按某种预定的规则，表示为二进制数的组合，则称这一过程为编码。例如，若将地面测量控制网分为四级，并用二进制数表示，则可取两位二进制数的不同组合：11，10，01，00，依次代表控制网的一、二、三、四等。这些二进制数的组合形式称为码。其中每个码均含有两个二进制数，即两个比特。比特也是码的度量单位。

在二进制的数字化信息传输中，每秒钟所传输的比特数，称为数码率，用以表示数字化信息的传输速度，其单位为 bit/s 或记为 BPS。

由于码可以看作是以 0 和 1 为幅度的时间函数(图 3-14)，用记号 $u(t)$ 来表示。因此，一组码序列 $u(t)$，对于某个时刻 $t$ 而言，码元是 0 或 1 完全是随机的，但其出现的概率均为 1/2。这种码元幅值是完全无规律的码序列，称为随机噪声码序列。它是一种非周期序列，无法复制。但是，随机噪声码序列却有良好的自相关性，GNSS 码信号测距就是利用了随机噪声码良好的自相关性才获得成功。

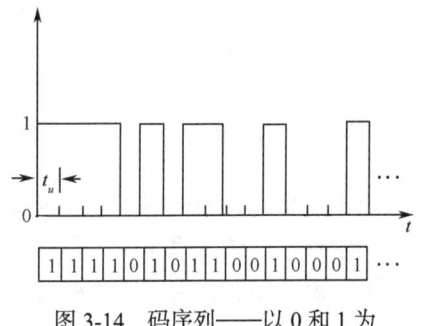

图 3-14 码序列——以 0 和 1 为幅度的时间函数

所谓自相关性，是指两个结构相同码序列的相关程度，它可用自相关函数描述。为了说明这一问题，可将随机噪声码序列 $u(t)$ 平移 $k$ 个码元，获得具有相同结构新的码序列。比较两个码序列，假定它们俩的对应码元中，码值(0 或 1)相同的码元个数为 $Su$，而码值相异的码元个数为 $Du$，那么两者之差 $Su-Du$ 与两者之和 $Su+Du$ (即码元总数)的比值，即定义为随机噪声码序列的自相关函数，并以符号 $R(t)$ 表示，有

$$R(t)=\frac{Su-Du}{Su+Du} \tag{3-52}$$

在实用中，可通过自相关函数 $R(t)$ 的取值判断两个随机噪声码序列的相关程度。显然，当平移的码元个数 $k=0$ 时，两种结构相同的码序列其相应码元完全相同，即 $Du=0$，而自相关函数 $R(t)=1$；相反，当 $k\neq 0$ 时，且假定码序列中的码元总数特别大，那么由于码序列的随机性，将有 $Su\approx Du$，这时自相关函数 $R(t)\approx 0$。因此，根据自相关

函数 $R(t)$ 的取值，即可确定两个随机噪声码序列是否已经"相关"，或两个码序列的相应码元是否已完全"对齐"。

假设 GNSS 卫星发射一个随机序列 $u(t)$，而其信号接收机在收到信号的同时复制出结构与 $u(t)$ 完全相同的随机序列，但由于信号传播时间延迟的影响，被接收的随机序列与复制出的随机序列之间产生了平移，即相应码元已错开，因而 $R(t) \approx 0$。若通过一个时间延迟器来调整，使其码元相互完全对齐，即有 $R(t)=1$，那么就可以从 GNSS 接收机的时间延迟器中，测出卫星信号到达用户接收机的准确传播时间，然后，再乘以光速便可确定卫星至观测站的距离。而伪距测量就是利用了随机噪声码序列的良好自相关性这一特点。

### 3.6.2 伪随机噪声码的产生

虽然随机码具有良好的自相关特性，但因为它是一种非周期性的码序列，没有确定的编码规则，所以实际上无法复制和利用。因此，为了能够实际应用，则采用了一种随机噪声码(pseudo random noise，PRN)，简称伪随机码或伪码。这种码序列的主要特点是：它不仅具有类似随机码的良好自相关特性，而且具有某种确定的编码规则，以便人工复制。

伪随机码的产生过程是由多级反馈移位寄存单元构成，每个存储单元只有"0"或"1"两种状态，并接受时钟脉冲和置"1"脉冲的驱动和控制。

假定一个由 4 个存储单元组成的四级反馈移位寄存器，如图 3-15 所示，在时钟脉冲的驱动下，每个存储单元的内容都按次序由上一单元

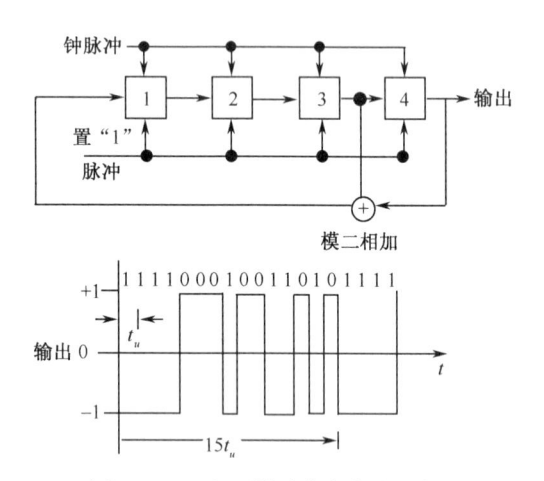

图 3-15 四级反馈移位寄存器示意图

转移到下一单元，而最后一个存储单元的内容便为输出。同时，其中某两个存储单元，如 3 和 4 的内容进行模二相加后，再反馈输入给第一存储单元。

所谓模二相加，是二进制数的一种加法运算，常用符号 $\oplus$ 表示，其运算规则是：

$$1 \oplus 1 = 0, \quad 0 \oplus 1 = 1, \quad 1 \oplus 0 = 1, \quad 0 \oplus 0 = 0$$

当移位寄存器开始工作时，置"1"脉冲使各级存储单元处于全"1"状态，此后在时钟脉冲的驱动下，移位寄存器将经历 15 种不同的状态，然后再返回到全"1"状态，从而完成一个运行周期(表 3-4)。在四级反馈移位寄存器经历上述 15 种状态的同时，其最末级存储单元输出了一个具有 15 个码元，且周期为 $15 tu$ 的二进制数码序列，称为 m 序列。$tu$ 表示时钟脉冲的时间间隔，即码元宽度。

表 3-4 四级反馈移位寄存器状态序列

| 状态编号 | 各级状态 ④ ③ ② ① | 模二加反馈 3 ⊕ 4 | 末级输出的二进制数 |
|---|---|---|---|
| 1 | 1　1　1　1 | 0 | 1 |
| 2 | 1　1　1　0 | 0 | 1 |

续表

| 状态编号 | 各级状态 ④ | ③ | ② | ① | 模二加反馈 3⊕4 | 末级输出的二进制数 |
|---|---|---|---|---|---|---|
| 3 | 1 | 1 | 0 | 0 | 0 | 1 |
| 4 | 1 | 0 | 0 | 0 | 1 | 1 |
| 5 | 0 | 0 | 0 | 1 | 0 | 0 |
| 6 | 0 | 0 | 1 | 0 | 0 | 0 |
| 7 | 0 | 1 | 0 | 0 | 1 | 0 |
| 8 | 1 | 0 | 0 | 1 | 1 | 1 |
| 9 | 0 | 0 | 1 | 1 | 0 | 0 |
| 10 | 0 | 1 | 1 | 0 | 1 | 0 |
| 11 | 1 | 1 | 0 | 1 | 0 | 1 |
| 12 | 1 | 0 | 1 | 0 | 1 | 1 |
| 13 | 0 | 1 | 0 | 1 | 1 | 0 |
| 14 | 1 | 0 | 1 | 1 | 1 | 1 |
| 15 | 0 | 1 | 1 | 1 | 1 | 0 |

由此可见，四级反馈移位寄存器所产生的 $m$ 序列，其一个周期可能包含的最大码元个数恰好等于 $2^4 - 1$ 个。由此可见一个 $r$ 级移位寄存器所产生的 $m$ 序列，在一个周期内其码元的最大个数为

$$Nu = 2^r - 1 \tag{3-53}$$

则 $m$ 序列的最大周期为

$$Tu = (2^r - 1)\, tu = Nu \cdot tu \tag{3-54}$$

式中，$Nu$ 称为码长。

因为移位寄存器不容许出现全"0"状态，所以 $2^r - 1$ 个码元中，"1"的个数总比"0"的个数多1个。这样，当两个周期相同的 $m$ 序列其相应码元完全对齐时，自相关系数 $R(t) = 1$，而在其他情况则有

$$R(t) = -\frac{1}{Nu} = -\frac{1}{2^r - 1} \tag{3-55}$$

当 $r$ 足够大时，则 $R(t) \approx 0$。所以，伪随机噪声码不但具有随机噪声码良好的自相关性，而且又是一种结构确定，可以复制的周期性序列。因此，用户接收机可方便地复制卫星所发射的伪随机的码信号，并通过和接收到的码信号比较(相关)，精确测定信号的传播时间延迟，以便计算出某一时刻测站到卫星间的距离。

## 3.7 GPS 测距码信号及导航电文

### 3.7.1 GPS 的测距码

在 GPS 卫星发射的测距码信号中，包含了 C/A 和 P 码两种伪随机噪声码信号，下面将分别介绍其产生、特点及作用。

**1. C/A 码**

如图 3-16 所示，C/A 码是由两个 10 级反馈移位寄存器组合产生。两个移位寄存器于每周日子夜零时，在置 "1" 脉冲作用下处于全 "1" 状态，同时在频率为 $f_1 = f_0/10 = 1.023\text{MHz}$ 的时钟脉冲驱动下，两个移位寄存器分别产生码长为 $Nu \cdot tu = 1\text{ms}$ 的 $m$ 序列 $G_1(t)$ 和 $G_2(t)$。这时 $G_2(t)$ 序列的输出不是在该移位寄存器的末级存储单元，而是选择其中两个存储单元进行二进制相加后输出，由此得到一个与 $G_2(t)$ 平移等价的 $m$ 序列 $G_2$。再将其与 $G_1(t)$ 进行模二相加，便得到 C/A 码。因为 $G_2(t)$ 可能有 1023 种平移序列，所以其分别与 $G_1(t)$ 相加后，将可能产生 1023 种不同结构的 C/A 码。C/A 码不是简单的 $m$ 序列，而是由两个具有相同码长及数码率，但结构不同的 $m$ 序列相乘所得到的组合码，称为戈尔德(Gold)序列。

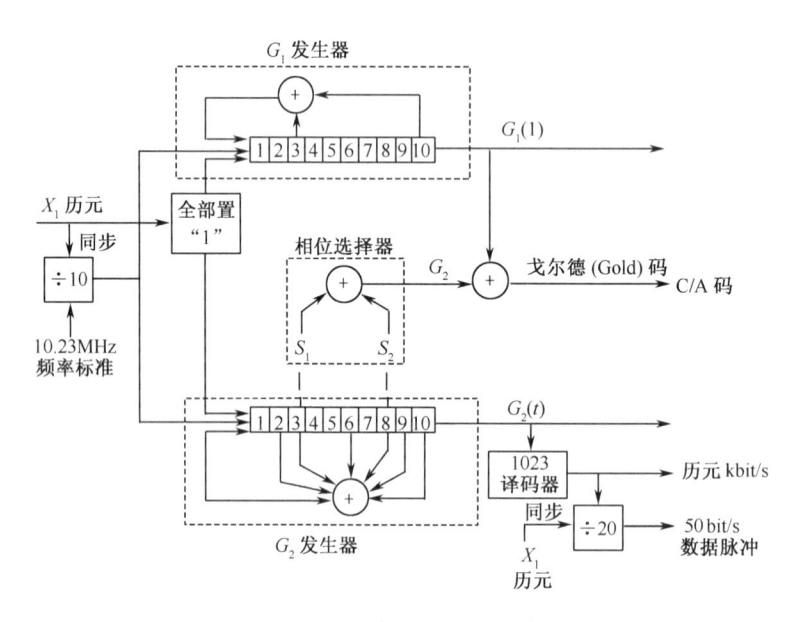

图 3-16 C/A 码发生示意图

C/A 码的码长、码元宽度、周期和数码率分别为：码长 $Nu = 2^{10} - 1 = 1023\text{bit}$；码元宽度 $tu \approx 0.97752\mu\text{s}$，相应长度 293.1m；周期 $Tu = Nu \cdot tu = 1\text{ms}$；数码率 $\text{BPS} = 1.023\text{Mbit/s}$。不同的 GPS 卫星所使用的 C/A 码的上述四项指标各异，这样既便于复制又易于区分。

C/A 具有的特点：

(1) 因为 C/A 码的码长较短，易于捕获，而通过捕获 C/A 码所得到的信息，又可以方便地捕获 P 码，所以，通常称 C/A 为捕获码。在 GPS 导航和定位中，为了捕获 C/A 码以测定卫星信号传播的时间延迟，通常对 C/A 码进行逐个搜索，而 C/A 码总共只有 1023 个码元，若以每秒 50 码元的速度搜索，仅需 20.5s 便可完成。

(2) C/A 码的码元宽度较大。若两个序列的码元相关误差为码元宽度的 1/10～1/100，则此时所对应的测距误差可达 29.3～2.9m。因为其精度较低，所以称 C/A 码为粗捕获码。

**2. P 码**

P 码是由两组各为 12 级反馈移位寄存器组合产生，其基本原理与 C/A 码相似，但其反馈线路设计细节远比 C/A 码复杂，且严格保密。

P 码的特征是：码长 $Nu \approx 2.35 \times 10^{14}\text{bit}$；码元宽度 $tu \approx 0.097752\mu\text{s}$，相应长度 29.3m；周

期 $Tu = Nu \cdot tu \approx 267$ 天；数码率 BPS = 10.23Mbit/s。

实际应用中将 P 码的一个整周期分为 38 部分，每一部分周期 7d，码长约 $6.19 \times 10^{12}$ bit。其中 5 部分由地面监控站使用，1 部分闲置，其他 32 部分分配给不同的卫星。这样，每颗卫星所使用 P 码便具有不同的结构，但码长和周期相同。

因为 P 码的码长约为 $6.19 \times 10^{12}$ bit，所以如果仍采用搜索 C/A 码的办法来捕获 P 码，即逐个码元依次进行搜索，当搜索的速度仍为每秒 50 码元时，那将是无法实现的(约需 $14 \times 15^5$ 天)。因此，一般都是先捕获 C/A 码，然后根据导航电文中给出的相关信息，再捕获 P 码。

另外，因为 P 码的码元宽度为 C/A 码的 1/10，这时若取码元的相关精度仍为码元宽度的 1/100～1/10，则由此引起的距离误差约为 0.29～2.93m，仅为 C/A 码的 1/10。所以 P 码可用于较精密的导航和定位，称为精码。目前，美国政府对 P 码保密，不供民用，因此一般 GPS 用户实际只能接收到 C/A 码。

### 3.7.2 导航电文格式

GPS 卫星导航电文是用户用来定位和导航的数据基础。它主要包括：卫星星历、时钟改正、电离层延迟改正、卫星工作状态信息以及由 C/A 码转换到捕获 P 码的信息。这些信息是以二进制码的形式按规定格式组成，并按帧播发给用户，因此又称为数据码(D 码)。

导航电文基本单位叫"帧"。一帧导航电文长 1500bit，包含 5 个子帧(图 3-17)。每个子帧分别含有 10 个字，每个字含 30bit 电文，故每一子帧共含 300bit 电文。电文的播发速率为每秒 50bit，所以播发每一帧电文的时间需要 30s，而一子帧电文的持续播发时间为 6s。

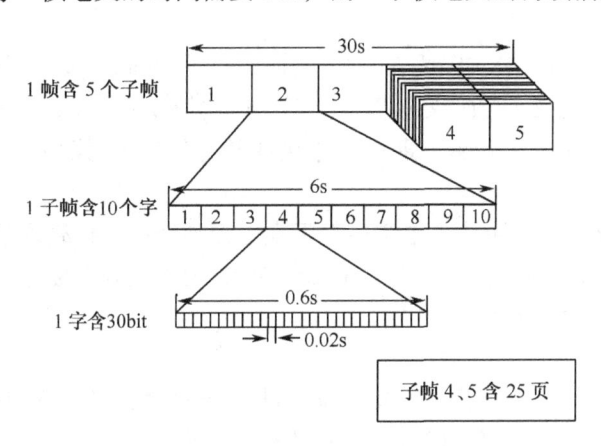

图 3-17 导航电文的组成格式

为了记载多达 25 颗 GPS 卫星的星历，规定子帧 4、5 含有 25 页。子帧 1、2、3 与子帧 4、5 的每一页均构成一帧电文。每 25 帧导航电文组成一个主帧。在每一帧电文中，1、2、3 子帧的内容每 30s 重复一次，每小时更新一次，而子帧 4、5 的内容是在给卫星注入新的导航数据后才更新。

### 3.7.3 导航电文的内容

在每帧导航电文中，各子帧电文的主要内容如图 3-18 所示。下面介绍电文各部分的基本含义。

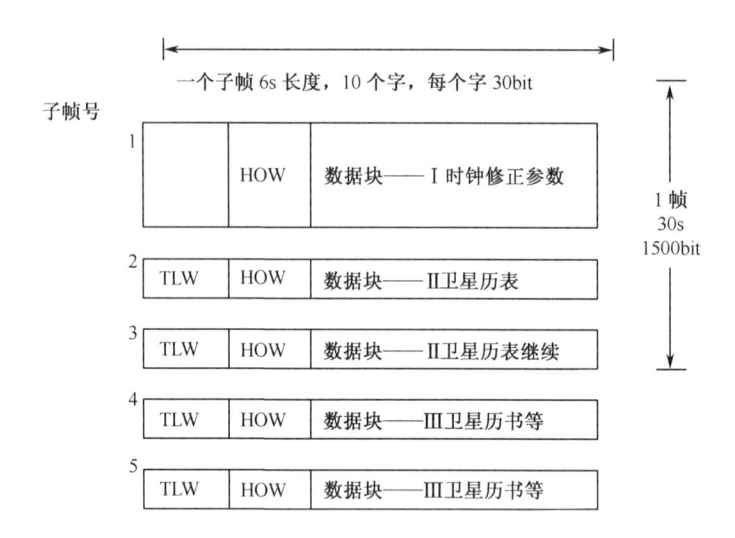

图 3-18 各帧导航电文的内容

**1. 遥测码**

遥测码(telemetry word，TLW)位于各子帧的开头，用来表明卫星注入数据的状态。遥测码的 1～8bit 是同步码(10001001)，将为各子帧编码脉冲提供一个同步起点，接收机将从该起点开始顺序解译电文。第 9～22bit 为遥测电文，包括地面监控系统注入数据时的状态信息、诊断信息及其他信息。第 23bit 和第 24bit 是连接码，第 25～30bit 为奇偶检验码，主要用于发现和纠正错误。

**2. 转换码**

转换码(hand over word，HOW)位于每个子帧的第二个字码。其作用是提供用户从捕获的 C/A 码转换到捕获 P 码的 Z 计数。Z 计数位于转换码的第 1～17bit，是从每周六/周日零时起算的时间计数。因此，通过 Z 计数，即可知道观测瞬间在 P 码周期中所处的准确位置，以便迅速捕获 P 码。

转换码的第 18 bit 表明卫星注入电文后是否发生滚动动量矩缺载现象；第 19bit 指示数据帧的时间是否与子码 $X_1$ 的时钟信号同步；第 20～22bit 为子帧识别标志；第 23～24bit 为连接码；第 25～30bit 为奇偶检验码。

**3. 第一数据块**

第一数据块位于第 1 子帧的第 3～10 字码，其主要内容包括：标识码、时延差改正、星期序号、卫星的健康状况、数据龄期及卫星时钟改正系数等。

1) 时延差改正 $T_{gd}$

时延差改正 $T_{gd}$ 就是载波 $L_1$、$L_2$ 的电离层时延差。当使用单频接收机时，为了减小电离层效应影响，提高定位精度，要用 $T_{gd}$ 改正观测结果；双频接收机可通过 $L_1$、$L_2$ 频率的组合消除电离层效应的影响，不需要此项改正。

2) 数据龄期 AODC

卫星数据龄期 AODC 是时钟改正数的外推时间间隔，它表明卫星时钟改正数的置信度。

$$AODC = t_{0c} - t_l \tag{3-56}$$

式中，$t_{0c}$ 为第一数据块的参考时刻；$t_l$ 是计算时钟改正参数所用数据的最后观测时刻。

3) 星期序号 WN

WN 是从 1980 年 1 月 6 日子夜零点(UTC)起算的星期数，即 GPS 星期数。

4) 卫星时钟改正

GPS 时间系统以地面主控站的原子钟为基准。但由于主控站原子钟的不稳定性，使得 GPS 时间和 UTC 时间之间存在差值。地面监控站通过监测并确定出这种差值，用导航电文播发给广大用户。

因为 GPS 卫星的时钟相对 GPS 时间系统存在着差值，所以需加以改正，即卫星时钟改正。

$$\Delta t_s = a_0 + a_1(t - t_{0c}) + a_2(t - t_{0c})^2 \tag{3-57}$$

式中，$a_0$ 为卫星钟差(s)；$a_1$ 为卫星钟速(s/s)；$a_2$ 为卫星钟速的变率($s/s^2$)。

**4. 第二数据块**

导航电文的第 2 和第 3 子帧组成数据块Ⅱ，其内容为 GPS 卫星星历，它是 GPS 卫星为导航、定位播发的主要电文，可向用户提供有关计算卫星运行位置的信息。如图 3-19 所示，描述卫星的运行及其轨道参数包括以下三类。

(1) 开普勒轨道系数：$\sqrt{a}$ 为卫星轨道椭圆长半轴的平方根；$e$ 为卫星轨道椭圆偏心率；$i_0$ 为参考时刻 $t_0$ 的轨道面倾角；$\Omega_0$ 为参考时刻 $t_0$ 的升交点赤经；$\omega$ 为近地点角距；$M_0$ 为参考时刻 $t_0$ 的平近点角。

(2) 轨道摄动 9 参数：$\Delta n$ 为平均角速度改正数；$\dot{\Omega}$ 为升交点赤经变化率；$i$ 为卫星轨道平面倾角变化率；$C_{us}$、$C_{uc}$ 为升交角距的正余弦调和改正项振幅，$C_{is}$、$C_{ic}$ 为轨道正面倾角的正余弦调合改正项振幅；$C_{rs}$、$C_{rc}$ 为轨道向径正余弦调和改正项振幅。

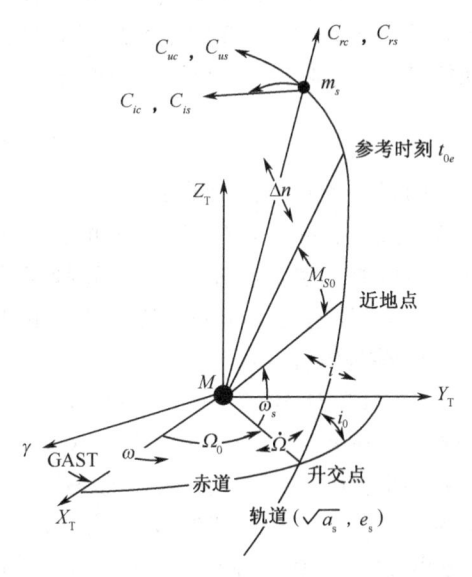

图 3-19 GPS 卫星轨道参数

(3) 时间参数：从星期日子夜零点开始度量的星历参考时刻 $t_{0e}$ 及卫星星历的龄期 AODE。

**5. 数据块Ⅲ**

第三数据块包括 4、5 两个子帧，内容包括了所有 GPS 卫星的历书数据。当接收机捕获到某颗 GPS 卫星信号后，根据第三数据块提供的其他卫星的概略星历、时钟改正、卫星工作状态等数据，用户可以选择工作正常、位置适当的卫星，并较快地捕获到所选择的卫星。

1) 第 4 子帧

第 2~10 页提供第 25~32 颗卫星的历书；第 17 页提供专用电文，第 18 页给出电离层改正模型参数中的 UTC 数据；第 25 页提供所有卫星的型号、防电子对抗特征符和第 25~32 颗卫星的健康状况。第 1、6、11、12、16、19~24 页作为备用，第 13~15 页为空闲页。

2) 第 5 子帧

第 1~24 页给出第 1~24 颗卫星的历书；第 25 页给出第 1~24 颗卫星的健康状况和星期编号。

在第三数据块中，第 4、5 子帧的每个页面的第 3 字码，其开始的 8 个 bit 是识别字符，且分成两种形式：第 1～2bit 为电文识别(data ID)；第 3～8bit 为卫星识别(sv ID)。

## 3.8 BDS 信号及导航电文

BDS 分了三个建设阶段，即北斗一号阶段、北斗二号阶段、北斗三号阶段。其中 B3I 信号是在北斗二号和北斗三号的中圆地球轨道(MEO)卫星、倾斜地球同步轨道(IGSO)卫星和地球静止轨道(GEO)卫星上播发，而 B1C 与 B2a 信号在北斗三号中圆地球轨道(MEO)卫星和倾斜地球同步轨道(IGSO)卫星上播发；B1C 信号为新增信号，B2a 取代了 B2I 信号；B1I 信号在北斗三号的所有卫星上播发。北斗三号地球静止轨道(GEO)卫星同时播发星基增强信号，以提供星基增强服务。相关信号参照国际民航标准。

因为 BDS 信号及导航电文不但内容丰富，而且结构复杂，所以，本节仅介绍 B1I、B2I、B3I 信号的基本特征和 D1、D2 导航电文的基本结构。如果要了解详细内容，可参见 BDS 空间信号接口控制文件的公开服务信号。

### 3.8.1 BDS 信号

BDS 导航信号占用了 3 个频带，采用码分多址的扩频通信体制，与 GPS 和 Galileo 定位系统一致，而不同于 GLONASS 的频分多址技术。码分多址有更高的频谱利用率，在 $L$ 波段的频谱资源非常有限的情况下，选择码分多址是更妥当的方式。此外，码分多址的抗干扰性能好，与其他卫星导航系统的兼容性能更佳。并在 B1、B2 及 B3 频段上调制了导航信号。

**1. 信号特征**

B1、B2 及 B3 信号由 I、Q 两个支路的"测距码＋导航电文"正交调制在载波上构成，信号的复用方式为码分多址(CDMA)。卫星发射的 B1、B2 信号采用右旋圆极化(RHCP)、正交相移键控(QPSK)调制，发射的 B3I 信号采用右旋圆极化(RHCP)、二进制相移键控(BPSK)调制。在卫星上 B1I、B2I 及 B3I 信号的载波频率由共同的基准时钟源产生，其相应的载波频率分别为 1561.098MHz、1207.140MHz 和 1268.520MHz。

卫星上的设备时延是指从卫星的时间基准到发射天线相位中心的时延。基准设备的时延包含在导航电文的钟差参数 $a_0$ 中，其不确定度小于 $0.5\text{ns}(1_\sigma)$。B3I 信号的设备时延为基准设备时延，B1I、B2I 信号的设备时延与基准设备时延的差值分别由导航电文中的 $T_{GD1}$ 和 $T_{GD2}$ 表示，其不确定度小于 $1\text{ns}(1_\sigma)$。

**2. 测距码特征**

B1I、B2I 信号测距码(简称 $C_{B1I}$ 码、$C_{B2I}$ 码)的速率为 2.046Mcps，码长为 2046。伪码周期为 1ms，即 1 个伪码周期包含 2046 个码片。$C_{B1I}$ 码和 $C_{B2I}$ 码信号都是由两个线性序列 G1 和 G2 的模二和产生平衡 Gold 后截短一码片后生成。G1 和 G2 序列分别由两个 11 级线性移位寄存器生成，生成的多项式为

$$G1(X) = 1 + X + X^7 + X^8 + X^9 + X^{10} + X^{11}$$
$$G2(X) = 1 + X + X^2 + X^3 + X^4 + X^5 + X^8 + X^9 + X^{11}$$

式中，G1 和 G2 的初始相位为 01010101010。

$C_{B1I}$ 码、$C_{B2I}$ 码的发生器如图 3-20 所示。通过对产生 G2 序列的移位寄存器不同抽头的模二和，即可实现 G2 序列相位的不同偏移，与 G1 序列模二和后即可生成不同卫星的测距码。

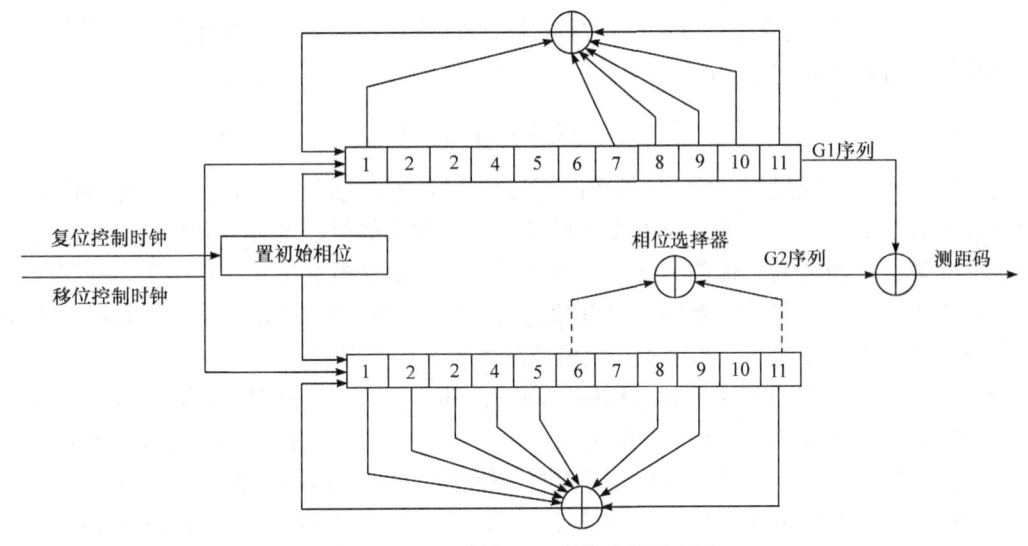

图 3-20　$C_{B1I}$ 码和 $C_{B2I}$ 码发生器示意图

B3I 信号测距码(简称 $C_{B3I}$ 码)的速率为 10.230Mcps，码长为 10230。$C_{B3I}$ 码由两个线性序列截短、模二和生成 Gold 码后再截短而产生。G1 和 G2 序列均由 13 级线性移位寄存器生成，其周期为 8191 码片，生成的多项式为

$$G1(X) = 1 + X + X^3 + X^4 + X^{13}$$

$$G2(X) = 1 + X + X^5 + X^6 + X^7 + X^9 + X^{10} + X^{12} + X^{13}$$

$C_{B3I}$ 码发生器如图 3-21 所示。首先将 G1 产生的码序列截短 1 码片，使其变成周期为 8190 码片的 CA 序列，然后与 G2 产生的周期为 8191 码片的 CB 序列进行模二和，即可产生周期为 10230 码片的 $C_{B3I}$ 码。

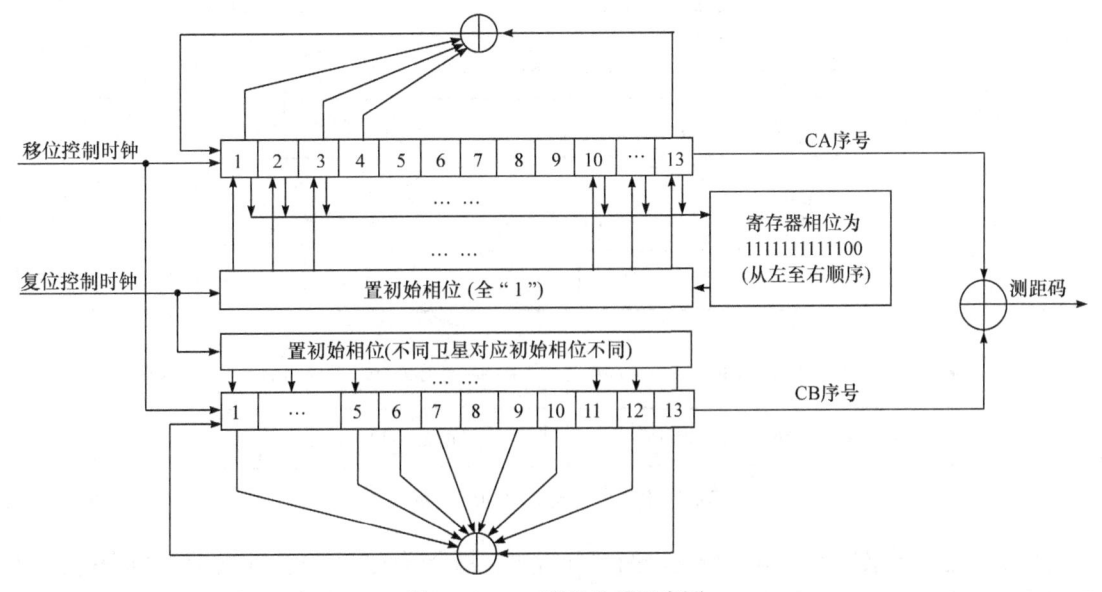

图 3-21　$C_{B3I}$ 码发生器示意图

G1 序列在每个测距码周期(1ms)的起始时刻或 G1 序列寄存器相位为"1111111111100"时置初始相位，G2 序列在每个测距码周期(1ms)的起始时刻置初始相位。G1 序列的初始相位为

"1111111111111",G2 序列初始相位由"1111111111111"并经过不同的移位次数而形成,不同的初始相位对应不同的卫星。

## 3.8.2 BDS 导航电文

为了更好地实现卫星导航定位,导航电文的内容一般包括卫星位置、卫星时钟改正、系统时间等一系列数据。它们是导航电文中最基本和最重要的组成部分,而且这些数据必须具有一定的时效性。通常为了提高卫星系统的服务性能,导航电文中还应包括卫星的工作状态信息,对于工作状态信息的时效性要求远超过对卫星位置信息的要求。另外,导航电文中还包含部分卫星日程表数据,从而为用户获取卫星信号提供了便利。

BDS 的导航电文是根据速率和结构的不同,将其分为 D1 和 D2 导航电文。D1 导航电文速率为 50bps,并调制有速率为 1kbps 的二次编码,内容包括基本导航信息(该卫星基本导航信息、全部卫星历书信息、与其他系统时间同步信息);D2 导航电文速率为 500bps,内容包括基本导航信息和增强服务信息(BDS 的差分信息、完好性信息及格网点的电离层信息)。

MEO/IGSO 卫星的 B1I、B2I 及 B3I 信号播发 D1 导航电文,GEO 卫星的 B1I、B2I 及 B3I 信号播发 D2 导航电文。

**1. D1 导航电文**

D1 导航电文是由超帧、主帧及子帧构成。每个超帧包含 36000bit,历时 12min,且每个超帧是由 24 个主帧组成;每个主帧为 1500bit,历时 30s,而每个主帧是由 5 个子帧组成;每个子帧为 300bit,历时 6s,每个子帧由 10 个字组成,每个字 30bit,历时 0.6s。D1 导航电文帧的结构如图 3-22 所示。

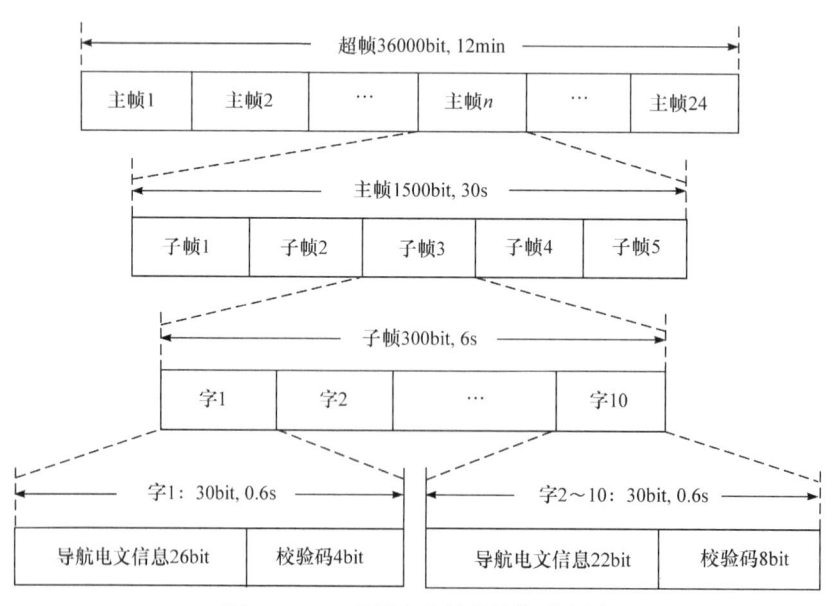

图 3-22 D1 导航电文帧的结构示意图

每个字是由导航电文数据及校验码两部分组成。每个子帧的第 1 个字的前 15bit 不进行纠错编码,后 11bit 采用 BCH(15, 11, 1)方式进行纠错,而其他 9 个字均采用 BCH(15, 11, 1)加交织方式进行纠错编码,其信息位共有 22bit。

D1 导航电文主要为基本导航信息。其内容为周内秒计数、整周计数、用户距离精度指数、卫星自主健康标识、电离层延迟模型改正参数、卫星星历参数及数据龄期、卫星钟差参数及数据龄期、星上设备时延差等基本导航信息；另外，还包括全部卫星历书及与其他系统时间同步信息(UTC、其他卫星导航系统)。全部 D1 导航电文传送完成所需时间为 12min。

D1 导航电文主帧结构及信息内容如图 3-23 所示。子帧 1 至子帧 3 播发的是基本导航信息，子帧 4 与子帧 5 的信息内容由 24 个页面分时发送；其中子帧 4 的页面 1~24 和子帧 5 的页面 1~10 播发全部卫星历书信息及与其他系统时间同步信息，而子帧 5 的页面 11~24 为预留页面。

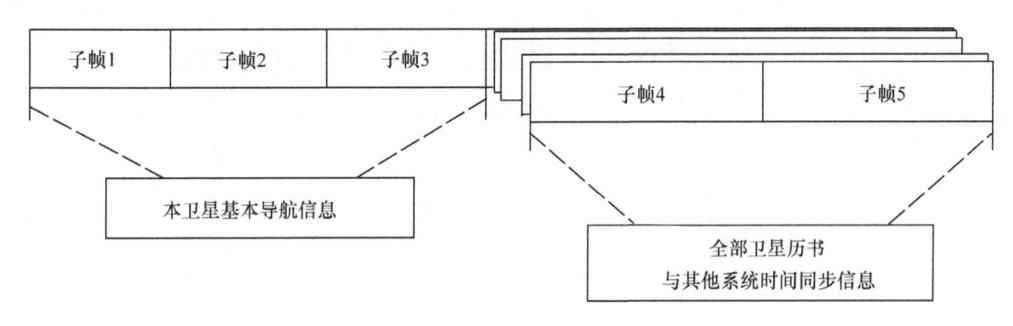

图 3-23  D1 导航电文主帧结构示意图

**2. D2 导航电文**

D2 导航电文是由超帧、主帧及子帧构成。每个超帧包含 180000bit，历时 6min，且每个超帧由 120 个主帧组成，每个主帧为 1500bit，历时 3s；而每个主帧是由 5 个子帧组成，每个子帧为 300bit，历时 0.6s；每个子帧由 10 个字组成，每个字 30bit，历时 0.06s。D2 导航电文帧的结构如图 3-24 所示。

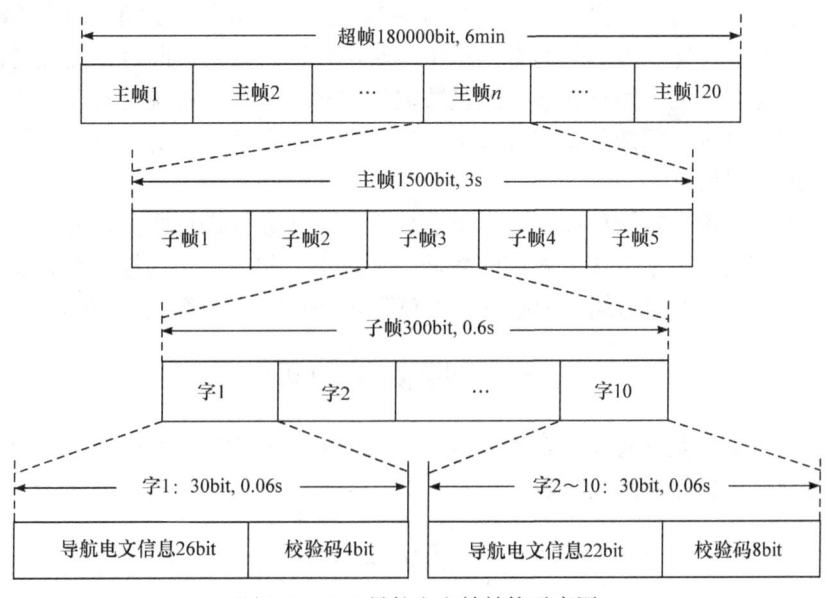

图 3-24  D2 导航电文帧结构示意图

每个字是由导航电文数据及校验码两部分组成。每个子帧第 1 个字的前 15bit 不进行纠错编码，后 11 bit 采用 BCH(15,11,1)方式进行纠错，而其他 9 个字均采用 BCH(15,11,1)加交织方式进行纠错编码，其信息位共有22bit。

D2 导航电文内容包括：本卫星基本导航信息，与其他系统时间的同步信息，BDS 完好性及差分信息，格网点的电离层信息。

D2 导航电文主帧结构及信息内容如图3-25所示。子帧1播发基本导航信息，由10个页面分时发送，子帧2～4信息由6个页面分时发送，子帧5信息由120个页面分时发送。其中，子帧4页面1～6扩展播发BDS完好性及差分信息，子帧5页面103～116扩展播发卫星历书信息；子帧5的页面14～34、页面74～94、页面117～120为预留信息。

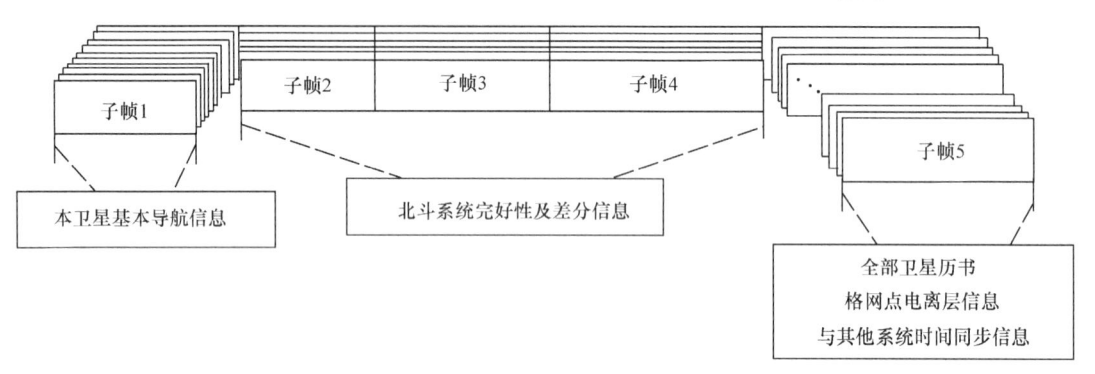

图 3-25 D2 导航电文主帧结构示意图

### 3. 导航电文的特性

首先，根据导航电文获取内容的时效性，一般将导航数据划分为即时性和非即时性数据。通常用户希望获取的是时钟改正数据、卫星星历数据等，以便能够及时对卫星进行定位，对于其他方面的数据要求则并不紧迫。因此，从整体上看，对于不同时效性的数据，导航电文均可做到有效的控制和播报。

其次，导航电文在为用户提供位置数据的基础上，还为用户提供相应的系统时间。一般来说，导航电文是以一定长度的帧为基本单位，对用户进行发送，同时，系统发送时间与帧的发送时间是相互对应的，用户在接收卫星数据的同时可以获得系统时间。在同一个帧中，导航电文的内容与系统时间的关系多种多样，当关系不固定时，在每一帧中还要给出与本帧电文内容相关的标识信息。

最后，要想保证用户接收机在获取卫星信号之后，将数据进行同步化处理，及时准确地获取数据，就还需要导航电文提供相应的数据同步技术，利用相关的检查纠错设备，及时发现数据传输中的偏差，并进行纠正和修改，以确保导航信息的准确、高速传输。

## 3.9 伪距测量原理

码相关法伪距测量是通过调整自相关函数 $R(t)$ 的值，来测定测距码信号由卫星到达测站的传播时间实现的。自相关函数的表达式为

$$R(t) = \frac{1}{T}\int_0^T U(t-\Delta t)U'(t-\tau)\mathrm{d}t \tag{3-58}$$

式中，$\Delta t$ 为测距码信号传播的时间；$\tau$ 为接收机复制码的时间延迟；$U(t-\Delta t)$ 为测距码信号；$U'(t-\tau)$ 为接收机复制码信号；$T$ 为测距码信号周期。

自相关函数具有下述三种可能的状态。

(1) 当 $\Delta t = \tau$ 时，由于两个码序列的结构相同，测距码序列与复制码序列完全对齐[图 3-26(a)]，因而任意时刻两个码的状态相同，其乘积恒等于 1。这时，自相关函数也等于 1，即

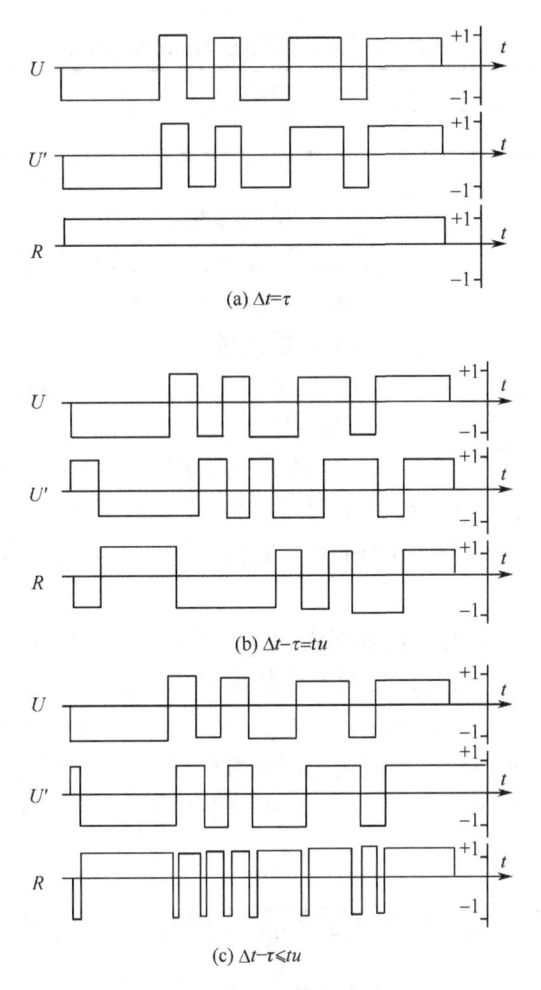

图 3-26 $\Delta t - \tau$ 不同时自相关函数 $R(t)$ 的值

$$R(t) = \frac{1}{T}\int_0^T U(t-\Delta t)U'(t-\tau)\mathrm{d}t = \frac{1}{T}\int_0^T \mathrm{d}t = 1 \tag{3-59}$$

(2) 当 $\Delta t - \tau = tu$ 时，即两个码序列错开一个码元。如果假定周期 $T = 15tu$，那么由图 3-26(b)可以看出，其中 7 码元乘积波形为 +1，8 码元乘积波形为 -1，因而在一个整周期 $[0, T]$ 上，积分

$$\int_0^T U(t-\Delta t)U'(t-\tau)\mathrm{d}t = -1 \tag{3-60}$$

因此，自相关函数

$$R(t) = \int_0^T U(t-\Delta t)U'(t-\tau)\mathrm{d}t = -\frac{1}{T}$$

上述结论，对于任意 $\Delta t - \tau > tu$ 均成立。

(3) 当 $\Delta t - \tau < tu$ 时，也就是当两个码序列错开不足一个码元时，若假定 $T = 15tu$，那么自相关函数在 $\Delta t - \tau$ 分别等于码元宽度的 1/5、2/5、3/5、4/5 时的值由表 3-5 给出。图 3-26(c) 描述了 $\Delta t - \tau \leqslant tu$ 时的情况。

表 3-5  $\Delta t - \tau \leqslant tu$ 时自相关函数 $R(t)$ 的值

| $\Delta t - \tau$ | 0 | 1/5 | 2/5 | 3/5 | 4/5 | 1 |
| --- | --- | --- | --- | --- | --- | --- |
| $R(t)$ | 1 | 59/75 | 43/75 | 24/75 | 11/75 | −5/75 |

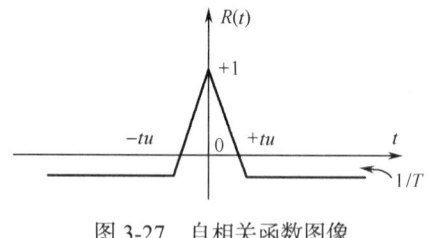

图 3-27 自相关函数图像

由此可见，当 $\Delta t - \tau < tu$ 时，则有 $-1/T < R(t) < 1$。因为两个码序列的结构相同，所以自相关函数具有对称性。图 3-27 就是根据以上讨论结果绘制的自相关函数图像。

当卫星发射的测距码信号经过 $\Delta t$ 秒时间传播后到达接收机时，接收机立刻产生一个结构完全相同的复制码序列，并在延时器的控制下不断调整 $\tau$ 值，直到 $R(t) = 1$ 为止。这时 $\tau = \Delta t$，信号传播时间 $\Delta t$ 即可测定，乘以光速 $c$，即可获得卫星至测站的距离，但是因为 $\Delta t$ 中包含卫星钟和接收机钟的不同步误差，所以称为伪距，以 $\bar{\rho}$ 来表示。

然而，因为测距码产生过程中的随机误差及信号传播误差影响，自相关函数不可能达到 1。所以，可通过对 $\tau$ 进行不断调整使 $R(\tau)$ 取得最大值 $R_{\max} \approx 1$，从而有 $\tau \approx \Delta t$。自相关函数的测距精度取决于其分辨率 $d/M$，其中 $d = R_{\max} - R_{\min}$，$M$ 取值约为 50~200，即自相关函数的测距精度为 $d/M$ 个码元。由于测距码为周期性码序列，自相关函数也为周期函数。如果 $R(t)$ 取得最大值 $R_{\max}$ 时，则 $R(t+T)$ 同样可以取得最大值 $R_{\max}$，这样将使得码相关伪距测量在理论上具有多值性。

## 3.10 卫星的载波信号及相位测量原理

### 3.10.1 GNSS 卫星的载波信号

以 GPS 卫星载波信号为例。由于 GPS 卫星的测距码信号和导航电文信号都属于低频信号，其中 C/A 码和 P 码的数码率分别为 1.023Mbit/s 与 10.23Mbit/s，而 D 码(数据码)的数码率仅为 50bit/s。GPS 卫星离地面约 20000km，其电能又非常紧张，因此很难将上述数码率很低的信号传输到地面。解决这一难题的办法，就是另外发射一种高频信号，并将低频的测距码信号和导航电文信号加载到这一高频信号上，构成一个高频的调制波发射到地面。GPS 卫星采用 L 频带的两种不同频率的电磁波作为高频信号，分别称为 $L_1$ 载波与 $L_2$ 载波。其中：$L_1$ 载波的频率 $f_1 = 1575.42$MHz，波长 $\lambda_1 = 19.03$cm，其上调制 C/A 码、P 码以及导航电文；$L_2$ 载波的频率 $f_2 = 1227.6$MHz，波长 $\lambda_2 = 24.42$cm，其上仅调制 P 码与导航电文。GPS 卫星发射信号的频率均受到卫星上原子钟的基准频率的控制，卫星原子钟基准频率 $f_0 = 10.23$MHz，P 码采用基准频率，C/A 码仅取基准频率的 1/10，而 $L_1$ 载波的频率 $f_1$ 为基准频率的 154 倍，$L_2$ 载波的频率 $f_2$ 则取基准频率 $f_0$ 的 120 倍。图 3-28 描述了上述 GPS 卫星信号的构成。

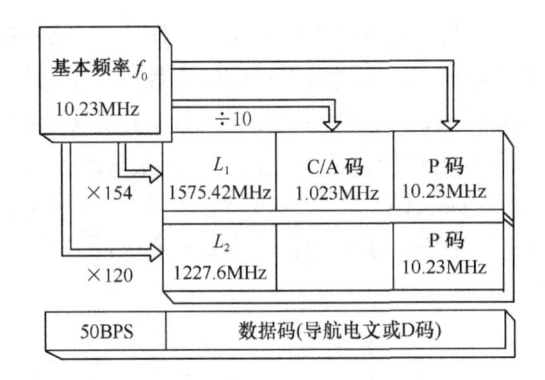

图 3-28　GPS 卫星信号构成示意图

## 3.10.2　卫星信号的调制

在数字通信技术中，为了有效地传播信息，通常将低频信号加载到高频的载波上，则原低频信号称为调制信号，而加载信号后的载波就称为调制波。

卫星信号调制，是采用调相技术实现的。如测距码信号和数据码信号都是以二进制数为码元的时间序列，它具有信号波形和信号序列两种表达形式。信号波形也称为码状态，通常以符号 $u(t)$ 表示。信号序列通常以符号 $\{u\}$ 表示，信号序列 $\{u\}$ 中的每一个元素取值为 0 或者 1，称为码值。并且约定，当码值为 0 时，对应的码状态为+1；而当码值取 1 时，对应的码状态为-1。图 3-29 说明了信号波形 $u(t)$ 和信号序列 $\{u\}$ 两种表达方式间的对应关系。实现码信号与载波信号的调制，只需取码状态与载波相乘即可。

因为卫星上原子钟的振荡器产生的载波是一种电磁波，其数学表达式为一正弦波。所以，当码状态取+1 与载波相乘时，显然不会改变载波的相位；而当码状态取-1 与载波相乘时，载波相位将改变 180°。因此当码值由 0 变为 1，或由 1 变为 0 时，都会使调制后的载波相位改变 180°，称为相位跃迁(图 3-30)。

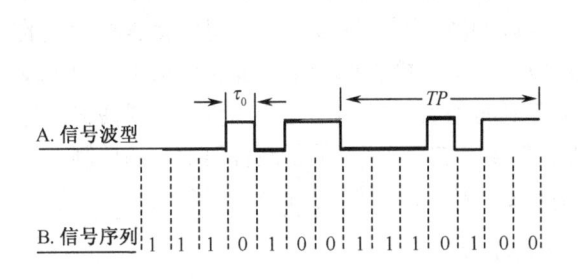

图 3-29　信号波形 $u(t)$ 与信号序列 $\{u\}$ 间的对应关系

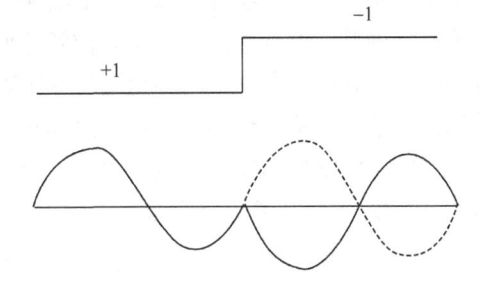

图 3-30　加载信号后产生的相位跃迁

以 GPS 为例，在加载测距码信号与数据信号后，载波 $L_1$ 与 $L_2$ 的表达式分别为

$$S_{L1} = A_\text{P}\text{P}_i(t)\text{D}_i(t)\cos(\omega_1 t + \varphi_1) + A_\text{C}\text{C}_i(t)\text{D}_i(t)\sin(\omega_1 t + \varphi_1) \quad (3\text{-}61)$$

$$S_{L2} = B_\text{P}\text{P}_i(t)\text{D}_i(t)\cos(\omega_2 t + \varphi_2) \quad (3\text{-}62)$$

式中，$A_\text{P}$、$B_\text{P}$ 分别为调制于 $L_1$、$L_2$ 上的 P 码振幅；$\text{P}_i(t)$ 为 ±1 状态的 P 码；$\text{D}_i(t)$ 为 ±1 状态的数据码；$A_\text{C}$ 为调制于 $L_1$ 上的 C/A 码振幅；$\text{C}_i(t)$ 为 ±1 状态的 C/A 码；$i$ 为卫星编号；$\omega_j$ 为载

波 $L_j$ 的角频率 ($j=1,2$); $\varphi_j$ 为载波 $L_j$ 的初相 ($j=1,2$)。图 3-31 表示载波信号的调制过程，该图说明，纯净的载波为一正弦波，在加载测距码信号或数据码信号后，在码值由 0 变为 1 或由 1 变为 0 的交替处，调制后的载波出现相位跃迁。图 3-32 是 GPS 卫星信号产生的电路示意图，该图说明 GPS 卫星的各个信号分量都由卫星原子钟振荡器的基准频率产生，并且信号调制过程是通过电路中一系列混频、模二求和并进行叠加实现。图中符号 ⊗ 表示混频器，其含意是取码状态与载波相乘；符号 ⊕ 表示码值模二求和；符号 ∑ 为加法器。从该图中不难理解信号调制过程。

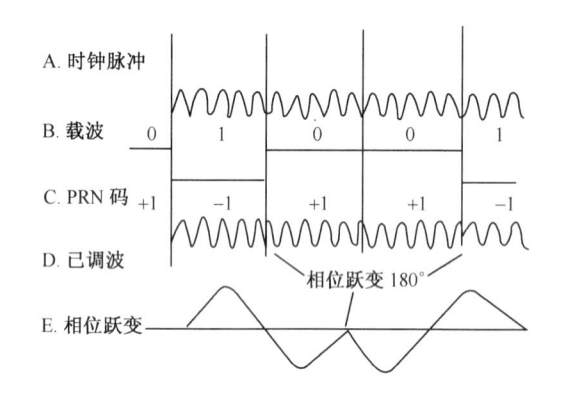

图 3-31　载波信号的调制过程　　　　图 3-32　GPS 卫星信号产生的电路示意图

### 3.10.3　卫星信号的解调

在 GNSS 卫星定位测量时，用户接收机收到的 GNSS 卫星信号是一种调制波，如何从接收到的调制波中分离出测距码信号、导航电文信号以及纯净的载波信号，就是 GNSS 卫星信号的解调。以 GPS 卫星信号的解调为例，通常可采用以下两种方法。

**1. 码相关解调技术**

由于调制波是以码状态与载波相乘实现的，当码状态由+1 变为−1，或由−1 变为+1 时，都会使调制后的载波改变相位，产生相位跃迁而形成调制波。要想恢复载波，可将接收机产生的复制码信号，在同步条件下与卫星信号相乘就可以了。由于接收机产生的复制码信号与卫星发射的测距码信号结构完全相同，在经过码相关消除延时差后，可实现完全同步。这样使得原先因乘−1 而被改变的相位，现在又因再乘−1 而得到恢复，图 3-33 表示了两种码信号的调制与解调过程。假定 $P(t)$ 为测距码信号，$D(t)$ 为导航电文信号，经过调制后得到调制信号：

$$S(t) = P(t) \cdot D(t)$$

接收机在收到信号 $S(t)$ 后，将产生结构完全相同的复制信号 $P(t)$，并经过码相关处理技术，在实现完全同步的条件下与卫星信号 $S(t)$ 相乘获得 $D(t)$，即

$$S(t) \cdot P(t) = D(t)$$

在采用相关型波道的卫星信号接收机内，设置有伪噪声码跟踪电路，其功能就是应用码相关解调技术实现信号的解调。然而，卫星信号接收机不可能复制出导航电文。因此，经过码相关解调技术处理后的载波信号仍含有数据码 $D(t)$。图 3-34 为伪噪声码跟踪环路示意图，该图说明卫星信号 $G(t)$ 在与经过码相关技术处理并与本地码信号混频后，输出的解频信号为

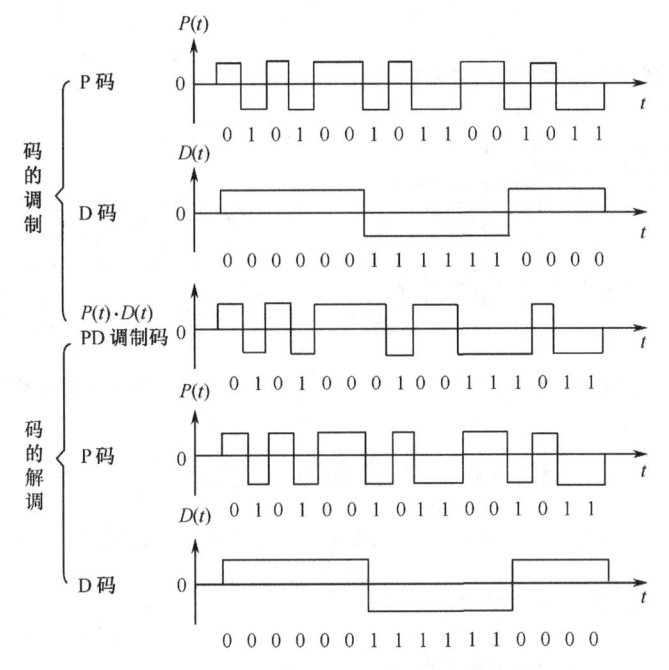

图 3-33 码信号的调制与解调示意图

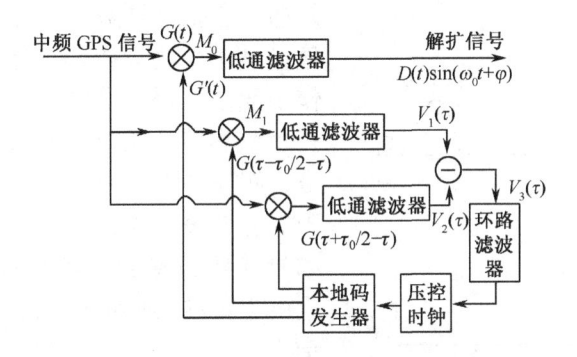

图 3-34 伪噪声码跟踪环路示意图

$$D(t)\sin(\omega_0 t + \varphi)$$

其中仍含有数据码 $D(t)$。如果要进一步提取数据码信号 $D(t)$，就需要在卫星信号接收机通道内，另设置一载波跟踪环路的电路(图 3-35)。它可使接收机石英钟压控振荡器产生的本地载波信号与上述解频信号混频而获得纯净的数据码 $D(t)$，再经解码便得到导航电文。

**2. 平方解调技术**

因为±1 状态的调制码信号经平方后均为+1，而+1 不改变载波相位，所以卫星信号经平方后即可达到解调的目的(图 3-36)。

图 3-36 表明，当用户接收到卫星信号后，首先通过变频而得到一中频信号，此时信号结构并无任何变化，仅仅降低了载波频率。然后电路再将所获得的中频卫星信号自乘，消去加载在载波上的测距码信号和数据码信号，达到解调的目的。平方解调技术不必知道调制码的结构，但它在解调时不仅消去了测距码信号，同时也消去了数据码信号，因此不能用来恢复导航电文。

图 3-35 载波跟踪环路示意图

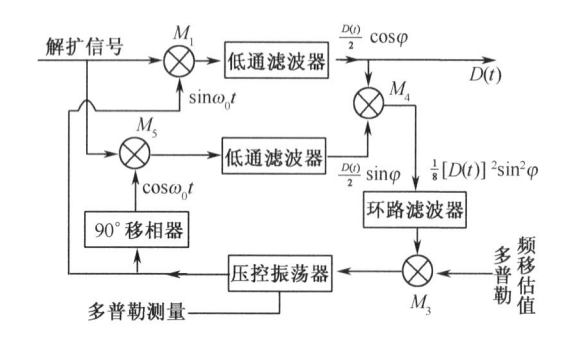

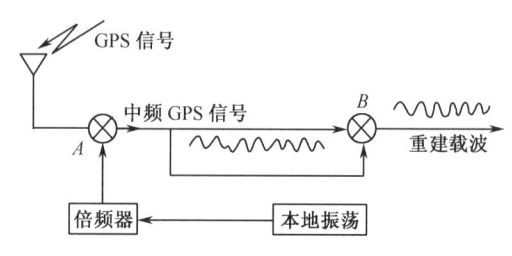

图 3-36 平方解调技术电路示意图

## 3.10.4 载波相位测量原理

假定卫星 S 发出的载波信号，在接收机 M 处的相位为 $\varphi_m$，而在 S 处的相位为 $\varphi_s$。那么卫星 S 至接收机 M 间的距离 $\rho$ 就可以粗略的表示为

$$\rho = \lambda(\varphi_s - \varphi_m)$$

式中，$\lambda$ 为载波的波长；$\varphi_s$ 和 $\varphi_m$ 均由某个起点开始，包括整周数与不足一整周数的载波相位值，其单位为周(图 3-37)。但是，$\varphi_s$ 在实际工作中无法测得，通常是由接收机的振荡器产生一个频率和初相与卫星信号完全相同的基准信号，使得在任一瞬间接收机基准信号的相位就等于卫星 S 发射的信号相位，因此 $\Phi(\tau_a) = \varphi(\tau_a)$。如果接收机接到的载波信号相位为 $\varphi(\alpha)$，那么由卫星 S 到接收机 M 间的距离 $\rho$ 就可以表示为

$$\rho = \lambda(\varphi(\tau_b) - \varphi(\tau_a))$$

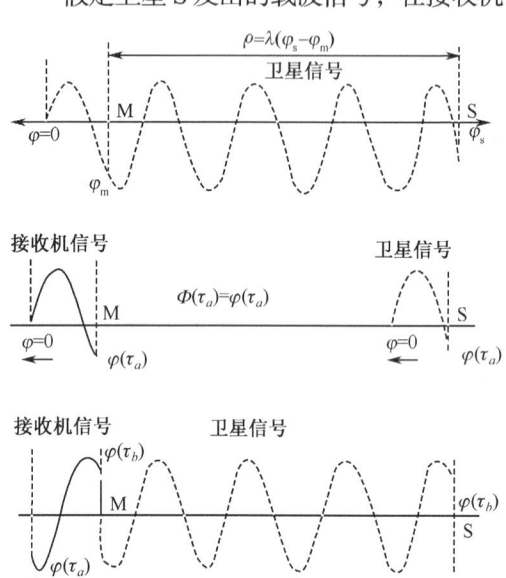

图 3-37 载波相位测量原理

在进行载波相位测量时，当接收机跟踪上卫星信号，并在起始历元 $t_0$ 瞬间进行首次载波相位测量时，所测得的相位差应包括整周部分和不足一个整周部分 $F^0(\varphi)$。相位差观测值应为

$$\varphi^0(M) - \varphi^0(S) = N_0 + F^0(\varphi)$$

式中，$\varphi^0(M)$ 为 $t_0$ 时刻接收机基准信号相位；$\varphi^0(S)$ 为接收机在 $t_0$ 时刻收到的卫星信号相位。但是，载波是一单纯的正弦波，没有任何辨识标记，因此无法识别所测量的是第几周的相位。也就是说，$N_0$ 无法直接测定，称 $N_0$ 为整周未知数(或称为整周模糊度)。而接收机在 $t_0$ 瞬间所测得的仅仅是不足一整周的相位差 $F_0(\varphi)$；但在 $t_0$ 时刻以后的各次载波相位测量中，接收机电路中的计数器会自动记录从 $t_0$ 至观测时刻的整周数变化值 $In(\varphi)$。因此，所测得的载波相位观测值中包含整周数 $In(\varphi)$ 和不足一整周数 $F(\varphi)$。如果以符号 $\tilde{\varphi}$ 表示在 $t_i$ 时刻测得

的相位观测值,则有

$$\tilde{\varphi} = In^i(\varphi) + F^i(\varphi) \tag{3-63}$$

式中,整周数 $In^i(\varphi)$ 在 $t_0$ 时刻进行的首次测量值为零,而在以后的各次测量中为整数。当接收机连续跟踪卫星信号时,测得的每个相位观测量含有相同的整周未知数 $N_0$ (图 3-38)。因此,$t_i$ 时刻一个完整的载波相位观测量可表示为

$$\varphi = N_0 + \tilde{\varphi} = N_0 + In^i(\varphi) + F^i(\varphi) \tag{3-64}$$

在卫星信号中断时,将丢失 $In(\varphi)$ 中的一部分整周数,称为整周跳变,简称周跳。而 $F(\varphi)$ 是瞬时值,不受周跳影响。

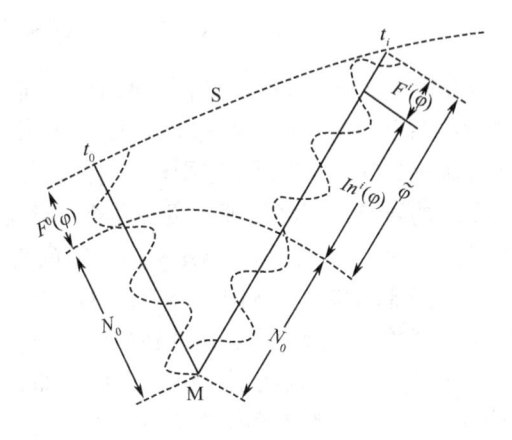

图 3-38 载波相位测量

## 3.11 美国政府关于 GPS 的 SA 政策

为了更好地了解 GNSS 的发展过程,在此介绍一下美国政府关于 GPS 的 SA 政策。

因为 GPS 定位技术具有全球、全天候、实时与高精度等特性,所以,它在现代化战争中具有非常重要的作用。例如,它可以为自动化指挥系统提供统一的时间基准和坐标系统,成为战略武器与空间防御的保障,并可加强海、陆、空三军的协同作战能力、侦察能力、导弹与飞机轰炸的制导能力,以及为三军提供统一的导航系统等。由于上述原因,美国国防部制定了限制使用 GPS 卫星信号的政策,并于 1991 年 7 月开始采用所谓的 SA(selective availability,选择可用性)技术,使未经美国政府特许的广大 GPS 用户的实时定位精度降低到它所允许的水平,以此保护自身的利益。

### 3.11.1 SA 技 术

美国政府对 GPS 信号实行双用途服务。一种是标准定位业务称为 SPS,专供各类民间用户使用;另一种是精密定位业务称为 PPS,专供军方和特许用户使用。美国政府为了限制 SPS 用户的实时定位精度,对 GPS 工作卫星信号采用了 SA 技术:它包括对信号基准频率的 $\delta$ 技术,对导航电文 $\varepsilon$ 技术,对 P 码的加密技术。

所谓 $\delta$ 技术,是指在 GPS 工作卫星信号基准频率中,加入一个人工高频抖动信号,使卫星频率产生快速变化(称为钟频抖动)。GPS 卫星钟基准频率为 10.23MHz,钟频抖动可达 ±2Hz,抖动周期约为 10 分钟左右。因为基准频率是测距码、数据码以及载波等所有卫星信号的振荡源,所以这些派生信号也都引入了一个人工高频抖动信号。SPS 用户根据这种带有人工误差的信号定位、测速和测时,必然导致测量精度的降低。

### 3.11.2 SA 技术对定位的影响

(1) 降低单点位精度。经 SA 技术处理后,广播星历的精度由 ±20m 降低到 ±100m,且偏差不固定,是一种不规则变化的随机量。

(2) 降低长距离相对定位的精度。

(3) SA 技术增加了高精度相对定位数据处理以及整周未知数确定的难度。

### 3.11.3 GPS 用户的反限制措施

美国国防部对 GPS 工作卫星信号实施 SA 技术，对于静态定位用户的影响不大，而对于实时动态定位的用户影响却非常大。美国国防部的用意，就是使非特许用户的实时定位精度降低到 ±100m，以确保美国国家利益。然而对于许多应用领域(如飞机着陆、船舶航行、地面车辆的导航及调度管理、资源勘查、环境监测与灾害救助等) ±100m 的实时定位精度，无法满足要求，从而限制了 GPS 的应用范围。因此，SA 技术在实施过程中，引起了包括美国本国民用部门和世界各国 GPS 用户对反限制技术的挑战。GPS 用户冲破美国政策限制，提高定位精度的技术措施主要体现在两个方面。

(1) 建立区域性的卫星测轨系统。如美国的一些民用部门，以及加拿大、澳大利亚和欧洲的一些国家，都曾实施建立区域性的甚至全球性的测轨系统计划。其中著名的一项计划是国际合作 GPS 卫星跟踪网(cooperative international GPS satellite tracking network，CIGNET)，该网以美国为首于 1986 年开始组建，跟踪站扩展至南半球，测轨精度可达分米级。我国已有永久性的跟踪站，为用户提供卫星星历、钟差等与 GPS 自身有关的信息。

(2) 发展 GPS 定位技术，研究新的能够有效削弱美国政府 SA 技术影响的实时定位方法，以提高实时定位精度。差分 GPS(differential GPS，DGPS)就是发展起来的实时定位技术。它的出现，使非特许用户的实时定位精度由 ±100m 提高到 ±1m，有效地消除了 SA 技术的影响。因此，美国政府已经宣布，在 2000 年 5 月开始试行取消对 GPS 工作卫星实施 SA 技术。

(3) 发展自己的卫星导航定位系统。为了克服美国的 SA 技术对定位精度带来的影响，俄罗斯建立了 GLONASS 卫星导航定位系统，欧洲建立了 Galileo 定位系统，我国建成了北斗卫星导航定位系统，有效克服了美国的 SA 技术对定位精度带来的影响。

### 习　题

1. 简述卫星在轨道上运动所受的力的作用。
2. 简述卫星轨道运动的开普勒三定律。
3. 画图并解释开普勒轨道 6 参数的几何及物理意义。
4. 地球引力场摄动力对卫星的运动有哪些影响？
5. 日、月引力对卫星的运动有哪些影响？
6. 什么是广播星历？什么是精密星历？两者的区别是什么？
7. 简述码、码元、数码率、信号调制、信号解调及自相关系数的概念。
8. 说明 C/A 码及 P 码的产生过程及其特点。
9. 简述伪随机噪声码测距原理及载波相位测量原理。
10. 简述卫星导航电文的内容，并解释数据龄期、遥测码、时延差改正及传输参数的概念。
11. 简述 BDS 导航电文的特性。

# 第4章　GNSS定位原理

## 4.1　绝对定位原理

绝对定位是以地球质心为参考点，确定接收机天线在地球质心坐标系中的绝对位置。因为定位过程仅需一台接收机，所以又称为单点定位。

因为卫星星历误差、信号传播误差及卫星几何分布等都会影响单点定位结果，使得定位精度较低。所以，GNSS 绝对定位一般适用于低精度的测量领域，如车辆、船只、飞机的导航，考古、旅游、地质调查及林业调查等。

绝对定位的基本原理是：以卫星和用户接收机天线之间的距离观测量为基准，根据已知的卫星瞬时坐标，来确定用户接收天线所处的位置。

绝对定位的实质是空间距离后方交会，即在一个测站上，只需 3 个独立距离观测量。但是，GNSS 采用的是单程测距原理，同时卫星钟与接收机钟又难以保持严格同步，实际上观测的测站至卫星之间的距离要受卫星钟和接收机钟同步差的共同影响，故又称为伪距离测量。当然，卫星钟钟差是可以通过卫星导航电文中所提供的相应钟差参数加以修正，而接收机的钟差，一般却难以预先准确测定。所以，在数据处理中，可将其作为一个未知参数与观测站坐标一并解出。因此，在一个测站上，为了实时求解 4 个未知参数(3 个点位坐标量及 1 个钟差参数)，至少应有 4 个同步伪距观测量，即必须同步观测 4 颗以上卫星(图 4-1)。

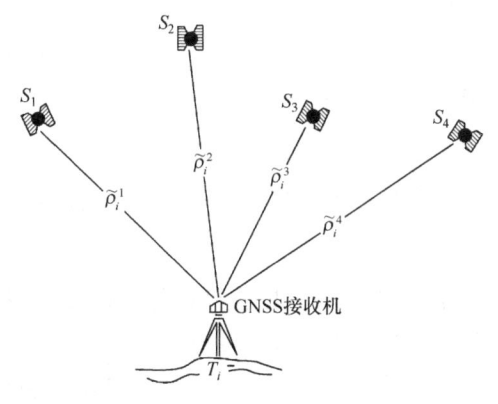

图 4-1　绝对定位(或单点定位)

根据用户接收机天线所处的状态不同，绝对定位又可分为动态绝对定位和静态绝对定位。

当接收设备安置在运动的载体上，确定载体瞬时绝对位置的定位方法，称为动态绝对定位。动态绝对定位，一般情况下只能得到没有(或很少)多余观测量的实时解。这种定位方法，被广泛地应用于飞机、船舶以及陆地车辆等运动载体的导航中定位。另外，在航空物探、地质调查和卫星遥感等领域也有广泛的应用。

当接收机天线处于静止状态时，来确定观测站绝对位置坐标的方法，称为静态绝对定位。因为这种方法可以连续地测定卫星至观测站的伪距，所以可获得充分的多余观测量，以便通过数据处理提高定位的精度。静态绝对定位方法，主要用于大地测量，以精确测定观测站在协议地球坐标系中的绝对坐标。

目前，无论是动态绝对定位还是静态绝对定位，其观测量都是所测卫星至观测站的伪距，通常也称为伪距定位法。因为伪距有测码伪距和测相伪距之分，所以绝对定位又可分为测码伪距绝对定位和测相伪距绝对定位。

## 4.1.1 测码伪距观测方程及其线性化

为建立伪距观测方程，引进以下符号：$t^j$(GNSS)表示第$j$颗卫星发出信号瞬间的标准时间；$t^j$是相应的卫星钟钟面时刻；$t_i$是相应的接收机钟钟面时刻；$\delta t^j$代表卫星钟钟面时相对于标准时间的钟差；而$\delta t_i$则是接收机钟钟面时相对于标准时间的钟差。

显然，卫星钟和接收机钟的钟面时与标准时之间的关系为

$$\begin{cases} t^j = t^j(\text{GNSS}) + \delta t^j \\ t_i = t_i(\text{GNSS}) + \delta t_i \end{cases} \tag{4-1}$$

则卫星信号到达测站的钟面传播时间为

$$\Delta t_i^j = t_i - t^j = t_i(\text{GNSS}) - t^j(\text{GNSS}) + \delta t_i - \delta t^j \tag{4-2}$$

如果不考虑大气折射影响，将钟面传播时间乘以光速$C$，即得卫星$S^j$至测站$T_i$间的伪距为

$$\tilde{\rho}_i^j = C\Delta t_i^j = C[t_i(\text{GNSS}) - t^j(\text{GNSS})] + C(\delta t_i - \delta t^j) \tag{4-3}$$

若以记号$\rho_i^j$表示卫星$S^j$至测站$T_i$间的几何距离；$\delta t_i^j$表示接收机钟与卫星钟的相对钟差，则有

$$\rho_i^j = C[t_i(\text{GNSS}) - t^j(\text{GNSS})] \tag{4-4}$$

与

$$\delta t_i^j = \delta t_i - \delta t^j \tag{4-5}$$

把公式(4-4)与公式(4-5)代入公式(4-3)中，即得简化的伪距表达式

$$\tilde{\rho}_i^j = \rho_i^j + C\delta t_i^j \tag{4-6}$$

式中，$C\delta t_i^j$表示接收机钟与卫星钟之间相对钟差的等效距离误差。若顾及大气层折射的影响，则伪距观测方程可写为

$$\tilde{\rho}_i^j(t) = \rho_i^j(t) + C\delta t_i^j + \delta I_i^j(t) + \delta T_i^j(t) \tag{4-7}$$

式中，$\delta I_i^j(t)$为$t$时刻电离层折射延迟的等效距离误差；$\delta T_i^j(t)$为$t$时刻对流层折射延迟的等效距离误差。

公式(4-7)中$\rho_i^j(t)$是非线性项，表示测站与卫星之间的几何距离。即

$$\rho_i^j(t) = \left[ \left(X^j(t) - X_i\right)^2 + \left(Y^j(t) - Y_i\right)^2 + \left(Z^j(t) - Z_i\right)^2 \right]^{1/2} \tag{4-8}$$

这里$X^j(t)$、$Y^j(t)$、$Z^j(t)$为$t$时刻卫星$S^j$的三维地心坐标，$X_j$、$Y_j$、$Z_j$则是测站$T_i$的三维地心坐标。若设：

$$\begin{cases} X_i = X_i^0 + \delta X_i \\ Y_i = Y_i^0 + \delta Y_i \\ Z_i = Z_i^0 + \delta Z_i \end{cases} \tag{4-9}$$

式中，$\left(X_i^0, Y_i^0, Z_i^0\right)$为测站三维地心坐标的近似值。若视导航电文所提供的卫星瞬时坐标为固定值，则对$\rho_i^j(t)$以$\left(X_i^0, Y_i^0, Z_i^0\right)$为中心用泰勒级数展开并取一次项后可得

$$\rho_i^j(t) = \left(\rho_i^j(t)\right)_0 + \left(\frac{\partial \rho_i^j(t)}{\partial X_i}\right)_0 \delta X_i + \left(\frac{\partial \rho_i^j(t)}{\partial Y_i}\right)_0 \delta Y_i + \left(\frac{\partial \rho_i^j(t)}{\partial Z_i}\right)_0 \delta Z_i \quad (4\text{-}10)$$

式中，

$$\left(\frac{\partial \rho_i^j(t)}{\partial X_i}\right)_0 = -\frac{1}{\left(\rho_i^j(t)\right)_0}\left(X^j(t) - X_i^0\right) = -k_i^j(t)$$

$$\left(\frac{\partial \rho_i^j(t)}{\partial Y_i}\right)_0 = -\frac{1}{\left(\rho_i^j(t)\right)_0}\left(Y^j(t) - Y_i^0\right) = -l_i^j(t)$$

$$\left(\frac{\partial \rho_i^j(t)}{\partial Z_i}\right)_0 = -\frac{1}{\left(\rho_i^j(t)\right)_0}\left(Z^j(t) - Z_i^0\right) = -m_i^j(t)$$

则站星几何距离的线性化表达式为

$$\rho_i^j(t) = (\rho_i^j(t))_0 - k_i^j(t)\delta X_i - l_i^j(t)\delta Y_i - m_i^j(t)\delta Z_i \quad (4\text{-}11)$$

且 $\left(\rho_i^j(t)\right)_0 = \left[\left(X_0^j(t) - X_i^0\right)^2 + \left(Y_0^j(t) - Y_i^0\right)^2 + \left(Z_0^j(t) - Z_i^0\right)^2\right]^{1/2}$ 为站星几何距离近似值。把公式(4-11)代入公式(4-7)后可得线性化的伪距观测方程为

$$\tilde{\rho}_i^j(t) = \left(\rho_i^j(t)\right)_0 - k_i^j(t)\delta X_i - l_i^j(t)\delta Y_i - m_i^j(t)\delta Z_i + C\delta t_i^j + \delta I_i^j(t) + \delta T_i^j(t) \quad (4\text{-}12)$$

### 4.1.2 测相伪距观测方程及其线性化

设卫星 $S^j$ 在卫星钟钟面时 $t^j$ 发射的载波信号相位为 $\varphi^j(t^j)$，接收机 $M_i$ 在接收机钟面时 $t_i$ 收到卫星信号后产生的基准信号相位为 $\varphi_i(t_i)$。则相应于历元 $t$ 的相位观测量 $\varphi_i^j(t)$，将等于接收机基准信号相位与卫星发射信号相位之差减去相应于初始历元 $t_0$ 的相位差整周数 $N_i^j(t_0)$。即有

$$\varphi_i^j(t) = \varphi_i(t_i) - \varphi^j(t^j) - N_i^j(t_0) \quad (4\text{-}13)$$

式中，$N_i^j(t_0)$ 称为整周未知数(整周模糊度)。

卫星钟和接收机钟的振荡器都有良好的稳定度，通常可达 $10^{-12} \sim 10^{-11}$s，相应的频率漂移为 $0.0016 \sim 0.016$Hz。而且信号由卫星到达接收机的传播时间 $\Delta t$ 极短，其取值范围约在 $0.066 \sim 0.090$s，因此，由频率漂移产生的误差可以忽略，即可视卫星信号频率与接收机基准频率相等，即

$$f^j = f_i = f \quad (4\text{-}14)$$

则信号相位与频率之间关系式为

$$\varphi(t + \Delta t) = \varphi(t) + f\Delta t \quad (4\text{-}15)$$

记 $t_i = t + \Delta t, t^j = t$，且顾及公式(4-13)，则有

$$\varphi_i^j(t) = f\Delta t - N_i^j(t_0) \quad (4\text{-}16)$$

由于钟面时与标准时间之间的差异，则可设

$$t_i = t_i(\text{GNSS}) + \delta t_i \quad (4\text{-}17)$$

$$t^j = t^j(\text{GNSS}) + \delta t^j \quad (4\text{-}18)$$

式中，$t_i(\text{GNSS})$ 与 $t^j(\text{GNSS})$ 分别表示与钟面时 $t_i$ 和 $t^j$ 相应的标准时间；$\delta t_i$ 与 $\delta t^j$ 则分别是接收机钟与卫星钟的钟差改正数。于是，信号传播时间 $\Delta t$ 可表示为

$$\Delta t = t_i - t^j = t_i(\text{GNSS}) - t^j(\text{GNSS}) + \delta t_i - \delta t^j = \Delta \tau + \delta t_i - \delta t^j$$

将上式代入公式(4-16)，其相位观测量可表示为

$$\begin{aligned}\varphi_i^j(t) &= f\left[t_i(\text{GNSS}) - t^j(\text{GNSS})\right] + f\delta t_i - f\delta t^j - N_i^j(t_0) \\ &= f\Delta\tau + f\delta t_i - f\delta t^j - N_i^j(t_0)\end{aligned} \quad (4\text{-}19)$$

若考虑到 $\Delta\tau = \dfrac{1}{c}\rho_i^j(t)$，且顾及电离层和对流层对信号传播的影响，则有载波相位观测方程

$$\varphi_i^j(t) = \frac{f}{c}\left[\rho_i^j(t) + \delta I_i^j(t) + \delta T_i^j(t)\right] + f\delta t_i - f\delta t^j - N_i^j(t_0) \quad (4\text{-}20)$$

若在公式(4-20)两边同乘上 $\lambda = \dfrac{c}{f}$，则有

$$\tilde{\rho}_i^j(t) = \rho_i^j(t) + \delta I_i^j(t) + \delta T_i^j(t) + C\delta t_i - C\delta t^j - \lambda N_i^j(t_0) \quad (4\text{-}21)$$

若将公式(4-21)与公式(4-7)进行比较，可以看出，载波相位观测方程除增加了整周未知数 $N_0$ 外，其余部分和伪距观测方程完全相同。

公式(4-20)或公式(4-21)给出的载波相位观测方程是一近似的表达式。在相对定位中，当基线较短时，则可采用这种简化式，但是当基线较长时，则应采用较为严密的观测模型。

在公式(4-20)或公式(4-21)中，由于卫星发射载波信号的时刻是未知的，由

$$\Delta \tau = t_i(\text{GNSS}) - t^j(\text{GNSS})$$

可得

$$t^j(\text{GNSS}) = t_i(\text{GNSS}) - \Delta\tau \quad (4\text{-}22)$$

即将卫星发射信号的时刻表示成接收机产生信号时刻的函数。

由于信号传播时间与传播距离、传播速度存在关系 $\Delta\tau = \rho/c$，而卫星 $j$ 与测站 $i$ 之间的几何距离是卫星发射信号时刻 $t^j$ 与接收信号时刻 $t_i$ 的函数，则有

$$\Delta\tau = \frac{1}{C}\rho_i^j\left[t_i(\text{GNSS}), t^j(\text{GNSS})\right] = \frac{1}{C}\rho_i^j\left[t_i(\text{GNSS}), t_i(\text{GNSS}) - \Delta\tau\right] \quad (4\text{-}23)$$

将公式(4-23)按泰勒级数展开，取一次项可得

$$\Delta\tau = \frac{1}{C}\rho_i^j\left[t_i(\text{GNSS})\right] - \frac{1}{C}\dot{\rho}_i^j\left[t_i(\text{GNSS})\right]\Delta\tau \quad (4\text{-}24)$$

考虑到接收机钟差，则有 $t_i(\text{GNSS}) = t_i - \delta t_i$。可将公式(4-24)表示成以观测历元 $t_i$ 表示的形式

$$\Delta\tau = \frac{1}{C}\rho_i^j(t_i) - \frac{1}{C}\dot{\rho}_i^j(t_i)\Delta\tau - \frac{1}{C}\dot{\rho}_i^j(t_i)\delta t_i \quad (4\text{-}25)$$

$\Delta\tau$ 的计算采用迭代法，若取 $\Delta\tau = \dfrac{1}{C}\rho_i^j(t_i)$，则公式(4-25)可写成

$$\Delta\tau = \frac{1}{C}\rho_i^j(t_i) - \left[1 - \frac{1}{C}\dot\rho_i^j(t_i)\right] - \frac{1}{C}\dot\rho_i^j(t_i)\delta t_i \tag{4-26}$$

若将此式代入公式(4-19)，并考虑电离层和对流层的影响，则可得到较严密的载波相位观测方程

$$\varphi_i^j(t) = \frac{f}{c}\rho_i^j(t)\left[1 - \frac{1}{C}\dot\rho_i^j(t)\right] + f\left[1 - \frac{1}{C}\dot\rho_i^j(t)\right]\cdot\delta t_i$$
$$- f\delta t^j + \frac{f}{c}\delta I_i^f(t) + \frac{f}{c}\delta T_i^j(t) - N_i^j(t_0) \tag{4-27}$$

参照公式(4-21)，公式(4-27)亦可表示为

$$\tilde\rho_i^j(t) = \rho_i^j(t)\left[1 - \frac{1}{C}\dot\rho_i^j(t)\right] + C\left[1 - \frac{1}{C}\dot\rho_i^j(t)\right]\cdot\delta t_i$$
$$- C\delta t^j + \delta I_i^j(t) + \delta T_i^j(t) - \lambda N_i^j(t_0) \tag{4-28}$$

同伪距观测方程一样，测站至卫星之间的几何距离也是坐标的非线性函数，即有

$$\rho_i^j(t) = \left[\left(X^j(t) - X_i\right)^2 + \left(Y^j(t) - Y_i\right)^2 + \left(Z^j(t) - Z_i\right)^2\right]^{1/2}$$

同样，可取测站坐标的近似值$(X_i^0, Y_i^0, Z_i^0)$，将其线性化后有

$$\rho_i^j(t) = \left(\rho_i^j(t)\right)_0 - k_i^j(t)\delta X_i - l_i^j(t)\delta Y_i - m_i^j(t)\delta Z_i \tag{4-29}$$

将公式(4-29)代入公式(4-20)得线性化的载波相位观测方程

$$\tilde\varphi_i^j(t) = \frac{f}{c}\left(\rho_i^j(t)\right)_0 - \frac{f}{c}\left[k_i^j(t)\delta X_i + l_i^j(t)\delta Y_i + m_i^j(t)\delta Z_i\right]$$
$$+ \frac{f}{c}\delta I_i^j(t) + \frac{f}{c}\delta T_i^j(t) + f\delta t_i - f\delta t^j - N_i^j(t_0) \tag{4-30}$$

同理，测相伪距观测方程的线性化形式为

$$\tilde\rho_i^j(t) = \left(\rho_i^j(t)\right)_0 - \left[k_i^j(t)\delta X_i + l_i^j(t)\delta Y_i + m_i^j(t)\delta Z_i\right]$$
$$+ \delta I_i^j(t) + \delta T_i^j(t) + C\delta t_i - C\delta t^j - \lambda N_i^j(t_0) \tag{4-31}$$

以上两式为简化的载波相位观测线性方程。当然，亦可推得其较为严密的线性化形式。

### 4.1.3 动态绝对定位原理

绝对定位主要是以 GNSS 卫星和接收机天线之间的距离为基本观测量，利用已知的卫星瞬时坐标来确定接收机天线在协议地球坐标系中的位置。动态绝对定位是确定处于运动载体上接收机在运动的每一瞬间位置。接收机天线处于运动状态，天线点位的坐标是一个变量，这样，确定每一瞬间天线坐标的观测方程只有极少的多余观测(甚至没有多余观测)。因此，其精度较低。通常这种定位方法只用于精度要求不高的飞机、船舶以及车辆等的导航。

若在历元$t$时刻，观测了测站至卫星之间的伪距，则有

$$\tilde\rho_i^j(t) = \rho_i^j(t) + \delta I_i + \delta T_i + C\cdot\delta t_i - C\delta t^j \tag{4-32}$$

再利用导航电文提供的改正量以及改正模型，对伪距观测量$\tilde\rho_i^j(t)$进行修正，并取

$$\rho_i^{j\prime}(t) = \tilde\rho_i^j(t) - \delta I_i - \delta T_i + C\cdot\delta t^j \tag{4-33}$$

则公式(4-32)可写为

$$\rho_i^{j'}(t) = \rho_i^j(t) + C \cdot \delta t_i \tag{4-34}$$

而

$$\rho_i^j(t) = \sqrt{\left(x^j - x_i\right)^2 + \left(y^j - y_i\right)^2 + \left(z^j - z_i\right)^2}$$

应用公式(4-10)线性化后可得

$$\tilde{\gamma}_i^j(t) = \rho_{i0}^j(t) - l_i^j(t)\delta X_i - m_i^j(t)\delta Y_i - n_i^j(t)\delta Z_i + C \cdot \delta t_i \tag{4-35}$$

假设在历元 $t$ 时刻由测站 $i$ 同步观测 $j$ 颗卫星 ($j = 1, 2, \cdots, n$)，则可组成 $n$ 个方程：

$$\begin{cases} \tilde{\gamma}_i^1(t) = \rho_{i0}^1(t) - l_i^1(t)\delta X_i - m_i^1(t)\delta Y_i - n_i^1(t)\delta Z_i + C \cdot \delta t_i \\ \tilde{\gamma}_i^2(t) = \rho_{i0}^2(t) - l_i^2(t)\delta X_i - m_i^2(t)\delta Y_i - n_i^2(t)\delta Z_i + C \cdot \delta t_i \\ \cdots\cdots\cdots\cdots \\ \tilde{\gamma}_i^n(t) = \rho_{i0}^n(t) - l_i^n(t)\delta X_i - m_i^n\delta Y_i - n_i^n(t)\delta Z_i + C \cdot \delta t_i \end{cases} \tag{4-36}$$

当方程的个数(即观测的卫星数)大于 4 时，则可列误差方程，并按最小二乘原理求解位置的三维坐标，即

$$\begin{bmatrix} V_i^1(t) \\ V_i^2(t) \\ \cdots \\ V_i^n(t) \end{bmatrix} = -\begin{bmatrix} l_i^1(t) m_i^1(t) n_i^1(t) - C \\ l_i^2(t) m_i^2(t) n_i^2(t) - C \\ \cdots \\ l_i^n(t) m_i^n(t) n_i^n(t) - C \end{bmatrix} \begin{bmatrix} \delta X_i \\ \delta Y_i \\ \delta Z_i \\ \delta t_i \end{bmatrix} + \begin{bmatrix} \rho_{i0}^1(t) - \tilde{\gamma}_i^1(t) \\ \rho_{i0}^2(t) - \tilde{\gamma}_i^2(t) \\ \cdots \\ \rho_{i0}^n(t) - \tilde{\gamma}_i^n(t) \end{bmatrix} \tag{4-37}$$

用矩阵符号可表示为

$$V_i(t) = A(t)\delta X + L(t) \tag{4-38}$$

由最小二乘原理可得

$$\delta X = -\left[\left(A(t)\right)^{\mathrm{T}} \cdot A(t)\right]^{-1} \cdot \left[\left(A(t)\right)^{\mathrm{T}} \cdot L(t)\right] \tag{4-39}$$

由此可得测站位置的三维坐标

$$\begin{bmatrix} X_i \\ Y_i \\ Z_i \end{bmatrix} = \begin{bmatrix} X_{i0} \\ Y_{i0} \\ Z_{i0} \end{bmatrix} + \begin{bmatrix} \delta X_i \\ \delta Y_i \\ \delta Z_i \end{bmatrix} \tag{4-40}$$

式中，$[X_{i0}, Y_{i0}, Z_{i0}]$ 为测站位置的初始(近似)坐标，需在平差前获得。在动态定位中，一般可将前一时刻的点位坐标作为此时点位的初始坐标。因为该点坐标的初始值难以较精确地求得，所以需要通过一定的算法，经过多次迭代求得第一点精确的三维坐标值，并为后续点位的解算提供初始坐标值。该迭代计算坐标值的过程也称为动态定位的初始化。

动态绝对定位一般常采用测距码伪距定位方法，主要是该方法无论是在作业上，还是在计算上均简单易行。当然动态绝对定位亦可采用载波相位伪距定位法。由公式(4-31)知，载波相位观测方程为

$$\lambda\varphi_i^j(t) = \rho_{i0}^j(t) - [l_i^j(t) \quad m_i^j(t) \quad n_i^j(t)] \begin{bmatrix} \delta X_i \\ \delta Y_i \\ \delta Z_i \end{bmatrix}$$

$$- \lambda N_i^j(t_0) + C[\delta t_i - \delta t^j] + \delta I_i^j(t) + \delta T_i^j(t) \tag{4-41}$$

如果设 $\tilde{\rho}_i^{j'}$ 为经过电离层、对流层和卫星钟差改正后的观测值，即

$$\tilde{\rho}_i^{j'}(t) = \lambda\varphi_i^j(t) - \delta I_i^j(t) - \delta T_i^j(t) + c \cdot \delta t^j \tag{4-42}$$

则方程(4-41)可写为

$$\tilde{\rho}_i^{j'}(t) = D_{i0}^j(t) - l_i^j(t)\delta X_i - m_i^j(t)\delta Y_i - n_i^j(t)\delta Z_i + c \cdot \delta t_i - \lambda N_i^j(t_0) \tag{4-43}$$

相应的误差方程为

$$V_i^j(t) = -\begin{bmatrix} l_i^j(t) & m_i^j(t) & n_i^j(t) & -c \end{bmatrix} \begin{bmatrix} \delta X_i \\ \delta Y_i \\ \delta Z_i \\ \delta t_i \end{bmatrix} - \lambda N_i^j(t_0) + L_i^j(t) \tag{4-44}$$

式中，$L_i^j(t) = \rho_{i0}^j(t) - \tilde{\rho}_i^{j'}(t)$，与测距码伪距观测方程相比，载波相位观测方程仅多了一个整周未知数，其余各项均完全相同。然而，正是因为观测方程中存在整周未知数，$t$ 时刻在 $i$ 测站同步观测 $n^j$ 颗卫星，可列 $n^j$ 个观测方程，方程存在 $4+n^j$ 个未知数，所以难以利用载波相位进行实时定位。不过只要接收机保持对 $j$ 卫星的连续跟踪，则初始整周未知数 $N_i^j(t_0)$ 是一个不变的值。因此，只要通过一个初始化过程求出整周未知数 $N_i^j(t_0)$，且使接收机在载体运动过程中保持对卫星信号的连续跟踪，则可用于动态绝对定位，且精度优于测距码伪距动态定位。然而，要在载体运动过程中保持对卫星的连续跟踪是十分困难的，因此，目前动态绝对定位中主要采用测码伪距定位法。

### 4.1.4 静态绝对定位原理

由前可知，因为在伪距观测方程(4-2)中，含有三个测站未知数 $\delta X_i$、$\delta Y_i$、$\delta Z_i$ 及一个钟差未知数 $\delta t_i'$，所以，接收机最少应跟踪 4 颗卫星，组成 4 个伪距观测方程，才能解算出测站 $T_i$ 的三维地心坐标(图 4-2)。

若电离层和对流层延迟等效距离误差已通过适当的数学模型求出，则在方程(4-12)中可令

$$\tilde{R}_i^j(t) = \tilde{\rho}_i^j(t) - \delta I_i^j(t) - \delta T_i^j(t) \tag{4-45}$$

并记

$$\delta\rho_i = C\delta t_i^j \tag{4-46}$$

称为卫星钟与接收机钟相对钟差等效距离误差。此时，伪距观测方程可以改写为

$$\tilde{R}_i^j(t) = \left(\rho_i^j(t)\right)_0 - k_i^j(t)\delta X_i - l_i^j(t)\delta Y_i$$
$$- m_i^j(t)\delta Z_i + \delta\rho_i$$

式中，$j = 1,2,3,4$。若采用矩阵形式表示，则有

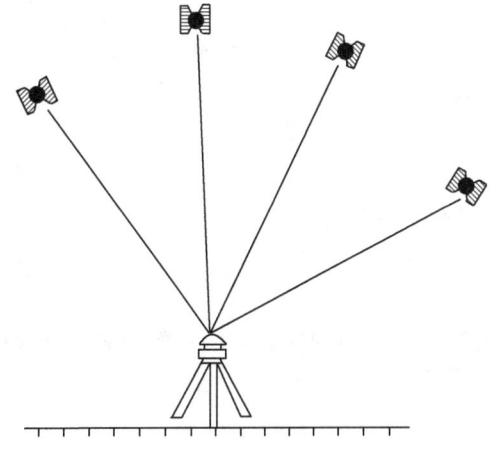

图 4-2 静态绝对定位示意图

$$\begin{bmatrix} k_i^1(t) & l_i^1(t) & m_i^1(t) & -1 \\ k_i^2(t) & l_i^2(t) & m_i^2(t) & -1 \\ k_i^3(t) & l_i^3(t) & m_i^3(t) & -1 \\ k_i^4(t) & l_i^4(t) & m_i^4(t) & -1 \end{bmatrix} \begin{bmatrix} \delta X_i \\ \delta Y_i \\ \delta Z_i \\ \delta D_i \end{bmatrix}$$

$$= \begin{bmatrix} (\rho_i^1(t))_0 & -\tilde{R}_i^1(t) \\ (\rho_i^2(t))_0 & -\tilde{R}_i^2(t) \\ (\rho_i^3(t))_0 & -\tilde{R}_i^3(t) \\ (\rho_i^4(t))_0 & -\tilde{R}_i^4(t) \end{bmatrix}$$

可简化为

$$\underset{4\times 4}{A_i(t)} \underset{4\times 1}{\delta G_i} = \underset{4\times 1}{L_i(t)} \tag{4-47}$$

伪距法绝对定位解可表示为

$$\underset{4\times 1}{\delta G_i} = \underset{4\times 4}{A_i(t)^{-1}} \underset{4\times 1}{L_i(t)} \tag{4-48}$$

当跟踪卫星颗数 $n^j > 4$ 时，则可应用最小二乘法求解，这时的误差方程

$$\underset{n^j\times 1}{v_i(t)} = \underset{n^j\times 4}{A_i(t)} \underset{4\times 1}{\delta G_i} - \underset{n^j\times 1}{L_i(t)} \tag{4-49}$$

其相应的最小二乘解为

$$\underset{4\times 1}{\delta G_i} = [\underset{4\times n^j}{A_i(t)^{\mathrm{T}}} \underset{n^j\times 4}{A_i(t)}]^{-1} \underset{4\times n^j}{A_i(t)^{\mathrm{T}}} \underset{n^j\times 1}{L_i(t)} \tag{4-50}$$

现假定共观测了 $n_t$ 个历元，则可列出 $n_t$ 个误差方程组

$$\begin{bmatrix} \underset{n^j\times 1}{v_i(t_1)} \\ \underset{n^j\times 1}{v_i(t_2)} \\ \vdots \\ \underset{n^j\times 1}{v_i(t_{n_t})} \end{bmatrix} = \begin{bmatrix} \underset{n^j\times 4}{A_i(t_1)} \\ \underset{n^j\times 4}{A_i(t_2)} \\ \vdots \\ \underset{n^j\times 4}{A_i(t_{n_t})} \end{bmatrix} \begin{bmatrix} \delta X_i \\ \delta Y_i \\ \delta Z_i \\ \delta \rho_i \end{bmatrix} - \begin{bmatrix} \underset{n^j\times 1}{L_i(t_1)} \\ \underset{n^j\times 1}{L_i(t_2)} \\ \vdots \\ \underset{n^j\times 1}{L_i(t_{n_t})} \end{bmatrix}$$

可简写为

$$\underset{n^j\cdot n_t\times 1}{V_i} = \underset{n^j\cdot n_t\times 4}{A_i} \cdot \underset{4\times 1}{\delta T_i} - \underset{n^j\cdot n_t\times 1}{L_i} \tag{4-51}$$

其最小二乘解为

$$\underset{4\times 1}{\delta T_i} = (A_i^{\mathrm{T}} A_i)^{-1} \underset{4\times 1}{A_i^{\mathrm{T}} L_i} \tag{4-52}$$

公式(4-52)是绝对定位解的一般形式，而反映定位精度的未知数协因数矩阵为

$$\underset{4\times 4}{Q_{T_i}} = (\underset{4\times n^j\cdot n_t}{A_i^{\mathrm{T}}} \underset{n^j\cdot n_t\times 4}{A_i})^{-1} \tag{4-53}$$

且参数向量各个分量的中误差为

$$(m_{T_i})_k = \sigma_0 \sqrt{(Q_{T_i})_{kk}} \tag{4-54}$$

式中，$\sigma_0$ 为伪距测量中误差；$(Q_{T_i})_{kk}$ 为 $Q_{T_i}$ 阵主对角线上第 $k$ 个元素。

当观测时间较长时，应考虑接收机钟差因时间变化情况，这时可用下述两种方法处理：一是将钟差表示成多项式，在平差时同时求出系数；另一种方法是在不同的观测历元，分别取独立的钟差参数，即取

$$\delta \rho_i = \begin{bmatrix} \delta \rho_i(t_1) \\ \delta \rho_i(t_2) \\ \vdots \\ \delta \rho_i(t_{n_i}) \end{bmatrix} \tag{4-55}$$

## 4.2 观测卫星的几何分布与 GNSS 测时

### 4.2.1 卫星几何分布精度因子

从公式(4-54)可知，在静态绝对定位中，其定位精度取决于以下两个因素：其一为单位权中误差 $\sigma_0$（它是由码相关伪距测量的精度、卫星星历精度以及大气折射影响等因素确定的）；其二为未知参数的协因数矩阵 $Q_{T_i}$（它由观测卫星的空间几何分布确定）。

在卫星导航及定位测量中，可用几何精度因子 DOP 来衡量观测卫星的空间几何分布对定位精度的影响。

若记未知参数的协因数阵为

$$Q_{T_i} = \begin{bmatrix} q_{11} & q_{12} & q_{13} & q_{14} \\ q_{21} & q_{22} & q_{23} & q_{24} \\ q_{31} & q_{32} & q_{33} & q_{34} \\ q_{41} & q_{42} & q_{43} & q_{44} \end{bmatrix}$$

上式各元素反映了在一定的卫星空间几何分布情况下，不同参数的定位精度及其相关性信息。利用这些元素的不同组合，即可从不同角度来描述卫星空间几何分布对定位精度的影响。

**1. 三维位置精度因子 PDOP(position DOP)**

$$\text{取 PDOP} = \sqrt{q_{11} + q_{22} + q_{33}}$$

则相应的三维位置中误差为

$$m_P = \delta_0 \cdot \text{PDOP} \tag{4-56}$$

**2. 钟差精度因子 TDOP(time DOP)**

$$\text{取 TDOP} = \sqrt{q_{44}}$$

则相应的钟差中误差为

$$m_T = \delta_0 \cdot \text{TDOP} \tag{4-57}$$

综合 TDOP 和 PDOP，则可定义反映卫星空间几何分布对接收机钟差和位置综合影响的精度因子——GDOP(geometric DOP)。

$$\text{GDOP} = \sqrt{q_{11} + q_{22} + q_{33} + q_{44}}$$

则相应的时空精度中误差为

$$m_G = \delta_0 \cdot \text{GDOP}$$

**3. 垂直分量精度因子 VDOP(vertical DOP)**

$$\text{VDOP} = \sqrt{q_{33}}$$

它反映卫星空间几何分布对接收机垂直位置的影响。相应的垂直分量中误差为

$$m_V = \delta_0 \cdot \text{VDOP} \tag{4-58}$$

VDOP 的另一种定义称为高程精度因子

$$\text{VDOP} = \sqrt{\frac{r \cdot q}{|r|}} \tag{4-59}$$

式中，$r = \{x, y, z\}$ 为测站概略位置向量；$q = \{q_{11}, q_{22}, q_{33}\}$ 为三维精度因子向量。由公式(4-59)定义的 VDOP 计算 $m_V$，即得高程定位中误差。

**4. 水平分量精度因子 HDOP(horizontal DOP)**

$$\text{取 HDOP} = \sqrt{q_{11} + q_{22}}$$

相应的水平位置中误差为

$$m_H = \sigma_0 \cdot \text{HDOP} \tag{4-60}$$

HDOP 也有另外一种定义，称为水平位置精度因子

$$\text{HDOP} = \sqrt{\text{PDOP}^2 - \text{VDOP}^2} \tag{4-61}$$

由上式定义的 HDOP 计算 $m_H$，可得水平位置中误差。

显然，绝对定位误差与精度因子(DOP)的大小成正比，因此在观测精度 $\delta_0$ 确定的情况下，观测时应尽量采用精度因子小的一组卫星。换句话说，当接收机跟踪的卫星多于 4 颗时，应选择其中 GDOP 最小的一组卫星观测。此项工作称为选星，通常接收机可以自动完成。

## 4.2.2 GNSS 测时

随着科学技术的发展，时间与科学研究、经济建设及人们生活的联系日益密切，对测时的精度要求也不断提高。因此，精密的测时，是现代科学技术中一项极为重要的任务。与经典的测时方法相比，GNSS 测时不但精度高，而且设备简单，因而得到广泛的应用。

利用 GNSS 测时的主要方法有以下两种。

**1. 单站单机测时法**

单站单机测时是利用一台接收机，在一个坐标已知的观测站上进行测时的方法。假设于历元 $t$ 由观测站 $T_i$ 观测卫星 $S^j$ 所得伪距为 $\tilde{\rho}_i^j(t)$，由公式(4-6)和公式(4-7)可得

$$\tilde{\rho}_i^j(t) = \rho_i^j(t) + C\delta t_i(t) - C\delta t^j(t) + \Delta_{i \cdot Ig}^j(t) + \Delta_{i \cdot T}^j(t) \tag{4-62}$$

因为卫星 $S^j$ 和观测站 $T_i$ 在协议地球坐标系中的坐标均为已知，所以式中 $\rho_i^j(t)$ 为已知，而卫星钟差 $\delta t^j(t)$ 和大气折射改正 $\Delta_{i \cdot Ig}^j(t)$ 及 $\Delta_{i \cdot T}^j(t)$ 可由导航电文中的有关参数推算而得，因此，可得历元 $t$ 时刻接收机的钟差

$$\delta t_i(t) = \frac{1}{c}[\tilde{\rho}_i^j(t) - \rho_i^j(t)] + \delta t^j(t) - \frac{1}{c}[\Delta_{i \cdot Ig}^j(t) + \Delta_{i \cdot T}^j(t)] \tag{4-63}$$

由此可见，在观测站坐标已知的情况下，只需观测一颗卫星，便可确定未知钟差参数 $\delta t_i(t)$。当然，如果观测站 $T_i$ 的坐标未知时，则至少需同步观测 4 颗卫星，以便在确定观测站位置的同时，确定接收机的钟差，这就是本章已介绍的实时绝对定位。测时的精度与接收机钟差精度因子 TDOP 有关。

单站单机测时的目的在于确定接收机时钟相对标准时间的偏差，以便进一步根据导航电文所给出的信息，计算相应的协调时(UTC)。由此所确定的协调时的精度，不但决定于卫星的轨道误差、观测站的坐标误差、卫星钟差和大气折射改正误差，还取决于根据导航电文给出的参数、计算标准时与 UTC 时差的精度。

**2. 共视法**

该方法的基本原理是在两个观测站上各设一台接收机，并同步观测同一卫星来测定两接收机时钟的相对偏差，以达到高精度时间对比的目的。

假设两观测站 $T_1$、$T_2$，于历元 $t$ 同步观测卫星 $S^j$，所得伪距为 $\tilde{\rho}_1^j(t)$ 和 $\tilde{\rho}_2^j(t)$，则按公式(4-62)可得

$$\begin{cases} \tilde{\rho}_1^j(t) = \rho_1^j(t) + c\delta t_1(t) - c\delta t^j(t) + \Delta_{1\cdot Ig}^j(t) + \Delta_{1\cdot T}^j(t) \\ \tilde{\rho}_2^j(t) = \rho_2^j(t) + c\delta t_2(t) - c\delta t^j(t) + \Delta_{2\cdot Ig}^j(t) + \Delta_{2\cdot T}^j(t) \end{cases} \tag{4-64}$$

对以上观测量之差，则有

$$\Delta\tilde{\rho}^j(t) = \Delta\rho^j(t) + c\Delta\delta t(t) + \Delta\Delta_{Ig}^j(t) + \Delta\Delta_T^j(t) \tag{4-65}$$

其中

$$\Delta\tilde{\rho}^j(t) = \tilde{\rho}_2^j(t) - \tilde{\rho}_1^j(t)$$
$$\Delta\rho^j(t) = \rho_2^j(t) - \rho_1^j(t)$$
$$\Delta\delta t(t) = \delta t_2(t) - \delta t_1(t)$$
$$\Delta\Delta_{Ig}^j(t) = \Delta_{2\cdot Ig}^j - \Delta_{1\cdot Ig}^j$$
$$\Delta\Delta_T^j(t) = \Delta_{2\cdot T}^j - \Delta_{1\cdot T}^j$$

于是，在观测站坐标已知的情况下，两站接收机时钟的相对钟差为

$$\Delta\delta t(t) = \frac{1}{c}[\Delta\tilde{\rho}^j(t) - \Delta\rho^j(t)] - \frac{1}{c}[\Delta\Delta_{Ig}^j(t) + \Delta\Delta_T^j(t)] \tag{4-66}$$

由此可见，共视法不但可以消除卫星钟差的影响，而且卫星的轨道误差以及大气折射误差的影响也将明显减弱。因此，利用共视法进行时间对比，所得相对钟差的精度较高，其误差的大小与观测站之间的距离和使用的测距码有关。一般情况下，测时的精度可达数十毫微秒。

## 4.3 相对定位原理

由于在绝对定位(单点定位)中，定位精度必将受到卫星轨道误差、钟差及信号传播误差等因素的影响，虽然其中一些系统性误差可以通过模型改正加以削弱，但改正后的残差仍是不可忽略的。相对定位，也叫差分定位，是目前 GNSS 测量中定位精度最高的定位方法，它广泛地应用于大地测量、精密工程测量、地球动力学的研究及精密导航中。

## 4.3.1 相对定位的概念

**1. 静态相对定位概念**

将两台 GNSS 信号接收机分别安置在基线的两个端点，其位置静止不动，并同步观测相同的 4 颗以上卫星，确定基线两个端点在协议地球坐标系中的相对位置，这种定位模式称为相对定位(图 4-3)。在实际应用中，常常将接收机数目扩展到 3 台以上，同时测定若干条基线向量(图 4-4)，这样做不仅可以提高工作效率，而且可以增加基线观测量，提高观测成果的可靠性。

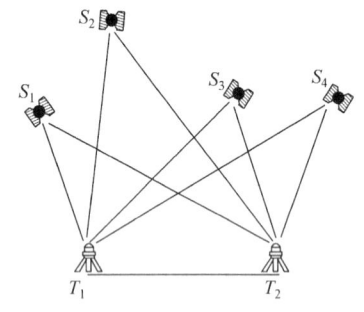

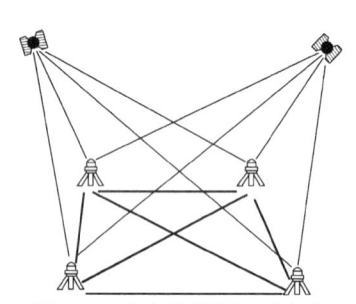

图 4-3 相对定位原理　　　　图 4-4 多台接收机相对定位

静态相对定位基本观测量为载波相位观测量，由于载波波长较短，其测量精度远高于码相关伪距测量，并且采用载波相位观测量的不同线性组合可以有效地削弱卫星星历误差、信号传播误差以及接收机钟不同步误差对定位的影响。天线长时间固定在基线两端点上进行观测，可保证取得足够多的观测数据，从而可以准确确定整周未知数 $N_0$。上述这些优点，使得静态相对定位精度较高。在通常情况下，采用广播星历定位，精度可达 $10^{-7} \sim 10^{-6}$，如果采用精密星历和轨道改进技术，那么定位精度可提高到 $10^{-9} \sim 10^{-8}$，这样的定位精度，是常规大地测量望尘莫及的。

当然，静态相对定位也存在缺点，即定位观测的时间较长。在同步跟踪 4 颗卫星的情况下，通常要观测 1~1.5h，甚至观测更长的时间。长时间观测影响了卫星定位测量的功效，目前采用的整周未知数快速逼近技术，可以在短时间内确定整周未知数，使定位测量时间缩短到几分钟，为卫星定位技术开辟了更广泛的应用前景。

**2. 动态相对定位概念**

虽然动态绝对定位作业简单，易于快速地实现实时定位，然而，由于定位中要受到卫星星历误差、钟差及信号传播误差等诸多因素的影响，其定位精度不高，一般为 10m 左右。

根据 GNSS 测量误差的相关性，可在动态定位中采用相对定位作业方法，即动态相对定位。该作业方法是用两台 GNSS 接收机，其中一台接收机安置在基准站上固定不动，另一台接收机安置在运动的载体上，两台接收机同步观测相同的一组卫星，并在观测值之间求差，以消除具有相关性的误差，提高定位精度。而运动点位置是通过确定该点相对基准站的位置来实现的，如图 4-5 所示。这种定位方法亦可称为差分定位。

动态相对定位可分为两类：一类为测码伪距动态相对定位，另一类为测相伪距动态相对定位。

测码伪距动态相对定位，是由安置在基准点的接收机测量该点到卫星的伪距 $\tilde{\rho}_i^j$，该伪距中包含了卫星星历误差、钟差、大气折射误差等误差的影响。此时，基准接收机位置已

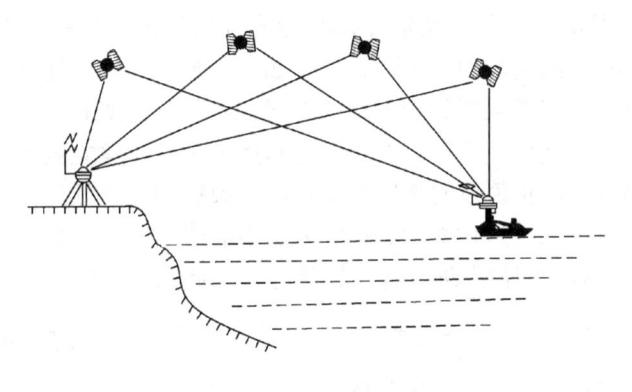

图 4-5 动态相对定位

知,利用卫星星历数据可计算出基准站到卫星的距离 $\rho_i^j$,但 $\rho_i^j$ 中亦含有相同的卫星星历误差。若利用两个距离求差,即

$$\delta\rho_i^j = \tilde{\rho}_i^j - \rho_i^j \tag{4-67}$$

则 $\delta\rho_i^j$ 中包含钟差、大气折射误差,当运动的用户接收机与基准站相距不太远(≤100km)时,两站的误差具有较强的相关性。若将距离差值作为距离改正数发送给用户接收机,则用户就得到了一个伪距改正值,可有效地消除或削弱一些公共误差的影响。运动的用户接收机所在点的三维坐标与卫星之间的距离关系为

$$\tilde{\rho}_k^j - \delta\rho_i^j = \sqrt{(X^j - X_k)^2 + (Y^j - Y_k)^2 + (Z^j - Z_k)^2} + c \cdot (\delta t_k - \delta t_i) \tag{4-68}$$

公式(4-68)中包含 4 个未知数,即运动接收机在 $t$ 时刻的三维坐标 $X_k$、$Y_k$、$Z_k$ 及基准站接收机($i$)与运动站接收机($K$)钟差之差,当同步观测 4 颗以上卫星时,即可求出唯一解,实现动态定位。由于伪距差分可以消除大部分系统性误差,因而可以大大提高定位精度,当基准站与运动用户站之间距离小于 100km 时,定位精度可达米级或亚米级。表 4-1 列出了动态绝对定位和差分定位的误差估计。

表 4-1 动态绝对定位和差分定位的误差估计

| 定位误差 | 绝对定位 | 差分定位 |
| --- | --- | --- |
| 卫星星历误差/m | 100.00 | 0 |
| 卫星钟误差/m | 5.00 | 0 |
| 电离层/对流层延迟误差/m | 6.41/0.40 | 0.15 |
| 接收机噪声/量化误差/m | 2.44 | 0.61 |
| 接收机通道误差/m | 0.61 | 0.61 |
| 多路径效应/m | 3.05 | 3.05 |
| UERE(rms)/m | 100.4 | 3.97 |
| 水平位置误差(HDOP = 1.5)/m | 150.6 | 5.95 |
| 垂直位置误差(VDOP = 2.5)/m | 251.0 | 9.91 |

载波相位测量的精度要高于测码伪距测量的精度,因此可将载波相位测量用于实时动态相对定位。载波相位动态相对定位法,是将载波相位修正值发送给用户站来改正其载波相位

实现定位,或直接将基准站采集的载波相位观测值发送给用户站进行求差解算坐标实现定位。在小区域范围内(<30km)其定位精度可达 1~2cm,是一种快速且精度高的定位方法。

在动态相对定位中,根据数据处理方式的不同,又可分为实时处理和测后处理。数据的实时处理可实现实时动态定位,但是,在基准站和用户之间应建立数据的实时传输系统,以便将观测数据或观测量的修正值及时传输给用户站。数据的测后处理,是在测后进行有关的数据处理,以求得定位结果,这种处理数据的方法不需要实时传输数据,也无法实时获得定位结果,但可以在测后对所测数据进行详细的分析,以便发现粗差,从而提高定位精度。

### 4.3.2 静态相对定位的观测方程及其解算

利用载波相位进行相对测量,就其本身而言,测量精度可达 0.5~2.0mm,但是,测量受到多种误差的影响,如卫星轨道误差、卫星钟差、接收机钟差以及电离层和对流层的折射误差的影响,使得精度大大降低。为了提高定位精度,应研究各种误差规律,建立改正模型对其进行改正,但因为这种改正往往难以完全消除误差的影响,所以,观测值中仍存在残余影响,一般可通过在观测方程中加入相应的附加参数来消除其影响,例如,对接收机钟差,可按每一个观测历元设立一个钟差未知参数。同样对其他误差也可采用这样的办法。然而,这样做又给观测方程中增加了大量与定位无直接关系的未知参数,仅对钟差未知数而言,当观测 90min,历元间隔 15s 时,观测方程中将有 360 个独立的钟差未知参数。大量的多余未知参数不但增加了平差计算的工作量,而且影响定位未知参数的可靠性。

因为上述观测误差对两个或多个观测站同步观测相同卫星具有较强的相关性,所以,一种简单有效消除或减弱误差影响的方法是将这些观测量进行不同的线性组合。在相对定位中,通常采用的组合方式有三种,即单差、双差和三差。

**1. 单差观测模型及解算**

所谓单差(single different,SD)是指不同观测站,同步观测相同卫星所得观测量之差。

设测站(接收机)$T_1$ 和 $T_2$ 分别在 $t_1$ 和 $t_2$ 时刻(历元)对卫星 $p$ 和 $q$ 进行了同步观测,如图 4-6 所示,则可得载波相位观测量:$\varphi_1^p(t_1)$、$\varphi_1^p(t_2)$、$\varphi_1^q(t_1)$、$\varphi_1^q(t_2)$、$\varphi_2^p(t_1)$、$\varphi_2^p(t_2)$、$\varphi_2^q(t_1)$、$\varphi_2^q(t_2)$。那么,这些观测量既可以在卫星间求差、测站间求差,也可以在历元(时刻)间求差,则有

$$\begin{cases} \Delta\varphi_i^q(t_j) = \varphi_i^q(t_j) - \varphi_i^p(t_j) & i=1,2; j=1,2 \\ \Delta\varphi_{12}^k(t_j) = \varphi_2^k(t_j) - \varphi_1^k(t_j) & k=p,q; j=1,2 \\ \Delta\varphi_i^k(t_{12}) = \varphi_i^k(t_2) - \varphi_i^k(t_1) & i=1,2; k=p,q \end{cases} \quad (4-69)$$

将这种求差称为求单差(一次差),将求差后的线性组合当作虚拟观测值。

可以看出在观测值间有三种求单差的形式,在此以测站间求差为例,给出其虚拟观测值线性模型及其解算,类似可得出卫星间求差、历元间求差后的观测模型。

如图 4-6 所示,若在 $t_1$ 时刻在测站 $T_1$、$T_2$ 同时对卫星 $p$ 进行了载波相位测量,由公式(4-20)得观测方程

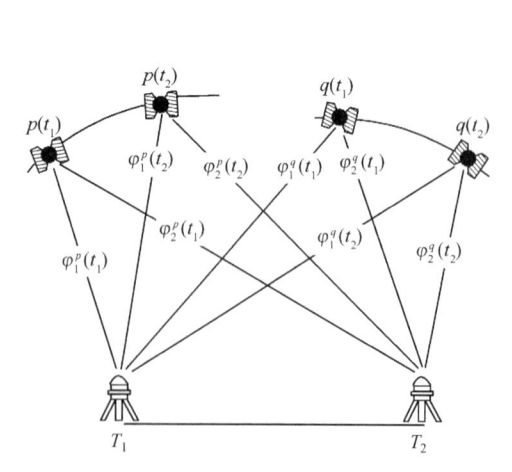

图 4-6 相对定位的观测量

$$\varphi_1^p(t_1) = \frac{f}{c}[\rho_1^p(t_1) + \delta I_1^p(t_1) + \delta T_1^p(t_1)]$$
$$+ f\delta t_1 - f\delta t^p - N_1^p(t_0)$$

$$\varphi_2^p(t_2) = \frac{f}{c}[\rho_2^p(t_1) + \delta I_2^p(t_1) + \delta T_2^p(t_1)] + f\delta t_2 - f\delta t^p - N_2^p(t_0)$$

将以上两式代入公式(4-69)中的第二式得

$$\begin{aligned}\Delta\varphi_{12}^p(t_1) &= \varphi_2^p(t_1) - \varphi_1^p(t_1) \\ &= \frac{f}{c}[\rho_2^p(t_1) - \rho_1^p(t_1)] + \frac{f}{c}[\delta I_2^p(t_1) - \delta I_1^p(t_1)] + \frac{f}{c}[\delta T_2^p(t_1) - \delta T_1^p(t_1)] \\ &\quad + f[\delta t_2 - \delta t_1] - f[\delta t^p - \delta t^p] - [N_2^p(t_0) - N_1^p(t_0)]\end{aligned} \quad (4\text{-}70)$$

设：$\rho_{12}^p(t_1) = \rho_2^p(t_1) - \rho_1^p(t_1)$，$\delta I_{12}^p = \delta I_2^p - \delta I_1^p$，$\delta T_{12}^p = \delta T_2^p - \delta T_1^p$，$\delta t_{12} = \delta t_2 - \delta t_1$，$N_{12}^p(t_0) = N_2^p(t_0) - N_1^p(t_0)$，则可得单差虚拟观测方程

$$\Delta\varphi_{12}^p(t_1) = \frac{f}{c}\rho_{12}^p(t_1) + f\delta t_{12} - N_{12}^p(t_0) + \frac{f}{c}\delta I_{12}^p + \frac{f}{c}\delta T_{12}^p \quad (4\text{-}71)$$

由公式(4-71)可知，卫星钟差影响已消除。当两测站相距不太远(20km以内)时，由于对流层和电离层折射的影响具有很强的相关性，故在测站间求一次差可消除大气折射误差。图 4-7 中 1、2 为测站的近似位置，S 为卫星的正确位置。设卫星的星历存在误差 $ds$，则由星历求出卫星的位置 S'，若在测站 1 上进行单点定位时，$ds$ 对测距的影响为 $dD = ds \cdot \cos\alpha$。当在测站间求差后，$ds$ 对测距的影响为

$$\begin{aligned}dD_2 - dD_1 &= ds \cdot (\cos\alpha_2 - \cos\alpha_1) \\ &= -2ds \cdot \sin\frac{\alpha_2 + \alpha_1}{2} \cdot \sin\frac{\alpha_2 - \alpha_1}{2} \\ &= -ds \cdot \sin\frac{\alpha_2 + \alpha_1}{2} \cdot (\alpha_2 - \alpha_1)\end{aligned}$$

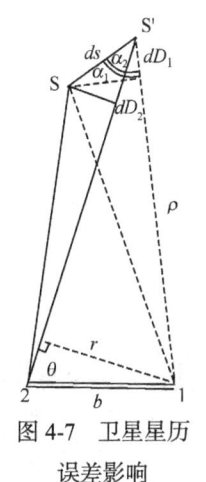

图 4-7 卫星星历误差影响

而 $r = b \cdot \sin\theta$，由角度和弦长公式可得 $\alpha_2 - \alpha_1 = \frac{\gamma}{\rho} = \left(\frac{b}{\rho}\right)\sin\theta$，若 $b \cdot \sin\theta = 20\text{km}$，$\rho = 20000\text{km}$，则 $(b/\rho)\sin\theta \leq 0.001$。由此可见，在测站间求差后，星历误差对测距的影响只有原误差的千分之一。

由以上讨论可知，测站间求单差的虚拟观测模型具有下列优点。

(1) 消除了卫星钟误差的影响。

(2) 大大削弱了卫星星历误差的影响。

(3) 大大削弱了对流层折射和电离层折射误差的影响，在短距离内几乎可以完全消除其影响。

若在 $n_i$ 个测站间求单差，则通常以某点为已知参考点。如在两个测站间，测站 1 作为已知参考点，坐标已知，测站 2 为待定点，应用载波相位观测方程(4-30)和单差虚拟观测方程(4-71)，且认为电离层、对流层折射影响已基本消除，可得单差观测方程的线性化形式

$$\Delta\varphi_{12}^p(t_1) = -\frac{f}{c}[k_2^p(t_1) l_2^p(t_1) m_2^p(t_1)]\begin{bmatrix}\delta X_2\\ \delta Y_2\\ \delta Z_2\end{bmatrix}$$
$$+ f\delta t_{12} - N_{12}^p(t_0) + \frac{f}{c}[\rho_2^p(t_1) - \rho_1^p(t_1)] \tag{4-72}$$

式中，$\rho_1^p(t_1)$ 为 $t_1$ 时刻测站 1 至卫星 $p$ 的距离。

针对单差观测方程可写出相应的误差方程为

$$\Delta V_{12}^p(t_1) = -\frac{f}{c}[k_2^p(t_1) l_2^p(t_1) m_2^p(t_1)]\begin{bmatrix}\delta X_2\\ \delta Y_2\\ \delta Z_2\end{bmatrix}$$
$$+ f\delta t_{12} - \lambda N_{12}^p(t_0) + \Delta L_{12}^p(t_1) \tag{4-73}$$

式中，$\Delta L_{12}^p = \frac{f}{c}[(\rho_2^p(t_1))_0 - \rho_1^p(t_1)] - \Delta\varphi_{12}^p(t_1)$。

如果两测站，同步观测 $n^p$ 个卫星，则可相应列出 $n^p$ 个误差方程。

$$\begin{bmatrix}\Delta V_{12}^1(t_1)\\ \Delta V_{12}^2(t_1)\\ \vdots\\ \Delta V_{12}^p(t_1)\end{bmatrix} = -\frac{f}{c}\begin{bmatrix}k_{12}^1(t_1) & l_{12}^1(t_1) & m_{12}^1(t_1)\\ k_{12}^2(t_1) & l_{12}^2(t_1) & m_{12}^2(t_1)\\ \vdots & \vdots & \vdots\\ k_{12}^p(t_1) & l_{12}^p(t_1) & m_{12}^p(t_1)\end{bmatrix}\begin{bmatrix}\delta X_2\\ \delta Y_2\\ \delta Z_2\end{bmatrix}$$
$$+ f\begin{bmatrix}1\\ 1\\ \vdots\\ 1\end{bmatrix}\delta t_{12} - \lambda\begin{bmatrix}1 & 0 & 0 & \cdots & 0\\ 0 & 1 & 0 & \cdots & 0\\ \vdots & \vdots & \vdots & & \vdots\\ 0 & 0 & 0 & \cdots & 1\end{bmatrix}\begin{bmatrix}N_{12}^1(t_0)\\ N_{12}^2(t_0)\\ \vdots\\ N_{12}^p(t_0)\end{bmatrix} + \begin{bmatrix}\Delta L_{12}^1(t_1)\\ \Delta L_{12}^2(t_1)\\ \vdots\\ \Delta L_{12}^p(t_1)\end{bmatrix} \tag{4-74}$$

或用矩阵符号形式写为

$$\underset{n^p\times 1}{V(t_1)} = \underset{n^p\times 3}{a(t_1)}\underset{3\times 1}{\delta X_2} + \underset{n^p\times 1}{b(t_1)}\delta t_{12} + \underset{n^p\times n^p}{c(t_1)}\underset{n^p\times 1}{N^p} + \underset{n^p\times 1}{L(t)}$$

若设同步观测该组卫星的历元数为 $n_t$，则可列出 $n_t$ 组误差方程式

$$V = [V(t_1) V(t_2) \cdots V(t_{n_t})]^{\mathrm{T}}$$

即

$$V = A\delta X_2 + B\delta t + CN^p + L \tag{4-75}$$

其中

$$A = [a(t_1) a(t_2) \cdots a(t_{n_t})]^{\mathrm{T}}$$

$$B = \begin{bmatrix}b(t_1) & 0 & 0 & \cdots & 0\\ 0 & b(t_2) & 0 & \cdots & 0\\ 0 & 0 & b(t_3) & \cdots & 0\\ \vdots & \vdots & \vdots & & \vdots\\ 0 & 0 & 0 & \cdots & b(t_{n_t})\end{bmatrix}$$

$$C = [C(t_1) C(t_2) \cdots C(t_{n_t})]^{\mathrm{T}}$$

$$V = [V(t_1)V(t_2)\cdots V(t_{n_t})]^{\text{T}}$$

$$L = [L(t_1)L(t_2)\cdots L(t_{n_t})]^{\text{T}}$$

按最小二乘法原理对观测方程求解，有法方程

$$NY + U = 0 \tag{4-76}$$

式中，法方程系数矩阵 $N = [ABC]^{\text{T}} P[ABC]$；法方程常数矩阵 $U = [ABC]^{\text{T}} PL$；未知参数矩阵 $Y = [\delta X_2 V N^p]^{\text{T}}$。对法方程求解后有

$$Y = -N^{-1}U \tag{4-77}$$

解的精度评定可按以下方式进行，由改正数可得单位权方差

$$\sigma_0^2 = \frac{V^{\text{T}} pV}{f} \tag{4-78}$$

式中，$f$ 为自由度，即多余观测数，而单差观测方程数

$$n = (n_i - 1)n^p \cdot n_t \tag{4-79}$$

式中，$n_i$ 为测站数；$n^p$ 为观测卫星数；$n_t$ 为观测历元数，而模型中未知参数的总数为

$$u = (n_i - 1)(3 + n^p + n_t) \tag{4-80}$$

$$f = n - u$$

未知数的协因阵 $Q_y = N^{-1}$，而未知数向量 $Y$ 中任一分量的精度估值为

$$\sigma_{yi} = \sigma_0 \sqrt{1/p_{yi}} \tag{4-81}$$

**2. 双差模型及其解算**

所谓双差(double different, DD)，即在不同观测站，同步观测同一组卫星，所得单差观测量之差。

设在 1、2 测站 $t_1$ 时刻同时观测了 $p$、$q$ 两个卫星，那么对 $p$、$q$ 两颗卫星分别有单差模型，见公式(4-71)，如果忽略大气折射残差的影响，可得双差虚拟观测方程。

$$\begin{aligned}\Delta\varphi_{12}^{pq}(t_1) &= \Delta\varphi_{12}^{q}(t_1) - \Delta\varphi_{12}^{p}(t_1)\\ &= \frac{f}{c}[\rho_{12}^{q}(t_1) - \rho_{12}^{p}(t_1)] + f(\delta t_{12} - \delta t_{12}) + [N_{12}^{q}(t_0) - N_{12}^{p}(t_0)]\\ &= \frac{f}{c}\rho_{12}^{pq}(t_1) + N_{12}^{pq}(t_0)\end{aligned} \tag{4-82}$$

从公式(4-82)可以看出，双差观测方程在 $t_1$ 时刻均含有相同的接收机钟差 $\delta t_{12}$，因此，在卫星间求差后，不再存在钟差。也就是说在双差模型中可以消除钟差影响。

将 $\rho_{12}^{pq}(t_1)$ 的线性化形式代入公式(4-82)，可得线性化后的双差模型

$$\Delta\varphi_{12}^{pq}(t_1) = -\frac{f}{c}[\Delta k_{12}^{pq}(t_1) \Delta l_{12}^{pq}(t_1) \Delta m_{12}^{pq}(t_1)] \times \begin{bmatrix}\delta X_2\\ \delta Y_2\\ \delta Z_2\end{bmatrix}$$

$$-N_{12}^{pq}(t_0) + \frac{f}{c}[(\rho_2^q(t_1))_0 - \rho_1^q(t_1) - (\rho_2^p(t_1))_0 + \rho_1^p(t_1)] \tag{4-83}$$

设 $\Delta L_{12}^{pq}(t_1) = -\dfrac{f}{c}[(\rho_2^q(t_1))_0 - \rho_1^q(t_1) - (\rho_2^p(t_1))_0 + \rho_1^p(t_1)] - \Delta\varphi_{12}^{pq}(t_1)$

则有双差观测值的误差方程式

$$V_{12}^{pq}(t_1) = -\dfrac{f}{c}[\Delta k_{12}^{pq}(t_1) \quad \Delta l_{12}^{pq}(t_1) \quad \Delta m_{12}^{pq}(t_1)]\begin{bmatrix}\delta X_2 \\ \delta Y_2 \\ \delta Z_2\end{bmatrix}$$

$$- N_{12}^{pq}(t_0) + \Delta L_{12}^{pq}(t_1) \tag{4-84}$$

如果在两个观测站同步观测了 $n^p$ 个卫星时，可得 $n^p - 1$ 个误差方程组

$$\underset{(n^p-1)\times 1}{V(t_1)} = \underset{(n^p-1)\times 3}{a(t_1)}\underset{3\times 1}{\delta X_2} + \underset{(n^p-1)\times(n^p-1)}{c(t_1)}\underset{(n^p-1)\times 1}{N} + \underset{(n^p-1)\times 1}{\Delta L(t_1)} \tag{4-85}$$

式中，$V(t_1) = [V^{1p}(t_1) V^{2p}(t_2) \cdots V^{(p-1)p}(t_1)]$。

若在两个测站同步观测了 $n^p$ 组卫星、$n_t$ 个历元，那么相应的误差方程为

$$V = A\delta X_2 + CN + L \tag{4-86}$$

式中各符号的意义，类似于公式(4-75)，并由此得法方程

$$NY + U = 0, Y = -N^{-1}U, Y = [\delta X_2 N]^{\mathrm{T}}$$

同理，精度评定可按类似单差的方式进行。

双差观测模型的总个数为

$$(n_i - 1)(n^p - 1)n_t$$

方程中待定未知数的个数为

$$3(n_i - 1) + (n^p - 1)(n_i - 1)$$

### 3. 三差模型

所谓三差(triple different，TD)，即于不同历元，同步观测同一组卫星所得双差观测量之差。

设在测站 $T_1$、$T_2$ 分别于 $t_1$、$t_2$ 历元同时观测了 $p$、$q$ 卫星，则根据公式(4-82)，有双差观测方程

$$\Delta\varphi_{12}^{pq}(t_1) = \dfrac{f}{c}\rho_{12}^{pq}(t_1) + N_{12}^{pq}(t_0)$$

$$\Delta\varphi_{12}^{pq}(t_2) = \dfrac{f}{c}\rho_{12}^{pq}(t_2) + N_{12}^{pq}(t_0)$$

对以上两式求三次差有

$$\Delta\varphi_{12}^{pq}(t_1, t_2) = \dfrac{f}{c}(\rho_{12}^{pq}(t_2) - \rho_{12}^{pq}(t_1)) + N_{12}^{pq}(t_0) - N_{12}^{pq}(t_0)$$

$$= \dfrac{f}{c}\rho_{12}^{pq}(t_1, t_2) \tag{4-87}$$

由于整周未知数 $N_{12}^{pq}(t_0)$ 与观测历元无关，因而在相减时被消去，由此可见，三差观测方程中不含有整周未知数。

对三差模型公式(4-87)进行线性化，则有

$$\Delta\varphi_{12}^{pq}(t_1,t_2) = -\frac{f}{c}[\Delta k_{12}^{pq}(t_1,t_2) \quad \Delta l_{12}^{pq}(t_1,t_2) \quad \Delta m_{12}^{pq}(t_1,t_2)]\begin{bmatrix}\delta X_2 \\ \delta Y_2 \\ \delta Z_2\end{bmatrix}$$

$$+ \frac{f}{c}[(\rho_2^q(t_2))_0 - \rho_1^q(t_2) - (\rho_2^p(t_2))_0 + \rho_1^p(t_2)$$

$$- (\rho_2^q(t_1))_0 + \rho_1^q(t_1) + (\rho_2^p(t_1))_0 - \rho_1^p(t_1)]$$

$$= -\frac{f}{c}[\Delta k_{12}^{pq}(t_1,t_2) \quad \Delta l_{12}^{pq}(t_1,t_2) \quad \Delta m_{12}^{pq}(t_1,t_2)]\begin{bmatrix}\delta X_2 \\ \delta Y_2 \\ \delta Z_2\end{bmatrix}$$

$$+ \frac{f}{c}\left(\Delta\rho_{12}^{pq}(t_1,t_2)\right)_0 \tag{4-88}$$

式中，$\Delta k_{12}^{pq}(t_1,t_2) = \Delta k_{12}^{pq}(t_2) - \Delta k_{12}^{pq}(t_1)$；$\Delta l_{12}^{pq}(t_1,t_2) = \Delta l_{12}^{pq}(t_2) - \Delta l_{12}^{pq}(t_1)$；$\Delta m_{12}^{pq}(t_1,t_2) = \Delta m_{12}^{pq}(t_2) - \Delta m_{12}^{pq}(t_1)$；$(\Delta\rho_{12}^{pq}(t_1,t_2))_0 = (\rho_2^q(t_2))_0 - \rho_1^q(t_2) - (\rho_2^p(t_2))_0 + \rho_1^p(t_2) - (\rho_2^q(t_1))_0 + \rho_1^q(t_1) - (\rho_2^p(t_1))_0 + \rho_1^p(t_1)$。

同样对公式(4-88)可得相应的误差方程

$$V_{12}^{pq}(t_1,t_2) = -\frac{f}{c}[\Delta k_{12}^{pq}(t_1,t_2) \quad \Delta l_{12}^{pq}(t_1,t_2) \quad \Delta m_{12}^{pq}(t_1,t_2)]\begin{bmatrix}\delta X_2 \\ \delta Y_2 \\ \delta Z_2\end{bmatrix}$$

$$+ \Delta L_{12}^{pq}(t_1,t_2) \tag{4-89}$$

当同步对 $n^p$ 个卫星进行 $n_t$ 个历元的观测，用与单差、双差类似的最小二乘法列法方程可对三差模型求解，在此不再赘述。此时未知参数中仅包含待定点的坐标，即未知数的个数为 $3(n_i-1)$，其观测模型总数为 $(n_i-1)(n^P-1)(n_t-1)$。

## 4.4 差分 GNSS 测量原理

GNSS 差分若根据其系统构成的基准站个数可分为单基准差分、多基准的局部区域差分和广域差分。而根据信息的发送方式又可分为伪距差分、位置差分及载波相位差分等。无论何种差分，都是由用户接收基准站发送的改正数，并对其测量结果进行改正以获得精密定位的结果。它们的区别在于发送改正数的内容不同，定位精度不同，差分原理也有所不同。

### 4.4.1 伪距差分原理

伪距差分是目前还在应用的一种差分定位技术。它是利用基准站已知坐标求出测站至卫星的距离，并将其与含有误差的测量距离比较，然后利用一个滤波器将此差值滤波并求出其偏差，再将卫星的测距误差传输给用户。用户利用此测距误差来改正测量的伪距，进而利用改正后的伪距求出自身的坐标。

测站 $i$ 与卫星 $j$ 之间在 $t$ 时刻的伪距为

$$\tilde{\rho}_i^j = \rho_i^j + c(\delta t_i - \delta t^j) + \delta I_i^j + \delta T_i^j + d\rho_i^j \tag{4-90}$$

式中符号意义与公式(4-7)相同，$d\rho_i^j$ 为 GNSS 卫星星历误差引起的距离偏差。

根据基准站的三维已知坐标和 GNSS 卫星星历，可以算得该时刻两者之间的几何距离

$$\rho_i^j = \sqrt{(X^j - X_i)^2 + (Y^j - Y_i)^2 + (Z^j - Z_i)^2}$$

故由基准站接收机测得的包含各种误差的伪距与几何距离之间存在差值

$$\delta\rho_i^j = \tilde{\rho}_i^j - \rho_i^j \tag{4-91}$$

公式(4-91)中的 $\delta\rho_i^j$ 即为伪距的改正值，并将此值发送给用户的接收机。用户则可求得改正后的伪距

$$\tilde{\rho}_k^{\prime j} = \tilde{\rho}_k^j - \delta\rho_i^j \tag{4-92}$$

如果考虑信号传送的伪距改正数的时间变化率，则有

$$\tilde{\rho}_k^{\prime j} = \tilde{\rho}_k^j - \delta\rho_i^j - \frac{d\delta\rho_i^j}{dt}(t - t_0) \tag{4-93}$$

当用户站与基准站之间的距离小于 100km，则有

$$d\rho_k^j = d\rho_i^j, \delta I_k^j = \delta I_i^j, \delta T_k^j = \delta T_i^j$$

且

$$\delta t^j = \delta t^j$$

因此改正后的伪距 $\tilde{\rho}_k^{\prime j}$ 为

$$\tilde{\rho}_k^{\prime j} = \sqrt{(X^j - X_k)^2 + (Y^j - Y_k)^2 + (Z^j - Z_k)^2} + C \cdot \delta V_t \tag{4-94}$$

式中，$\delta V_t$ 为两测站接收机钟差之差。

当基准站同用户站同时观测相同的 4 颗或 4 颗以上的卫星时，即可实现用户站的定位。由于伪距差分可提供单颗卫星的距离改正数 $\delta\rho_i$，用户站可选择其中任意 4 颗相同卫星的伪距改正数进行改正，且该改正数是在 WGS-84 坐标系上进行的，不需要进行坐标变换。

差分定位是利用两站公共误差的抵消来提高定位精度，而其误差的公共性与两站距离有关，随着两站距离的增加，误差公共性逐渐减弱。因此，随着用户同基准站的距离增大而定位精度降低。

### 4.4.2 位置差分原理

位置差分是一种最简单的差分方法。它是利用安置在已知点上的 GNSS 接收机，对 4 颗或 4 颗以上的卫星观测，求出基准站的坐标$(X', Y', Z')$。由于存在着卫星星历、时钟误差、大气折射等误差的影响，该坐标与已知坐标$(X, Y, Z)$不一致，必然存在误差。即

$$\begin{cases} \Delta X = X - X' \\ \Delta Y = Y - Y' \\ \Delta Z = Z - Z' \end{cases} \tag{4-95}$$

式中，$\Delta X$、$\Delta Y$、$\Delta Z$ 为坐标改正数，基准站利用数据链将坐标改正数发送给用户站，用户站利用该坐标改正数对其观测坐标进行改正

$$\begin{cases} X_k = X_k' + \Delta X \\ Y_k = Y_k' + \Delta Y \\ Z_k = Z_k' + \Delta Z \end{cases} \tag{4-96}$$

若考虑数据传送时间差而引起的用户站位置的瞬间变化,则可写为

$$\begin{cases} X_k = X'_k + \Delta X + \dfrac{\mathrm{d}(\Delta X + X'_k)}{\mathrm{d}t}(t-t_0) \\ Y_k = Y'_k + \Delta Y + \dfrac{\mathrm{d}(\Delta Y + Y'_k)}{\mathrm{d}t}(t-t_0) \\ Z_k = Z'_k + \Delta Z + \dfrac{\mathrm{d}(\Delta Z + Z'_k)}{\mathrm{d}t}(t-t_0) \end{cases} \tag{4-97}$$

式中,$t$ 为用户站时刻;$t_0$ 为基准站校正时刻。

经过坐标改正后的用户坐标已消除了基准站与用户站的共同误差,如卫星星历误差、大气折射误差、卫星钟差等,提高了定位精度。

坐标差分的优点是传输的差分改正数较少,计算方法简单,任何一种 GNSS 接收机均可改装成这种差分系统。其缺点主要为:

(1) 要求基准站与用户站必须同步观测同一组卫星,因为基准站与用户站接收机配备及观测环境不完全相同,所以难以保证同步观测同一组卫星,这样必将导致定位误差的不匹配,从而影响定位精度。

(2) 坐标差分定位效果不如伪距差分。

### 4.4.3 载波相位差分原理

在测码差分 GNSS 中,由于码结构及测量中随机噪声误差的影响,难以满足精密定位的要求,而载波相位测量的噪声误差大大小于测距码测量噪声误差,在静态相对定位中可达 $10^{-8} \sim 10^{-6}$ 的定位精度。但是,求解整周未知数应进行 1~2h 的静止观测,这就限制了载波相位测量的应用范围。

载波相位差分定位与伪距差分定位原理相类似,其基本原理是:在基准站上安置一台 GNSS 接收机,对卫星进行连续观测,并通过无线电设备实时地将观测数据及测站坐标信息传送给用户;用户站一方面通过接收卫星信号,另一方面通过无线电接收设备接收基准站传送的信息,根据相对定位原理进行数据处理,实时地以厘米级的精度给出用户站三维坐标。

载波相位差分有两种定位方法,一种与伪距差分相同,基准站将载波相位的改正量发送给用户站,并对用户站的载波相位进行改正实现定位,此法称为改正法;另一种是将基准站的载波相位观测值发送给用户站,并由用户站对观测值求差进行坐标解算,这种方法称为求差法。

**1. 改正法**

在载波相位测量中,卫星到测站点之间的相位差值主要由三部分组成:

$$\Phi_i^j = N_i^j(t_0) + N_i^j(t-t_0) + \delta\varphi_i^j \tag{4-98}$$

式中,$N_i^j(t_0)$ 为起始整周模糊度;$N_i^j(t-t_0)$ 为从起始时刻至观测时刻的整周变化值;$\delta\varphi_i^j$ 为相位测量的小数部分。

将上式乘以载波波长 $\lambda$,则可得卫星至测站点之间的距离

$$\tilde{\rho}_i^j = \lambda[N_i^j(t_0) + N_i^j(t-t_0) + \delta\varphi_i^j] \tag{4-99}$$

在基准站利用已知坐标和卫星星历可求得基准站到卫星之间的真实距离 $\rho_i^j$,则测量得到的伪距可表示为

$$\tilde{\rho}_i^j = \rho_i^j + c(\delta t_i - \delta t^j) + \delta I_i^j + \delta T_i^j + \delta M_i + V_i \tag{4-100}$$

式中，$\delta t_i$ 为接收机钟差；$\delta t^j$ 为卫星钟差；$\delta I_i^j$ 为电离层误差；$\delta T_i^j$ 为对流层误差；$\delta M_i$ 为多路径效应；$V_i$ 为接收机噪声。在基准站求出的伪距改正数为

$$\delta \rho_i^j = \tilde{\rho}_i^j - \rho_i^j = c(\delta t_i - \delta t^j) + \delta I_i^j + \delta T_i^j + \delta M_i + V_i \tag{4-101}$$

若用 $\delta \rho_i^j$ 对用户站伪距观测值进行修正，则

$$\begin{aligned}\tilde{\rho}_k^j - \delta \rho_i^j &= \rho_k^j + c \cdot (\delta t_k - \delta t_i) + (\delta I_k^j - \delta I_i^j) + (\delta T_k^j - \delta T_i^j) \\ &\quad + (\delta M_k - \delta M_i) + (V_k - V_i)\end{aligned} \tag{4-102}$$

当基准站与用户站之间的距离小于 30km，则有

$$\delta I_k^j = \delta I_i^j, \delta T_k^j = \delta T_i^j$$

因此公式(4-102)可变为

$$\begin{aligned}\tilde{\rho}_k^j - \delta \rho_i^j &= \rho_k^j + c \cdot (\delta t_k - \delta t_i) + (\delta M_k - \delta M_i) + (V_k - V_i) \\ &= \sqrt{(X^j - X_k)^2 + (Y^j - Y_k)^2 + (Z^j - Z_k)^2} + \Delta \delta \rho\end{aligned} \tag{4-103}$$

式中，$\Delta \delta \rho = c \cdot (\delta t_k - \delta t_i) + (\delta M_k - \delta M_i) + (V_k - V_i)$。

将载波相位伪距计算公式(4-100)代入观测方程(4-103)，可得

$$\begin{aligned}\tilde{\rho}_k^j - \delta \rho_i^j &= \tilde{\rho}_k^j - \tilde{\rho}_i^j + \rho_i^j \\ &= \rho_i^j + \lambda[N_k^j(t_0) - N_i^j(t_0)] + \lambda[N_k^j(t-t_0) - N_i^j(t-t_0)] + \lambda(\delta \varphi_k^j - \delta \varphi_i^j) \\ &= \sqrt{(X^j - X_k)^2 + (Y^j - Y_k)^2 + (Z^j - Z_k)^2} + \Delta \delta \rho\end{aligned} \tag{4-104}$$

令 $N^j(t_0) = N_k^j(t_0) - N_i^j(t_0)$ 为起始整周数之差。在整个测量过程中，只要卫星不失锁，则 $N^j(t_0)$ 为常数。同时令 $\Delta \varphi = \lambda[N_k^j(t-t_0) - N_i^j(t-t_0)] + \lambda(\delta \varphi_k^j - \delta \varphi_i^j)$ 为载波相位测量差值，则公式(4-104)可表示为

$$\rho_i^j + \lambda N^j(t_0) + \Delta \varphi = \sqrt{(X^j - X_k)^2 + (Y^j - Y_k)^2 + (Z^j - Z_k)^2} + \Delta \delta \rho$$

或

$$\rho_i^j + \Delta \varphi = \sqrt{(X^j - X_k)^2 + (Y^j - Y_k)^2 + (Z^j - Z_k)^2} - \lambda N^j(t_0) + \Delta \delta \rho \tag{4-105}$$

式中，$N^j(t_0)$、$X_k$、$Y_k$、$Z_k$ 及 $\Delta \varphi$ 为未知数，其中 $N^j(t_0)$ 为起始整周数之差，只要不失锁即为常数，而用户坐标值为变化量，$\Delta \delta \rho$ 也为一个变化量。接收机钟差之差、两站间多路径效应之差及两个接收机的噪声之差在两历元之间的变化量均小于厘米级，为动态定位允许的误差，因此在求解过程中可以视为常数。

从公式(4-105)可知，如果起始整周未知数一旦被确定，就可通过在基准站和用户站同步观测相同的 4 颗卫星，求解出用户站的坐标($X_k$、$Y_k$、$Z_k$)和 $\Delta \delta \rho$ 来实现定位。因此，如何快速求解起始整周未知数是实现载波相位差分动态定位的关键。

起始整周未知数不能靠增加观测卫星数求得，每增加一个观测卫星，就会相应的增加一个整周未知数，因此，只能靠延长观测时间，增加观测历元数求解。

**2. 求差法**

求差法就是将基准站测得的载波相位观测值实时发送给用户观测站，在用户站对载波相

位观测值求差，获得诸如静态相对定位的公式(4-72)、(4-83)和(4-88)的单差、双差、三差求解模型，并采用与静态相对定位类似的求解方法进行求解。两者区别为，静态相对定位的主要任务是求解基线向量，其计算程序是：利用三差求解出近似的基线长度，再利用浮动双差法求出整周未知数和基线向量。对于短基线，可将整周未知数凑整后，再由双差求解出更精密的基线向量。而在动态相对定位中，主要解算的不是基线向量，而是用户所在的实时位置，因此其定位程序为：

(1) 在保持用户站不动的情况下，静止观测若干历元，并将基准站上的观测数据实时传送给用户站，按静态相对定位法求出整周未知数，这一过程即为初始化阶段。

(2) 将求出的整周未知数代入双差模型，因为此时双差只包括 $\Delta X$、$\Delta Y$、$\Delta Z$ 三个位置分量，所以只要 4 颗以上卫星的一个历元观测值，就可实时地求解出三个位置分量。

(3) 将求出的 $\Delta X$、$\Delta Y$、$\Delta Z$ 坐标增量加上已输入的基准站的 WGS-84 地心坐标 $X_i$、$Y_i$、$Z_i$，即可求得此时用户站的地心坐标，

$$\begin{bmatrix} X_k \\ Y_k \\ Z_k \end{bmatrix}_{\text{WGS-84}} = \begin{bmatrix} X_i \\ Y_i \\ Z_i \end{bmatrix}_{\text{WGS-84}} + \begin{bmatrix} \Delta X \\ \Delta Y \\ \Delta Z \end{bmatrix} \tag{4-106}$$

利用已获得的坐标转换参数，再将用户站的坐标转换成当地的空间直角坐标系。

(4) 换算成实用的定位坐标成果。求差模型可以消除或削弱多项卫星观测误差，例如，双差模型消除了卫星钟差、接收机钟差，削弱了卫星星历误差，大气折射误差，因此可以大大提高实时定位的精度。而在实时动态相位定位(RTK)中，关键是快速准确地求定整周未知数，它不但决定着定位成果的可靠性和动态定位的速度及效率，而且决定了动态定位的方式，对此必须给予高度的关注。

## 4.5 差分 GNSS

差分 GNSS 按用户站所接收的改正信息形式可分为单基准站差分 GNSS、多基准站(区域)差分 GNSS 及广域差分 GNSS。

### 4.5.1 单基准站差分 GNSS

单基准站差分 GNSS 是根据一个基准站所提供的差分改正信息对用户站进行改正的差分系统。该系统由基准站、无线电数据通信链及用户站三部分组成。

**1. 基准站**

在已知点(基准站)上配备一台能同步跟踪视场内所有 GNSS 卫星信号的接收机，并应具备计算差分改正和编码功能的软件。

**2. 无线电数据通信链**

编码后的差分改正信息是通过无线电通信设备传送给用户的，将这种无线电通信设备称为数据通信链，它由基准站上的信号调制器、无线电发射机、发射天线以及用户站的差分信号接收机和信号解调器组成。

**3. 用户站**

用户站接收机可根据各用户站不同的定位精度及要求选择，同时用户站还应配备用于接收差分改正数的无线电接收机、信号解调器、计算软件及相应的传输接口设备等。

单基准站差分系统的优点是结构和算法都较为简单。但是该方法的前提是要求用户站误差和基准站误差具有较强的相关性，因此，定位精度将随着用户站与基准站之间的距离增加而迅速降低。此外，因为用户站只是根据单个基准站所提供的改正信息来进行定位改正，所以精度和可靠性较差。当基准站发生故障时，用户站将无法进行差分定位，如果基准站发出的改正信息出错，则用户站的定位结果就不正确。解决这一问题的方法是采用设置监控站对改正信息进行检核，以提高系统的可靠性。

### 4.5.2 区域差分 GNSS

在一个较大的区域布设多个基准站，以构成基准站网，并包含一个或数个监控站，则位于该区域中的用户根据多个基准站所提供的改正信息经平差计算后求得用户站定位改正数，这种差分定位系统称为具有多个基准站的区域差分 GNSS。

区域差分提供改正数主要有以下两种方法。

(1) 各基准站均以标准化的格式发射各自改正信息，而用户站接收各基准站的改正量，并取其加权平均作为用户站的改正数。其中改正数的权，可根据用户站与基准站的相对位置来确定。因为该方法应用了多个高速的差分数据流，所以要求多倍的通信带宽，效率较低。

(2) 根据各基准站的分布，预先在网中构成以用户站与基准站相对位置为函数的改正数加权平均值模型，并将其统一发送给用户。该方法不需要增加通信带宽，是一种较为有效的方法。

区域差分 GNSS 系统较单基准站差分的可靠性和精度均有所提高。然而，数据处理是把各种误差的影响综合在一起进行改正的，但实际上不同误差对定位的影响特征是不同的，如星历误差对定位的影响是与用户站至基准站间的距离成正比，而对流层延迟误差则主要取决于用户站和基准站气象元素间的差别，并不一定与距离成正比。因此将各种误差综合在一起，用一个统一的模式进行改正，必然存在不合理的因素而影响定位精度，且这种影响将随着用户站距基准站的距离增加而变大，从而导致差分定位的精度迅速下降。所以在区域差分 GNSS 中，只有在用户站距基准站不太远时，才能获得较好的精度。这样基准站就必须保持一定的密度(小于 30km)和均匀度，那么当区域覆盖的面积很大时，所需基准站的数量将十分惊人。而且，区域差分 GNSS 还存在着某些区域无法永久性设站问题，这些都限制了该方法的应用范围。

### 4.5.3 广域差分 GNSS

广域差分是针对单基准差分和区域差分所存在的问题，将观测误差按不同来源划分成星历误差、卫星钟差及大气折射误差来进行改正，从而提高差分定位的精度和可靠性。

**1. 基本思想**

在一个大的区域中用相对较少的基准站组成差分 GNSS 网，各基准站将求得的距离改正数发送给数据处理中心进行统一处理，并将各种观测误差源加以区分，然后再传送给用户。将这种系统称为广域差分 GNSS。

广域差分是通过对用户站的误差源直接改正，达到削弱这些误差，改善定位精度的目的。在广域差分 GNSS 中，主要对三种误差源加以分离，并单独对每种误差源进行"模型化"处理。

(1) 星历误差。广播星历是一种精度较低的外推星历,其误差影响与基准站和用户站之间的距离成正比,是 GNSS 定位的主要误差来源之一。广域差分依据区域中基准站对卫星的连续跟踪来实现区域精密定轨,确定精度星历,取代广播星历。

(2) 大气延时误差(包括电离层和对流层延时)。差分 GNSS 提供的综合改正值中包含基准站处的大气延时改正,当用户站的大气电子密度和水汽密度与基准站不同时,对 GNSS 信号的延时也不一样,若使用基准站的大气延时量来代替用户站的大气延时必然会引起误差。广域差分技术通过建立精确的区域大气延时模型,能够准确地计算出其对区域内不同地方的大气延时值。

(3) 卫星钟差误差。差分 GNSS 利用广播星历提供的卫星钟差改正数,这种改正数近似反映卫星钟与标准时间的差异,而残留的随机误差约有 $\pm 30$ns,等效伪距为 $\pm 9$m。广域差分可以计算出卫星钟各时刻的精确钟差值。

**2. 系统的构成与工作流程**

该系统主要由主站、监测站、数据通信链和用户设备组成(图 4-8)。

主站:根据各监测站的已知坐标和 GNSS 观测量,计算卫星星历并外推 12h 星历;建立区域电离层延时改正模型,拟合出改正模型中的 8 个参数;计算出卫星钟差改正值及其外推值,并将这些改正信息和参数传送到各发射台。

监测站:一般设有一台铯钟和一台双频 GNSS 接收机。各测站将伪距观测值、相位观测值、气象数据等通过数据链实时地发射到主站。监测站的三维地心坐标应精确已知,且数量一般不应少于 4 个。

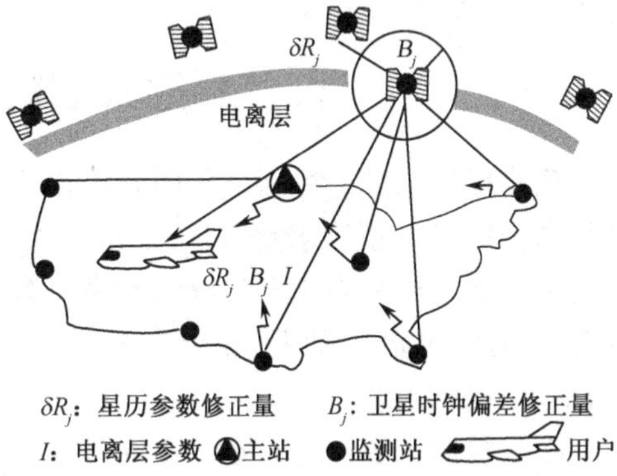

数据通信链:数据通信包括监测站与主站之间的数据传递和广域差分 GNSS 网与用户之间的数据通信,它们均可采用数据通信网,如 Internet 或其他数据通信专用网,或通信卫星。

$\delta R_j$:星历参数修正量　$B_j$:卫星时钟偏差修正量
$I$:电离层参数　▲主站　●监测站　✈用户

图 4-8　广域差分 GNSS

用户设备:一般包括 GNSS 接收机和数据链的用户端,以便用户在接收卫星信号的同时,还能接收主站发射的差分改正数,并能修正原始 GNSS 观测数据,解出用户站的位置。

**3. 系统特点**

广域差分提供给用户的改正量,是每颗可见 GNSS 卫星星历的改正量、时钟偏差修正量和电离层时延改正模型,其目的就是最大限度地降低监测站与用户站间定位误差的时空相关性,从而改善和提高实时差分定位的精度。同一般的差分 GNSS 相比,广域差分具有如下特点:

(1) 主站、监测站与用户站的站间距离从 100km 增加到 200km,定位精度不会明显的下降,即定位精度与用户和基准站之间的距离无关。

(2) 在大区域内建立广域差分 GNSS 网比区域 GNSS 网需要的监测站数量少,投资小。例如,在美国大陆的任意地方要达到 5m 的差分定位精度,使用区域差分方式需要建立 500 个基准站,而使用广域差分方式的监测站个数将不超过 15 个,其经济效益大幅度提高。

(3) 广域差分具有较均匀的精度分布,在其覆盖范围内任意地区定位精度大致相当,而且定位精度较区域差分 GNSS 高。

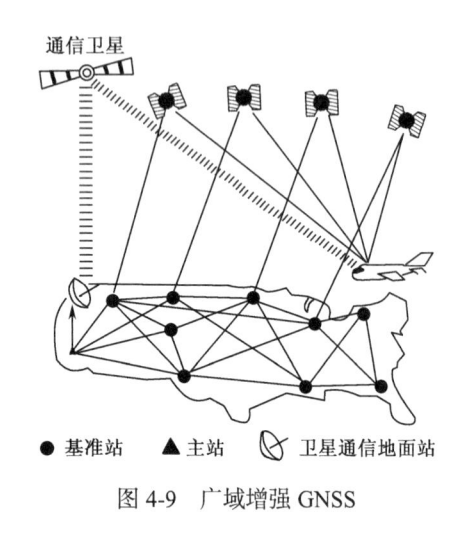

(4) 广域差分的覆盖区域可以扩展到区域差分不易覆盖的地域，如海洋、沙漠、森林等。

(5) 广域差分系统使用的硬件设备及通信工具昂贵，软件技术复杂，运行和维持费用比区域差分高得多。

另外，近年来美国联邦航空局在广域差分的基础上，提出了利用地球同步卫星(GEO)，采用 $L_1$ 波段转发差分修正信号，同时发射调制在 $L_1$ 上的 C/A 码信号的技术，称为广域增强系统(WAAS)(图 4-9)。该系统抛弃了附加的差分数据通信链系统，直接利用 GNSS 接收机天线识别、接收、解调由地球同步卫星发送的差分数据链。而且，该系统利用地球同步卫星发射 C/A 码测距信号，增加测距卫星源，提高了该系统导航的精度和可靠性。

图 4-9 广域增强 GNSS

## 4.6 整周未知数的确定方法与周跳分析

载波相位测量，特别是利用载波相位观测值进行相对定位测量具有很高的精度。但是，这种高精度是以正确求定整周未知数 $N_0$ 和消除周跳为前提的。因此，无论是整周未知数确定的不正确，还是周跳没有消除干净，都将产生较大的误差，如产生一个整周数值的错误，就有 0.2m 的误差。所以，整周未知数的确定、整周跳变的探测与消除，在载波相位测量中，具有非常重要的意义。

因为整周未知数的确定、整周跳变的消除，只能根据一定的数学理论及方法，通过数据处理手段来实现，所以也使数据处理变得复杂。国内外学者对此进行了大量的研究，目前已较好地解决了如何快速准确地确定整周未知数，及时有效地发现和修复整周跳变的问题。

### 4.6.1 整周未知数的静态求解方法

当利用载波相位测量进行精密定位时，在连续跟踪某颗卫星的载波相位观测值中，均含有相同的整周未知数，正确确定整周未知数是获取高精度定位结果的关键问题之一。我们知道，在静态相对定位中，整周未知数解的精度与卫星图形的构形变化、卫星数目的多少密切相关，因此，往往需要 1~2h 甚至更长的观测时间，其目的就是为了能正确地确定整周未知数。实践表明，如果整周未知数一旦确定，再延长观测时间，对提高相对定位精度的作用不大。因此，快速准确地确定整周未知数，是载波相位测量的重要问题。确定整周未知数的方法很多，在此介绍以下三种方法。

**1. 整周未知数的平差待定参数法**

把整周未知数作为待定参数，在平差计算中与其他未知参数一同解出，可采用公式(4-73)或公式(4-84)，按最小二乘法原理，通过平差求解整周未知数，而整周未知数取值有以下两种方法。

(1) 整数解(固定解)。从理论上讲，整周未知数应该是一个整数，然而，由于各种误差的影响，平差求得的整周未知数往往不是一个整数，而是一个实数。

对于短基线，当进行 1 小时以上的静态相对定位时，因为测站间星历误差、大气折射误差等具有较强的相关性，相对定位可以使这些误差大大削弱；同时也因为在较长的观测期间，观测卫星的几何分布会产生较大的变化，所以，能较精确的求定整周未知数。这样，平差求出的整周未知数一般较接近于相邻近整数的实数，若整周未知数估值的中误差甚小，则可直接取相邻近的整数为整周未知数；或者从统计检验的角度出发，取整周未知数估值加上3倍的中误差(即 $Nr \pm 3\delta_{Nr}$)作为整周未知数的整数取值范围，该范围内包含的所有整数均可作为整周未知数的候选值。

当所有的整周未知数取整数后，作为已知值代入观测方程，再按最小二乘平差求待定坐标的平差值。如果整周未知数的整数候选值不止一个，则应将所有卫星的整周未知数候选值构成不同组合，作为已知值逐一代入进行平差，选出待定坐标平差后方差最小的一组整数作为整周未知数。

整周未知数的整数解获得的待定点坐标估值也称为固定解。这种方法顾及了整周未知数的整数特性，因此，在短基线上能够改善相对定位的精度。

(2) 实数解(浮动解)。在长基线上，误差的相关性降低，卫星星历、大气折射等误差的影响难以有效消除，因此求解的整周未知数精度较低。事实上，整周未知数的实数解中往往包含了一些系统误差，若再将其取为某一整数，必将影响相对定位的精度。通常对 20km 以上的长基线不再考虑整周未知数的整数特性。直接将实数作为整周未知数的解，再由实数整周未知数获得的待定点坐标估值称为浮动解。在静态相对定位中求解整周未知数时则常采用此种方法。

**2. 三差法**

由载波相位观测值的线性组合可知，当连续跟踪的载波相位观测值在历元之间求差时，其含有相同的整周未知数，求差后方程中不再含有整周未知参数，因此可直接解出坐标参数。但是，在两个历元之间，由于卫星的几何图形结构相近，观测方程相关性强，致使求出的坐标参数精度较低。实际应用时，利用在测站、卫星、历元间求三差的方法来求解坐标未知数，并将其作为未知数的初始值代入双差模型，再求解整周未知数。因为三差法求出的坐标估值具有较好近似度，所以有益于提高双差求解整周未知数的精度。

因为三差法利用了连续跟踪卫星的两个历元之间的相位差等于多普勒积分值这一性质，所以该方法也称为多普勒法。

**3. 交换天线法**

在某一待定点上安置接收机天线作为固定点($T_1$)，并在其附近(5~10m)处选择一个交换点($T_2$)安置接收机天线后，同步观测若干历元(1~2 分钟)，在保持对卫星连续观测且天线高度不变的条件下，将两天线相互交换，并继续同步观测若干历元(1~2 分钟)。最后再把两根天线恢复到原来位置，此时，假设在固定站 $T_1$ 上的天线 $A$ 和在交换点 $T_2$ 上的天线 $B$，在历元 $t_1$ 时刻同步观测了卫星 $p$ 和 $q$ (图 4-10)，则可得单差观测方程

$$\begin{cases} \Delta\varphi_{12}^p(t_1) = \frac{1}{\lambda}[\rho_2^p(t_1) - \rho_1^p(t_1)] - \Delta N^p + f\delta t_{12}(t_1) \\ \Delta\varphi_{12}^q(t_1) = \frac{1}{\lambda}[\rho_2^q(t_1) - \rho_1^q(t_1)] - \Delta N^q + f\delta t_{12}(t_1) \end{cases} \quad (4\text{-}107)$$

相应的双差观测方程为

$$\Delta\varphi_{12}^{pq}(t_1) = \frac{1}{\lambda}[\rho_{12}^q(t_1) - \rho_{12}^p(t_1)] - \Delta N^q + \Delta N^p \quad (4\text{-}108)$$

式中，$\Delta N^p = N_B^P(t_0) - N_A^P(t_0)$；$\Delta N^q = N_B^q(t_0) - N_A^q(t_0)$。

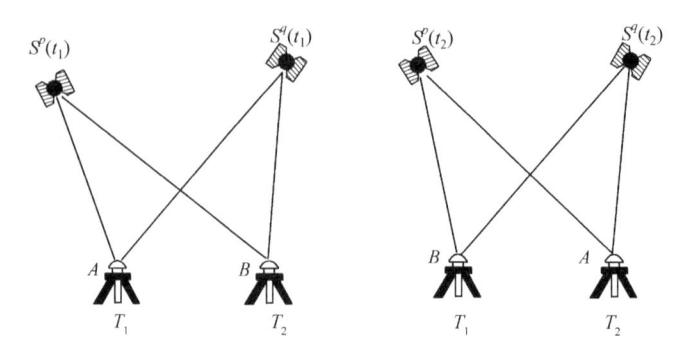

图 4-10 交换天线法

天线交换后，对应于 $t_2$ 历元的单差观测方程：

$$\begin{cases} \Delta\varphi_{12}^p(t_2) = \frac{1}{\lambda}\rho_{12}^p(t_2) + \Delta N^p + f\delta t_{12}(t_2) \\ \Delta\varphi_{12}^q(t_2) = \frac{1}{\lambda}\rho_{12}^q(t_2) + \Delta N^q + f\delta t_{12}(t_2) \end{cases} \quad (4\text{-}109)$$

相应的双差观测方程为

$$\Delta\varphi_{12}^{pq}(t_2) = \frac{1}{\lambda}[\rho_{12}^q(t_2) - \rho_{12}^p(t_2)] + \Delta N^q - \Delta N^p \quad (4\text{-}110)$$

若将 $t_1$ 和 $t_2$ 历元的双差观测方程求知，则有

$$\sum\Delta\varphi_{12}^{pq} = \frac{1}{\lambda}[\rho_{12}^q(t_2) - \rho_{12}^p(t_2) + \rho_{12}^q(t_1) - \rho_{12}^p(t_1)] \quad (4\text{-}111)$$

按此方法可对基线向量求解，进而求出整周未知数。该方法与三差法有类似之处，但该方法是利用同步观测的双差之和消除整周未知数，方程性质良好，因而求解基线向量精度较高。因为基线很短，求差后较好地消除了卫星星历误差、大气折射误差，所以解算的整周未知数精度较高，且观测时间短、操作方便，在准动态定位中常采用此种方法。

### 4.6.2 整周未知数的动态求解方法

在 GNSS 动态定位中，快速准确求定"整周未知数"的整数解较静态定位具有更为重要的意义。在短时间观测动态定位中，卫星位置相对接收机的变化量非常小（因为卫星轨道很高，约 $2\times10^4$ km），此时，准确求定整周未知数具有相当的难度。如整周未知数为实数，则由载波相位观测值求得的伪距观测值不准确，从而导致基线解的精度不高，难以实现快速准确定位。反之，当整周未知数以整数准确确定后，高精度的载波相位观测值可以作为高精度的伪距观测值，极大地提高基线解的精度，从而达到大大缩短观测时间的目的。整周未知数的快速准确确定，是动态定位的关键。

因此，需要一种在运动过程中，以较少的观测值、较少的计算时间、迅速正确地解出整周未知数的方法。近年来研究并提出这种在运动过程中求解整周未知数的方法又称为 OTF(on the fly ambiguity resolution)，在此介绍几种具有代表性的 OTF 法。

**1. 最小二乘搜索法**

此法是由 Hatch 提出的，其基本思想是首先确定未知点的初始坐标，进而求出整周未知数的初值，然后以此值为中心，建立搜索区域，最后按最小二乘法原理在此区域内搜索出正

确的整周未知数。即所求的整周未知数的整数解应满足

$$\min(\hat{N} - N)^T Q_N^{-1}(\hat{N} - N) \quad N \in Z^m \tag{4-112}$$

为了提高搜索速度,可将观测卫星分为两组,选择几颗图形条件较好的一组卫星求解,提供整周未知数的初始值及搜索范围,即为被检验的整周未知数组,并利用余下的另一组卫星中的每颗卫星的观测值在搜索范围内对待检验的整周未知数组进行筛选,凡是不满足该颗卫星观测条件的一组整周未知数解,即可剔除。该方法也称为删除法。

**2. 模糊度函数法**

此方法的基本思想最早由 Counselman 等提出,也是根据基本搜索原理,但却不像最小二乘搜索法那样是基于对整周未知数解空间的搜索,而是基于点位空间的搜索。采用该方法的前提是应具有较高精度的初始值,通过对几分钟观测数据采取函数加密的搜索策略,直接确定点位的精确解。并利用点位的精确解,反算出一组整周未知数。模糊度函数法最大的优点是对周跳不敏感,它只用到相位观测量的小数部分,因此与初始整周未知数无关,但与最小二乘搜索法相比,需要的搜索时间较长。

**3. 综合法(AOTF)**

近年来许多学者致力于研究整周未知数的综合解算法,该方法与一般的 OTF 法相类似,亦采用搜索的原理对整周未知数进行搜索,但是在搜索中综合利用各种观测信息和算法,以提高搜索的准确性和减少搜索的时间。通常采用如下步骤求解:

(1) 确定整周未知数的初值。

(2) 以初值为中心建立搜索区域。

(3) 给定整周未知数的某种搜索准则。

(4) 采用某种计算模型及方法对整周未知数进行搜索,一旦整周未知数满足所给定的准则即为所求的解。

与一般的 OTF 算法相比,AOTF 法在以下几个方面进行了改进:

(1) 尽可能地提高求解整周未知数的效率,AOTF 注意充分利用 GNSS 的定位信息。根据基线长短和电离层及观测噪声的特点选择合适的扩频工作信号(双宽巷、宽巷、半宽巷、窄巷以及无电离层影响的组合等)。对于单频接收机,一般考虑采用相位平滑伪距的算法。

(2) 在保留整周未知数的整数特性的同时,尽可能地消去各项误差的影响,因此,AOTF 一般采用双差观测方程。

(3) 观测尽可能多的卫星。因为观测的卫星越多,多余的观测条件越多,可以对不符合要求的整周未知数快速剔除。AOTF 至少需要同步观测 5 颗以上卫星,选择其中几何结构较好的 4 颗卫星作为基本卫星组。

(4) 尽可能减少整周未知数的搜索区域,以缩短计算时间。AOTF 采取了两项措施:一是提高初始基本整周未知数解的精度;二是减少整周未知数的搜索区域。

(5) 选择合适的检验项目和相应的检验阈值。AOTF 算法在搜索过程中共设定了 8 项检验指标,一项比一项严格,逐步将搜索域内不正确的整周未知数组剔除。

(6) 算法优化。AOTF 充分利用已有诸多算法的优点,如对于双频接收机观测数据,AOTF 先利用扩频和相位平滑伪距法计算出较精确的初始基本整周未知数值,利用最小二乘搜索法确定出整周未知数的变化范围后,用每组可能的整周未知数的组合,计算出对应的坐标值,采用模糊度函数法进行检验。对于仍不可区分的点,则可根据其坐标求出模糊度(整周

未知数),并以此值按固定差法重新求坐标值,选择其中具有最小验后方差的一组作为最终解,还可运用统计检验的方法判别该解的合理性。采用这种综合的搜索算法比单纯采用最小二乘搜索法或模糊度函数法快得多。

无论用哪种方法求得的整周未知数解,都应进行解的正确性和可靠性检验,即解的有效性检验。通常选取具有最小方差的一组整周未知数的方差,与具有小方差的一组整周未知数的方差之比进行 $F$ 检验来确定解的有效性。

另外,卡尔曼滤波法、最小二乘模糊度不相关法、伪距双频法(一个历元观测即可解出整周未知数,但需 P 码双频观测量,普通接收机无法实现)均可以在运动中求解整周未知数。

### 4.6.3 整周跳变

整周跳变(周跳)是载波相位测量中的特有问题,如何对周跳进行探测与修复,是利用载波相位观测值进行精密定位的关键。

**1. 周跳产生的原因**

在载波相位测量中,一般而言,整周计数是一个连续变化的量,如果由于某种因素使其计数暂时中断,则会使其产生不连续的变化,这种现象就是整周跳变。

产生整周计数中断的原因主要有:①卫星信号暂时被障碍物阻断;②仪器瞬间故障使基准信号不能与卫星信号混频而产生差频信号,或者是产生了差频信号却无法准确计数;③受外界干扰或接收机所处的动态条件恶劣(动态定位),使载波跟踪环路无法锁定信号而产生信号暂时失锁。因此,若能探测出整周跳变发生的时刻并求出所丢失的整周数字,即可对中断后的整周计数进行改正,将其修复成正确的计数,从而使这部分观测值可正常利用。实际测量中,在一个观测时段难免会产生整周跳变,而且往往不止一次,因而发现并修复整周跳变是载波相位测量数据处理中必然会遇到的问题。

**2. 周跳的探测与修复**

由于 GNSS 信号接收机能获得多种观测信息,充分利用这些观测信息(无须轨道信息)自身的相互关系,即可对周跳进行探测和修复,主要方法有以下几种。

1) 屏幕扫描法

当观测值中出现整周跳变时,相位观测值的变化率将不再连续。因此,凡在屏幕上曲线出现不规则的突变时,即可认为相应的相位观测值中出现了整周跳变。此种方法虽然简单直观,但需要反复进行,工作枯燥无味。所以,这种方法在早期的数据处理中经常采用,而目前正被逐步淘汰。

2) 高次求差法

此种方法主要是利用了周跳的发生将会破坏相位观测值随时间变化这一规律的特性,从而探测出周跳。由于卫星的连续运动,接收机至卫星间的距离不断发生变化,使得载波相位观测值也将随时间不断发生变化,而此种变化是有规律的、平滑的。如果发生了周跳将破坏这种规律性,利用这一特性,即可将一些较大的周跳查找出来,此方法对数据采样率较高的数据特别有效。

在 GNSS 导航定位中,如果采样间隔为 15s 的话,其相邻观测值间的差值可达数万周,对于存在几十周的跳变不易发现。但在相邻两个观测值间依次进行一次求差,就等于该区间卫星的速度平均值与采用间隔的乘积,其卫星径向速度的平均值的变化率要平缓的多。同样,再在一次差之间求二次差,则二次差为卫星的径向加速度的平均值与采样间隔平方的乘积,变化更加平缓。按此方法,求取四次差或五次差时,其差值(趋于零)就具有偶然误差的特性,主要是由接收机振荡器随机误差引起,通常在两周左右。因此,这种方法难以判断出只有几个整周数的较小周跳。

3) 多项式拟合法

从载波相位测量的特性可知,在发生周跳的前后,其载波相位不再是一个连续的函数,但其变化却是连续的函数,且是载波相位的一阶导数。因此,可利用载波相位观测值及变化率对周跳进行探测和修复。

多项式拟合法的优点是可以分别对 $L_1$ 及 $L_2$ 非残差载波相位观测值或双频组合观测值进行周跳探测。但此方法需要用到载波相位变化率观测量,而对于不能提供载波相位变化率观测值的 GNSS 接收机是不适用的。

4) 卫星间求差法

在 GNSS 测量中,每一瞬间都要观测多颗卫星而获得其载波相位观测值,且每颗卫星的载波相位观测值中受接收机振荡器的随机误差影响是相同的。因此,在卫星间求差即可消除该项误差的影响。

因此,这种方法可以发现与卫星有关的周跳(如某颗卫星的信号暂时被中断,而其他卫星信号仍可进行连续观测),但却不能发现与接收机有关的周跳(如接收机线路的瞬间故障而使观测的所有卫星信号发生周跳)。在此情况下,可采用对双差观测值(在卫星及接收机间求差)的高阶差分进行比较来发现较小的周跳。当然,采用双差观测值仍可以进一步消除卫星振荡器的随机误差影响。在探测出周跳后,即可利用发生周跳时刻之前的观测值及各阶差分求出正确的整周计数。

## 4.7 精密单点定位技术简介

精密单点定位技术(precise point positioning,PPP)自从 1997 年由 Zumberge 提出以来,经历了从静态到动态、单频到多频、单系统到多系统、事后处理到实时处理、浮点解到固定解的发展过程,形成了一套比较完整的理论体系和技术方法,是 GNSS 定位技术中继 RTK 技术和网络 RTK 技术之后的又一次技术革命。

### 4.7.1 PPP 技术的概念

PPP 技术不但集成了 GNSS 单点定位与相对定位技术的优点,而且克服了它们的缺点,用户在无须架设地面基准站的情况下,即可以采取单机作业,且不受作业距离的限制。其作业方法机动灵活、成本低,并可直接获取与 ITRF 一致的高精度测站坐标。

因为 PPP 采用了 IGS 精密星历(后处理精密星历或快速精密星历),所以 PPP 解算出的坐标与所使用的 IGS 精密星历坐标的框架(ITRF 框架系列)相同,并不是常用的 WGS-84 坐标系统下的坐标。这是由于 IGS 精密星历与 GPS 的广播星历所对应的参考框架不同。另外,不同时期的 IGS 精密星历所使用的 ITRF 框架也不同,因此在进行 PPP 数据处理时,应明确采用的精密星历所对应的参考框架和历元,并利用框架与历元的转换公式进行统一。

在精密单点定位中,主要是利用三种模型进行数据处理,分别为常规模型,无模糊度模型和 UofC 模型。它们的主要区别在于模糊度处理所采用的方法不同,采用观测值的组合方式也不同。

常规模型是应用最早和最广泛的数学模型,它可以消除一阶电离层延迟与内部频偏的影响。然而，该模型也存在一些不足之处，如组合观测值中的模糊度参数只能作为实数进行估计，无法利用模糊度的整数特性，其参数估值只能随着观测量的积累和几何结构的变化逐步趋于收敛。另外，组合观测值的观测噪声相对于原始码和相位观测值的噪声被放大了数倍。而噪声越大，产生的位置误差也越大，趋于收敛所需的时间也越长。

无模糊度模型是采用无电离层伪距组合观测值和历元间差分的载波相位观测值来实现定位的。由于历元间相位差只能获得历元间的相对位置，当相邻历元出现了卫星的升降时，则无法利用其相关观测值，使得观测数据的利用率较低。另外，相位差观测值虽然消除了模糊度参数，避免了单点模糊度难以固定的问题，但却造成了观测值间的数学相关性。因此，这种相关性给数据处理带来了不便，这也是无模糊度模型在实际应用中的不足之处。

UofC 模型由卡尔加里大学的 Gao Yang 教授提出。这一模型除了采用无电离层相位组合外，还采用了码与相位的组合观测值，并通过模糊度伪固定来加速模糊度收敛的方法。UofC 模型不仅消除了一阶电离层延迟的影响，而且降低了组合观测值的噪声水平。特别是该模型可以分别估计 $L_1$ 与 $L_2$ 载波相位的整周模糊度，从而加速了模糊度解算的收敛。但系统中仍存在非零的初始相位、卫星及接收机的码和相位的硬件延迟等。而这些偏差与模糊度难以分离，使得实际的模糊度估计量并不具备整数特性。强行采用模糊度整数的方法进行伪固定，虽然提高了收敛的速度，却只能使模糊度估值的精度在一个波长以内，其定位精度只能达到分米级。

### 4.7.2 PPP 中的几个问题

在应用 PPP 技术时应注意以下几个问题。

**1. 数据预处理**

在 GNSS 的单点定位中，对于整周跳变的探测与修复、观测值中粗差的检验与剔除是数据处理的重要部分。整周跳变的探测与修复有多种方法，而在 PPP 中通常采用多项式组合法和卫星求差法的组合与电离层残差法进行探测和修复，对于粗差异常值可采用粗差探测或抗粗差估计方法来减弱其对定位精度的影响。

**2. 精密星历与卫星钟差**

因为 IGS 提供的精密星历和卫星钟差列表间隔为 15min 或 5min，而 GNSS 的采样间隔通常为 30s 或更小，所以观测时刻的卫星位置和卫星钟差需要通过内插获得。在此，一般采用拉格朗日或切比雪夫多项式内插方法获取。

**3. 相关误差改正**

在精密单点定位中，诸多误差不能采用相对定位时求双差的方法消除，为了满足精度要求，必须对影响定位精度的各种误差进行消除或削弱。针对误差性质及影响，对接收机钟差采用星际间一次差分消除或作为未知参数进行估计，电离层延迟可采用无电离层组合形式削弱，对流层的延迟可采用模型改正其干分量延迟和参数估计湿分量延迟的方式消除。而对天线相位中心偏差、地球固体潮、海洋潮、相对论效应、地球自转等影响通常采用模型改正的方法来削弱其影响。当然，对流层及电离层等常规误差亦可利用 CORS 站网络提供的对流层及电离层等信息，从而辅助 PPP 的实现。

**4. PPP 模糊度**

载波相位观测值中不但含有对流层、电离层等常规误差，还存在初始相位和硬件延迟，通常将其称为相位偏差(相位差)。在参数估计时，相位差将融入非差或单差的模糊度中而使其失去整周特性。这种相位差的影响只能通过双差方式消除，这就是相对定位中模糊度能够准确固定的原因。若要在 PPP 中实现非差或单差模糊度固定解，则必须对部分影响进行改正。对相位差改正可采用非整相位偏差法和钟差吸收相位偏差估计法，从而实现精密单点定位的固定解。如果利用一小时的观测值，即可求得平面 ±5mm 左右、高程 ±14mm 左右的点位精度。

## 习　　题

1. 解释下列名词

    GNSS 定位　GNSS 导航　绝对定位　相对定位　动态定位　静态绝对定位　静态相对定位　差分动态定位　整周未知数　整周跳变　几何分布精度因子　单差　双差　三差

2. 试写出相位观测量的表达式，并解释各符号的含义。

3. 在静态单点定位中，若观测了一个小时(历元间隔取 15s)，试问可构成多少个伪距观测方程？并用文字符号写出其中一个伪距观测方程。

4. 试写出单差、双差及三差的观测方程，并说明各自的特点。

5. 试述确定整周未知数的几种方法，并说明用载波相位观测量的高次差来分析整周跳变过程。

6. 简述单基准站差分 GNSS、区域差分 GNSS、广域差分 GNSS 概念及各自的优缺点。

7. 简述卫星的空间分布对定位精度的影响。

8. 实时动态差分定位有哪几种方法？并说明各自的特点。

9. 若在两个测站上同步观测(6 颗卫星)了 300 个历元，试问：可组成多少个单差、双差及三差观测方程？并说明各自所含未知数的个数。

# 第 5 章 GNSS 测量的误差来源

前几章讲述了 GNSS 卫星的运动、信号及测量的基本原理，本章将对 GNSS 测量的误差进行系统分析，找出误差产生的原因及误差量级，并在此基础上提出消除和减弱各项误差影响的方法和措施。

## 5.1 GNSS 测量误差的分类

GNSS 测量是利用接收机接收卫星播发的信息来确定点的三维坐标。影响测量结果的误差主要来源于 GNSS 卫星、卫星信号的传播过程和地面接收设备。在高精度测量中(地球动力学研究)，还应考虑与地球整体运动有关的地球潮汐、负荷潮及相对论效应等因素。为了便于理解，通常将各种误差的影响投影到观测站至卫星的距离上，并以相应距离误差来表示，称为等效距离误差。表 5-1 列出了 GNSS 测量误差类型及等效的距离误差。

表 5-1 GNSS 测量误差分类及对距离测量的影响

| 项目 | 误差来源 | 对距离测量的影响/m |
| --- | --- | --- |
| 卫星部分 | 星历误差；钟误差；相对论效应 | 1.5~15 |
| 信号传播 | 电离层；对流层；多路径效应 | 1.5~15 |
| 信号接收 | 钟误差；位置误差；天线相位中心变化 | 1.5~5 |
| 其他影响 | 地球潮汐；负荷潮 | 1.0 |

若根据误差的性质，上述误差可分为系统误差和偶然误差两类。偶然误差主要包括卫星信号的多路径效应及观测误差等；系统误差主要包括卫星的轨道误差、卫星钟差、接收机钟差以及大气折射误差等。其中系统误差远大于偶然误差，它是 GNSS 测量的主要误差源。同时系统误差有一定的规律可循，根据其产生的原因可采取不同的措施加以消除或削弱。主要的措施有：①建立系统误差模型，对观测量进行修正；②引入相应的未知参数，在数据处理中同其他未知参数一并求解；③将不同观测站对相同卫星进行同步观测值求差。

下面分别讨论在 GNSS 测量中，GNSS 卫星、信号传播及信号接收等误差对定位精度的影响及其处理方法。

## 5.2 与 GNSS 卫星有关的误差

这类误差主要包括卫星的星历误差、卫星钟误差及相对论效应。在 GNSS 测量中，可通过一定的方法消除或减弱其影响，也可采用某种数学模型对其进行改正。

### 5.2.1 GNSS 卫星星历误差

GNSS 卫星星历误差是指卫星星历所提供的卫星空间位置与实际位置的偏差。因为卫的空间位置是由地面监测系统根据卫星测轨结果计算而得,所以卫星星历误差也称为卫星轨道误差。

由于卫星在运行中受到多种摄动力的影响,单靠地面监测站难以精确可靠的测定这些作用力对卫星的作用规律,因而在星历预报时会产生较大的误差,估计和处理此类误差比较困难。在一个观测时间段内,卫星星历误差属于系统性误差,它将严重影响单点定位的精度,也是精密相对定位中的主要误差来源之一。

**1. 星历误差的来源**

GNSS卫星星历的数据来源有广播星历和实测星历两种。

1) 广播星历

广播星历是卫星电文中所携带的主要信息。它是 GNSS 控制中心利用卫星跟踪站的观测数据外推的星历,并通过 GNSS 卫星发播给用户。因为我们尚不能充分了解作用在卫星上的各种摄动力因素的大小及变化规律,所以在预报数据中存在着较大的误差。广播星历提供的星历参数共 17 个,每小时更换一次。例如,由 GPS 广播星历参数计算的卫星坐标可精确到 5～10m。不过根据美国政府的政策,只有美国及其盟国的军方才能获得这样的星历,而其他用户很难获得应有的精度。

2) 实测星历

它是根据实测资料进行事后处理而直接得出的星历。因为不需要外推,所以精度较高,通常被称为"精密星历",但却需要在一些已知精确位置的点上跟踪卫星。因为这种星历要在观测后 1～2 个星期才能得到,所以对导航和动态定位无任何意义,但是在静态精密定位中具有重要作用。另外,GNSS 卫星是高轨卫星,区域性的跟踪网也能获得高精度的星历。许多国家和组织都在建立自己的卫星跟踪网开展独立的定轨工作。

**2. 星历误差对定位精度的影响**

1) 对单点定位的影响

在 GNSS 测量定位中,卫星被作为空间的已知点,卫星星历被作为已知的起算数据。这样,星历误差必将以某种方式传递给测站坐标,从而影响定位精度。

2) 对相对定位的影响

在 GNSS 相对定位中,因为卫星星历误差对两个相邻测站的影响具有极强的相关性,所以,可利用两个相邻测站上星历误差的相关性,采用相位观测量求差的方法来削弱或消除星历误差的影响,从而获得高精度的相对位置坐标。星历误差对相对定位的影响远小于对单点定位的影响。星历误差对相对定位的影响通常采用下式来进行估计:

$$\frac{1}{10}\frac{d\rho}{\rho} < \frac{dD}{D} < \frac{1}{4}\frac{d\rho}{\rho} \tag{5-1}$$

式中,$\rho$ 为卫星到观测站的几何距离;$d\rho$ 为卫星的星历误差;$D$ 为基线向量长度;$dD$ 为由于卫星星历误差引起的基线误差。

广播星历误差为 100m 时,若取卫星运行高度为 20000km,则基线向量相对误差 $dD/D$ 在 $(1.3 \sim 0.1) \times 10^{-6}$ 之间。该精度可满足绝大部分测量工程需求。但随着基线距离增加,卫星星历误差引起的基线误差将不断增大。因此,对长距离、高精度的 GNSS 测量,应采用精密星历。目前采用的精密星历,其相对定位精度可达 $(1 \sim 0.4) \times 10^{-7}$,它可满足建立国家控制网、地壳运动监测及高精度的测量工程要求。

**3. 削弱星历误差的方法**

1) 建立卫星跟踪网独立测轨

建立用户自己的卫星跟踪网进行独立测轨，可向实时动态定位用户提供无人为干扰的预报星历，向静态定位用户提供高精度的后处理星历。

我国卫星测量专家在 1988 年就提出以国内已有的 VLBI/SLR 站为基础建立卫星测轨网的基本方案，并在上海、长春、西安、乌鲁木齐、昆明等地建立了卫星测轨站，定轨精度约为 3m。

2) 采用轨道改进法

这种方法的基本思想是在平差模型中将星历中给出的卫星轨道参数作为未知参数纳入平差模型，通过平差求得测站位置及轨道偏差改正数。通常采用的轨道改进法有半短弧法和短弧法等。

a. 半短弧法。它是将摄动力影响较大的轨道切向、径向及法向三个改正数作为未知参数，同测站坐标一并求解。该方法的优点是计算工作量较小，可明显削弱轨道误差的影响。经该法改正后的轨道误差在 10m 以内。

b. 短弧法。它是将 6 个轨道参数作为未知参数，在数据处理中同测站坐标及其他未知参数一并解出。该方法有效地削弱了轨道误差的影响，提高了定位精度，但其计算工作量较大。

因为轨道改进法有局限性，所以，不宜作为 GNSS 定位中的一种基本方法，而只能作为在无法获得精密星历情况下的补救措施。

c. 同步求差法。此方法是根据星历误差对距离不太远(20km 以内)的两个测站影响基本相同的特点，在两个或多个测站上同步观测同一组卫星所得的观测量求差，以减弱星历误差的影响。因为同一卫星的位置误差对不同观测站同步观测量的影响具有系统性，所以，可通过求差的方法，将两站的共同误差消除，其残余误差可由公式(5-1)来计算。

若取 $D$ = 5km，$\rho$ = 20000km，$d\rho$ = 50m，则有 1.3mm < $dD$ < 3mm。由此可见，采用同步求差法可有效减弱星历误差的影响。

## 5.2.2 卫星钟误差

因为卫星的位置是随时间而变化的，所以 GNSS 测量是以精密测时为基础的。当测定了卫星信号由卫星传播到观测站的时间，即可得到站星间的距离。由此可见，GNSS 测量精度与时钟误差有着密切的关系。时钟误差包括卫星钟误差和接收机钟差。

在 GNSS 卫星上配备的高精度原子钟(铯钟和铷钟)，其稳定度为 $10^{-13}$，即 12 小时的运行误差为 ± 4.3ns，相当于距离误差为 ± 1.3m。

卫星钟的钟差不但包括钟差、频偏、频漂等误差，而且包括钟的随机误差。在 GNSS 测量中，无论是码相位观测或载波相位观测，均要求卫星钟和接收机钟保持同步。虽然 GNSS 卫星设有高精度的原子钟，但是其钟面时与标准时之间仍存在着偏差或漂移。其量值在 1ms 以内，由此引起的等效距离误差约达 300km，显然无法满足定位精度的要求。因此，卫星钟的这种偏差可用二阶多项式的形式加以表示：

$$\Delta t_s = a_0 + a_1(t-t_0) + a_2(t-t_0)^2 \tag{5-2}$$

式中，$t_0$ 为参考历元；系数 $a_0$、$a_1$、$a_2$ 分别表示钟在 $t_0$ 时刻的钟差、钟速及钟速的变率。

这些数值是由卫星地面控制系统根据前一段时间的跟踪资料和标准时推算出来的，并通过卫星的导航电文发送给用户。

经过以上改正，各卫星钟之间的同步差可保持在 20ns 以内，由此引起的等效距离偏差不会超过 6m，经过改正后的卫星钟差残余误差，可采用在接收机间求一次差分等方法来消除。

### 5.2.3 相对论效应

在高精度的 GNSS 测量中，还应考虑相对运动所带来的时间误差。相对论效应是由于卫星钟和接收机钟所处的状态(运动速度和重力位)不同而引起两钟之间产生相对钟误差的现象。在此将其归入与卫星有关的误差不完全正确。但是因为相对论效应主要取决于卫星的运动速度和重力位，并且是以卫星钟的误差来表现的，所以我们将其归入此类误差。

根据狭义相对论，安置在高速运动卫星中的卫星钟频率 $f_s$ 将为

$$f_s = f\left[1 - \left(\frac{V_s}{C}\right)^2\right]^{1/2} \approx f\left(1 - \frac{V_s^2}{2C^2}\right)$$

即

$$\Delta f_s = f_s - f = -\frac{V_s^2}{2C^2} \cdot f \tag{5-3}$$

式中，$V_s$ 为卫星在惯性坐标系中运动的速度；$f$ 为同一台钟在惯性坐标系中的频率；$C$ 为真空中的光速。将卫星的平均运动速度 $\bar{V}_s = 3874$m/s，$C = 299792458$m/s 代入公式(5-3)，得 $\Delta f_s = -0.835 \times 10^{-10} f$。由此可见，卫星钟比静止在地球上的同类钟慢了。

于是，狭义相对论效应使卫星钟相对于接收机钟产生的频率偏差可视为 $\Delta f_1 = \Delta f_2 = -0.835 \times 10^{-10} f$。

根据广义相对论理论，若卫星所在处的重力位为 $W_s$，地面测站处的重力位为 $W_T$，则同一台钟放在卫星上和放在地面上的频率将相差 $\Delta f_2$，

$$\Delta f_2 = \frac{W_s - W_T}{C^2} f \tag{5-4}$$

广义相对论效应数值较小，在计算时可把地球的重力位看作是一个质点位，同时略去日、月引力位。计算 $\Delta f_2$ 的实用公式为

$$\Delta f_2 = \frac{\mu}{C^2} \cdot f\left(\frac{1}{R} - \frac{1}{r}\right) \tag{5-5}$$

式中，$\mu$ 为万有引力常数与地球质量的乘积，其数值为 $3.986005 \times 10^{14}$m$^3$/s$^2$；$R$ 为接收机到地心的距离，通常取 6378km；$r$ 为卫星离地心的距离，取值为 26500km，代入公式(5-5)后得 $\Delta f_2 = 5.284 \times 10^{-10} f$。由此可见，对于 GNSS 卫星而言，广义相对论效应的影响不但比狭义相对论效应的影响大得多，而且符号相反。总的相对论效应影响为

$$\Delta f = \Delta f_1 + \Delta f_2 = 4.449 \times 10^{-10} f$$

可见，相对论效应使一台钟在卫星上比在地面时频率增加 $4.449 \times 10^{-10} f$，要解决相对论效应的最简单方法就是在制造卫星钟时预先把频率降低 $4.449 \times 10^{-10} f$。因为卫星钟的标准频率为 10.23MHz，所以厂家在生产时应把频率降为 10.23MHz $\times (1 - 4.449 \times 10^{-10}) =$ 10.22999999545MHz。这样，可使这些卫星钟在进入轨道受到相对论效应的影响后，频率正好变为标准频率 10.23MHz。

在上述讨论中，假定卫星是在 $R = 26500\text{km}$ 的圆形轨道上做匀速运动。但实际上，因为卫星轨道是一椭圆，卫星运行速度也随时间发生变化，相对论效应影响并非常数，所以经上述改正后仍存在着残差，它对 GNSS 时的影响最大可达 70ns，对精密定位仍不可忽略。

## 5.3 与卫星信号传播有关的误差

卫星信号传播误差包括：信号穿越大气电离层和对流层时所产生的误差，以及信号反射后所产生的多路径效应误差。

### 5.3.1 电离层折射误差

**1. 电离层及其影响**

电离层是指地球上空距地面高度在 50~1000km 之间的大气层。由于电离层中的气体分子受到太阳及其他天体射线辐射的影响，空气将产生电离，而形成大量的自由电子和正离子。当 GNSS 信号通过电离层时，如同其他电磁波一样，信号的路径会发生弯曲，传播速度也会发生变化。这样，以信号的传播时间乘上真空中光速而得到的距离将不等于卫星至接收机间的几何距离，由此产生的偏差称为电离层折射误差。

电离层中含有较高密度的电子，属于弥散性介质，当电磁波在这种介质内传播时，其速度与频率有关。由于电离层的群折射率为

$$n_G = 1 + 40.28 N_e f^{-2} \tag{5-6}$$

所以群速为

$$v_G = \frac{C}{n_G} = C(1 - 40.28 N_e f^{-2}) \tag{5-7}$$

式中，$N_e$ 为电子密度(电子数/ $\text{m}^3$)；$f$ 为信号的频率(Hz)；$C$ 为真空中光速。

在伪距测量时，调制码是以群速 $v_G$ 在电离层中传播。若伪距测量中测得信号的传播时间为 $\Delta t$，则卫星至接收机的真正距离 $S$ 为

$$\begin{aligned} S &= \int_{\Delta t} v_G \mathrm{d}t = \int_{\Delta t} C(1 - 40.28 N_e f^{-2}) \mathrm{d}t \\ &= C \cdot \Delta t - C \frac{40.28}{f^2} \int_{S'} N_e \mathrm{d}s \\ &= \rho - C \frac{40.28}{f^2} \int_{S'} N_e \mathrm{d}s = \rho + d_{\text{ion}} \end{aligned} \tag{5-8}$$

由此可见，根据信号传播时间 $\Delta t$ 和光速 $C$ 算得的距离 $\rho = C \cdot \Delta t$ 中还应加上电离层改正项

$$d_{\text{ion}} = -C \frac{40.28}{f^2} \int_{S'} N_e \mathrm{d}s \tag{5-9}$$

才等于真正的距离 $S$。公式(5-9)的积分 $\int_{S'} N_e \mathrm{d}s$ 表示沿着信号传播路径 $S'$ 对电子密度 $N_e$ 进行积分，即得电子总量。所以电离层改正的大小主要取决于电子总量和信号频率。载波相位测量和伪距测量时的电离层折射改正数大小相同，符号相反。对于 GNSS 信号而言，这种距离改正在天顶方向最大可达 50m，在接近地平线方向时(高度角为 20°)则可达 150m，因此必须

对观测值加以改正，以保证观测量的精度。

**2. 减弱电离层影响的措施**

1) 利用双频观测量

由于电离层中的电子密度分布受到多种因素的影响，单频接收机用户无法通过电离层模型完全消除电离层传播误差。然而，对于双频接收机用户，则可利用双频观测量有效地削弱电离层传播误差。由公式(5-9)可知，电磁波通过电离层所产生的折射改正数与电磁波频率 $f$ 的平方成反比。当分别用两个频率 $f_1$ 和 $f_2$ 来发射卫星信号，它们将沿着同一路径到达接收机。虽然积分 $\int_{S'} N_e \mathrm{d}s$ 的值无法准确知道，但对这两个不同频率来讲都是相同的。若令 $A = -C \cdot 40.28 \int_{S'} N_e \mathrm{d}s$，则 $d_{\mathrm{ion}} = \dfrac{A}{f^2}$。

以 GPS 卫星采用的两个载波频率为例，其中 $f_1 = 1575.42\mathrm{MHz}$，$f_2 = 1226.60\mathrm{MHz}$，我们将调制在这两个载波上的 P 码分别称为 $P_1$ 和 $P_2$，结合公式(5-8)有

$$\begin{cases} S_1 = \rho_1 + A/f_1^2 \\ S_2 = \rho_2 + A/f_2^2 \end{cases} \tag{5-10}$$

将两式相减有
$$\Delta\rho = \rho_1 - \rho_2 = \frac{A}{f_2^2} - \frac{A}{f_1^2} = \frac{A}{f_1^2}\left(\frac{f_1^2 - f_2^2}{f_2^2}\right)$$
$$= d_{\mathrm{ion}} \cdot \left[\left(\frac{f_1}{f_2}\right)^2 - 1\right] = 0.6469 d_{\mathrm{ion}} \tag{5-11}$$

所以
$$\begin{cases} d_{\mathrm{ion1}} = 1.54573(\rho_1 - \rho_2) \\ d_{\mathrm{ion2}} = 2.54573(\rho_1 - \rho_2) \end{cases} \tag{5-12}$$

若调制在两个载波上的 P 码测距时，除电离层折射的影响不同外，其余误差影响都相同，则 $\Delta\rho$ 实际上就是用 $P_1$ 和 $P_2$ 码测得的伪距之差，即 $\Delta\rho = (\tilde{\rho}_1 - \tilde{\rho}_2)$，所以当用户采用双频接收机进行伪距测量时，就可根据电离层折射和信号频率有关的特性，从两个伪距观测值中求得电离层折射改正量

$$\begin{cases} S = \rho_1 + d_{\mathrm{ion1}} = \rho_1 + 1.54573\Delta\rho = \rho_1 + 1.54573(\tilde{\rho}_1 - \tilde{\rho}_2) \\ S = \rho_1 + d_{\mathrm{ion2}} = \rho_2 + 2.54573\Delta\rho = \rho_2 + 2.54573(\tilde{\rho}_1 - \tilde{\rho}_2) \end{cases} \tag{5-13}$$

虽然双频载波相位测量观测值 $\varphi_1$ 和 $\varphi_2$ 的电离层折射改正与上述方法相似，但和伪距测量的改正有两点不同：一是电离层折射改正的符号相反；二是要引入整周未知数 $N_0$。

2) 利用电离层改正模型

人们为了进行高精度卫星导航和定位，普遍采用双频技术，从而可有效地减弱电离层折射的影响，然而在电子含量很大，而卫星的高度角又较小时，求得的电离层延迟改正中误差还是可达几厘米。因此，为了满足更高精度 GNSS 测量的需要，Fritzk，Brunner 等提出了电离层延迟改正模型。该模型不但考虑了折射率 $n$ 中的高阶项以及地磁场的影响，而且沿着信号传播路径进行积分。从计算结果可知，无论在何种情况下改正模型的精度均优于 2mm。

对于 GNSS 单频接收机，减弱电离层影响则采用导航电文提供的电离层模型加以改正。该模型是把白天的电离层延迟看成是余弦波中正的部分，而把晚上的电离层延迟看成是

一个常数，如图 5-1 所示，其中晚间的电离层延迟量(DC)及余弦波的相位项($T_P$)均为常数。而余弦波的振幅 $A$ 和周期 $P$ 则分别用一个三阶多项式来表示，则任一时刻 $t$ 的电离层延迟

$$T_g = DC + A\cos\frac{2\pi}{P}(t-T_P) \quad (5-14)$$

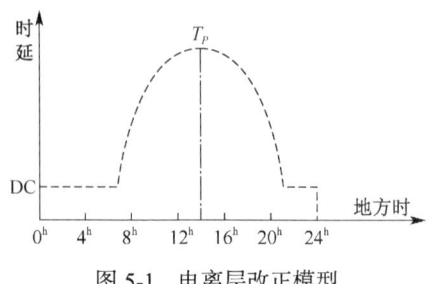

图 5-1 电离层改正模型

其中

$$DC = 5\text{ns}, T_P = 14^n (\text{地方时})$$

而

$$\begin{cases} A = \sum_{n=0}^{3} \alpha_n \varphi_m^n \\ P = \sum_{n=0}^{3} \beta_n \varphi \end{cases} \quad (5-15)$$

式中，$\alpha_n$ 和 $\beta_n$ 是主控站根据一年中的第 $n$ 天(共有 37 组反映季节变化的常数)和前 5 天太阳的平均辐射流量(共有 10 组数)，共 370 组常数中进行选择的。$\alpha_n$ 和 $\beta_n$ 被编入导航电文向用户传播。其他量

$$\begin{cases} t = \text{UT} + \frac{\lambda_P'}{15}(\text{小时}) \\ \varphi_m = \varphi_P' + 11.6\cos(\lambda_P' - 291°)(\text{度}) \end{cases} \quad (5-16)$$

式中，UT 为观测时刻的世界时；$\varphi_P'$ 和 $\lambda_P'$ 为 $P'$ 点的地心经纬度。

若令 $X = \frac{2\pi}{p}(t-t_P)$，将 $\cos X = 1 - \frac{x^2}{2} + \frac{x^4}{24}$ 代入公式(5-14)，最后可得实用公式

$$T_g = \begin{cases} DC & |X| \geq \frac{\pi}{2} \\ DC + A\left(1 - \frac{x^2}{2} + \frac{x^4}{24}\right) & |X| < \frac{\pi}{2} \end{cases} \quad (5-17)$$

利用上式求得的 $T_g$ 即是信号从天顶方向传来时的电离层延迟。当卫星的天顶距不等于零时，即卫星不在天顶方向，则电离层延迟 $T_{g'}$ 应为天顶方向的电离层 $T_g$ 的 1/cosZ，即

$$T_{g'} = (1/\cos Z) \cdot T_g = SF \cdot T_g \quad (5-18)$$

而

$$SF = 1 + 2\left(\frac{90° - E}{90°}\right)^3 \quad (5-19)$$

式中，$E$ 为卫星的高度角。

为了计算简便，上述公式在推导过程中均作了近似处理。同时，估算结果表明，上述近似不会损害结果的精度。然而，影响电离层折射的因素很多，机制极为复杂，所以无法建立严格的数学模型。从系数 $\alpha_i$ 和 $\beta_i$ 的选取方法可知，上面介绍的电离层改正模型基本上是一种经验估算公式。因为全球统一采用一组系数，所以改正模型只能大体上反映全球的平均状况，与各地的实际情况必然会有一定的差异。实测资料表明，采用上述改正模型大体上可消除 60%左右的电离层折射影响。

3) 利用同步观测值求差

若用两台接收机在基线的两端进行同步观测并取其观测值之差，则可以减弱电离层折射的影响。当两个观测站相距不太远时，卫星至两观测站电磁波传播路程上的大气状况相似，因此大气状况的系统影响便可通过同步观测量的求差而削弱。

这种方法对于短基线(小于 20km)削弱其影响的效果尤为明显，经电离层折射改正后基线长度的残差一般为 $1ppm \cdot D$。所以在 GNSS 测量中，对于短距离的相对定位，使用单频接收机也可达到相当高的精度。然而，随着基线长度的增加，其精度也随之明显降低。

4) 选择有利观测时段

因为电离层的影响与信号传播路径上的电子总数有关，所以，最佳观测时段一般为晚上，这时，大气不受太阳光的照射，大气中的离子数目减少，从而达到削弱电离层影响的目的。

### 5.3.2 对流层折射误差

**1. 对流层及其影响**

对流层是高度为 50km 以下的大气层，其大气密度比电离层更大，大气状态也更复杂。对流层直接与地面接触并从地面得到辐射热能，其温度随高度的上升而降低，当 GNSS 信号通过对流层时，也使传播的路径发生弯曲，从而使测量距离产生偏差，这种现象叫作对流层折射。由于对流层的折射对观测值的影响可分为干分量和湿分量两部分，干分量主要取决于大气的温度和压力，湿分量主要取决于信号传播路径上的大气湿度和密度。当卫星处于天顶方向时，对流层干分量对距离观测值的影响约占对流层影响的 90%，其影响量可利用地面的大气资料计算，对距离的影响值可达 20m。湿分量的影响量值较小，但无法靠地面观测站来确定传播路径上的大气参数，因而湿分量也无法精确测定，从而成为高精度基线测量的主要误差之一。

**2. 对流层折射改正模型**

对流层折射对 GNSS 信号传播的影响十分复杂，通常只能采用改正模型进行削弱，下面将介绍三个主要的改正模型。

1) 霍普菲尔德公式

$$\Delta S = \Delta S_d + \Delta S_\omega = \frac{K_d}{\sin(E^2 + 6.25)^{1/2}} + \frac{K_\omega}{\sin(E^2 + 2.25)^{1/2}} \tag{5-20}$$

其中

$$\begin{cases} K_d = 77.6 \cdot \frac{P_s}{T_s} \cdot \frac{1}{5}(h_d - h_s) \cdot 10^{-6} \\ \quad = 155.2 \cdot 10^{-7} \frac{P_s}{T_s} \cdot (h_d - h_s) \\ K_\omega = 77.6 \cdot \frac{e_s}{T_s^2} \cdot \frac{1}{5}(h_d - h_s) \cdot 10^{-6} \\ \quad = 155.2 \cdot 10^{-7} \frac{4810}{T_s^2} e_s \cdot (h_d - h_s) \\ h_d = 40136 + 148.72(T_s - 273.16) \\ h_\omega = 11000 \end{cases}$$

式中，$T_s$ 为测站的绝对温度，以摄氏度为单位；$P_s$ 为测站的气压，以毫巴为单位；$e_s$ 为测站的水气压，以毫巴为单位；$h_s$ 为测站的高程，以米为单位；$h_d$ 为对流层外边缘的高度，以米为单位；$E$ 为卫星的高度角，以度为单位；$\Delta S$ 为对流层折射改正值，以米为单位。

2) 萨斯塔莫宁公式

$$\Delta S = \frac{0.002277}{\sin E'} \left[ P_s + \left( \frac{1225}{T_s} + 0.05 \right) e_s - \frac{a}{\tan^2 E'} \right] \tag{5-21}$$

式中，$E' = E + \Delta E$。

$$\Delta E = \frac{16.00''}{T_s} \left( P_s + \frac{4810 e_s}{T_s} \right) \tan E$$

$$a = 1.16 - 0.15 \times 10^{-3} h_s + 0.716 \times 10^{-8} h_s^2$$

3) 勃兰克公式

$$\Delta S = K_d \left[ \sqrt{1 - \left[ \frac{\cos E}{1 + (1-l_0)h_d/r_s} \right]^2} - b(E) \right]$$
$$+ K_\omega \left[ \sqrt{1 - \left[ \frac{\cos E}{1 + (1-l_0)h_\omega/r_s} \right]^2} - b(E) \right] \tag{5-22}$$

式中，$E$ 为卫星高度角；$r_s$ 为测站的地心半径，参数 $l_0$ 和路径弯曲改正 $b(E)$ 用下式确定

$$\begin{cases} l_0 = 0.833 + [0.076 + 0.00015(T-273)]^{-0.3E} \\ b(E) = 1.92(E^2 + 0.6)^{-1} \end{cases} \tag{5-23}$$

公式(5-22)中的 $h_d$、$h_\omega$、$K_d$、$K_\omega$ 含义均与前相同，可按下列公式计算

$$\begin{cases} h_d = 148.98(T_s - 3.96) \quad (\text{m}) \\ h_\omega = 13000 \quad (\text{m}) \\ K_d = 0.002312(T_s - 3.96)\dfrac{P_s}{T_s} \quad (\text{m}) \\ K_\omega = 0.20 \quad (\text{m}) \end{cases} \tag{5-24}$$

若用同一套气象数据，采用上述三种改正模型求得天顶方向对流层延迟量的相互较差，一般仅为几个毫米，约为对流层延迟量的 0.1%～0.5%。但由于受地面气象元素测定误差的影响，对流层延迟改正的实际误差有时会比上述模型误差大一个数量级。因而在测站选择和气象元素测量中应特别注意。

**3. 减弱对流层折射改正残差影响的主要措施**

(1) 在测站直接测定其气象参数，并采用上述对流层模型加以改正。

(2) 引入描述对流层影响的附加待估参数，在数据处理中一并求得。

(3) 利用同步观测量求差。在两个测站相距不太远时(< 20km)，信号通过对流层的路径相似，若用同一卫星的同步观测量求差，则可以明显地减弱对流层折射的影响。因此，这一方法在精密定位中被广泛应用。然而，随着同步观测站之间的距离增大，求差法的效果也将随之降低。当距离>100km 时，对流层折射的影响将极大地制约 GNSS 定位精度。

### 5.3.3 多路径效应

**1. 多路径产生的原因**

所谓多路径效应是指接收机天线除能直接接收卫星的信号之外，还可能接收到天线周围物体或地面反射的卫星信号。两种信号的叠加将引起天线相位中心位置的迁移，从而使观测量产生误差。而这种误差随天线周围反射面的性质而异，无法控制。实验结果表明，在一般环境下，多路径效应对测码伪距影响可达米级。若处于高反射环境中，不仅其影响量值显著增大，而且还会导致接收的卫星信号丢失，使载波相位观测量产生周跳。多路径效应对伪距测量的影响要比对载波相位观测量影响大得多，实验证明多路径效应对 P 码测量的最大影响可达 10m 以上。因此，多路径效应是 GNSS 测量中重要的误差来源之一。

**2. 削弱多路径效应的措施**

多路径效应的影响一般分为常数部分和周期性部分，常数部分在同一地点将会日复一日的重复出现。下面介绍几种减弱多路径效应影响的主要措施。

1) 选择合适的站址

多路径效应不仅与卫星信号方向及反射系数有关，而且与反射物离测站距离有关，尚无法建立改正模型，可采用以下措施来削弱：

(1) 测站应远离大面积平静的水面。灌木丛、草地和其他地面植被均能较好地吸收微波信号的能量，是理想的设站地址。翻耕后的土地和其他粗糙不平的地面反射能力也较差，亦可选站。

(2) 测站不宜选择在山坡、山谷和盆地中。以避免反射信号从天线抑径板的上方进入天线，产生多路径误差。

(3) 测站应远离高层建筑物。观测时，不要在天线附近使用对讲机、手机等，汽车的停放也不要离测站过近。

2) 对接收机天线的要求

(1) 在天线中设置抑径板。为了减弱多路径误差，接收机天线下应配置抑径板。如图 5-2 所示，抑径板的半径 $r$、高度角 $Z_{限}$ 和抑径板高度 $h$ 之间的关系为

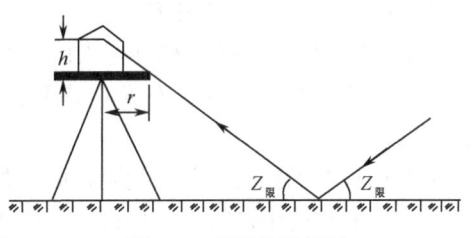

图 5-2 天线的抑径板

$$r = h / \tan Z_{限}$$

若要求接收机天线相位中心至抑径板的高度 $h$=70mm，截止高度角 $Z_{角}$=15°，则抑径板的半径 $r$ 必须大于 70mm/tan15°=261mm。

(2) 选择造型适宜，屏蔽良好的天线，如扼流圈天线。因为多路径误差与观测时间有关，所以在静态定位中，长时间的观测可削弱多路径误差的影响。

## 5.4 与接收机有关的误差

与接收机有关的误差主要包括观测误差、接收机钟误差、天线相位中心位置误差及载波相位观测的整周不稳定性影响。

### 5.4.1 观测误差

这类误差主要包括观测信号分辨误差、接收机天线的安置误差。

**1. 信号分辨误差**

一般认为信号的分辨误差约为信号波长的 1%。由此可得 P 码、C/A 码信号与载波信号的观测误差如表 5-2 所示。

表 5-2　码相位与载波相位分辨误差

| 信号 | 波长 | 观测误差 |
| --- | --- | --- |
| P 码 | 29.3m | 0.3m |
| C/A 码 | 293m | 2.9m |
| 载波 $L_1$ | 19.05cm | 2.0mm |
| 载波 $L_2$ | 24.45cm | 2.5mm |

因为观测误差为偶然误差，所以适当增加观测时间，将会明显地减弱其影响。

**2. 天线安置误差**

接收机天线相位中心相对测站(标石)中心位置的误差，叫作天线安置误差。这里包括天线的置平、对中误差及量取天线高误差。当天线高度为 1.6m，若置平误差为 0.1°时，则会产生 3mm 对中误差。因此，在精密定位时，必须仔细操作，以尽量减少这种误差的影响。在变形监测中，亦可采用有强制对中减弱其影响。

### 5.4.2　接收机钟误差

GNSS 接收机采用高精度的石英钟，其稳定度约为 $10^{-9}$。若接收机钟与卫星钟间的同步差为 1μs，则由此引起的等效距离误差约为 300m。

接收机钟差的减弱方法有：

(1) 将观测时刻的接收机钟差当作一个独立未知数，在数据处理中与其他参数一并求解。

(2) 可将观测时刻的接收机钟差表示为时间多项式，并在观测量的平差计算中求解多项式的系数。

(3) 通过在卫星间求差来消除接收机的钟差。

(4) 在高精度定位时，也可采用外接原子钟，以提高接收机时间标准的精度。

### 5.4.3　载波相位观测的整周未知数

载波相位观测法是当前所采用的最精密的观测方法，它可精确的测定卫星至观测站的距离(表 5-2)。然而，接收机只能测定载波相位非整周的小数部分以及从某一起始历元至观测历元间载波相位变化的整周数，而无法直接测定载波相位在起始历元上的整周数。因而，在测相伪距观测中必然存在着整周未知数的影响，从而影响载波相位观测法的应用。

此外，载波相位观测除了存在整周未知数外，还可能在观测过程中产生整周跳动。当接收机对卫星信号进行跟踪时，载波信号的整周数可由接收机自动计数；但当卫星信号被阻挡或受到干扰时，接收机的跟踪可能中断(失锁)；而当卫星信号被重新锁定后，虽然被测载波相位的小数部分是连续的，但此时的整周数不再是连续的，即称为整周跳动或周跳。周跳现象在载波相位测量中经常出现，它对距离观测的影响类似于整周未知数，在精密定位中是一个非常重要的问题。关于如何处理整周未知数和周跳的问题，将在第 7 章中介绍。

### 5.4.4　天线相位中心位置偏差

GNSS 观测值是以接收机天线的相位中心位置为准的，因此天线的相位中心与其几何中心应保持一致。但实际上天线的相位中心随着信号输入的强度和方向的不同而有所变化，这必然导致观测时相位中心的瞬时位置与理论上的相位中心不同，这种差别称为天线相位中心的位置偏差。这种偏差的影响可达数毫米至数厘米。而如何减少天线相位中心的偏移是天线相位设计中的一个重要问题。

在实际测量中，如果使用同一类型的天线，在两个或多个观测站上同步观测了同一组卫星，便可通过观测值的求差方法来削弱相位中心偏移的影响。不过此时各观测站的天线应按天线附有的方位标进行定向安置，使之指向磁北极，并要求定向偏差应保持在3°以内。

## 5.5 其他误差来源

### 5.5.1 地球自转的影响

在协议地球坐标系中，若卫星瞬时位置是根据信号传播的瞬时计算的，则应考虑地球自转的影响。

当卫星信号传播到观测站时，与地球相固联的协议地球坐标系相对卫星的上述瞬时位置已产生了旋转(绕 $Z$ 轴)。若设 $\omega$ 为地球的自转速度，则旋转的角度为

$$\Delta\alpha = \omega\Delta\tau_i^j \tag{5-25}$$

式中，$\Delta\tau_i^j$ 为卫星信号传播到观测站所需的时间。由此引起坐标系中的坐标 $(\Delta X, \Delta Y, \Delta Z)$ 变化为

$$\begin{bmatrix} \Delta X \\ \Delta Y \\ \Delta Z \end{bmatrix} = \begin{bmatrix} 0 & \sin\Delta\alpha & 0 \\ -\sin\Delta\alpha & 0 & 0 \\ 0 & 0 & 0 \end{bmatrix} \begin{bmatrix} X^j \\ Y^j \\ Z^j \end{bmatrix} \tag{5-26}$$

式中，$(X^j, Y^j, Z^j)$ 为卫星的瞬时坐标。

由于旋转角 $\Delta\alpha < 1.5''$，当取至一次微小项时，上式可简化为

$$\begin{bmatrix} \Delta X \\ \Delta Y \\ \Delta Z \end{bmatrix} = \begin{bmatrix} 0 & \Delta\alpha & 0 \\ -\Delta\alpha & 0 & 0 \\ 0 & 0 & 0 \end{bmatrix} \begin{bmatrix} X^j \\ Y^j \\ Z^j \end{bmatrix} \tag{5-27}$$

### 5.5.2 地球潮汐改正

由于地球并非是一个刚体，在太阳和月球的万有引力作用下，固体地球将产生周期性的弹性形变，这种现象称为固体潮。此外在日月引力的作用下，地球上的负荷也将发生周期性的变动，使地球产生周期性的形变，这种现象称为负荷潮，而由固体潮和负荷潮引起的测站位移可达80cm，必将使不同时间的测量结果不一致，所以在高精度相对定位中应考虑其影响。

由固体潮和负荷潮引起的测站点的位移值可表达为

$$\begin{cases} \delta_r = h_2\dfrac{U_2}{g} + h_3\dfrac{U_3}{g} + 4\pi GR\sum_{i=1}^{n}\dfrac{h_i'\sigma_i}{(2i+1)g} \\ \delta_\varphi = \dfrac{l_2}{g}\dfrac{\partial U_2}{\partial \varphi} + l_3\dfrac{\partial U_3}{\partial \varphi_3} + \dfrac{4\pi GR}{g}\sum_{i=1}^{n}\dfrac{l_i'}{2i+1}\dfrac{\partial \sigma_i}{\partial \varphi} \\ \delta_\lambda = \dfrac{l_2}{g}\dfrac{\partial U_2}{\partial \lambda} + l_3\dfrac{\partial U_3}{\partial \varphi} + \dfrac{4\pi GR}{g}\sum_{i=1}^{n}\dfrac{l_i'}{2i+1}\dfrac{\partial \sigma_i}{\partial \lambda} \end{cases} \tag{5-28}$$

式中，$U_2$、$U_3$ 为日、月的二阶、三阶引力潮位；$\sigma_i$ 为海洋单层密度；$h_i$、$l_i$ 为第一、第二勒夫数；$h_i'$、$l_i'$ 为第一、第二负荷勒夫数；$g$ 为万有引力常数；$R$ 为平均地球半径。

在已知测站的形变量 $\delta = [\delta_\lambda, \delta_\varphi, \delta_r]$ 后，可将其投影到测站至卫星的方向距离上，从而求出单点定位时观测值中应改正的由于地球潮汐所引起的改正数 $v$ (图 5-3)：

$$v = \frac{\delta_\lambda \cdot x + \delta_\varphi \cdot y + \delta_r \cdot z}{(x^2 + y^2 + z^2)^{1/2}} \tag{5-29}$$

式中，$x$、$y$、$z$ 为测站在地球质心坐标系中的近似坐标。

进行相对定位时，两个测站均应采用上述方法分别对观测值进行改正。

在此还应指出，GNSS 测量除上述各种误差外，卫星钟和接收机钟振荡器的随机误差、大气折射模型和卫星轨道摄动模型的误差等，也将对 GNSS 的观测量产生影响。随着对定位精度要求的不断提高，研究这些误差的来源并确定其影响规律及减弱措施具有重要意义。

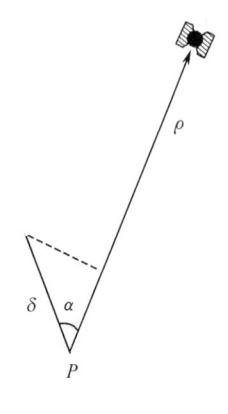

图 5-3 单点定位时的地球潮汐改正

## 习 题

1. 试述 GNSS 测量定位中误差的种类，并说明产生的原因。

2. 什么是星历误差？它是怎样产生的？如何削弱或消除其对 GNSS 测量定位所带来的影响？

3. 电离层误差、对流层误差是怎样产生的？你认为采用何种方法对削弱 GNSS 测量定位所带来的影响最为有效。为什么？

4. 在 GNSS 测量定位中，多路径效应是怎样产生的？如何削弱多路径效应对 GNSS 测量定位所带来的影响？

5. 与接收机有关的误差包括哪几种？怎样削弱其影响？

# 第6章 GNSS 测量技术设计与外业施测

GNSS 测量亦同常规测量相类似，在实际工作中可分为技术设计、外业施测和内业数据处理三个阶段。其中内业数据处理将在第 7 章中详细介绍，本章主要介绍 GNSS 测量的技术设计及外业施测等工作。

## 6.1 GNSS 测量的技术设计

GNSS 测量的技术设计是进行 GNSS 测量定位的基础性工作，它是根据国家现行的规范或行业规程，针对 GNSS 控制网的用途及用户要求，提出对 GNSS 测量的网形、精度及基准等的具体设计。

### 6.1.1 GNSS 控制网技术设计的依据

GNSS 控制网的技术设计主要是依据现行的测量规范(规程)及测量任务书。

**1. 测量规范(规程)**

测量规范(规程)是国家质量技术监督局或行业部门所制定的技术标准，目前 GNSS 控制网设计依据的规范(规程)有：

(1) 2009 年国家质量技术监督局发布的国家标准《全球定位系统(GPS)测量规范》，以下简称国标(GB)。

(2) 2018 年中华人民共和国能源行业标准《水电工程全球导航卫星系统(GNSS)测量规程》。

(3) 1998 年建设部发布的行业标准《全球定位系统城市测量技术规程》，以下简称《规程》。

(4) 各部委或地区根据本部门工作的实际情况制定的其他 GNSS 测量规程或细则。

**2. 测量任务书**

测量任务书或测量合同书是测量单位上级主管部门或合同甲方下达的技术要求文件。该文件是指令性的，它不但规定了测量任务的范围、目的、精度和密度要求，而且也规定了提交成果资料的项目和时间、完成任务的经济指标等。

在 GNSS 方案设计时，首先依据测量任务书提出的控制网的精度、点位密度和经济指标，然后结合国家标准或其他行业规程现场具体确定点位及点间的连接方式、各点设站观测的次数、时段长短等布网施测方案。

### 6.1.2 GNSS 控制网的精度、密度设计

**1. GNSS 测量精度标准及分级**

在国标中将 GNSS 测量按其精度划分为 AA、A、B、C、D、E 6 个精度级别。

1) 各级控制测量的用途

AA 级主要用于全球性的地球动力学研究、地壳形变测量和精密定轨；A 级主要用于区域性的地球动力学研究和地壳形变测量。AA、A 级也是建立地心参考框架的基础。

B级主要用于局部变形监测和各种精密工程测量，同时AA、A、B级也是建立国家空间大地测量控制网的基础。

C级主要用于大、中城市及工程测量的基本控制网。

D、E级主要用于中、小城市、城镇及测图、地籍、土地信息、房产、物探、勘测、建筑施工等控制测量。

2) 各级控制网相邻点间基线长度精度

相邻点间基线长度精度可用公式(6-1)表示，并按表6-1规定执行。

表6-1 精度分级

| 级别 | 固定误差/mm | 比例误差系数 | 级别 | 固定误差/mm | 比例误差系数 |
|---|---|---|---|---|---|
| AA | ≤3 | ≤0.01 | C | ≤10 | ≤5 |
| A | ≤5 | ≤0.1 | D | ≤10 | ≤10 |
| B | ≤8 | ≤1 | E | ≤10 | ≤20 |

$$\delta = \sqrt{a^2 + (b \cdot d \cdot 10^{-6})^2} \tag{6-1}$$

式中，$\delta$为基线向量的弦长中误差(mm)，即等效距离误差；$a$为接收机标称精度中的固定误差(mm)；$b$为接收机标称精度中的比例误差系数；$d$为控制网中相邻点间的距离(mm)。

3) 网点布设

在实际工作中，精度标准的确定要根据用户的实际需要及人力、物力、财力情况合理设计，也可参照行业规程和作业经验适当掌握。在具体布设中，既可以分级布设，也可以越级布设，或布设同级全面网。

**2. GNSS点位的密度标准**

根据国家标准，各级GNSS网相邻点间平均距离应符合表6-2中所列数据要求。相邻点最小距离可为平均距离的1/3～1/2；最大距离可为平均距离的2～3倍。也可结合各种不同任务和服务对象，对点分布做出具体的规定。

表6-2 GNSS网中相邻点之间的平均距离

| 级别<br>项目 | AA | A | B | C | D | E |
|---|---|---|---|---|---|---|
| 平均距离/km | 1000 | 300 | 70 | 10～15 | 5～10 | 0.2～5 |

## 6.1.3 GNSS控制网的基准设计

因为GNSS测量获得的基线向量属于地球质心坐标系的三维坐标，而实际需要的是国家坐标系或地方独立坐标系的坐标。所以，在控制网的技术设计中，必须明确成果所采用的坐标系统和起算数据，即明确GNSS网所采用的基准。我们将这项工作称为GNSS网的基准设计。

GNSS网的基准包括位置基准、方位基准和尺度基准。方位基准一般由网中给定的起算方位角值确定，也可用GNSS基线向量的方位作为方位基准。尺度基准一般由电磁波测距边确定，也可由两个以上给定的起算点坐标确定，同时也可由GNSS基线向量的距离确定。位置基准一般由给定的起算点坐标确定。因此，GNSS网的基准设计工作，主要是指确定网的位置基准。

在基准设计中应注意四个问题：

(1) 为求定 GNSS 点在地面坐标系中的坐标，应在地面坐标系中选定起算数据和联测原有地方控制点用以坐标转换。在选择联测点时既要考虑充分利用已有资料，又要使新建的高精度 GNSS 网不受旧资料精度较低的限制。因此，大中城市的 GNSS 控制网至少应与附近的国家控制点联测 3 个以上。而小城市或工程控制可以联测 2～3 个点。

(2) 为确保 GNSS 网进行约束平差后坐标精度的均匀性以及减少尺度比误差影响，对网内重合的高等级国家点或原城市等级控制网点，应对它们构成图形观测。

(3) GNSS 网经平差计算后，即可以得到 GNSS 点在地面参照坐标系中的大地高，但要获得 GNSS 点的正常高程，可根据具体情况联测高程控制点，联测的高程控制点必须均匀分布于网中。具体高程控制点联测宜采用不低于四等水准或与其精度相当的方法进行。GNSS 点高程在经过误差分析处理后可供测图或其他方面使用。关于 GNSS 高程问题将在第 7 章中讨论。

(4) 新建 GNSS 网的坐标系应尽量与测区已有的坐标系统一致，如果采用的是地方独立或工程坐标系，一般还应了解以下参数：①所采用的参考椭球；②坐标系所采用的中央子午线经度；③纵横坐标的加常数；④坐标系所采用的投影面高程及测区平均高程异常值；⑤起算点的坐标值等。

### 6.1.4 GNSS 控制网图形构成的基本概念和网的特征条件

在进行 GNSS 网图形设计时，必须了解 GNSS 网构成的有关概念，并掌握网的特征条件计算方法。

**1. GNSS 网图形构成的几个基本概念**

(1) 观测时段：即测站上连续接收卫星信号的观测时间段，简称时段。

(2) 同步观测：两台或两台以上接收机同时对同一组卫星进行的观测。

(3) 同步观测环：三台或三台以上接收机同步观测所获得的基线向量构成的闭合环，简称同步环。

(4) 独立观测环：由独立观测所获得的基线向量构成的闭合环，简称独立环。

(5) 异步观测环：在构成多边形环路的基线向量中，只要存在非同步观测基线向量，则该多边形环路称为异步观测环，简称异步环。

(6) 独立基线：在 $N$ 台接收机构成的同步观测环中，有 $J$ 条同步观测基线，其中独立基线数为 $N-1$。

(7) 非独立基线：除独立基线外的其他基线称为非独立基线，其在数量上等于总基线数与独立基线数之差。

**2. GNSS 网特征条件的计算**

根据 Sany 提出的观测时段数计算公式为

$$C = n \cdot m / N \tag{6-2}$$

式中，$C$ 为观测时段数；$n$ 为网点数；$m$ 为每点设站次数；$N$ 为接收机数。故在 GNSS 网中总基线数为

$$J_{总} = C \cdot N \cdot (N-1)/2 \tag{6-3}$$

必要观测基线数为

$$J_{必} = n - 1 \tag{6-4}$$

独立基线数为

$$J_{独} = C \cdot (N-1) \tag{6-5}$$

多余观测基线数为
$$J_{多} = C \cdot (N-1) - (n-1) \tag{6-6}$$
依据以上公式,即可确定出 GNSS 网图形结构的主要特征条件。

**3. GNSS 网同步图形构成及独立边选择**

根据公式(6-3),对于 N 台接收机同步观测一个时段包含的基线(GNSS 边)数为
$$J = N(N-1)/2 \tag{6-7}$$
其中仅有 $N-1$ 条独立边,其余均为非独立边。图 6-1 为接收机数 $N = 2 \sim 5$ 时所构成的同步图形。

对应于图 6-1 的 GNSS 独立边可以有不同的选择(图 6-2)。

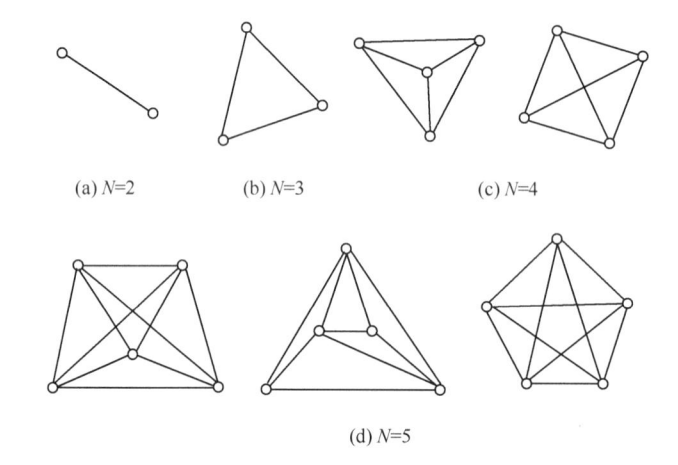

(a) N=2  (b) N=3  (c) N=4

(d) N=5

图 6-1  N 台接收机构成的同步图形

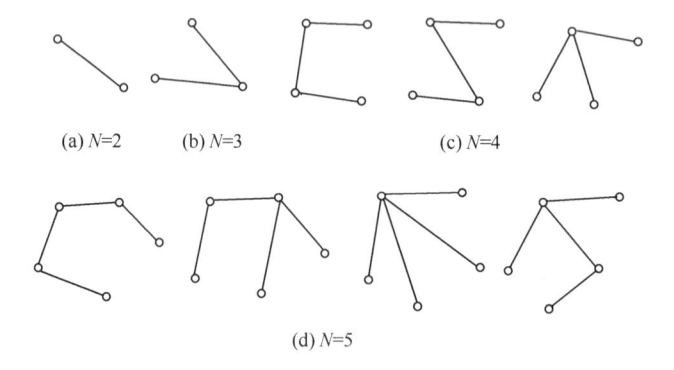

(a) N=2  (b) N=3  (c) N=4

(d) N=5

图 6-2  独立边的选择

当同步观测的接收机数 $N \geq 3$ 时,同步闭合环的最少个数应为
$$T = J - (N-1) = (N-1)(N-2)/2$$

因此,可给出接收机数 $N$、边数 $J$ 和同步闭合环数 $T$ 的对应关系(表 6-3)。理论上,同步闭合环中各边的坐标差之和(即闭合差)应为 0,但由于接收机间难于严格同步,加之各种观测误差以及数据处理中的模型误差等因素的综合影响,从而导致同步闭合环的闭合差并不等于零。有的规范规定了同步闭合差的限差,对于同步较好的情况,应遵守此限差的要求;对于同步不是很好的情况,应适当放宽此项限差。

表 6-3　接收机数同边数，同步闭合环数关系

| N | 2 | 3 | 4 | 5 | 6 |
|---|---|---|---|---|---|
| J | 1 | 3 | 6 | 10 | 15 |
| T | 0 | 1 | 3 | 6 | 10 |

应该指出，当同步闭合环的闭合差较小时，通常只表明基线向量的计算合格，并不能说明其观测精度高，也不能发现接收的信号受到干扰而产生的某些粗差。

因此，为了确保观测成果的可靠性，有效地发现观测成果中的粗差，必须使 GNSS 网中的独立边构成一定的几何图形，该图形可以是由数条独立边构成的非同步多边形(非同步闭合环)，如三边形、四边形、五边形等。当 GNSS 网中有若干个已知点时，则可由两个已知点之间的数条独立边构成附合路线。若某条基线观测多个时段时，即形成重复基线坐标闭合差条件。异步图形闭合条件及全部基线坐标条件，是衡量精度、检验粗差和系统差的重要指标。GNSS 网的图形设计，也就是根据对所布设的 GNSS 网的精度和密度的要求，设计出由独立 GNSS 边构成的多边形网。

异步环，一般应按所设计的网图选定，必要时也可根据具体情况适当调整。当接收机多于 3 台时，也可按软件功能自动挑选独立基线构成闭合环。

## 6.2　GNSS 控制网的图形设计及设计原则

### 6.2.1　GNSS 网的图形设计

因为 GNSS 控制网是由同步图形作为基本图形扩展得到的，所以，采用的连接方式不同，网形结构的形状也不同。GNSS 控制网的布设就是如何将各同步图形合理地衔接成一个整体，使其达到精度高、可靠性强、效率高的目的。

根据用途可将 GNSS 网的布设形式分为：星形连接、附合导线连接、三角锁连接、点连式、边连式、网连式及边点混合连接等。网形的选择，取决于工程的形式和所要求的精度、外业观测条件及接收机数量等因素。

**1. 星形网**

星形网的几何图形简单，其直接观测边之间不构成任何图形，如图 6-3 所示。作业中只需要两台接收机，是一种快速定位作业方式，常用于快速静态定位和准动态定位。然而，因为基线间不构成任何同步闭合图形，其抗粗差能力极差。所以，星形网广泛地应用于精度要求较低的工程测量、地质调查、边界测量、地籍测量和地形测图等领域。在实际布网设计时还要注意以下几点：

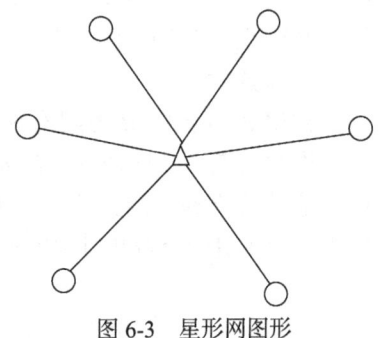

图 6-3　星形网图形

(1) 尽管 GNSS 网点间不要求通视，但考虑到利用常规测量加密时的需要，每点应有一个以上通视方向。

(2) 为了顾及原有城市测绘成果及各种大比例尺地形图的沿用，应采用原有城市坐标系统。凡符合 GNSS 网点要求的旧点，应充分加以利用。

(3) GNSS 网必须构成若干非同步闭合环或附合路线。各级 GNSS 网中每个最简单独立闭合环或附合路线中的边数应符合表 6-4 中的规定。

表 6-4  最简单独立闭合环或附合路线边数规定

| 级别 | A | B | C | D | E |
| --- | --- | --- | --- | --- | --- |
| 闭合环或附合路线的边数 | ≤5 | ≤6 | ≤6 | ≤8 | ≤10 |

**2. 点连式**

若相邻同步图形之间仅由一个公共点连接，则称为点连式。这种布网方式所构成的图形其几何强度很弱，没有或极少有非同步图形闭合条件，一般在作业中同其他连接方式混合使用。

在图 6-4 中有 15 个定位点，无多余观测(无异步检核条件)，最少观测时段 7 个(同步环)，最少观测基线为 $n-1=14$ 条($n$ 为点数)。

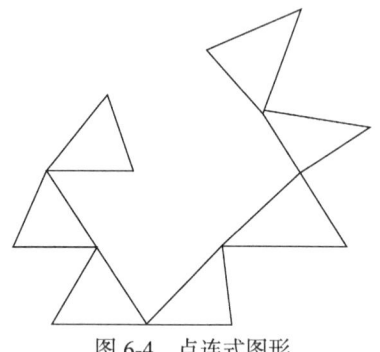

图 6-4  点连式图形

显然这种点连式网的几何强度很差，所构成的网形抗粗差能力也不强。若在这种网的布设中，在同步图形的基础上，再加测几个时段，以增加网的异步图形闭合条件个数和几何强度，就可以改善网的可靠性指标。

**3. 边连式图形**

若同步图形之间由一条公共基线连接时，称为边连式。这种布网方案的几何强度较高，有较多个的复测边和非同步图形闭合条件。在相同的仪器台数条件下，观测时段数将比点连式大大增加。

图 6-5 中有 13 个待定点，12 个观测时段，9 条重复边，3 个异步环。最少观测同步图形为 11，总基线为 33 条，独立基线数 22 条，多余基线数 10 条。比较图 6-5 与图 6-4，显然边连式有较多的非同步图形闭合条件，其几何强度和可靠性均优于点连式。

**4. 网连式**

若相邻同步图形之间有两个以上的公共点相连接时，称为网连式。这种方法需要 4 台以上的接收机。显然，这种密集的布网方法，它的几何强度和可靠性指标相当高，花费的经费和时间也较多，一般适应精度较高的控制测量。

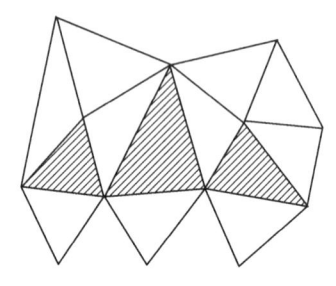

图 6-5  边连式图

**5. 边点混合连接式**

边点混合连接式是指把点连式与边连式有机地结合起来，组成 GNSS 网以保证其几何强度，提高可靠性指标，这样既可减少外业工作量，又可降低成本，是一种较为理想的布网方法。

图 6-6 是在点接式(图 6-4)的基础上加测了四个时段，把边连式与点连式结合起来，从而使网的几何强度得到很好的改善。图 6-6 所示三台接收机的观测方案共有 10 个同步三角形，2 个异步环，6 条复测基线边，总基线数为 29 条，独立基线数为 20 条，多余基线数为

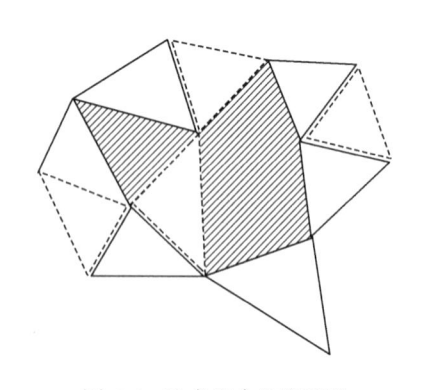

图 6-6  边点混合连接图形

8条，必要基线数为12条。显然该图形呈封闭状，不但使可靠性指标提高，而且也减少了外业工作量。

**6. 三角锁(或多边形)连接**

三角锁连接是指用点连式及边连式组成连续的三角锁同步图形，该形式适用于狭长地区的 GNSS 布网，如铁路、公路及管线工程勘测等(图 6-7)。

**7. 导线网形连接(环形网)**

若将同步图形布设为直伸状，形如导线结构形式的 GNSS 网，则称为导线网连接。各独立边形成非同步图形，用以检核 GNSS 点的可靠性，适用于精度较高的 GNSS 布网。该布网方法也可与点连式结合起来使用(图 6-8)。

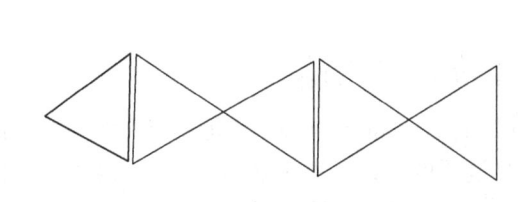

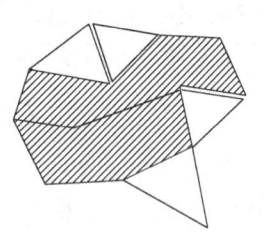

图 6-7　三角锁连接图　　　　图 6-8　导线网形连接图

## 6.2.2　GNSS 网的图形设计原则

根据测区的具体情况，在技术设计书中应设计出一个比较实用的网形，使其既可以满足一定的精度、可靠性要求，又有较高的经济指标。因此，GNSS 网形设计应遵循以下原则：

(1) 在 GNSS 网中不应存在自由基线。自由基线不构成闭合图形，不具备发现粗差的能力，因此必须避免出现。

(2) GNSS网应按"每个观测站至少应独立设站观测两次"的原则进行布网。计算不同时段观测结果的互差，其差值应小于相应级别精度的$\sqrt{2}$倍。

(3) GNSS网中，某一闭合条件中基线类型不宜过多，以免各边的粗差在求闭合差时相互抵消，而不利于发现粗差。因此，网中各点最好有三条以上基线分支，以确保检核条件，提高网的可靠性。

(4) 为了实现 GNSS 网同原有地面网之间的坐标转换，网中至少应与地面网有 2 个以上重合点。实践表明，为了使GNSS 成果能较好地转换到地面网中，一般应有 3~5 个精度高且分布均匀的地面点与 GNSS 网点重合。同时也应有相当数量的地面水准点与其网点重合，以便提供大地水准面的研究资料，从而实现 GNSS 大地高程向正常高程的转换。

(5) 为了便于施测，减少多路径影响，GNSS 点应选在交通便利、视野开阔的地方。同时应使点与点之间通视，以便能使用经典方法进行扩展。

## 6.3　GNSS 控制网的优化设计

控制网的优化设计是实施 GNSS 测量的基础性工作，它是在网的精确性、可靠性和经济性等方面，寻求控制网设计的最佳方案。根据 GNSS 测量特点可知，GNSS 网至少需要以一个点的坐标为定位基准，而此点的精度高低直接影响到网中各基线向量的精度和网的最终精度。同时，因为 GNSS 控制网的尺度含有系统误差以及同地面网的尺度匹配问题，所以有必要提供精度较高的外部尺度基准。

GNSS 控制网的精度与其几何图形结构无关，且与观测权相关甚小，而其精度主要取决于网中各点发出基线的数目及基线的权阵。因此，提出了 GNSS 网形结构强度优化设计的概念，讨论增加的基线数目、时段数、点数对 GNSS 网的精度、可靠性、经济效益的影响。同时，经典控制网中的优化设计，即网的加密和改进问题，对于 GNSS 网来说，也意味着网中增加一些点和观测基线，故仍可将其归结为对图形结构强度的优化设计。因此，GNSS 网的优化设计主要归结为两大内容的设计：

(1) GNSS 网基准化的优化设计。

(2) GNSS 网图形结构强度的优化设计，其中包括：网的精度设计，网的抗粗差能力的设计，网发现系统差能力的强度设计。

## 6.3.1 GNSS 控制网基准的优化设计

经典控制网的基准优化设计是选择一个外部配置，使得方差 $Q_{xx}$ 满足一定的要求，而 GNSS 网的基准优化设计主要是对坐标未知参数 $X$ 进行的设计。基准选取的不同将会对网的精度产生直接影响，其中包括 GNSS 网基线向量解中的位置基准的选择，以及 GNSS 网转换到地方坐标系所需的基准设计。另外，GNSS 尺度往往存在系统误差，因此还应提出对 GNSS 网尺度基准的优化设计。

**1. 位置基准设计**

在基线向量解算中作为位置基准的固定点误差是引起基线误差的一个重要因素。使用测量时获得的单点定位值作为起算坐标，其误差可达十米左右，若选用不同点的单点定位坐标值作为固定点时，引起的基线向量差可达数厘米。因此，必须对网的位置基准进行优化设计，其具体的优化设计方案如下：

(1) 若网中有较准确的国家坐标系下或地方坐标系下的已知点时，则可以通过它们所属坐标系与 GNSS 坐标系的转换参数求得该点的 GNSS 坐标系下的坐标，并把它作为 GNSS 网的固定位置基准。

(2) 若网中有已知的 Doppler 点或 SLR 点时，因为其定位精度较伪距单点定位高得多，所以可将其联至 GNSS 网中作为一点或多点基准。

(3) 若网中无任何其他已知起算数据，则可将网中一点的多次 GNSS 观测的伪距坐标作为网的位置基准。

**2. 尺度基准设计**

虽然 GNSS 观测量本身含有尺度信息，但因为 GNSS 网的尺度含有系统误差，所以，还应提供外部尺度基准。

GNSS 网的尺度系统误差有两个特点：一是随时间变化，由于广播星历误差较大，从而对基线带来较大的尺度误差；另一个是随区域变化，由区域重力场模型不准确引起的重力摄动造成。因此，如何有效地降低或消除这种尺度误差，提供可靠的尺度基准就是控制网的尺度基准优化设计。其优化设计有以下几种方案：

(1) 提供外部尺度基准。对于边长小于 50km 的 GNSS 网，可用较高精度的测距仪($10^{-6}$ 或更高)测量 2～3 条基线边，作为整网的尺度基准。对于大型长基线网，可采用 SLR 站的相对定位观测值和 VLBI 基线作为 GNSS 网的尺度基准。

(2) 提供内部尺度基准。在无法提供外部尺度基准的情况下,仍可采用 GNSS 观测值作为控制网的尺度基准,只是对作为尺度基准观测量提出一些具体要求。其尺度基准设计如下(图 6-9):在网中选一条长基线,并对该基线尽可能进行长时间、多次观测,最后取多次观测所得基线的平均值,将其作为网的尺度基准。因为它是不同时期的平均值,可以有效抵消尺度误差。所以,它的精度要比网中其他短基线高得多,从而可以作为尺度基准。

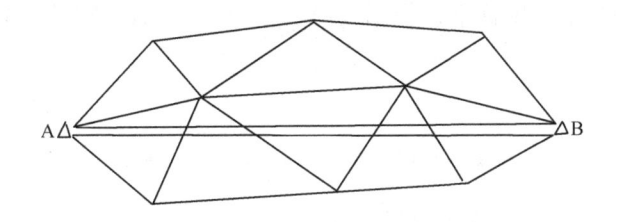

图 6-9  GNSS 网尺度基准设计

以上讨论了 GNSS 基线向量解算中位置基准以及尺度基准的选择与优化问题。另外,GNSS 成果转换到地面实用坐标系中,还存在一个转换基准的选择问题,此处不再讨论。

## 6.3.2  GNSS 网的精度设计

**1. GNSS 网的精度设计**

GNSS 网的精度是用来衡量网的坐标参数估值受观测偶然误差影响程度的指标。网的精度设计是根据偶然误差的传播规律,按照一定的精度设计方法,分析网中各未知点平差后预期能达到的精度,这常被称为网的统计强度设计与分析。一般常用坐标方差——协方差阵来分析,也可用误差椭圆(球)来描述坐标点的精度状况,或用点之间方位、距离和角度的标准差来定义。

对于 GNSS 网的精度要求,一般用网中点之间的距离误差来表示。然而,对于大多数控制网和精密工程控制网来讲,仅用点位之间距离的相对精度要求还不够,通常以网中各点点位精度,或网中的平均点位精度作为表征网的精度特征指标,这种精度指标可由网中点位坐标方差——协方差阵构成描述精度的纯量精度标准和准则矩阵来实现。纯量精度标准是选择一个描述全网总体精度的一个变量,构成不同的纯量精度标准,并用其来建立优化设计的精度目标函数。准则矩阵是将网中点的坐标方差——协方差阵构造成具有理想结构的矩阵,它代表了网的最佳精度分布,具有更细致描述网的精度结构的控制标准。但是对于 GNSS 测量,其精度与网的点位坐标无关,与观测时间亦无明显的相关性(整周模糊度一旦被确定后),GNSS 网平差的法方程只与点间的基线数目有关,且基线向量的三个坐标差分量之间又是相关的,因此,很难从数学的角度和实际应用出发,建立使未知数的协因数阵逼近理想的准则矩阵。所以,目前较为可行的方法是给出坐标的协因数阵的某种纯量精度标准函数。设 GNSS 网的误差方程为

$$\begin{cases} \underset{3m\times 1}{V} = \underset{3m\times n}{A} \underset{n\times 1}{X} + \underset{3m\times 1}{l} \\ D_u = \sigma_0^2 P^{-1} \end{cases} \quad (6\text{-}8)$$

式中，$l$、$V$ 分别为观测向量和改正向量；$X$ 为坐标未知参数向量；$P$ 为观测值权阵；$\sigma_0^2$ 为先验方差因子(在设计阶段取 $\sigma_0^2 =1$)。

由最小二乘可得参数估值及协因数阵：

$$\begin{cases} \hat{X} = (A^T PA)^{-1} A^T Pl \\ Q_{\hat{X}} = (A^T PA)^{-1} \end{cases} \tag{6-9}$$

优化设计中常用的纯量精度标准，根据其由 $Q_{\hat{X}}$ 构成的函数形式的不同分为 4 类不同的最优纯量精度标准函数。

(1) $A$ 最优性标准

$$f = \text{Trace}(Q_{\hat{X}}) = \lambda_1 + \lambda_2 + \cdots + \lambda_t \to \min$$

式中，Trace 表示迹；$\lambda_1, \lambda_2, \cdots, \lambda_t$ 为 $Q_{\hat{X}}$ 的非零特征值。

(2) $D$ 最优性标准

$$f = \text{Det}(Q_{\hat{X}}) = \lambda_1 \times \lambda_2 \times \cdots \times \lambda_t \to \min$$

式中，Det 表示行列式之值。

(3) $E$ 最优化性标准

$$f = \lambda_{\max} \to \min$$

式中，$\lambda_{\max}$ 为 $Q_{\hat{X}}$ 的最大特征值。

(4) $C$ 最优化性标准

$$f = \frac{\lambda_{\max}}{\lambda_{\min}} \to \min$$

在以上四个纯量精度最优性函数标准中，$C$、$D$、$E$ 三个标准均需要求行列式和特征值，而对于高阶矩阵，这些值的计算都是比较困难的，因此，在实际中应用较少，一般多用于理论研究。相反，$A$ 最优性标准函数求的是 $Q_{\hat{X}}$ 的迹，计算简便，避免了特征值的计算，因此在实际中应用较多。但在实际应用中还可根据工程对网的具体要求，将 $A$ 最优性标准变形为

$$f = \text{Trace}(Q_{\hat{X}}) \leqslant C \tag{6-10}$$

**2. GNSS 网精度设计实例**

在进行网形设计中，必须考虑精度要求。GNSS 网精度设计可按下列步骤进行：

(1) 首先根据布网目的及要求，在图上进行选点，然后到野外踏勘选点，以保证所选点满足本次控制测量任务要求和野外观测应具备的条件，进而从图上获得要施测点位的概略坐标。

(2) 根据本次控制测量使用的接收机台数 $m$，按照上节所述布网原则，先取 $m-1$ 条独立基线设计网的观测图形，并选定网中可能追加施测的基线。

(3) 根据本次控制测量的精度要求，采用解析-模拟方法，依据精度设计模型，计算该网可达到的精度数值。

(4) 逐步增减网中独立观测基线个数，直至精度数值达到所需的精度指标，并获得最终网形及施测方案。

在此对一个由 8 个点组成的模拟网，进行网的精度设计。该 8 个点的概略大地坐标由图上量出并列于表 6-5，点位及网形如图 6-10 所示。

在图 6-10 中，独立基线为 1～2，1～3，1～4，2～4，2～6，3～4，3～7，5～6，5～7，5～8，6～8，7～8，共 12 条基线。

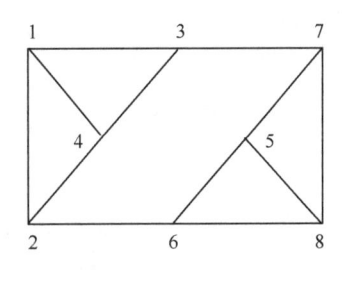

图 6-10 模拟网

**表 6-5 模拟网坐标值**

| 点号 | 纬度/(°) | 经度/(°) | 大地高程/m |
|---|---|---|---|
| 1 | 36.16 | 112.30 | 100 |
| 2 | 36.11 | 112.30 | 80 |
| 3 | 36.16 | 112.34 | 120 |
| 4 | 36.14 | 112.32 | 150 |
| 5 | 36.14 | 112.36 | 120 |
| 6 | 36.11 | 112.34 | 100 |
| 7 | 36.16 | 112.38 | 200 |
| 8 | 36.11 | 112.38 | 110 |

假定单位权方差因子 $\sigma_0^2 = 1$，以 1 号点作为基准点，设计后的平均点位误差要求为 2.2cm（即 $C = 2.2$cm）。

假定基线长、方位和高差精度见表 6-6。

根据图 6-10 独立基线构成的 GNSS 网形结构，首先由公式(6-9)求出网的协因数阵 $Q_{xx}$，再由公式(6-10)求出网的平均协因数值 Trace($Q_{xx}$)，进而求出网的平均点位误差 $\bar{m}^2 = \sigma_0^2 \sqrt{\text{Trace}(Q_{xx})} = 2.9$cm。由此可见，上述假定未达到设计精度要求。

因此，在网中增加新基线，并重新计算协因数及平均点位误差(表 6-7)。

**表 6-6 基线长、方位和高差精度**

| 项目 | 固定误差 | 比例误差 |
|---|---|---|
| D(边长) | 5mm | $1\times10^{-6}$ |
| A(方位) | 3″ | 1″ |
| H(高差) | 10mm | $2\times10^{-6}$ |

**表 6-7 增加新基线计算协因数及平均点位误差**

| 增加基线 | 达到的平均点位误差/cm |
|---|---|
| 4～6 | 2.5 |
| 3～5 | 2.3 |
| 4～5 | 2.2 |

由以上计算结果可见，只要加测 3～5，4～6 和 4～5 等 3 条基线后，即可达到设计精度要求。因此，最终设计图形及需测量的独立基线如图 6-11 所示。

精度设计计算应采用相应程序进行，其程序模块及计算过程如图 6-12 所示。

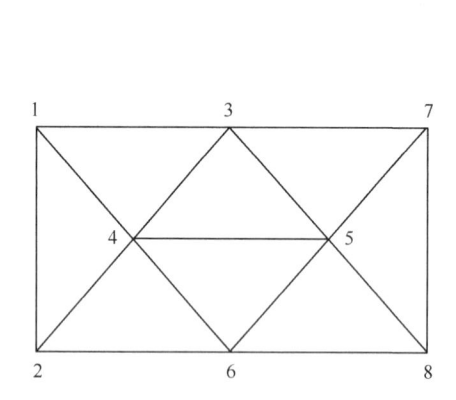

图 6-11 增加新基线后的 GNSS 模拟网 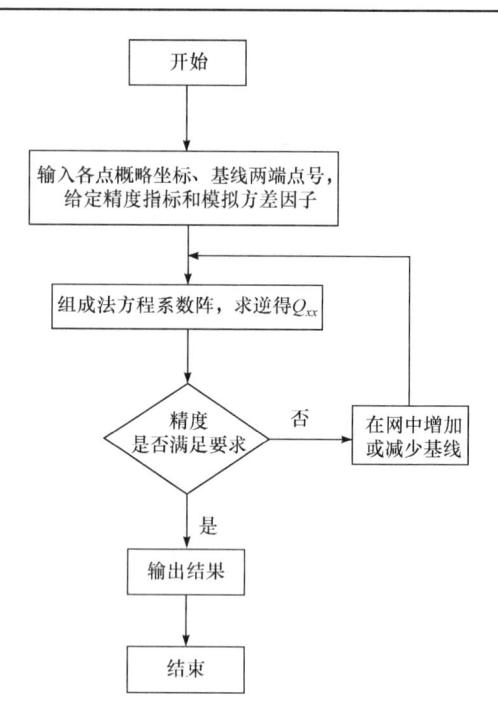　　图 6-12 GNSS 网的精度设计程序框图

## 6.4 GNSS 测前准备及技术设计书的编写

在 GNSS 外业观测工作进行之前，应进行踏勘测区、收集资料、准备器材、拟定观测计划、检验接收机及编写设计书等工作。

### 6.4.1 测区踏勘及收集资料

**1. 测区踏勘**

在接受下达任务或签订测量合同后，就可依据施工设计图进行踏勘、调查工作区域。主要了解下列内容，以便为编写技术设计、施工设计、成本预算提供依据。

(1) 交通情况：公路、铁路、乡村便道的分布及通行情况。
(2) 水系分布情况：江河、湖泊、池塘、水渠的分布，桥梁、码头及水路交通情况。
(3) 植被情况：森林、草原、农作物的分布及面积情况等。
(4) 控制点分布情况：三角点、水准点、GNSS 点、多普勒点、导线点的等级、坐标系统、高程系统、点位的数量及分布，点位标志的保存状况等。
(5) 居民点分布情况：测区内城镇、乡村居民点的分布，食宿及供电情况。
(6) 当地风俗民情：民族的分布，习俗、习惯、地方方言，以及社会治安情况。

**2. 收集资料**

根据 GNSS 测量工作的特点并结合测区具体情况，收集资料的内容包括：

(1) 各类图件：1∶1 万～1∶10 万比例尺地形图，交通图、重力异常图及测区总体规划资料。
(2) 各类控制点成果：三角点、天文重力水准点、水准点、GNSS 点、多普勒点、导线点及各控制点坐标系统等有关资料。
(3) 测区有关的地质、地震、气象、通信等方面的资料。
(4) 城市及乡、村行政区划图、地籍图等。

## 6.4.2 器材准备及人员组织

设备、器材筹备及人员组织包括以下内容:

(1) 根据观测等级,筹备仪器、计算机及配套设备。GNSS 接收机是实施测量的关键设备,其性能要求和数量应与布网的方案及精度相关,工作中应参照规范执行。

(2) 结合测区交通情况,筹备运输工具及通信设备。

(3) 结合测区材料借用情况,筹备施工器材、油料及其他消耗品等。

(4) 根据测区具体情况,并结合测量技术力量组建施工队伍,拟定施工人员名单及岗位。

(5) 结合测区情况和测量任务进行详细的投资预算。

## 6.4.3 外业观测计划的拟定

GNSS 测量的主要外业工作就是观测。因此,在观测开始之前,拟定外业观测计划对于顺利完成数据采集任务,保证测量精度,提高工作效率都十分重要。

**1. 观测计划拟定的依据**

(1) 待测 GNSS 网规模的大小。

(2) 测区点位精度及密度的要求。

(3) 观测时段卫星星座分布的几何图形强度。

(4) 参加作业的接收机类型和数量。

(5) 测区交通、通信及后勤保障情况等。

**2. 观测计划的主要内容**

(1) 编制 GNSS 卫星的可见性预报图:在高度角>15°的限制下,输入测区中心的概略坐标、日期和时间,并利用不超过 20 天的星历文件,即可编制卫星的可见性预报图。

(2) 选择卫星的几何图形强度:在 GNSS 定位中,观测卫星与测站构成的几何图形强度因子可用空间位置因子(PDOP)来表示,无论是绝对定位还是相对定位,PDOP 值不应大于 6。

(3) 选择最佳的观测时段:卫星≥4 颗且分布均匀,PDOP 值小于 6 且气象元素比较稳定的时段就是最佳时段。

(4) 观测区域的设计与划分:当 GNSS 网的规模较大,而参加观测的接收机数量有限,交通和通信又不便时,可实行分区观测。但为了增强网的整体性,保证网的精度,相邻区域应设置公共观测点,且公共点数量不得少于 3 个。

(5) 编排作业调度表:在观测前应根据测区的地形、交通、网的大小、精度的高低、仪器的数量、GNSS 网设计、卫星预报表、测区的气候及地理环境等因素编制作业调度表,以提高工作效率。作业调度表内容包括观测时段、测站号、测站名称及接收机号等(表 6-8)。

**表 6-8 GNSS 作业调度**

| 时段编号 | 观测时间 | 测站号/名 | 测站号/名 | 测站号/名 | 测站号/名 | 测站号/名 | 测站号/名 |
| --- | --- | --- | --- | --- | --- | --- | --- |
| | | 机号 | 机号 | 机号 | 机号 | 机号 | 机号 |
| 1 | | | | | | | |
| 2 | | | | | | | |
| 3 | | | | | | | |

当作业仪器台数及观测时段数较多时,在每日出测前还应采用外业观测通知单进行调度。

**3. 地面网联测方案**

GNSS 网与地面网的联测方案,可根据测区地形变化和地面控制点的分布而定。一般在 GNSS 控制网中至少应重合观测 3 个以上已知的地面控制点(高程一般应为水准高程)作为约束点。

### 6.4.4 技术设计书编写

根据测区情况及资料收集情况,再进行技术设计书的编写,其主要内容如下。

**1. 任务来源及工作量**

包括项目的来源、用途及意义;GNSS 测量(包括新定点数、约束点数、水准点数、检查点数);GNSS 点的精度指标、坐标系统及高程系统。

**2. 测区概况**

测区隶属的行政管辖;测区范围的地理坐标、控制面积;测区的交通状况和人文地理;测区的地形及气候状况;测区已有控制点的分布及对控制点的分析、利用和评价。

**3. 布网方案**

GNSS 网点的图形结构及基本连接方法;GNSS 网结构特征的测算;点位图的绘制。

**4. 选点与埋标**

GNSS 点位基本要求;点位标志的选用及埋设方法;点位的编号等。

**5. 观测**

对观测工作的基本要求;观测所使用仪器型号、精度指标及数量等;观测计划的制订;对数据采集提出应注意的问题。

**6. 数据处理**

数据处理的基本方法及使用的软件,起算点坐标的来源;闭合差检验及点位精度的评定指标等。

**7. 完成任务的措施**

要求措施具体,方法可靠,能在实际工作中贯彻执行。

## 6.5 GNSS 测量外业实施

GNSS 测量的外业实施主要包括:GNSS 点位选埋、观测、数据传输及数据预处理等。

### 6.5.1 GNSS 控制点的选择

**1. 选点**

虽然 GNSS 测量观测站之间不一定要求相互通视,网的图形结构比较灵活,但因为点位的选择对保证观测工作的顺利进行和保证测量结果的可靠性具有重要意义,所以在选点工作开始前,除收集和了解有关测区的地理交通、通信、供电、气象情况和原有控制点分布及标架、标型、标石的状况外,选点工作还应遵守以下原则。

(1) 点位应选易于安置接收设备、视野开阔的位置。视场周围 15°以上不应有障碍物,以避免卫星信号被吸收或遮挡。

(2) 点位应远离大功率无线电发射源(如电视台、微波站等),其距离不小于 200m;远离高压输电线,其距离不得小于 50m,以避免电磁场对卫星信号的干扰。

(3) 点位附近不应有大面积水域或强烈干扰卫星信号接收的物体,以减弱多路径效应的影响。

(4) 点位应选交通方便,有利于其他观测手段扩展与联测的地方。

(5) 点位应选在地面基础稳定,易于点保存的地点且尽可能使测站附近的小环境(地形、地貌、植被等)同周围大环境保持一致,以减少气象元素的代表性误差。

(6) 选点人员应按技术设计进行踏勘,在实地按要求选定点位。

(7) 网形应有利于同步观测及边、点联结。

(8) 当所选点位需要进行水准联测时,选点人员应实地踏勘水准路线,提出有关建议。

(9) 当利用旧点时,应对旧点的稳定性、完好性,以及觇标是否安全可用进行检查,符合要求方可利用。

**2. 标志埋设**

GNSS 点一般应埋设具有中心标志的标石,以精确标志点位。点的标石和标志必须稳定、坚固以利长久保存和利用。若在基岩露头地区,则可直接在基岩上嵌入金属标志。每个点位标石埋设结束后,应按表 6-9 填写点的记录并提交以下资料:

(1) 点的记录。

(2) GNSS 网的选点网图。

(3) 土地占用批准文件与测量标志委托保管书。

(4) 选点与埋石工作技术总结。

点名应向当地政府部门或群众进行调查后确定,一般取村名、山岗名、地名、单位名。利用原有旧点时,点名不宜更改,点号编排(码)应便于计算机计算。

**表 6-9　GNSS 点之记**

| 网区:平陆区 | | | | | 所在图幅 | 149E008013 |
| | | | | | 点号 | C002 |
|---|---|---|---|---|---|---|
| 点名 | 南疙疸 | 类级 | A | 概略位置 | B=34°50′ L=111°10′ H=484m | |
| 所在地 | 山西省平陆县城关镇上岭村 | | | 最近住所及距离 | 平陆县城县招待所距点 8km | |
| 地类 | 山地 | 土质 | 黄土 | 冻土深度 | | 解冻深度 |
| 最近邮电设施 | 平陆县城邮电局(电报电话) | | | 供电情况 | 上岭村每天有交流电 | |
| 最近的居民点及距离 | 上岭村有自来水,距点 800m | | | 石子来源 | 山上有石块 | 沙子来源 | 县城建筑公司 |
| 本点交通情况(至本点通路与最近车站、码头名称及距离) | 由三门峡搭车过黄河向北到山西平陆县城约 8km,再由平陆县城搭车向东南到上岭村 7km(每天有两班车),再步行到点上约 800m,三轮人力车可到达点位。 | | | 交通路线 | 点位略图 | |
| | 选点情况 | | | | 点位略图 | |
| 单位 | 黄河水利委员会测量队 | | | | | |
| 选点员 | ×× | | | 日期 1990.6.5 | | |

续表

| 是否需联测坐标与高程 | 联测高程 |
|---|---|
| 建议联测等级与方法 | Ⅲ等水准测量 |
| 起始水准点及距离 | 1.5km |

## 6.5.2 外业观测

### 1. 观测时依据的技术指标

各级 GNSS 测量技术指标应符合表 6-10 的要求。

表 6-10 各级 GNSS 测量基本技术要求规定

| 项目 | | 级别 | AA | A | B | C | D | E |
|---|---|---|---|---|---|---|---|---|
| 卫星形式上高度角/(°) | | | 10 | 10 | 15 | 15 | 15 | 15 |
| 同时观测有效卫星数 | | | ≥4 | ≥4 | ≥4 | ≥4 | ≥4 | ≥4 |
| 有效观测是卫星总数 | | | ≥20 | ≥20 | ≥9 | ≥6 | ≥4 | ≥4 |
| 观测时段数 | | | ≥10 | ≥6 | ≥4 | ≥2 | ≥1.6 | ≥1.6 |
| 时段长度/min | | 静态 | ≥720 | ≥540 | ≥240 | ≥60 | ≥45 | ≥40 |
| | 快速静态 | 双频+P(Y)码 | — | — | — | ≥10 | ≥5 | ≥2 |
| | | 双全波 | — | — | — | ≥15 | ≥10 | ≥10 |
| | | 单频或双频半波 | — | — | — | ≥30 | ≥20 | ≥15 |
| 采样间隔/s | | 静态 | 30 | 30 | 30 | 10~30 | 10~30 | 10~30 |
| | | 快速静态 | | | | | | |
| 时段中任一卫星有效观测时间/min | | 静态 | ≥15 | ≥15 | ≥15 | ≥15 | ≥15 | ≥15 |
| | 快速静态 | 双频+P(Y)码 | — | — | — | ≥1 | ≥1 | ≥1 |
| | | 双全波 | — | — | — | ≥3 | ≥3 | ≥3 |
| | | 单频或双频半波 | — | — | — | ≥5 | ≥5 | ≥5 |

注：1. 在时段中观测时间符合表 6-9 中第七项规定的卫星，为有效观测卫星；
2. 计算有效观测卫星总数时，应将各时段的有效观测卫星数扣除其间的重复卫星数；
3. 观测时段长度，应为开始记录数据到结束记录的时间段；
4. 观测时段数 ≥1.6，指每站观测一时段，至少 60% 的测站再观测一时段。

### 2. 天线安置

(1) 在正常点位，天线应架设在标志中心的上方直接对中，其对中误差不应大于 3mm。

(2) 在特殊点位，当天线需要在三角点觇标的观测台或回光台上时，应先将觇标顶部拆除，以防止遮挡卫星信号或造成多路径效应影响。这时可将标志中心反投影到观测台或回光台上，作为安置天线的依据。如果觇标顶部无法拆除，接收天线若安置在标架内观测，就会造成卫星信号中断，影响 GNSS 测量精度。在这种情况下，可进行偏心观测。

(3) 天线的定向标志应指向正北，以减弱相位中心偏差的影响。天线定向误差因定位精度不同而异，一般应在±5°以内。

(4) 刮风天气安置天线时，应将天线进行三方向固定，以防倒地碰坏。雷雨天气安置天线时，应注意将其底盘接地，以防雷击，而且架设天线不宜过低，一般应距地面1m以上。天线架设好后，应在圆盘间隔120°的三个方向分别量取天线高，三次测量结果之差不应超过3mm，并取其三次结果的平均值记入测量记录手簿中，天线高记录取值到0.001m。

(5) 测量气象参数：在高精度GNSS测量中，要求测定气象元素。每时段气象观测应不少于3次(时段开始、中间、结束)。气压读至10Pa，气温读至0.1℃，对一般城市及工程测量只记录天气状况。

(6) 核对点名并记入测量记录手簿中，将天线电缆与仪器进行连接，经检查无误后方能通电启动仪器。

### 3. 开机观测

观测作业的主要目的是捕获GNSS卫星信号，并对其进行跟踪、处理和量测，以获得所需要的定位信息和观测数据。在天线安置完成后，在离开天线适当位置的地面上安置接收机，并接通接收机电源，并经过预热和静置，即可启动接收机进行观测。

当接收机锁定卫星并开始记录数据后，观测员方可进行输入和查询操作，在未掌握有关操作系统之前，不要随意按键和输入，一般在正常接收过程中禁止更改任何设置参数。

在外业观测工作时，应注意以下几点：

(1) 当确认外接电源电缆及天线等各项连接无误后，方可接通电源，启动接收机。开机后接收机有关指示显示正常并通过自检后，方能输入有关测站和时段控制信息。

(2) 接收机在开始记录数据后，应注意查看有关观测卫星数量、相位测量残差、实时定位结果及其变化，存储介质记录等情况。

(3) 一个时段观测过程中，不允许进行以下操作：关闭又重新启动接收机；进行自测试(发现故障除外)；改变卫星高度角；改变天线位置；改变数据采样间隔；按动关闭文件和删除文件等功能键。

(4) 各观测时段中，气象元素一般应在始、中、末各观测记录一次，当时段较长时可适当增加观测次数。

(5) 除在出测前认真检查电池容量是否充足外，在观测过程中要特别注意供电情况，作业中观测人员不要远离接收机，听到仪器的低电压报警应及时予以处理，否则可能会造成仪器内部数据的破坏或丢失。

(6) 仪器高一定要按规定始、末各量测一次，并及时输入仪器及记入测量记录手簿中。

(7) 接收机在观测过程中，不得靠近接收机使用对讲机；雷雨季节，架设线要防止雷击，雷雨过境时应关机停测，并卸下天线。

(8) 经检查观测站的全部预定作业项目均已按规定完成，且记录与资料完整无误后方可迁站。

(9) 不但观测过程中要随时查看仪器内存或硬盘容量，而且应在每日观测结束后，及时将数据转存至计算机硬、软盘上，确保观测数据不丢失。

### 4. 观测记录

在外业观测工作中，所有信息资料均须妥善记录。记录形式主要有以下三种。

1) 观测记录

观测记录由接收机自动进行，均记录在存储介质(如硬盘、硬卡记忆卡等)上，其主要内容有：载波相位观测值及相应的观测历元；同一历元的测码伪距观测值；卫星星历及卫星钟差参数；实时绝对定位结果和测站控制信息及接收机工作状态信息。

2) 观测手簿

观测手簿是在接收机启动前和观测过程中，由观测者实时填写的。其记录格式见表6-11、表6-12所示。

观测记录和测量手簿都是 GNSS 精密定位的依据，必须认真、及时填写，坚决杜绝事后补记或追记。

外业观测中存储介质上的数据文件应及时拷贝一式两份，并分别保存在由专人保管的防水、防静电的资料箱内。

接收机内存数据文件在转录到外存介质上时，不得进行任何剔除或删改，不得调用任何对数据实施重新加工组合的操作指令。

3) 其他记录

其他记录主要是观测计划及偏心观测资料等。

表6-11 AA、A 与 B 级 GNSS 测量记录手簿

| 点号 | | 点名 | | 图幅编号 | |
|---|---|---|---|---|---|
| 观测记录员 | | 日期段号 | | 观测日期 | |
| 接收机名称及编号 | | 天线类型及其编号 | | 存储介质编号数据文件名 | |
| 温度计类型及编号 | | 气压计类型及编号 | | 备份存储介质编号 | |
| 近似纬度 | ° ′ ″ N | 近似经度 | ° ′ ″ E | 近似高程 | m |
| 采样间隔 | s | 开始记录时间 | h min | 结束记录时间 | h min |
| 天线高测定 | | 天线高测定方法及略图 | | 点位略图 | |
| 测前： 测后：<br>测定值___ ___m<br>修正值___ ___m<br>天线高___ ___m<br>平均值___ ___m | | | | | |
| 记事 | | | | | |
| 气象元素及天气状态 ||||||
| 时间(UTC) | 气压( ) | 干温(℃) | 湿温(℃) | 天气状态 ||
| | | | | | |
| 测站跟踪作业记录 ||||||
| 时间(UTC) | 跟踪卫星号(PRN)及信噪比 | 纬度<br>° ′ ″ | 经度<br>° ′ ″ | 大地高<br>m | PDOP |
| | | | | | |

表 6-12　C、D 与 E 级 GNSS 测量记录手簿

| 点号 | | 点名 | | 图幅编号 | |
|---|---|---|---|---|---|
| 观测记录员 | | 日期段号 | | 观测日期 | |
| 接收机名称及编号 | | 天线类型及其编号 | | 存储介质编号数据文件名 | |
| 近似纬度 | ° ′ ″ N | 近似经度 | ° ′ ″ E | 近似高程 | m |
| 采样间隔 | s | 开始记录时间 | h　min | 结束记录时间 | h　min |
| 天线高测定 || 天线高测定方法及略图 || 点位略图 ||
| 测前：　测后：<br>测定值＿＿＿＿＿m<br>修正值＿＿＿＿＿m<br>天线高＿＿＿＿＿m<br>平均值＿＿＿＿＿m ||||||
| 时间(UTC) | 跟踪卫星号(PRN)及信噪比 | 纬度<br>° ′ ″ | 经度<br>° ′ ″ | 大地高<br>m | 天气状况 |
| | | | | | |
| 记事 | |||||

## 6.5.3　数据预处理

为了获得 GNSS 观测基线向量并对观测成果进行质量检核，首先要进行数据的预处理，并根据预处理结果对观测数据的质量进行分析并做出评价，以确保观测成果达到预期精度。

**1. 数据处理软件选择**

GNSS 网数据处理分基线向量解算和网平差两个阶段。各阶段数据处理软件可采用随机所带软件，或经正规鉴定过的软件。对于高精度的 GNSS 网成果处理则可采用国际著名的 GAMIT/GLOBK，BERNESE，GIPSY，GFZ 等软件。

**2. 基线解算(数据预处理)**

对于两台以上接收机同步观测值进行独立基线向量(坐标差)的平差计算叫作基线解算，亦称观测数据预处理。

数据预处理的主要目的是对原始数据进行编辑、加工、整理、分流并产生各种专用信息文件，为进一步平差计算做准备。其基本内容包括以下几点。

(1) 数据传输：将接收机记录的观测数据传输到磁盘或其他介质上。

(2) 数据分流：通过解码从原始记录中将各种数据分类整理，剔除无效观测值和冗余信息，形成各种数据文件，如星历文件、观测文件和测站信息文件等，以便进一步处理。

(3) 统一数据文件格式：将不同类型接收机的数据记录格式、项目和采样间隔，统一为标准化的文件格式，以便统一处理。

(4) 卫星轨道的标准化：采用多项式拟合法，平滑卫星每小时更新一次的轨道参数，使观测时段的卫星轨道标准化，以简化计算工作。

(5) 探测周跳、修复载波相位观测值。

(6) 对观测值进行必要改正：在观测值中加入对流层改正及电离层改正等。

基线向量的解算一般采用多站、多时段自动处理的方法进行，具体处理中应注意以下几

个问题：

(1) 基线解算一般采用双差相位观测模型，对边长超过 30km 的基线，解算时可采用三差相位观测模型。

(2) 广播星历可作为基线解的起算数据。对于特大城市的首级控制网，也可采用其他精密星历作为基线解算的起算值。

(3) 基线解算中所需的起算点坐标，应按以下优先顺序采用：首先利用已有的国家 A、B 级网控制点或其他高级 GNSS 网控制点的坐标；其次利用国家或城市较高等级控制点转换到 GNSS 坐标系后的坐标值；最后可选用不少于 30min 观测的单点定位结果的平差值提供的 GNSS 坐标。

(4) 在多台接收机同步观测的同步时段中，既可采用单基线模式解算，也可以只选独立基线按多基线处理模式统一解算。

(5) 根据基线长度的不同，同一等级的 GNSS 网可采用不同的数据处理模型。若基线长小于 0.8km，需采用双差固定解；小于 30km，可在双差固定解和双差浮动解中选择最优结果；大于 30km 时，则可采用三差解作为基线解算结果。

(6) 在同步观测时间小于 30min 的快速定位中，应采用合格的双差固定解作为基线解算的最终结果。

### 6.5.4 观测成果外业检核

对野外观测资料首先要进行复查，其内容包括：成果是否符合调度命令和规范的要求；观测数据质量分析是否符合实际。然后可进行下列四个项目的检核。

**1. 独立闭合环检核**

(1) 数据剔除率：剔除的观测值个数与应获取的观测值个数的比值称为数据剔除率。同一时段观测值的数据剔除率应小于 10%。

(2) B 级以下控制网外业的预处理结果，其独立闭合环或附合路线坐标闭合差应满足

$$\begin{cases} \omega_x \leqslant 3\sqrt{n}\delta \\ \omega_y \leqslant 3\sqrt{n}\delta \\ \omega_z \leqslant 3\sqrt{n}\delta \\ \omega_S \leqslant 3\sqrt{n}\delta \end{cases} \quad (6\text{-}11)$$

式中，$n$ 为闭合环边数；$\delta$ 为相应级别规定精度(按实际平均边长计算)；$\omega_S = \sqrt{\omega_x^2 + \omega_y^2 + \omega_z^2}$。

**2. 重复观测边的检核**

同一条基线边若进行了多个时段观测，则可得到多个边长结果。将这种具有多个独立观测结果的边称为重复观测边。对于重复观测边的任意两个时段成果的互差，均应小于相应等级规定精度的 $\sqrt{2}$ 倍。

**3. 同步观测环检核**

当网中各边为多台接收机同步观测时，因为各边是不独立的，所以其闭合差应恒为零。例如，三边同步环中只有两条同步边可以视为独立的成果，第三边成果应为其余两边的代数和。但是，因为观测误差以及模型误差和处理软件的缺陷，使得这种同步环的闭合差不为零。但这种闭合差一般数值很小，不至于对定位结果产生明显影响，所以也可把它作为成果

质量的一种检核标准。

一般规定,三边同步环中第三边处理结果与前两边的代数和之差值应满足

$$\omega_x \leqslant \frac{\sqrt{3}}{5}\sigma, \omega_y \leqslant \frac{\sqrt{3}}{5}\sigma, \omega_z \leqslant \frac{\sqrt{3}}{5}\sigma \quad (6\text{-}12)$$

$$\omega = \sqrt{\omega_x^2 + \omega_y^2 + \omega_z^2} \leqslant \frac{3}{5}\delta$$

对于四站以上的同步观测,可以产生大量同步闭合环,在处理完各边观测值后,应检查一切可能环的闭合差。以图 6-13 为例,$A$、$B$、$C$、$D$ 四站应检核:① $AB\text{-}BC\text{-}CA$;② $AC\text{-}CD\text{-}DA$;③ $AB\text{-}BD\text{-}DA$;④ $BC\text{-}CD\text{-}DB$;⑤ $AB\text{-}BC\text{-}CD\text{-}DA$;⑥ $AB\text{-}BD\text{-}DC\text{-}CA$;⑦ $AD\text{-}DB\text{-}BC\text{-}CA$。

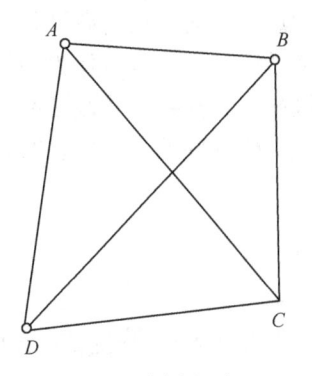

图 6-13 同步闭合环

所有闭合环的分量闭合差不应大于 $\frac{\sqrt{n}}{5}\sigma$,而环闭合差

$$\omega = \sqrt{\omega_x^2 + \omega_y^2 + \omega_z^2} \leqslant \frac{\sqrt{3n}}{5}\sigma \quad (6\text{-}13)$$

**4. 异步观测环检核**

无论采用单基线模式或多基线模式解算基线,都应在整个 GNSS 网中选取一组完全独立的基线构成独立环,各独立环的坐标分量闭合差和全长闭合差应符合下式

$$\begin{cases} \omega_x = 2\sqrt{n}\sigma \\ \omega_y = 2\sqrt{n}\sigma \\ \omega_z = 2\sqrt{n}\sigma \\ \omega_S = 2\sqrt{3n}\sigma \end{cases} \quad (6\text{-}14)$$

当发现边闭合数据或环闭合数据超出上述规定时,应分析原因并对其中部分或全部成果重测。

### 6.5.5 野外返工

在对超限的基线进行充分分析的基础上,进行野外返工,基线返工应注意如下几个问题:

(1) 无论何种原因造成一个控制点不能与两条合格独立基线相连接,在该点上都应补测或重测不少于一条独立基线。

(2) 虽然可以舍弃在复测基线较差、同步环闭合差及独立环闭合差检中超限的基线,但必须保证舍弃基线后的独立环所含基线数不得超过表 6-4 的规定,否则,应重测该基线或有关的同步图形。

(3) 当点位不符合 GNSS 测量要求而造成一个测站重复观测仍不能满足限差的要求时,则应按技术设计要求重新选择点位进行观测。

### 6.5.6 GNSS 网平差处理

在各项质量检核符合要求后,将所有独立基线组成闭合图形,以三维基线向量及其相应方差协方差阵作为观测信息,并以一个点的 GNSS 三维坐标作为起算点,进行 GNSS 网的无约束平差。无约束平差结果应提供各控制点在 GNSS 坐标系下的三维坐标、各基线向量三个坐标差观测值的总改正数、基线边长及点位和边长的精度信息等。

在无约束平差确定的有效观测量的基础上,在国家坐标系或城市独立坐标系下进行三维

约束平差或二维约束平差。约束平差中的已知点坐标、已知距离或已知方位，可作为强制约束的固定值，也可作为加权观测值。平差结果应输出在国家或城市独立坐标系中的三维或二维坐标、基线向量改正数、基线边长、方位及坐标的精度信息，转换参数及其精度信息。有关 GNSS 网的平差处理的具体内容将在第 7 章中作详细介绍。

## 6.6 技术总结与上交资料

### 6.6.1 技术总结

在 GNSS 测量工作完成后，应按要求编写技术总结报告，其具体内容包括外业和内业两大部分。

**1. 外业技术总结内容**

(1) 测区及其位置，自然地理条件与气候特点，交通、通信及供电等情况。
(2) 任务来源，项目名称，测区已有测量成果情况，本次施测的目的及基本精度要求。
(3) 施工单位，施测起讫时间，技术依据，作业人员的数量及技术状况。
(4) 作业的技术依据、作业仪器类型、精度、检验及使用状况。
(5) 点位观测质量的评价，埋石与重合点情况，观测实施情况。
(6) 联测方法、完成各级点数量、补测与重测情况以及作业中存在问题的说明。
(7) 外业观测数据质量分析与野外数据检核情况。

**2. 内业技术总结内容**

(1) 数据处理方案、所采用的软件、所采用的星历、起算数据、坐标系统，以及无约束、约束平差情况。
(2) 误差检验(重复基线、同步环及异步环等)及相关参数与平差结果的精度估计(最弱点及最弱边)等。
(3) 上交成果中尚存在的问题和需要说明的其他问题、建议或改进意见。
(4) 综合附表与附图。

### 6.6.2 上交资料

在 GNSS 测量任务完成后，应提交的资料包括：
(1) 测量任务书及技术设计书。
(2) 点之记、环视图、测量标志委托保管书、选点资料和埋石资料。
(3) 接收设备、气象及其他仪器的检验资料。
(4) 外业观测记录、测量记录手簿及其他记录。
(5) 数据处理中生成的文件、资料和成果表以及 GNSS 网展点图。
(6) 技术总结和成果验收报告。

## 习 题

1. GNSS 测量定位的技术设计包括哪些内容？
2. 为什么要对 GNSS 控制网的精度、密度及基准进行设计？并说明各自的作用。
3. 试述 GNSS 控制网图形设计原则，并说明控制网优化设计的目的和作用。
4. GNSS 测量定位技术总结包括哪些内容？
5. 在 GNSS 测量定位项目完成以后，应提交的资料包括哪些内容。

# 第7章 GNSS测量数据处理

## 7.1 概 述

GNSS接收机采集记录的是接收机天线至卫星的伪距、载波相位和卫星星历数据等。若采样间隔为15s，则每15s记录一组观测值，一台接收机连续观测一小时将有240组观测值。观测值中包含对4颗以上卫星的观测数据以及地面气象观测数据等。GNSS数据处理就是从原始观测值出发得到最终的测量定位成果，其数据处理过程大致分为测量数据的基线向量解算、基线向量网平差以及GNSS网平差或与地面网联合平差等几个阶段。

### 7.1.1 数据预处理

GNSS数据预处理的目的是：对数据进行平滑滤波检验、剔除粗差；统一数据文件格式，并将各类数据文件加工成标准化文件(如卫星轨道方程的标准化，卫星时钟钟差标准化，观测值文件标准化等)；找出整周跳变点并进行修复；对观测值进行各种模型改正。

**1. 卫星轨道方程的标准化**

数据处理中要多次进行位置的计算，而广播星历每小时有一组独立的星历参数，使得计算工作十分繁杂。因此，需要将卫星轨道方程标准化，以便简化计算，节省内存空间。卫星轨道方程标准化一般采用以时间为变量的多项式进行拟合处理。

将已知的多组不同历元星历参数所对应卫星的位置$P_i(t)$表达成时间$t$的多项式形式：

$$P_i(t) = a_{i0} + a_{i1}t + a_{i2}t^2 + \cdots + a_{in}t^n \tag{7-1}$$

利用拟合法求解多项式系数，解出的系数记入标准化星历文件，用它们来计算任一时刻的卫星位置。多项式的阶数$n$一般取8～10就可以保证米级轨道拟合精度。

拟合计算时，时间$t$的单位需要规格化，规格化时间$T$为

$$T_i = [2t_i - (t_1 - t_m)] / (t_m - t_1) \tag{7-2}$$

式中，$T_i$为对应于$t_i$的规格化时间；$t_1$和$t_m$分别为观测时段开始和结束的时间。显然，对应于$t_1$和$t_m$的$T_1$及$T_m$分别为-1和+1。对任意时刻$t_i$有$|T_i| \leq 1$。

必须指出，如果拟合时引进了规格化的时间，在实际轨道计算时也应使用规格化的时间。

**2. 卫星钟差的标准化**

来自广播星历的卫星钟差(即卫星钟钟面时间与标准时间系统之差$\Delta t_s$)是多个数值，需要通过多项式拟合求得唯一的、平滑的钟差改正多项式，它可确定真正的信号发射时刻并计算该时刻的卫星轨道位置，同时也用于将各站对各卫星的时间基准统一起来以估算它们之间的相对钟差。当多项式拟合的精度优于±0.2ns时，可精确探测整周跳变，估算整周未知数。钟差的多项式形式为

$$\Delta t_s = a_0 + a_1(t-t_0) + a_2(t-t_0)^2 \tag{7-3}$$

式中，$a_0, a_1, a_2$ 为卫星钟参数；$t_0$ 为卫星钟参数的参考历元。

由多个参考历元的卫星钟差，利用最小二乘法原理求定多项式系数 $a_i$，再由公式(7-3)计算任一时刻的钟差。以 GPS 为例，因为 GNSS 时间定义区间为一个星期，即 604800s，故当 $t-t_0 > 302400$（$t_0$ 属于下一个 GNSS 周）时，$t$ 应减去 604800；$t-t_0 < -302400$（$t_0$ 属于上一个 GNSS 周）时，$t$ 应加上 604800。

**3. 观测值文件的标准化**

不同的接收机提供的数据记录格式不同，如观测时刻这个记录，可能采用接收机参考历元，也可能是经过改正归算至标准时间。因此，在进行平差(基线向量的解算)之前，观测值文件必须规格化、标准化。具体项目包括：

(1) 记录格式标准化。各种接收机输出的数据文件应在记录类型、记录长度和存取方式方面采用同一记录格式。

(2) 记录项目标准化。每一种记录应包含相同的数据项。如果某些数据项缺项，则应以特定数据如"0"或空格填上。

(3) 采样密度标准化。各接收机的数据记录采样间隔可能不同，如有的接收机每15s记录一次，有的则 20s 记录一次。标准化后应将数据采样间隔统一成一个标准时间长度，标准时间长度应大于或等于外业采样间隔的最大值。采样密度标准化后，数据量将成倍地减少，所以这种标准化过程也称为数据压缩。数据压缩应在周跳修复后进行。数据压缩常用多项式拟合法，压缩后的数据应等价于被压缩区间的全部数据，且保持各压缩数据的误差独立。

(4) 数据单位的标准化。数据文件中，同一数据项的量纲和单位应统一，例如，载波相位观测值以周为单位。

## 7.1.2 基线向量的解算

基线向量解算是一个复杂的平差计算过程，解算时要顾及观测时段中信号间断引起的数据剔除、观测数据粗差的发现及剔除、星座变化引起的整周未知数的变化等问题。基线处理完成后，应对其结果做以下分析和检核。

**1. 观测值残差分析**

假定在平差处理时观测值仅存在偶然误差。理论上，载波相位观测精度应为1%周，即对 $L_1$ 波段信号的观测误差只有 2mm。因而当偶然误差达 1cm 时，应认为观测值质量存在系统误差或粗差。当残差分布图中出现突然的跳变时，则表明周跳未处理成功。

**2. 基线长度的精度**

处理后基线长度中误差应在标称精度内。多数双频接收机的基线长度标称精度为 $5 \pm 1 \text{ppm} \cdot D(\text{mm})$，单频接收机的基线长度标称精度为 $10 \pm 2 \text{ ppm} \cdot D(\text{mm})$。对于 20km 以内的短基线，单频数据通过差分处理亦可有效地消除电离层影响，确保相对的精度。当基线长度增长时，双频接收机消除电离层的影响将明显优于单频接收机数据的处理结果。

**3. 基线向量环闭合差的计算及检核**

由同时段的若干基线向量组成的同步环和不同时段的若干基线向量组成的异步环，其闭合差应能满足相应等级的精度要求，闭合差值应小于相应等级的限差值。基线向量检核合格后，便可进行基线向量网的平差计算(以解算的基线向量作为观测值进行无约束平差)，平差后求得各点之间的相对坐标差值，加上基准点的坐标值，便可求得各点的坐标。

实际应用中，若要求得到各点在国家坐标系中的坐标值，则应进行坐标转换，从而将

GNSS 点的坐标值转换为国家坐标系坐标值。也可以将 GNSS 网与地面网进行联合平差,包括固定地面网点已知坐标、边长、方位角、高程等的约束平差,或将 GNSS 基线网与地面网的观测数据一并联合平差。

## 7.2 GNSS 基线向量的解算

在第 4 章 GNSS 定位原理中,我们论述了利用载波相位观测值进行单点定位以及在观测值间求差,并利用求差后的差分观测值进行相对定位的原理和方法。在相对定位中常采用双差观测值求解基线向量。本节将讨论如何利用载波相位观测值的双差观测值求解基线向量的方法。

### 7.2.1 双差基线模型

根据卫星定位基本原理,设在标准时刻 $t_i$ 测站 1、2 同时对卫星 $k$、$j$ 进行了载波相位测量,则可得到双差观测模型

$$DD_{12}^{kj}(t_i) = \varphi_2^j(t_i) - \varphi_1^j(t_i) - \varphi_2^k(t_i) + \varphi_1^k(t_i)$$
$$= -f^j/c(\rho_2^j - \rho_1^j - \delta\rho_2^j + \delta\rho_1^j)$$
$$+ f^k/c(\rho_2^k - \rho_1^k - \delta\rho_2^k + \delta\rho_1^k) + N_{12}^{kj}$$

式中,$N_{12}^{kj} = N_2^j - N_1^j - N_2^k + N_1^k$。令 $\Delta\rho_{12}^j = \rho_2^j - \rho_1^j$,$\Delta\rho_{12}^k = \rho_2^k - \rho_1^k$,则上式可变为

$$DD_{12}^{kj}(t_i) = -f^j/c(\Delta\rho_{12}^j - \delta\rho_2^j + \delta\rho_1^j) + f^k/c(\Delta\rho_{12}^k - \delta\rho_2^k + \delta\rho_1^k) + N_2^j - N_1^j - N_2^k + N_1^k \quad (7\text{-}4)$$

若采用向量解算方法由双差观测值模型解算基线向量,由基线向量 $b$ 与站星之间距离 $\rho$ 之间的关系(图 7-1)可知,对于卫星 $S^k$,设 $\rho_1^{ko}$,$\rho_2^{ko}$ 分别为 $\rho_1^k$,$\rho_2^k$ 单位向量,则有

$$b_1^k = (\rho_2^{ko} - \rho_1^{ko})\rho_2^k \quad (7\text{-}5)$$

$$b + b_1^k = \Delta\rho_{12}^k = \Delta\rho_{12}^j \rho_1^{ko} \quad (7\text{-}6)$$

将公式(7-5)代入公式(7-6)有

$$b + \rho_2^k \rho_2^{ko} - \rho_2^k \rho_1^{ko} = \Delta\rho_{12}^k \rho_1^{ko} \quad (7\text{-}7)$$

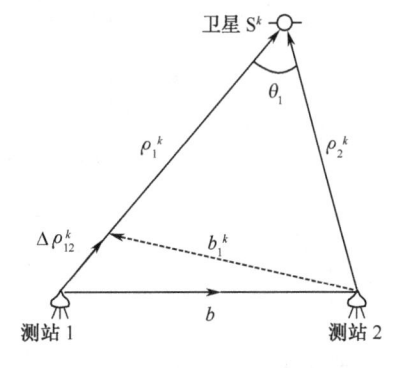

图 7-1 基线向量与站星距离的关系

在公式(7-7)两边乘 $\rho_1^{ko}$ 有

$$\rho_1^{ko} \cdot b + \rho_2^k \rho_2^{ko} \cdot \rho_1^{ko} - \rho_2^k \rho_1^{ko} \cdot \rho_1^{ko} = \Delta\rho_{12}^k \rho_1^{ko} \cdot \rho_1^{ko}$$

考虑到 $\rho_1^{ko} \cdot \rho_1^{ko} = 1$,$\rho_1^{ko} \cdot \rho_2^{ko} = \cos\theta_1$,则上式可变为

$$\rho_1^{ko} \cdot b - \rho_2^k(1 - \cos\theta_1) = \Delta\rho_{12}^k \quad (7\text{-}8)$$

在公式(7-7)两边乘 $\rho_2^{ko}$ 可得

$$\rho_2^{ko} \cdot b + \rho_2^{ko}(1 - \cos\theta_1) = \Delta\rho_{12}^k \rho_2^{ko} \cdot \rho_1^{ko} = \Delta\rho_{12}^k \cos\theta_1 \quad (7\text{-}9)$$

将公式(7-8)与公式(7-9)相加得

$$(\rho_1^{ko} + \rho_2^{ko}) \cdot b = \Delta\rho_{12}^k(1 + \cos\theta_1) = \Delta\rho_{12}^k 2\cos^2(\theta_1/2)$$

整理后得

$$\Delta\rho_{12}^{k} = 1/2\sec^{2}(\theta_{1}/2)(\rho_{1}^{ko}+\rho_{2}^{ko})\cdot b \tag{7-10}$$

同样对于卫星 $S^{j}$ 有

$$\Delta\rho_{12}^{j} = 1/2\sec^{2}(\theta_{2}/2)(\rho_{1}^{jo}+\rho_{2}^{jo})\cdot b \tag{7-11}$$

将公式(7-10)和公式(7-11)代入公式(7-4)得站星双差相位观测方程为

$$\begin{aligned}DD_{12}^{kj}(t_{i}) = &\{-f^{j}/c[1/2\sec^{2}(\theta_{2}/2)(\rho_{1}^{jo}+\rho_{2}^{jo})\cdot b]\\&+f^{k}/c[1/2\sec^{2}(\theta_{2}/2)(\rho_{1}^{jo}+\rho_{2}^{jo})\cdot b]\}\\&-f^{j}/c(\delta\rho_{1}^{j}-\delta\rho_{2}^{j})+f^{k}/c(\delta\rho_{1}^{k}-\delta\rho_{2}^{k})+N_{12}^{kj}\end{aligned}$$

写为误差方程形式为

$$\begin{aligned}V_{12}^{kj}(t_{i}) = &\{-f^{j}/c[1/2\sec^{2}(\theta_{2}/2)(\rho_{1}^{jo}+\rho_{2}^{jo})\cdot b]\\&+f^{k}/c[1/2\sec^{2}(\theta_{2}/2)(\rho_{1}^{jo}+\rho_{2}^{jo})\cdot b]\}\\&-f^{j}/c(\delta\rho_{1}^{j}-\delta\rho_{2}^{j})+f^{k}/c(\delta\rho_{1}^{k}-\delta\rho_{2}^{k})+N_{12}^{kj}-DD_{12}^{kj}(t_{i})\end{aligned}$$

考虑到 $b=(\Delta x_{12},\Delta y_{12},\Delta z_{12})$，$\rho_{i}^{ko}=(\Delta x_{i}^{k},\Delta y_{i}^{k},\Delta z_{i}^{k})/\rho_{i}^{k}$，$\rho_{i}^{jo}=(\Delta x_{i}^{j},\Delta y_{i}^{j},\Delta z_{i}^{j})/\rho_{i}^{j}$，则站星双差观测值误差方程为

$$V_{12}^{kj}(t_{i})=a_{12}^{kj}\Delta x_{12}+b_{12}^{kj}\Delta y_{12}+c_{12}^{kj}\Delta z_{12}+\Delta_{12}^{kj}+N_{12}^{kj} \tag{7-12}$$

式中，

$$\begin{cases}\Delta_{12}^{kj}=-f^{j}/c(\delta\rho_{1}^{j}-\delta\rho_{2}^{j})+f^{k}/c(\delta\rho_{1}^{k}-\delta\rho_{2}^{k})\\a_{12}^{kj}=1/2f^{k}/c\sec^{2}(\theta_{1}/2)(\Delta x_{1}^{k}/\rho_{1}^{k}+\Delta x_{2}^{k}/\rho_{2}^{k})\\\quad\quad-1/2f^{j}/c\sec^{2}(\theta_{2}/2)(\Delta x_{1}^{j}/\rho_{1}^{j}+\Delta x_{2}^{j}/\rho_{2}^{j})\\b_{12}^{kj}=1/2f^{k}/c\sec^{2}(\theta_{1}/2)(\Delta y_{1}^{k}/\rho_{1}^{k}+\Delta y_{2}^{k}/\rho_{2}^{k})\\\quad\quad-1/2f^{j}/c\sec^{2}(\theta_{2}/2)(\Delta y_{1}^{j}/\rho_{1}^{j}+\Delta y_{2}^{j}/\rho_{2}^{j})\\c_{12}^{kj}=1/2f^{k}/c\sec^{2}(\theta_{1}/2)(\Delta z_{1}^{k}/\rho_{1}^{k}+\Delta z_{2}^{k}/\rho_{2}^{k})\\\quad\quad-1/2f^{j}/c\sec^{2}(\theta_{2}/2)(\Delta z_{1}^{j}/\rho_{1}^{j}+\Delta z_{2}^{j}/\rho_{2}^{j})\end{cases} \tag{7-13}$$

当基线长度 $<40\mathrm{km}$ 时，$\sec^{2}(\theta/2)-1<1\mathrm{ppm}\cdot D$，$f^{k}/c$ 与 $f^{j}/c$ 之差小于 $1\mathrm{ppm}\cdot D$，故 $\sec^{2}(\theta/2)$ 以 1 代替，$f^{k}$ 和 $f^{j}$ 以 $f$ 代替，同时输入基线向量 $b$ 的近似值($\Delta x_{12}^{0}$, $\Delta y_{12}^{0}$, $\Delta z_{12}^{0}$)，初始整周模糊度 $N_{12}^{kj}$ 的近似值为 $\left(N_{12}^{kj}\right)^{0}$，其改正数分别为($\delta x_{12}$, $\delta y_{12}$, $\delta z_{12}$)和 $\delta N_{12}^{kj}$，则误差方程最终形式为

$$V_{12}^{kj}(t_{i})=a_{12}^{kj}\delta x_{12}+b_{12}^{kj}\delta y_{12}+c_{12}^{kj}\delta z_{12}+\delta N_{12}^{kj}+W_{12}^{kj} \tag{7-14}$$

式中，

$$\begin{cases}a_{12}^{kj}=1/2f/c(\Delta x_{1}^{k}/\rho_{1}^{k}+\Delta x_{2}^{k}/\rho_{2}^{k}-\Delta x_{1}^{j}/\rho_{1}^{j}+\Delta x_{2}^{j}/\rho_{2}^{j}\\b_{12}^{kj}=1/2f/c(\Delta y_{1}^{k}/\rho_{1}^{k}+\Delta y_{2}^{k}/\rho_{2}^{k}-\Delta y_{1}^{j}/\rho_{1}^{j}+\Delta y_{2}^{j}/\rho_{2}^{j}\\c_{12}^{kj}=1/2f/c(\Delta z_{1}^{k}/\rho_{1}^{k}+\Delta z_{2}^{k}/\rho_{2}^{k}-\Delta z_{1}^{j}/\rho_{1}^{j}+\Delta z_{2}^{j}/\rho_{2}^{j}\\W_{12}^{kj}=a_{12}^{kj}\Delta x_{12}^{0}+b_{12}^{kj}\Delta y_{12}^{0}+c_{12}^{kj}\Delta z_{12}^{0}+(N_{12}^{kj})^{0}+\Delta_{12}^{kj}-DD_{12}^{kj}\end{cases} \tag{7-15}$$

式中，卫星 $k$、$j$ 在选择 $k=1$ 的卫星为参考卫星时，$j=2,3,4,\cdots$；对于 $k=1,j=2$；$k=1,j=3$；$\cdots$ 其站星双差观测值误差方程可仿照公式(7-12)和公式(7-13)写出，对不同观测历元(即 $t_i$ 时刻)可分别列出类似的一组误差方程。

### 7.2.2 基线解算

在 $t_i$ 历元 1、2 测站上同时连续观测了 $k$ 个卫星，则共有 $n=M(k-1)$ 个误差方程，其中 $M$ 为观测历元个数。

将所有误差方程写成矩阵形式

$$V = AX + L \tag{7-16}$$

式中，

$$V = (V_1, V_2, \cdots, V_n)^{\mathrm{T}}$$

$$X = (\delta X, \delta Y, \delta Z, \delta N_1, \delta N_2, \cdots, \delta N_{k-1})^{\mathrm{T}}$$

$$L = (W_1, W_2, \cdots, W_n)^{\mathrm{T}}$$

$$A = \begin{bmatrix} a_{11} & a_{12} & a_{13} & 1 & 0 & \cdots & 0 \\ a_{21} & a_{22} & a_{23} & 1 & 0 & \cdots & 0 \\ \vdots & \vdots & \vdots & \vdots & \vdots & & \vdots \\ a_{j,1} & a_{j,2} & a_{j,3} & 1 & 0 & \cdots & 0 \\ \vdots & \vdots & \vdots & \vdots & \vdots & & \vdots \\ a_{n-j,1} & a_{n-j,2} & a_{n-j,3} & 0 & 0 & \cdots & 1 \\ \vdots & \vdots & \vdots & \vdots & \vdots & & \vdots \\ a_{n-1,1} & a_{n-1,1} & a_{n-1,1} & 0 & 0 & \cdots & 1 \\ a_{n,1} & a_{n,2} & a_{n,3} & 0 & \cdots & \cdots & 1 \end{bmatrix} \begin{matrix} \left.\vphantom{\begin{matrix}1\\1\\1\\1\end{matrix}}\right\}\text{第一对卫星} \\ \\ \left.\vphantom{\begin{matrix}1\\1\\1\\1\end{matrix}}\right\}\text{第}k-1\text{对卫星} \end{matrix}$$

其中 $j$ 为历元数，$j = n/(k-1)$。

按各类双差观测值等权且彼此独立，即权阵 $P$ 为单位阵，组成法方程

$$NX + B = 0 \tag{7-17}$$

式中，$N = A^{\mathrm{T}}A$；$B = A^{\mathrm{T}}L$。可解得 $X$ 为

$$X = -N^{-1}B = A^{\mathrm{T}}A^{-1}(A^{\mathrm{T}}L) \tag{7-18}$$

若 1 点坐标已知，可求得 2 点坐标

$$\begin{cases} x_2 = x_1 + \Delta x_{12} + \delta x_{12} \\ y_2 = y_1 + \Delta y_{12} + \delta y_{12} \\ z_2 = z_1 + \Delta z_{12} + \delta z_{12} \end{cases} \tag{7-19}$$

基线向量坐标平差值为

$$\begin{cases} \Delta x_{12} = \Delta x_{12}^0 + \delta x_{12} \\ \Delta y_{12} = \Delta y_{12}^0 + \delta y_{12} \\ \Delta z_{12} = \Delta z_{12}^0 + \delta z_{12} \end{cases} \tag{7-20}$$

整周模糊度平差值为

$$N_i = N_i^0 + \delta N_i \quad (i=1,2,\cdots,k-1) \tag{7-21}$$

### 7.2.3 精度评定

**1. 单位权中误差估值**

单位权中误差估值为

$$m_0 = \sqrt{V^{\mathrm{T}}PV/(n-k-2)} \tag{7-22}$$

**2. 平差值的精度估计**

未知数向量 $X$ 中任一分量的精度估值为

$$m_{xi} = m_0\sqrt{1/p_{xi}} \tag{7-23}$$

式中，$p_{xi}$ 由 $N^{-1}$ 中对角元素求得；$p_{xi} = 1/Q_{xi}$。

基线长 $b = \sqrt{(\Delta X_{12}^0 + \delta X_{12})^2 + (\Delta Y_{12}^0 + \delta Y_{12})^2 + (\Delta Z_{12}^0 + \delta Z_{12})^2}$，在 $(\Delta x_{12}^0, \Delta y_{12}^0, \Delta z_{12}^0)$ 处展开后即可得到

$$\delta b = f^{\mathrm{T}} \Delta X \tag{7-24}$$

由协因数传播定律可得

$$Q_{bb} = f^{\mathrm{T}} Q_{\Delta X} f$$

基线长度 $b$ 中误差估值为

$$m_b = m_0 \sqrt{Q_{bb}}$$

基线长度相对中误差估值为

$$f_b = m_b / b \cdot 10^6$$

### 7.2.4 基线向量解算结果分析

基线向量解算是一个复杂的平差计算过程，实际处理时要顾及时段中信号间断引起的数据剔除，劣质观测数据的发现及剔除星座变化引起的整周未知数的变化，进一步消除传播延迟改正以及对接收机钟差重新评估等问题。

基线处理完成后，应对其结果作以下分析。

**1. 观测值残差分析**

平差处理时假定观测值仅存在偶然误差，当存在系统误差或粗差时，处理结果将有偏差。理论上，载波相位观测精度为1%周，即对 $L_1$ 波段信号观测的误差只有 2mm。当偶然误差达 1cm 时，应认为观测值质量存在较严重问题；当系统误差达分米级时应认为处理软件中采用的模型不适用；当残差分布中出现突然的跳跃或尖峰时，表明周跳未处理成功。

平差后单位权中误差值一般为 0.05 周以下，否则，表明观测值中存在某些问题。例如，可能存在受多路径干扰、外界无线电信号干扰或接收机时钟不稳定等影响的低精度观测值；观测值改正模型不适宜；周跳未被完全修复；整周未知数解算不成功使观测值存在系统误差等。当然单位权中误差较大也可能是由于起算数据存在问题，如存在基线固定端点坐标误差或存在基准数据的卫星星历误差的影响。

### 2. 基线长度的精度

基线处理后其长度中误差应在标称精度值内。多数接收机的基线长度标称精度为 $(5\sim10)\pm(1\sim2)\,\text{ppm}\cdot D(\text{mm})$。

对于 20km 以内的短基线，单频数据通过差分处理可以有效地消除电离层影响，从而确保相对定位的精度。当基线长度增长时，双频接收机观测数据消除电离层的影响将明显优于单频接收机观测数据的处理结果。

### 3. 双差固定解与双差实数解

理论上整周未知数 $N$ 是一整数，但通常平差解算得到的是一实数，称为双差实数解。将实数确定为整数，进一步平差时不作为未知数求解，这样的结果称为双差固定解。在短基线情况下可以精确确定整周未知数，因而其解算结果优于实数解，但两者之间的基线向量坐标应附合良好(通常要求其小于 5cm)。当双差固定解与实数解的向量坐标差达分米级时，则处理结果可能有误，其原因多为观测值质量不佳。基线长度较长时，通常以采用双差实数解为佳。

## 7.2.5 基线解算中的几个问题

判别基线解算结果需要根据二项指标即中误差 rms 及模糊度检验率指标 RATIO 来确定，如果两项指标不符合要求，则应做分析并重新计算。下面将就几种情况进行讨论。

### 1. 中误差符合要求而模糊度检验率不符合要求

对于这种情况，一般表明观测数据不足以确定整周模糊度，无法获得最后解，其原因可能是观测时间不够或图形强度较差而造成的。如果外业观测时高度角设置较低如为 12°，而内业数据处理时取 15°以上的观测数据，则可将参数文件中卫星高度角降低至 12°重新计算，这样或许能增加一些数据；如果外业设置高度角与内业数据处理时一致，一般不必重算。

### 2. 中误差及模糊度检验率均不符合要求

此时观测数据中可能存在干扰因素的影响，可考虑做以下处理：

(1) 在解算时可考虑提高观测卫星的高度角，如可取 18°~26°。

(2) 在解算时可考虑减小数据的剔除率。

(3) 在解算时可考虑改变参考卫星，重新进行双差解算。对这种情况最好通过残差图进行残差分析，确定某颗卫星是否存在问题(若存在问题即可删除)，某时间残差较大，如开始一些历元残差较大(可重新设置起始和结束历元)，这样可更好地保证卫星数据的质量。只要有足够的数据，便可重新解算获得正确解。

### 3. 模糊度检验率符合要求而中误差略大于要求

若边长较长，观测时间也较长，这种情况是正常的，当然也可以参照前面的分析进行处理，即提高内业计算时的卫星高度角或删除残差较大的观测数据。

## 7.3 GNSS 控制网的三维平差

GNSS 控制网是由相对定位所求得的基线向量而构成的空间基线向量网，在其平差中，是以基线向量及协方差为基本观测量。通常采用三维无约束平差、三维约束平差及三维联合平差三种平差模型。

### 7.3.1 三维无约束平差

所谓三维无约束平差，就是 GNSS 控制网中只有一个已知点坐标情况下所进行的平差。

三维无约束平差的主要目的是考察基线向量网本身的内符合精度以及考察基线向量之间有无明显的系统误差和粗差,其平差无外部基准,或者引入外部基准,但并不会由其误差使控制网产生变形和改正。由于基线向量本身提供了尺度基准和定向基准,故在控制网平差时,只需要提供一个位置基准。因此,其网不会因为该基准误差而产生变形,所以是一种无约束平差。平差中有两种引入基准的方法:一种是取网中任意一点的伪距定位坐标作为网的位置基准;另一种是引入一种合适的近似坐标系统下的秩亏自由网基准。

**1. 基线向量观测方程**

设 $l_{ij} = [\Delta X_{ij}, \Delta Y_{ij}, \Delta Z_{ij}]^{\mathrm{T}}$ 为 GNSS 网任一基线向量,则网平差时其观测方程为

$$\begin{bmatrix} V_{\Delta X_{ij}} \\ V_{\Delta Y_{ij}} \\ V_{\Delta Z_{ij}} \end{bmatrix} = \begin{bmatrix} -1 & 0 & 0 \\ 0 & -1 & 0 \\ 0 & 0 & -1 \end{bmatrix} \begin{bmatrix} \mathrm{d}X_i \\ \mathrm{d}Y_i \\ \mathrm{d}Z_i \end{bmatrix} + \begin{bmatrix} +1 & 0 & 0 \\ 0 & +1 & 0 \\ 0 & 0 & +1 \end{bmatrix} \begin{bmatrix} \mathrm{d}X_j \\ \mathrm{d}Y_j \\ \mathrm{d}Z_j \end{bmatrix} - \begin{bmatrix} \Delta X_{ij} - X_i + X_j \\ \Delta Y_{ij} - Y_i + Y_j \\ \Delta Z_{ij} - Z_i + Z_j \end{bmatrix} \tag{7-25}$$

写成矩阵形式为

$$V_{ij} = -E \mathrm{d}X_i + E \mathrm{d}X_j - L_{ij}$$

其对应的方差协方差阵和权阵分别为

$$D_{ij} = \begin{bmatrix} \sigma_{\Delta X}^2 & \sigma_{\Delta X \Delta Y} & \sigma_{\Delta X \Delta Z} \\ \sigma_{\Delta X \Delta Y} & \sigma_{\Delta Y}^2 & \sigma_{\Delta Y \Delta Z} \\ \sigma_{\Delta X \Delta Z} & \sigma_{\Delta Y \Delta Z} & \sigma_{\Delta Z}^2 \end{bmatrix}, \quad P_{ij} = D_{ij}^{-1} \tag{7-26}$$

**2. 位置基准方程**

当引入一个点的伪距定位值作为固定位置时,设第 $k$ 点为固定点,则基准方程为

$$\begin{bmatrix} \mathrm{d}X_k \\ \mathrm{d}Y_k \\ \mathrm{d}Z_k \end{bmatrix} = \begin{bmatrix} X_k^0 \\ Y_k^0 \\ Z_k^0 \end{bmatrix} - \begin{bmatrix} X_k \\ Y_k \\ Z_k \end{bmatrix} = 0 \tag{7-27}$$

或 $\mathrm{d}X_k = 0$。而对秩亏自由网平差位置基准,有基准方程

$$G^{\mathrm{T}} \mathrm{d}B = 0 \tag{7-28}$$

其中

$$G^{\mathrm{T}} = \begin{bmatrix} 1 & 0 & 0 & \cdots & 1 & 0 & 0 \\ 0 & 1 & 0 & \cdots & 0 & 1 & 0 \\ 0 & 0 & 1 & \cdots & 0 & 0 & 1 \end{bmatrix} = \underbrace{[E \ E \ \cdots \ E]}_{n \uparrow} \tag{7-29}$$

$$\mathrm{d}B = [\mathrm{d}X_1 \mathrm{d}Y_1 \mathrm{d}Z_1 \cdots \mathrm{d}X_n \mathrm{d}Y_n \mathrm{d}Z_n]^{\mathrm{T}} \tag{7-30}$$

**3. 法方程的组成及解算**

因为 GNSS 网各基线向量观测值之间是相互独立的,且误差方程的坐标未知数的系数均是单位阵,所以其法方程既简单又有规律。可分别对每个基线向量观测值方程组成法方程,由公式(7-25)得

$$\begin{bmatrix} P_{ij} & -P_{ij} \\ -P_{ij} & P_{ij} \end{bmatrix} \begin{bmatrix} \mathrm{d}X_i \\ \mathrm{d}Y_i \end{bmatrix} - \begin{bmatrix} -P_{ij} \ L_{ij} \\ P_{ij} \ L_{ij} \end{bmatrix} = 0 \tag{7-31}$$

再将这些单个法方程的系数项和常数项加到总法方程对应的系数项和常数项上去，得

$$\begin{bmatrix} \sum P_1 & -\sum P_{12} & \cdots & \sum P_{1n} \\ -\sum P_{21} & \sum P_2 & \cdots & \sum P_{2n} \\ \vdots & \vdots & & \vdots \\ -\sum P_{n1} & -\sum P_{n2} & \cdots & \sum P_n \end{bmatrix} \begin{bmatrix} dX_1 \\ dX_2 \\ \vdots \\ dX_n \end{bmatrix} - \begin{bmatrix} \sum P_1 L_{1k} \\ \sum P_2 L_{2k} \\ \vdots \\ \sum P_n L_{nk} \end{bmatrix} = 0 \tag{7-32}$$

或

$$Nd\bar{X} - U = 0$$

其中：$d\bar{X} = (dX_1^T dX_2^T \cdots dX_n^T)^T$。

于是可解得坐标未知数

$$d\bar{X} = N^{-1}U \tag{7-33}$$

**4. 精度评定**

单位权中误差估值为

$$\sigma_0^2 = \frac{V^T P V}{3m - 3n + 3} \tag{7-34}$$

这里 $n$ 为网中的基线向量数，$m$ 为网的总点数。坐标未知数的方差估计值为

$$D_X = \sigma_0^2 N^{-1} \tag{7-35}$$

由此我们可以通过改正数检验了解控制网自身的内符合精度，观察网中是否可能存在粗差和系统误差。

### 7.3.2 三维约束平差

所谓三维约束平差，就是指以国家大地坐标系或地方坐标系的某些固定点的坐标、固定边长及固定方位为网的基准，并将其作为平差中的约束条件，在平差计算中考虑 GNSS 网与地面网之间的转换参数。

**1. 基线向量观测方程**

观测方程必须顾及 GNSS 坐标系与国家大地坐标系间的转换参数，即应顾及 7 个转换参数。但因为观测量——基线向量是以三维坐标差的形式表示的，转换关系与平移参数无关，所以 7 个参数中只需要考虑尺度参数 $m$ 和三个旋转参数 $\varepsilon_x, \varepsilon_y, \varepsilon_z$。两坐标系的坐标差转换模型为

$$\begin{bmatrix} \Delta X_{ij} \\ \Delta Y_{ij} \\ \Delta Z_{ij} \end{bmatrix}_S = (1+m) \begin{bmatrix} \Delta X_{ij} \\ \Delta Y_{ij} \\ \Delta Z_{ij} \end{bmatrix}_T + R_{ij} \begin{bmatrix} \varepsilon_x \\ \varepsilon_y \\ \varepsilon_z \end{bmatrix} \tag{7-36}$$

式中，

$$R_{ij} = \begin{bmatrix} 0 & -\Delta Z_{ij} & \Delta Y_{ij} \\ \Delta Z_{ij} & 0 & -\Delta X_{ij} \\ -\Delta Y_{ij} & \Delta X_{ij} & 0 \end{bmatrix}$$

由公式(7-36)可得在考虑转换参数后的基线向量观测方程

$$\begin{bmatrix} V_{\Delta X_{ij}} \\ V_{\Delta Y_{ij}} \\ V_{\Delta Z_{ij}} \end{bmatrix} = -\begin{bmatrix} \mathrm{d}X_i \\ \mathrm{d}Y_i \\ \mathrm{d}Z_i \end{bmatrix} + \begin{bmatrix} \mathrm{d}X_j \\ \mathrm{d}Y_j \\ \mathrm{d}Z_j \end{bmatrix} + \begin{bmatrix} \Delta X_{ij} \\ \Delta Y_{ij} \\ \Delta Z_{ij} \end{bmatrix} m + R_{ij} \begin{bmatrix} \varepsilon_x \\ \varepsilon_y \\ \varepsilon_z \end{bmatrix} - \begin{bmatrix} L_{\Delta X_{ij}} \\ L_{\Delta Y_{ij}} \\ L_{\Delta Z_{ij}} \end{bmatrix} \tag{7-37}$$

式中，
$$\begin{bmatrix} L_{\Delta X_{ij}} \\ L_{\Delta Y_{ij}} \\ L_{\Delta Z_{ij}} \end{bmatrix} = \begin{bmatrix} X_j^0 - X_i^0 - \Delta X_{ij} \\ Y_j^0 - Y_i^0 - \Delta Y_{ij} \\ Z_j^0 - Z_i^0 - \Delta Z_{ij} \end{bmatrix}$$

通常基线向量以空间直角坐标表示，而地面网坐标系统的坐标是以大地坐标表示，因此，应将两坐标系的转换关系式线性化，则观测值误差方程为

$$\begin{bmatrix} V_{\Delta X_{ij}} \\ V_{\Delta Y_{ij}} \\ V_{\Delta Z_{ij}} \end{bmatrix} = -A_i \begin{bmatrix} \mathrm{d}B_i \\ \mathrm{d}L_i \\ \mathrm{d}H_i \end{bmatrix} + A_j \begin{bmatrix} \mathrm{d}B_j \\ \mathrm{d}L_j \\ \mathrm{d}H_j \end{bmatrix} + \begin{bmatrix} \Delta X_{ij}^0 \\ \Delta Y_{ij}^0 \\ \Delta Z_{ij}^0 \end{bmatrix} m + R_{ij} \begin{bmatrix} \varepsilon_x \\ \varepsilon_y \\ \varepsilon_z \end{bmatrix} - \begin{bmatrix} L_{\Delta X_{ij}} \\ L_{\Delta Y_{ij}} \\ L_{\Delta Z_{ij}} \end{bmatrix} \tag{7-38}$$

式中，
$$\begin{bmatrix} \Delta X_{ij}^0 \\ \Delta Y_{ij}^0 \\ \Delta Z_{ij}^0 \end{bmatrix} = \begin{bmatrix} X_j^0 - X_i^0 \\ Y_j^0 - Y_i^0 \\ Z_j^0 - Z_i^0 \end{bmatrix} ; \quad \begin{bmatrix} X_i^0 \\ Y_i^0 \\ Z_i^0 \end{bmatrix} = \begin{bmatrix} (N_i + H_i)\cos B_i^0 \cos L_i^0 \\ (N_i + H_i)\cos B_i^0 \sin L_i^0 \\ [N_i(1-e^2) + H_i^0]\sin B_i^0 \end{bmatrix}$$

$B_i^0, L_i^0, H_i^0$ 为地面测量系统中 GNSS 网控制点的近似大地坐标，所有系数权阵 $A_i, A_j, R_{ij}$ 等均以近似值为依据计算。

**2. 约束条件方程**

对于已知点的坐标，其坐标约束条件为

$$\begin{bmatrix} \mathrm{d}B_k \\ \mathrm{d}L_k \\ \mathrm{d}H_k \end{bmatrix} = \begin{bmatrix} 0 \\ 0 \\ 0 \end{bmatrix} \quad (k \text{ 为已知地面坐标点}) \tag{7-39}$$

在平差中，对于已知的地面高精度测距值，可用来作为 GNSS 网平差的尺度基准，其约束条件为

$$-C_{ij}A_i \begin{bmatrix} \mathrm{d}B_i \\ \mathrm{d}L_i \\ \mathrm{d}H_i \end{bmatrix} + C_{ij}A_j \begin{bmatrix} \mathrm{d}B_j \\ \mathrm{d}L_j \\ \mathrm{d}H_j \end{bmatrix} + W_D = 0 \tag{7-40}$$

式中，$C_{ij} = (\Delta X_{ij}^0 / D_{ij}, \Delta Y_{ij}^0 / D_{ij}, \Delta Z_{ij}^0 / D_{ij})$；$W_D = ((\Delta X_{ij}^0)^2 + (\Delta Y_{ij}^0)^2 + (\Delta Z_{ij}^0)^2)^{1/2} - D_{ij}$；$D_{ij}$ 为已知的距离值。

对于已知的大地方位角，可用其作为网的定向基准，约束条件方程为

$$-F_{kj}A_k \begin{bmatrix} \mathrm{d}B_k \\ \mathrm{d}L_k \\ \mathrm{d}H_k \end{bmatrix} + F_{kj}A_j \begin{bmatrix} \mathrm{d}B_j \\ \mathrm{d}L_j \\ \mathrm{d}H_j \end{bmatrix} + W_\alpha = 0 \tag{7-41}$$

式中，
$$F_{kj} = \begin{bmatrix} \dfrac{\sin A_{kj}^0 \sin B_k^0 \cos L_k^0 - \cos A_{kj}^0 \sin L_k^0}{D_{kj}^0 \sin Z_{kj}^0} \\ \dfrac{\sin A_{kj}^0 \sin B_k^0 \sin L_k^0 + \cos A_{kj}^0 \cos L_k^0}{D_{kj}^0 \sin Z_{kj}^0} \\ -\dfrac{\sin A_{kj}^0 \cos B_k^0}{D_{kj}^0 \sin Z_{kj}^0} \end{bmatrix}^{\mathrm{T}}$$

$$W_\alpha = \arctan \frac{(N_j^0 + H_j^0)\cos B_j^0 \sin(L_j^0 - L_k^0)}{X_{kj}^0} - \alpha_{kj}$$

$$X_{kj}^0 = [\cos B_k^0 \cos B_j^0 - \sin B_k^0 \cos B_j^0 \cos(L_j^0 - L_k^0)](N_j^0 + H_j^0) \\ + (N_k^0 \sin B_k^0 - N_j^0 \sin B_j^0)e^2 \cos B_k^0$$

式中，$D_{kj}^0$ 为两点之间的近似弦长；$Z_{kj}^0$ 为 $k$ 点至 $j$ 点的天顶距近似值；$\alpha_{kj}$ 为地面网已知方位角。

**3. 法方程的组成及解算**

GNSS 网三维约束平差即为附有条件的间接平差，其误差方程为基线向量的观测方程，写成矩阵式为

$$V = B\mathrm{d}\bar{B} - L \tag{7-42}$$

其约束条件方程为

$$C\mathrm{d}\bar{B} + W = 0 \tag{7-43}$$

则可按最小二乘组成法方程

$$\begin{bmatrix} N & C^{\mathrm{T}} \\ C & 0 \end{bmatrix} \begin{bmatrix} \mathrm{d}\bar{B} \\ K \end{bmatrix} + \begin{bmatrix} -U \\ W \end{bmatrix} = 0 \tag{7-44}$$

式中，$N = B^{\mathrm{T}}PB$；$U = B^{\mathrm{T}}PL$；$\mathrm{d}\bar{B} = [\mathrm{d}B_1^{\mathrm{T}} \mathrm{d}B_2^{\mathrm{T}} \cdots \mathrm{d}B_n^{\mathrm{T}}, m, \varepsilon_x, \varepsilon_y, \varepsilon_z]^{\mathrm{T}}$；$K$ 为联系数。按矩阵分块求逆，可解出未知数

$$K = [CN^{-1}C^{\mathrm{T}}]^{-1}[W + CN^{-1}U] \tag{7-45}$$

$$\mathrm{d}\bar{B} = N^{-1}(U - C^{\mathrm{T}}K) \tag{7-46}$$

平差后未知数的协因数阵为

$$\begin{cases} Q_{kk} = -(CN^{-1}C^{\mathrm{T}})^{-1} \\ Q_{\hat{\bar{B}}} = N^{-1} + N^{-1}C^{\mathrm{T}}Q_{kk}CN^{-1} \end{cases} \tag{7-47}$$

单位权方差估值为

$$\sigma_0^2 = \frac{V^{\mathrm{T}}PV}{3m - n + r} \tag{7-48}$$

式中，$m$ 为基线数；$n$ 为未知数个数；$r$ 为条件方程个数。则平差后未知数的方差估值为

$$D_{\hat{\bar{B}}} = \sigma_0^2 Q_{\hat{\bar{B}}} \tag{7-49}$$

### 7.3.3　GNSS 网与地面网的三维联合平差

三维联合平差是指除了顾及上述基线向量的观测方程和作为基准的约束条件外，同时顾及地面网中的常规观测值(如方向、距离、天顶距等)的平差。基线向量观测值误差方程以及约束条件同上，而地面网观测值的误差方程包括以下几种。

**1. 方向观测值($\beta_{ij}$)的误差方程**

$$V_{\beta_{ij}} = -d\theta_i - F_{ij}A_i \begin{bmatrix} dB_i \\ dL_i \\ dH_i \end{bmatrix} + F_{ij}A_j \begin{bmatrix} dB_j \\ dL_j \\ dH_j \end{bmatrix} - L_{\beta_{ij}} \tag{7-50}$$

式中，$L_{\beta_{ij}} = \beta_{ij} + \theta_i^0 - \alpha_{ij}^0$；$\theta_i^0$ 和 $d\theta_i$ 表示测站上定向角的近似值和改正值。

**2. 方位观测值($\alpha_{ij}$)的误差方程**

$$V_{\alpha_{ij}} = -F_{ij}A_i \begin{bmatrix} dB_i \\ dL_i \\ dH_i \end{bmatrix} + F_{ij}A_j \begin{bmatrix} dB_j \\ dL_j \\ dH_j \end{bmatrix} - L_{\alpha_{ij}} \tag{7-51}$$

$$L_{\alpha_{ij}} = \alpha_{ij} - \alpha_{ij}^0$$

**3. 距离观测值($D_{ij}$)的误差方程**

$$V_{D_{ij}} = -C_{ij}A_i \begin{bmatrix} dB_i \\ dL_i \\ dH_i \end{bmatrix} + C_{ij}A_j \begin{bmatrix} dB_j \\ dL_j \\ dH_j \end{bmatrix} - L_{D_{ij}} \tag{7-52}$$

$$L_{D_{ij}} = D_{ij} - D_{ij}^0$$

**4. 水准测量高差值($h_{ij}$)的误差方程**

$$\begin{cases} V_{h_{ij}} = -dH_i + dH_j - \Delta N_{ij} - L_{h_{ij}} \\ L_{h_{ij}} = h_{ij} - h_{ij}^0 \end{cases} \tag{7-53}$$

式中，$\Delta N_{ij}$ 是 $i$、$j$ 两点大地水准面差距之差。

若考虑天顶距和天文经纬度观测值，在未知数中还要加上各点的垂线偏差及折光系数改正数，平差中法方程的组成及解算方法均与三维约束平差相同，这里就不再赘述。

### 7.3.4　GNSS 控制网三维平差的主要流程

GNSS 网三维平差的主要流程图如图 7-2 所示。在 GNSS 网三维平差中，首先应进行三维无约束平差，平差后通过观测值改正数检验，发现基线向量中是否存在粗差，并剔除含有粗差的基线向量，再重新进行平差，直至确定网中没有粗差后，再对单位权方差因子进行 $\chi^2$ 检验，判断平差的基线向量随机模型是否存在误差，并对随机模型进行改正，以提供较为合适的平差随机模型。然后对 GNSS 网进行约束平差或联合平差，并对平差中加入的转换参数进行显著性检验，对于不显著的参数应剔除，以免破坏平差方程的性态。

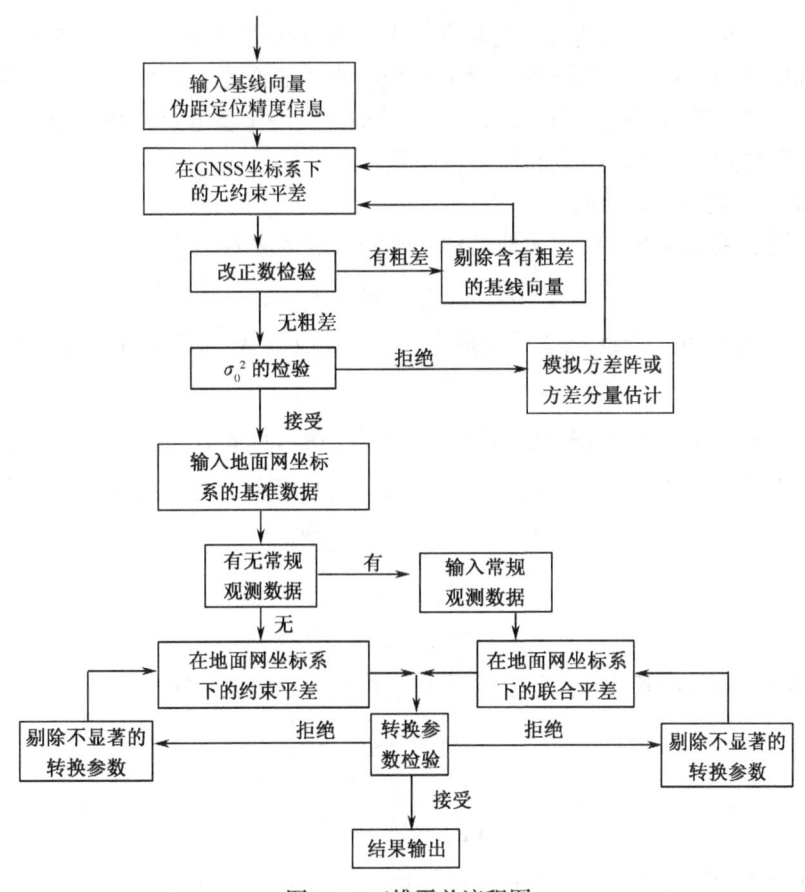

图 7-2 三维平差流程图

## 7.4 GNSS 基线向量网的二维平差

因为大多数工程及生产实用均采用平面坐标和正常高系统,所以将 GNSS 基线向量投影到平面上,进行二维平面约束平差是十分必要的。

GNSS 基线向量网二维平差应在某一参考椭球面或某一投影平面坐标系上进行。因此,平差前必须将三维基线向量观测值及其协方差阵转换投影至二维平差计算面上,也就是从三维基线向量中提取二维信息,在平差计算面上构成一个二维基线向量网。

GNSS 基线向量网二维平差也可分为无约束平差、约束平差和联合平差三类,平差原理及方法均与三维平差相同。

由二维约束平差和联合平差获得的平面坐标,就是国家坐标系下或地方坐标系下具有传统意义的控制成果。在平差中的约束条件往往是由地面网与 GNSS 网重合的已知点坐标,这些作为基准的已知点的精度或它们之间的兼容性是必须保证的,否则由于基准本身误差太大互不兼容,将会导致平差后的 GNSS 网产生严重变形,精度大大降低。因此,在平差中,应通过检验发现并淘汰精度低且不兼容地面网的已知点,再重新平差。

### 7.4.1 基线向量网的二维投影变换

在三维基线向量转换成二维基线向量中,应避免地面网中大地高程不准确引起的尺度误差和 GNSS 网变形,以保证 GNSS 网转换后整体及相对几何关系不变。因此,可采用在一点上实行位置强制约束，在一条基线的空间方向上实行方向约束的三维转换方法，亦可在一点上实行位置强制约束，在一条基线的参考椭球面投影的法截弧和大地线方向上实行定向约束的准三维转换方法。使得转换后的 GNSS 网与地面网在一个基准点上和一条基线上的方向完全一致，而两网之间只存在尺度差和残余定向差。

**1. 基线向量网变换成地面网**

设地面控制位置基准点在国家大地坐标系中的大地坐标为

$$(B_T^0, L_T^0, H_T^0) \ (H_0 = h_0 - \zeta_0)$$

由大地坐标与空间三维直角坐标关系式可得该点在国家空间直角坐标系下的坐标($X_T^0, Y_T^0, Z_T^0$)。

假定网中基准点的坐标为$(B^0, L^0, H^0)$，其他点坐标为$(B_1, L_1, H_1)$，而该基准点在 GNSS 网的三维直角坐标为$(X_S^0, Y_S^0, Z_S^0)$，由此可得 GNSS 网平移至地面控制网基点的平移参数为

$$\begin{cases} \Delta X = X_0^{\mathrm{T}} - X_S^0 \\ \Delta Y = Y_0^{\mathrm{T}} - Y_S^0 \\ \Delta Z = Z_0^{\mathrm{T}} - Z_S^0 \end{cases} \quad (7\text{-}54)$$

于是，可将 GNSS 网其他各点坐标经下式平移到国家大地坐标系中

$$\begin{bmatrix} X_{T_i} = X_{S_i} + \Delta X \\ Y_{T_i} = Y_{S_i} + \Delta Y \\ Z_{T_i} = Z_{S_i} + \Delta Z \end{bmatrix} \quad (7\text{-}55)$$

利用高斯投影的反算公式，即可得各点在国家大地坐标系中的大地坐标($B_i, L_i, H_i$)。

**2. 三维 GNSS 网转换至国家大地坐标系的二维投影**

虽然平移变换已将 GNSS 网与地面控制网在基准点上(图 7-3 中 1 号点为基准点)实现了重合，但为使 GNSS 网与地面控制网在方位上重合，则可利用椭球大地测量学中的赫里斯托夫第一类微分公式，实现两网在同一椭球面上的符合。该公式给出了当基准数据发生变化(起始点的大地坐标d$B$、d$L$，方位d$A$，长度d$S$)时，相应的其他大地点坐标的变化值。

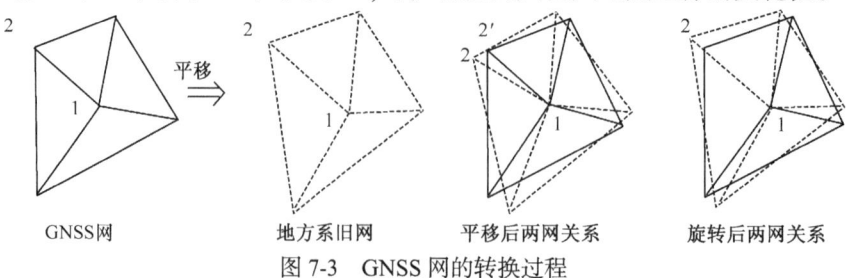

图 7-3 GNSS 网的转换过程

GNSS网　　地方系旧网　　平移后两网关系　　旋转后两网关系

设$B_1 = B^0 + \Delta B, L_1 = L^0 + \Delta L, A_1 = A^0 + \Delta A \pm 180°$，则有全微分公式

$$\begin{cases} \mathrm{d}B_1 = \left(1 + \dfrac{\partial \Delta B}{\partial B}\right)\mathrm{d}B^0 + \dfrac{\partial \Delta B}{\partial S}\mathrm{d}S^0 + \dfrac{\partial \Delta B}{\partial A}\mathrm{d}A^0 \\ \mathrm{d}L_1 = \dfrac{\partial \Delta L}{\partial B}\mathrm{d}B^0 + \dfrac{\partial \Delta B}{\partial S}\mathrm{d}S^0 + \dfrac{\partial \Delta L}{\partial A}\mathrm{d}A^0 + \mathrm{d}L^0 \end{cases} \quad (7\text{-}56)$$

因为参考椭球是旋转椭球体,所以当 $L^0$ 有 $\mathrm{d}L^0$ 变化时,则相当于起算子午面有了微小的变化,且这一变化仅对经度 $\mathrm{d}L_1$ 有一个平移 $\mathrm{d}L^0$ 的影响,对 $B_1$ 没有影响,为了书写方便,上式可写成

$$\begin{cases} \mathrm{d}B_1 = p_1\mathrm{d}B^0 + p_3\left(\dfrac{\mathrm{d}S^0}{S}\right) + p_4\mathrm{d}A^0 \\ \mathrm{d}L_1 = q_1\mathrm{d}B^0 + q_3\left(\dfrac{\mathrm{d}S^0}{S}\right) + q_4\mathrm{d}A^0 + \mathrm{d}L^0 \end{cases} \tag{7-57}$$

式中,$p_1 = \left(1 + \dfrac{\partial \Delta B}{\partial B}\right)$;$p_3 = S\dfrac{\partial \Delta B}{\partial S}$;$p_4 = \dfrac{\partial \Delta B}{\partial A}$;$q_1 = \dfrac{\partial \Delta L}{\partial B}$;$q_3 = S\dfrac{\partial \Delta L}{\partial S}$;$q_4 = \dfrac{\partial \Delta L}{\partial A}$。该式即为赫里斯托夫第一类微分公式。

对于已经平移变换、且基准上重合的网,在该公式中,有 $\mathrm{d}B^0 = 0$,$\mathrm{d}L^0 = 0$。同时因为在进行三维至二维的投影变换时,往往难以准确确定两网的尺度差异,所以可将此变换留待约束(联合)平差时考虑,此时可设 $\mathrm{d}S^0 = 0$,那么,此处赫里斯托夫第一类微分公式就可简化为

$$\mathrm{d}B_1 = p_4\mathrm{d}A^0, \quad \mathrm{d}L_1 = q_4\mathrm{d}A^0 \tag{7-58}$$

由椭球大地测量可知

$$p_4 = -\cos B^0(1+\eta_0^2)\Delta L + 3\cos B^0 t_0 \eta_0^2 \Delta B \Delta L + \frac{1}{6}\cos^2 B^0 \times (1+t_0^2)\Delta L^3$$

$$q_4 = \frac{1}{\cos B^0}(1-\eta_0^2+\eta_0^4)\Delta B + \frac{1}{\cos B^0}t_0\left(1-\frac{1}{2}\eta_0^2\right)\Delta B^2 - \frac{1}{2}\cos B^0 t_0 \Delta L^2$$

$$+ \frac{1}{3\cos B^0}(1+3t_0^2)\Delta B^2 - \frac{1}{2}\cos B^0(1+t_0^2)\Delta B \Delta L^2$$

式中,$\eta_0 = e'\cos B$;$t_0 = \tan B$。

根据两网起始坐标方位角之差 $\mathrm{d}A = A_T^0 - A_S^0$,由公式(7-58)可得 GNSS 网中各点在国家大地坐标系内与地面网起始基准点及起始方位一致(图 7-3 中 1~2 方位)的坐标。

$$\begin{cases} B_1 = B_1 + \mathrm{d}B_1 \\ L_1 = L_1 + \mathrm{d}L_1 \end{cases} \tag{7-59}$$

为了平差计算及科研生产使用方便,二维平差通常是在平面上进行的。可利用高斯投影正算将 GNSS 各点由参心椭球坐标系投影到高斯平面坐标系。

**3. 三维基线向量协方差阵与二维高斯平面协方差阵变换**

除了将三维 GNSS 网投影到二维平面上外,还应把相应的协方差阵变换到二维高斯平面。由空间直角坐标与椭球大地坐标的关系可得任一条基线的空间直角坐标差关系为

$$\begin{bmatrix} \Delta x \\ \Delta y \\ \Delta z \end{bmatrix}_{01} = \begin{bmatrix} (N_1+H_1)\cos B_1 \cos L_1 \\ (N_1+H_1)\cos B_1 \sin L_1 \\ (N_1(1-e^2)+H_1)\sin B_1 \end{bmatrix} - \begin{bmatrix} (N_0+H_0)\cos B_0 \cos L_0 \\ (N_0+H_0)\cos B_0 \sin L_0 \\ (N_0(1-e^2)+H_1)\sin B_0 \end{bmatrix} \tag{7-60}$$

可将上式展开成三维级数式,并通过对其求偏导得到空间直角坐标差与大地坐标差之间的全微分式

$$\begin{bmatrix} \mathrm{d}\Delta x \\ \mathrm{d}\Delta y \\ \mathrm{d}\Delta z \end{bmatrix} = \begin{bmatrix} a_B & a_L & a_H \\ b_B & b_L & b_H \\ c_B & c_L & c_H \end{bmatrix} \begin{bmatrix} \mathrm{d}\Delta B \\ \mathrm{d}\Delta L \\ \mathrm{d}\Delta H \end{bmatrix} \quad (7\text{-}61)$$

式中，$a_i, b_i, c_i (i = B, L, H)$ 为一阶偏导系数。

由于偏导系数矩阵是可逆的，于是可唯一地得到大地坐标差关于直角坐标差的微分关系式

$$\begin{bmatrix} \mathrm{d}\Delta B \\ \mathrm{d}\Delta L \\ \mathrm{d}\Delta H \end{bmatrix} = \begin{bmatrix} a_B & a_L & a_H \\ b_B & b_L & b_H \\ c_B & c_L & c_H \end{bmatrix}^{-1} \begin{bmatrix} \mathrm{d}\Delta x \\ \mathrm{d}\Delta y \\ \mathrm{d}\Delta z \end{bmatrix} \quad (7\text{-}62)$$

或

$$\mathrm{d}\Delta\overline{B} = B\mathrm{d}\Delta\overline{X}$$

式中，$\mathrm{d}\Delta\overline{B} = [\mathrm{d}\Delta B, \mathrm{d}\Delta L, \mathrm{d}\Delta H]^{\mathrm{T}}$；$\mathrm{d}\Delta\overline{X} = [\mathrm{d}\Delta x, \mathrm{d}\Delta y, \mathrm{d}\Delta z]^{\mathrm{T}}$。按协方差传播规律，可得到大地坐标差与直角坐标差之间的协方差转换公式

$$D_{\Delta\overline{B}} = BD_{\Delta X}B^{\mathrm{T}} \quad (7\text{-}63)$$

而由高斯正算公式可得平面直角坐标差与椭球坐标的全微分式

$$\begin{bmatrix} \mathrm{d}\Delta x \\ \mathrm{d}\Delta y \end{bmatrix} = \begin{bmatrix} \alpha_B & \alpha_L \\ \beta_B & \beta_L \end{bmatrix} \begin{bmatrix} \mathrm{d}\Delta B \\ \mathrm{d}\Delta L \end{bmatrix} = \alpha \mathrm{d}\Delta\overline{B}' \quad (7\text{-}64)$$

式中，$\mathrm{d}\Delta\overline{B}' = (\mathrm{d}\Delta B, \mathrm{d}\Delta L)$，而 $\alpha_B = N_0(1 - \eta_0^2 + \eta_0^4 - \eta_0^6) + 3N_0 t_0 (\eta_0^2 - 2\eta_0^4)\Delta B$；$\alpha_L = N_0 t_0 C_0 \Delta l$；$\beta_B = N_0 t_0 C_0 (-1 + \eta_0^2 - \eta_0^4 + \eta_0^6)\Delta l$；$\beta_L = N_0 C_0 + N_0 t_0 C_0 (-1 + \eta_0^2 - \eta_0^4 + \eta_0^6)\Delta B$。

由此，可得三维空间基线向量到二维高斯平面的协方差阵：

$$D_{\text{高斯}} = \alpha D'_{\Delta B} \alpha^{\mathrm{T}}$$

式中，$D'_{\Delta B}$ 是 $D_{\Delta\overline{B}}$ 中与 $\Delta B$、$\Delta L$ 有关的方差、协方差分量的子矩阵。

### 7.4.2 基线向量网的二维平差

通过上述转换方法，即可将基线向量与其协方差阵变换到二维平面坐标系中，然后进行二维平差。

**1. 二维约束平差的观测方程与约束条件方程**

设二维基线向量观测值为 $\Delta X_{ij} = (\Delta x_{ij}, \Delta y_{ij})^{\mathrm{T}}$，而待定坐标改正数 $\mathrm{d}X = (\mathrm{d}x_i, \mathrm{d}y_i)^{\mathrm{T}}$，尺度差参数 $m$ 以及残余定向差参数 $\mathrm{d}\alpha$ 为平差未知参数，则基线向量的观测误差方程为

$$\begin{aligned} \begin{bmatrix} V_{\Delta x_{ij}} \\ V_{\Delta y_{ij}} \end{bmatrix} &= \begin{bmatrix} -1 & 0 \\ 0 & -1 \end{bmatrix} \begin{bmatrix} \mathrm{d}x_i \\ \mathrm{d}y_i \end{bmatrix} + \begin{bmatrix} 1 & 0 \\ 0 & 1 \end{bmatrix} \begin{bmatrix} \mathrm{d}x_i \\ \mathrm{d}y_i \end{bmatrix} + \begin{bmatrix} \Delta x_{ij} \\ \Delta y_{ij} \end{bmatrix} m \\ &+ \begin{bmatrix} -\Delta y_{ij}/\rho \\ \Delta x_{ij}/\rho \end{bmatrix} \mathrm{d}\alpha - \begin{bmatrix} l_{\Delta x_{ij}} \\ l_{\Delta y_{ij}} \end{bmatrix} \end{aligned} \quad (7\text{-}65)$$

式中，

$$\begin{bmatrix} l_{\Delta x_{ij}} \\ l_{\Delta y_{ij}} \end{bmatrix} = \begin{bmatrix} \Delta x_{ij} \\ \Delta y_{ij} \end{bmatrix} - \begin{bmatrix} x_j - x_i \\ y_j - y_i \end{bmatrix} \tag{7-66}$$

$$m = (S_G - S_T)/S_T, \quad d\alpha = \alpha_G - \alpha_T$$

当网中有已知点的坐标约束时，GNSS 网中与已知点重合的基线向量的坐标改正数为零，即

$$\begin{bmatrix} dx_i \\ dy_i \end{bmatrix} = 0 \tag{7-67}$$

当网中有边长约束时，则边长约束条件方程为

$$-\cos\alpha_{ij}^0 dx_i - \sin\alpha_{ij}^0 dy_i + \cos\alpha_{ij}^0 dx_j + \sin\alpha_{ij}^0 dy_j + \omega_{S_{ij}} = 0 \tag{7-68}$$

此处

$$\begin{cases} \alpha_{ij}^0 = \arctan\left(\dfrac{y_j^0 - y_i^0}{x_j^0 - x_i^0}\right) \\ \omega_{S_{ij}} = \sqrt{(x_j^0 - x_i^0)^2 + (y_j^0 - y_i^0)^2} - S_{ij} \end{cases} \tag{7-69}$$

这里的 $S_{ij}$ 即为 GNSS 网的尺度基准。

当网中有已知方位角约束时，其约束条件方程为

$$a_{ij}dx_i + b_{ij}dy_i - a_{ij}dx_j - b_{ij}dy_j + \omega_{a_{ij}} = 0 \tag{7-70}$$

式中，$a_{ij} = \dfrac{\rho''\sin\alpha_{ij}^0}{S_{ij}^0}$；$b_{ij} = -\dfrac{\rho''\cos\alpha_{ij}^0}{S_{ij}^0}$；$\omega_{a_{ij}} = \arctan\left(\dfrac{y_j^0 - y_i^0}{x_j^0 - x_i^0}\right) - \alpha_{ij}$。 (7-71)

此处，$\alpha_{ij}^0$ 是已知方位，它是 GNSS 网的外部定向基准。

**2. GNSS 基线向量网同地面网的二维联合平差**

GNSS 基线向量网与地面网的二维联合平差是在上述基线观测方程及坐标、边长、方位的约束条件方程的基础上，再加上地面网的观测方向和观测边长的观测方程。

方向观测值误差方程为

$$V_{\beta_{ij}} = -dz_i + a_{ij}dx_i + b_{ij}dy_i - a_{ij}dx_j - b_{ij}dy_j - l_{\beta_{ij}} \tag{7-72}$$

式中，$dz_i$ 是测站 $i$ 上的定向角未知数，其近似值为 $Z_{ij}^0$。

$$l_{\beta_{ij}} = Z_{ij}^0 + \beta_{ij} - \alpha_{ij}^0 \tag{7-73}$$

边长观测值误差方程为

$$V_{S_{ij}} = -\cos\alpha_{ij}^0 dx_i - \sin\alpha_{ij}^0 dy_i + \cos\alpha_{ij}^0 dx_j + \sin\alpha_{ij}^0 dy_j - l_{S_{ij}} \tag{7-74}$$

式中，

$$l_{\beta_{ij}} = S_{ij} - S_{ij}^0 \tag{7-75}$$

GNSS 基线向量网的二维平差方法和平差过程均与三维网相同，这里就不再赘述。

## 7.5 GNSS 高程

由 GNSS 相对定位得到的基线向量，经平差后可得到高精度的大地高程。若网中有一点

或多点具有精确的 GNSS 坐标系的大地高程，则在网平差后，即可得各点的 GNSS 坐标系的大地高程。然而在实际应用中，地面点一般采用正常高程系统。因此，应找出 GNSS 点的大地高程同正常高程的关系，并采用一定模型进行转换。

在 GNSS 相对定位中，高程的相对精度一般可达 $(2 \sim 3) \times 10^{-6}$，在绝对精度方面，对于 10km 以下的基线边长，可达几个厘米，如果在观测和计算时采用一些消除误差的措施，其精度将优于 1cm。本节将介绍如何将 GNSS 高程变换为实用的正常高。

### 7.5.1 高程系统

为了找出 GNSS 高程系统与其他高程系统的关系，下面将介绍几种常用的高程系统及其关系。

**1. 大地高系统**

大地高系统是以参考椭球面为基准面的高程系统。地面某点的大地高程 $H$ 定义为由地面点沿通过该点的椭球法线到椭球面的距离，如图 7-4 所示，地面点 $P$ 的大地高程为 $PP'$。

在 GNSS 定位测量中获得的是 GNSS 坐标系中的成果，也就是说 GNSS 测量求得的是地面点相对于 GNSS 椭球的大地高程 $H$。

由大地高程的定义可知，它是一个几何量，不具有物理意义。不难理解，不同定义的椭球大地坐标系，具有不同的大地高程系统。

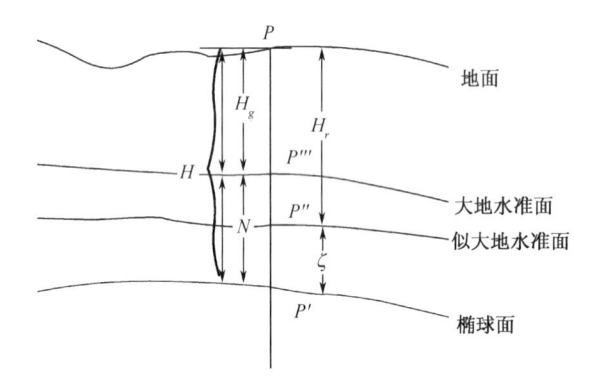

图 7-4 大地高程、正高高程、正常高程

**2. 正高系统**

正高系统是以大地水准面为基准面的高程系统。地面某点的正高高程 $H_g$ 定义为由地面点沿铅垂线至大地水准面的距离。

大地水准面是一组重力等位面(水准面)中的一个，因为水准面之间不平行，所以，过一点并与水准面相垂直的铅垂线，实际上是一条曲线，正高的计算公式为

$$H_g = \frac{1}{g_m} \int_0^{H_g} g \mathrm{d}H \tag{7-76}$$

式中，$g_m$ 为地面点沿铅垂线至大地水准面的平均重力加速度。因为 $g_m$ 无法直接测定，所以严格地讲，正高是不能精确确定的。

因为正高系统是以大地水准面为基准面的高程系统，所以它具有明确的物理意义。大地水准面至椭球面的距离 $P'P'''$ 为大地水准面差距 ($N$)

$$N = H - H_g \tag{7-77}$$

**3. 正常高系统**

由于正高实际上无法精确求定，为了使用方便，人们建立了正常高高程系统，定义为

$$H_r = \frac{1}{r_m} \int_0^{H_r} g \mathrm{d}H \tag{7-78}$$

式中，$r_m$ 为地面点沿垂线至似大地水准面之间的平均正常重力值，可表示为

$$r_m = r - 0.3086\left(\frac{H_r}{2}\right) \tag{7-79}$$

式中，$r$ 为椭球面上的正常重力，其计算公式为

$$r = r_e(1 + \beta_1 \sin^2\varphi - \beta_2 \sin^2 2\varphi) \tag{7-80}$$

式中，$r_e$ 为椭球赤道上的正常重力值；$\beta_1$，$\beta_2$ 为与椭球定义有关的系数；$\varphi$ 为地面点的天文纬度。我国目前采用的 $r_e$，$\beta_1$，$\beta_2$ 值为：$r_e = 978.030$；$\beta_1 = 0.005302$；$\beta_2 = 0.000007$。

由此可见正常高是以似大地水准面为基准面的高程系统，它不但可以精密确定，而且具有明显的物理意义，因而在各项工程技术方面有着非常广泛的应用。

任意一点的大地水准面与似大地水准面之间的差值，可由公式(7-76)与公式(7-78)得

$$H_r - H_g = \frac{g_m - r_m}{g_m} H_r \tag{7-81}$$

式中，$g_m - r_m$ 为重力异常。由于高山和海底的重力异常相差较大，其高程差值可达数米，在平原地区仅为数厘米，而在海平面上两者重合。

似大地水准面与椭球面之间的差距称为高程异常 $\zeta$（图 7-4 中的 $P'P''$）。

$$\zeta = H - H_r \tag{7-82}$$

### 7.5.2 GNSS 水准高程

目前，国内外 GNSS 水准主要采用纯几何的曲面拟合法，即根据测区内若干公共点上的高程异常值，构造一种曲面来逼近似大地水准面。构造的曲面不同，其计算方法也各异，下面介绍几种常用的拟合方法。

**1. 平面拟合法**

在小区域且较为平坦的测区，可以考虑用平面逼近局部似大地水准面。

设某公共点的高程异常 $\zeta$ 与该点的平面坐标的关系式为

$$\zeta_i = a_1 + a_2 x_i + a_3 y_i \tag{7-83}$$

式中，$a_1, a_2, a_3$ 为模型参数。

如果公共点的数目大于 3 个，则可列出相应的误差方程为

$$v_i = a_1 + a_2 x_i + a_3 y_i - \zeta_i \quad (i = 1, 2, 3, \cdots, n) \tag{7-84}$$

写成矩阵形式有

$$V = AX - \zeta \tag{7-85}$$

式中，$V = \begin{bmatrix} V_1 \\ V_2 \\ \vdots \\ V_n \end{bmatrix}$；$A = \begin{bmatrix} a_1 \\ a_2 \\ a_3 \end{bmatrix}$；$X = \begin{bmatrix} 1 & x_1 & y_1 \\ 1 & x_2 & y_2 \\ \vdots & \vdots & \vdots \\ 1 & x_n & y_n \end{bmatrix}$；$\zeta = \begin{bmatrix} \zeta_1 \\ \zeta_2 \\ \vdots \\ \zeta_n \end{bmatrix}$。

根据最小二乘原理可求得

$$A = (X^T X)^{-1} X^T \zeta \tag{7-86}$$

根据文献记载，该方法在 120km² 的平原地区，拟合精度可达 3～4cm。

## 2. 二次曲面拟合法

似大地水准面的拟合也可采用二次曲面拟合法，即对于公共点上的高程异常与平面坐标之间，有如下数学模型

$$\zeta_i = a_0 + a_1 x_i + a_2 y_i + a_3 x_i^2 + a_4 y_i^2 + a_5 xy \tag{7-87}$$

式中，$a_0,\cdots,a_5$ 为模型待定参数，因此，区域内至少需有 6 个公共点。当公共点多于 6 个时，仍可组成形如公式(7-85)的误差方程，此时

$$X = \begin{bmatrix} 1 & x_1 & y_1 & x_1^2 & y_1^2 & x_1 y_1 \\ 1 & x_2 & y_2 & x_2^2 & y_2^2 & x_2 y_2 \\ \vdots & \vdots & \vdots & \vdots & \vdots & \vdots \\ 1 & x_n & y_n & x_n^2 & y_n^2 & x_n y_n \end{bmatrix}, \quad A = \begin{bmatrix} a_0 \\ a_1 \\ \vdots \\ a_5 \end{bmatrix}$$

仍按最小二乘原理求解公式(7-87)，解出参数 $a_0, a_1, \cdots, a_5$。该拟合方法适合于平原与丘陵地区，在小区域范围内，拟合精度可优于 3cm。

二次曲面拟合还可进一步扩展为多项式曲面拟合法，这时数学模型为

$$\zeta_i = a_0 + a_1 x_i + a_2 y_i + a_3 x_i^2 + a_4 y_i^2 + a_5 x_i y_i + a_6 x_i^3 + a_7 y_i^3 + \cdots \tag{7-88}$$

公式(7-88)的误差方程矩阵式仍为公式(7-87)：$V = AX - \zeta$。

## 3. 多面函数法

美国的 Hardy 在 1971 年就提出了多面函数拟合法，并建议将此法用于拟合重力异常、大地水准面差距、垂线偏差等大地测量问题。

多面函数法的基本思想是：任何数学表面和任何不规则的圆滑表面，总可用一系列有规则的数学表面的总和以任意精度逼近。根据这一思想，高程异常函数可表示为

$$\zeta = \sum_{i=1}^{k} C_i Q(x, y, x_i, y_i) \tag{7-89}$$

式中，$C_i$ 为待定系数；$Q(x, y, x_i, y_i)$ 是 $x$ 和 $y$ 的二次核函数，其中核心在 $(x_i, y_i)$ 处；$\zeta$ 可由二次式的和确定，故称多面函数。

常用的简单核函数，一般采用具有对称性的距离型，即

$$Q(x, y, x_i, y_i) = [(x-x_i)^2 + (y-y_i)^2 + \delta^2]^b \tag{7-90}$$

式中，$\delta$ 称为平滑因子，用来对核函数进行调整；$b$ 一般可选某个非零实数，常用 $b=1/2$ 或 $-1/2$。

将公式(7-90)写成误差方程的矩阵形式

$$v = QC - \zeta \tag{7-91}$$

待定系数 $C$ 可根据公共点上的已知高程异常值，按最小二乘法计算

$$C = (Q^T Q)^{-1} Q^T \zeta \tag{7-92}$$

由上式求出多面函数的待定系数后，就可按公式(7-89)计算各 GNSS 点上的高程异常值。

多面函数法拟合高程异常，核函数 $Q$ 和光滑因子 $\delta$ 的选择对拟合效果十分重要，对于每个区域都应认真研究和选取。在核函数和光滑因子选取的合适情况下，其拟合精度与二次曲面拟合相当。

**4. 样条函数法**

高程异常曲面也可以通过构造样条曲面拟合。设某点的高程异常值 $\zeta$ 与该点的坐标 $(x,y)$ 存在如下关系：

$$\zeta = a_0 + a_1 x + a_2 y + \sum_{i=1}^{n} F_r r_i^2 / n r_i^2 \tag{7-93}$$

$$\sum_{i=1}^{n} F_i = \sum_{i=1}^{n} x_i F_i = \sum_{i=1}^{n} y_i F_i = 0 \tag{7-94}$$

$$a_0 = \sum_{i=1}^{n} [A_i + B_i (x_i^2 + y_i^2)]$$

式中，

$$\begin{cases} a_1 = 2\sum_{i=1}^{n} B_i y_i \\ F_i = P_i / 16\pi D \\ r_i^2 = (x - x_i)^2 + (y - y_i)^2 \end{cases} \tag{7-95}$$

$(x_i, y_i)$ 为已知高程异常值公共点的坐标；$(x, y)$ 为未知高程异常值的 GNSS 点的坐标；$F_i, B_i$ 为待定系数；$P_i$ 为点的负载；$D$ 为刚度。

对于每一个公共点都可以列出一个 $\zeta(x,y)$ 方程，对于 $n$ 个公共点，可以列出 $n+3$ 个方程，求解 $n+3$ 个未知系数 $a_0, a_1, a_3, F_1, F_2, \cdots, F_n$。应该指出，在求解方程组(7-93)时，至少应有三个公共点。

样条函数法(样条曲面拟合法)与多面函数法大致相同，适合于地形比较复杂的地区，拟合精度亦可以达 3cm 左右。

曲面拟合法中还有非参数回归曲面拟合法、有限元拟合法、移动曲面法等，这里不再详述。

当 GNSS 点布设成测线时，还可应用曲线内插法、多项式曲线拟合法、样条函数法和 Akima 法等。

### 7.5.3 GNSS 重力高程

**1. 地球重力场模型法**

地球重力场模型法是根据卫星跟踪数据、地面重力数据、卫星测高数据等重力场信息，由地球扰动位的球谐函数级数展开式来求高程异常。

由物理大地测量学可知，地面点扰动位 $T$ 与该点引力位 $V$ 和正常引力位 $U$ 之间的关系为

$$T = V - U \tag{7-96}$$

而高程异常为

$$\zeta = T / \gamma \tag{7-97}$$

式中，$\gamma$ 为地面点 $P$ 的正常重力值。因为正常重力值 $\gamma$ 和正常引力位 $U$ 可以精确计算，所以只要给出地面点的引力位 $V$，就可求出地面点的高程异常 $\zeta$。

引力位 $V$ 可由球谐函数级数展开式计算：

$$V = \frac{GM}{\rho} \left[ 1 + \sum_{n=2}^{\infty} \sum_{m=0}^{n} \left( \frac{a}{\rho} \right)^n (C_{nm} \cos mL + S_{nm} \sin mL \cdot P_{nm} \sin B) \right]$$

式中，$\rho, B, L$ 为地面点的矢径、纬度、经度；$C_{nm}, S_{nm}$ 为位系数；$P_{nm}\sin B$ 为勒让德函数；$n$ 为阶；$m$ 为次。

$n$ 的阶数越大，求得的结果越精确，国内外已推出许多重力模型，并已求出 360 阶次的模型。然而，因为国外的模型均没有利用我国的重力资料，所以国外模型用于我国计算时，精度要比国内模型低。我国的 WDM$_{89}$ 模型是一个阶次为 180 的模型，除利用国外重力资料外，还利用了我国 5 万多个重力点的资料，在我国沿海平原地区计算时，$\zeta$ 可达厘米级精度，山区可达 0.2m 的精度，而在其他地区精度为 1.0～1.5m。

**2. 重力场模型与 GNSS 水准相结合法**

我国幅员辽阔，地形地质结构复杂，因此，无论重力点的密度还是精度，都不能满足由重力场模型求出高精度重力异常的要求，通常重力场模型求出的高程异常精度往往低于由水准联测获得公共点上的高程异常的精度，因而一些学者提出了采用重力场模型和 GNSS 水准相结合的方法。

该方法的基本思路是：在 GNSS 水准点上，将由 GNSS 大地高程和水准正常高求得的高程异常 $\zeta$ 与由重力场模型求得的高程异常 $\zeta_m$ 进行比较，从而求出该地面点的两种高程异常的差值

$$\delta\zeta = \zeta - \zeta_m \tag{7-98}$$

然后再采用曲面拟合方法，由公共点的平面坐标和 $\delta\zeta$ 推求其他点的 $\delta\zeta$，由此计算 GNSS 网中未测水准点的正常高程

$$H_r = H - \zeta_m - \delta\zeta \tag{7-99}$$

实验表明，这种重力场模型与 GNSS 水准相结合的方法是提高高程精度的有效途径。

**3. 地形改正法**

地面点的高程异常是由高程异常中的长波项(平滑项)和短波项两部分组成，即

$$\zeta = \zeta_0 + \zeta_T \tag{7-100}$$

高程异常中的长波项 $\zeta_0$ 可按前面所述的方法求出，而短波项是地形起伏对高程异常的影响，称为地形改正项。地形改正项在平原地区很小，可以忽略，而在山区不可忽略。

按莫洛金斯基原理：

$$\zeta_T = T / \gamma \tag{7-101}$$

式中，$T$ 为地形起伏对地面点扰动位的影响；$\gamma$ 为地面正常重力值。

地形起伏对地面点扰动位的影响可表示为积分形式

$$T = G \cdot \rho \iint_x [(h - h_r)/\gamma_0] d\pi - \frac{G \cdot \rho}{6} \iint_x [(h - h_r)^3 / \gamma_0^3] d\pi \tag{7-102}$$

式中，$\gamma_0 = \left[(x - x_i)^2 + (y - y_i)^2\right]^{1/2}$；$G$ 为引力常数；$\rho$ 为地球质量密度；$h_r$ 为参考面的高程(平均高程面)；$(x, y)$ 为高程格网点的坐标；$(x_i, y_i)$ 为待定点的坐标。

在计算时，可利用测区地形图，用 1km×1km 格网化得到测区数字地面模型(DTM)，或者用测区 GNSS 点的大地高差来格网化，再用公式(7-102)计算扰动位影响 $T$。

地形改正方法求高程异常时，可采用"除去-恢复"过程进行，即首先由公式(7-102)及公式(7-101)求出 GNSS 公共点上的 $T$ 和 $\zeta_T$，再代入公式(7-100)求出中长波项 $\zeta_0$，然后以这些公

共点上的 $\zeta_0$ 为数据，采用拟合方法推算出所有 GNSS 点上的 $\zeta_0$，最后再由公式(7-100)加上 $\zeta_T$ 求出各点的高程异常值。

### 7.5.4 GNSS 高程精度

影响 GNSS 高程精度的主要因素有 GNSS 大地高的精度、公共点几何水准的精度、高程拟合的模型及方法、公共点的密度与分布等。

具有高精度的 GNSS 大地高程是获得高精度正常高的前提，因此必须采取某种措施以获得高精度的大地高程，其中包括改善星历的精度，提高基线解算中起算点坐标的精度，减弱对流层、电离层、多路径及观测误差的影响等。

几何水准测量必须认真组织施测，以保证提供具有足以满足精度要求的相应等级的水准测量高程值。

根据不同测区，可选用合适的拟合模型，以便使计算既准确又简便；因为点位的分布和密度影响着 GNSS 高程的精度，所以应均匀合理且足够的布设公共点；对于高差大于 100m 的测区，应加地形改正。

对于大范围区域，可采用重力场模型加 GNSS 水准的方法，拟合时对于不同地形趋势的区域，应采用分区平差方法。

理论分析和实验检验表明，在平原地区的局部 GNSS 网，GNSS 水准可替代四等水准测量；在山区只要加地形改正，一般也可以达到四等水准的精度。

## 习　题

1. GNSS 数据预处理包括哪些内容？
2. 对基线处理结果进行检核的目的是什么？检核的内容有哪些？
3. GNSS 基线向量网平差有哪些类型？
4. GNSS 基线向量网三维无约束平差与二维无约束平差的区别是什么？并说明各自的意义。
5. 在基线解算时，若模糊度检验率符合要求，而中误差不符合要求时，应如何处理？

# 第8章　GNSS 卫星信号接收机

GNSS 卫星信号接收机是用来接收、记录、储存和处理卫星信号的专门设备。GNSS 卫星信号的应用领域较多，其信号的接收和测量又有多种方式，因此接收机的类型较多。本章将主要介绍几种不同型号的 GNSS 卫星信号接收机及其工作原理。

## 8.1　GNSS 卫星信号接收机的分类

随着卫星定位技术发展和应用领域的拓宽，GNSS 接收机的种类繁多。根据卫星信号接收机的工作原理、用途、接收机所接收卫星信号频率及接收信号通道数目可分成许多不同的类型，现将主要分类介绍如下。

### 8.1.1　按接收机工作原理分类

按接收机的工作原理可分为：码相关型接收机、平方型接收机、混合型和干涉型接收机。

码相关型接收机采用码相关技术获得伪距观测量。这类接收机要求知道伪随机噪声码的结构，并通过接收机复制的伪随机码和卫星发射的伪随机码自相关来实现。

平方型接收机是利用载波信号的平方解调技术去掉调制信号获取载波信号，并通过接收机内产生的载波信号与接收到的载波信号间的相位差测定伪距。这类接收机无须知道测距码的结构，所以又称为无码接收机。

混合型接收机则是综合以上两类接收机的优点，既可获取码相位伪距观测量，又可测定载波相位观测量。目前常用的接收机均属于此类。

干涉型接收机是将卫星作为射电源，采用干涉测量方法来测定相位差和时间差，从而求取两观测站之间的距离。此类型的接收机无须知道观测卫星的码结构和星历。

### 8.1.2　按接收机的用途分类

按接收机的用途可分为：导航型、测量型和授时型接收机。

**1. 导航型接收机**

导航型接收机主要用来确定船舶、车辆、飞机和导弹等运动载体的实时位置和速度，主要目的是导航，即保障运动载体按预定的路线航行。这种接收机是采用有码伪距单点实时定位技术，精度较低(5~10m)，但它的结构简单，操作方便，价格便宜，应用十分广泛。导航型接收机又可分为：低动态型、中动态型、高动态型 3 种。低动态型主要是指车载和船载导航型接收机；中动态型是指用于飞行速度低于 400km/小时的民用机载接收机；而高动态型则是指用于飞行速度大于 400km/小时的飞机、导弹等机载接收机，一般采用精测码，因此精度较高，可达 ±2m 左右。

**2. 测量型接收机**

测量型接收机早期主要用于大地测量和工程控制测量，一般均采用载波相位观测量进行相对定位，通常定位精度可在厘米级甚至更高。测量型接收机在技术上取得了重大进展，开发出实时差分动态定位(real time differential，RTD)技术和实时相位差分动态定位(real time kinematic，RTK)技术。前者以伪距观测量为基础，可实时提供流动观测站米级精度的坐标；后者以载波相位观测量为基础，可实时提供流动观测站厘米级精度的坐标。RTD 主要用于精密导航和海上定位；RTK则主要用于精密导航、工程测量、三维动态放样、一步法成图等许多方面，并成为地理信息系统采集数据的重要手段。某些测量型接收机，也可以升级 RTD 功能或者 RTK 功能。测量型 GNSS信号接收机结构复杂，通常配备有功能完善的数据处理软件，因此其价格也比较昂贵。

**3. 授时型接收机**

授时型接收机主要用于天文台或地面监测站进行时间频标的同步测定。

### 8.1.3 按接收机接收的载波频率分

按接收机接收的载波频率可分为：单频接收机和双频接收机两种类型。

**1. 单频接收机**

单频接收机只能接收 $L_1$ 的载波信号，从而测定载波相位观测值进行定位。由于不能有效消除电离层延迟影响，单频接收机一般只适用于短基线(<15km)的精密定位。

**2. 双频接收机**

双频接收机可以同时接收 $L_1$、$L_2$ 两个载波信号。利用双频信号对电离层延迟的不同，可以消除电离层对电磁波信号延迟的影响，提高定位精度，因此双频接收机可用于距离长达几千公里的精密定位。

**3. 三频接收机**

三频接收机不但可以接收 $L_1$、$L_2$ 波段的卫星载波信号，而且还可同时接收 $L_5$ 波段的卫星载波信号。利用三个频率信号可有效消除高阶电离层延迟的影响，增强数据预处理的能力，提高整周模糊度的固定效率和导航定位的可靠性。因此，三频接收机亦可用于距离长达几千公里的精度定位。

**4. 多系统接收机**

多系统接收机不仅可以接收 GPS 卫星信号，还可以接收 GLONASS 和 BDS 等卫星信号，从此保证接收卫星的数量，极大提高了导航定位的效率和精度，同时增强了导航定位的可靠性。因此，多系统接收机亦可用于距离长达几千公里的精密定位。

### 8.1.4 按接收机的通道数分

GNSS 卫星接收机可同时接收多颗卫星信号，为了分离接收到的不同卫星的信号，从而实现对卫星信号的跟踪、处理和测量，具有这种功能的器件称为天线信号通道。按其通道数目可分为：多通道接收机、序贯通道接收机、多路复用通道接收机。

**1. 多通道接收机**

多通道接收机具有多个信号通道，且每个信号通道只连续跟踪一颗卫星信号。对来自天空中不同卫星的信号，分别用不同的通道进行测量处理而获得不同卫星信号的观测量。

**2. 序贯通道接收机**

序贯通道接收机只有一个通道。为了跟踪多颗卫星的信号，需要在相应软件的控制下，按时序顺次对各颗卫星的信号进行跟踪和测量。因为是按顺序对各颗卫星测量，一个循环所需时间较长(数秒钟)，当对一颗卫星信号进行测量时，将丢失另外一些卫星信号的信息。所以，这类接收机对卫星信号的跟踪是不连续的，并且也不能获得完整的导航电文。为了获得导航电文，往往需要再设一个通道。序贯通道接收机结构简单、体积小、重量轻，在早期的导航型接收机中常被采用。

**3. 多路复用通道接收机**

多路复用通道接收机，同样只设一两个通道，也是在相应软件控制下按顺序测量卫星信号。但它测量一个循环所需的时间要短得多，通常不超过 20ms。因此可保持对卫星信号的连续跟踪，并可同时获得多颗卫星的完整导航电文。这类接收机的信噪比低于多通道接收机。

## 8.2 GNSS 接收机的组成及工作原理

GNSS 接收机主要由天线单元、接收单元和电源三部分组成。天线单元的主要功能是将非常微弱的卫星信号电磁波转化为电流，并对这种信号电流进行放大和变频处理。而接收单元的主要功能是对经过放大和变频处理的信号电流进行跟踪、处理和测量。电源是为接收机正常工作提供保障。图 8-1 描述了接收机的构成概况。

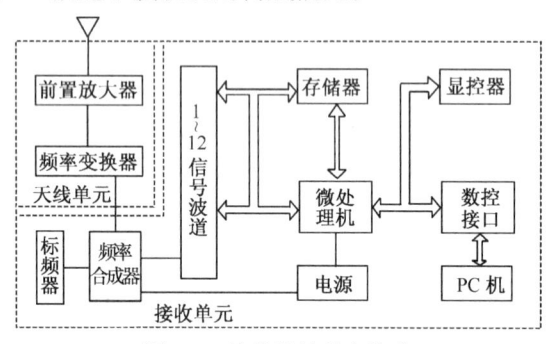

图 8-1 接收机的基本构成

### 8.2.1 GNSS 接收机天线

天线由接收机天线和前置放大器两部分组成。天线的作用是将极微弱的卫星信号电磁波能转化为相应的电流，而前置放大器则是将其信号电流予以放大。为便于接收机对信号进行跟踪、处理和量测，对于天线部分有以下要求：

(1) 天线与前置放大器应密封为一体，以保障其正常工作，减少信号损失。

(2) 能够接收来自天线上半球的卫星信号，不产生死角，以保障能接收到天空任何方向的卫星信号。

(3) 应有防护与屏蔽多路径效应的措施。

(4) 保持天线相位中心高度稳定，并与其几何中心尽量一致。

目前，接收机采用的天线类型有：单极或偶极天线、四线螺旋形结构天线、微波传输带型天线、圆锥螺旋天线等。这些天线的性能各有特点，需结合接收机的性能选用。微波传输带状天线(简称微带天线)，因其体积小、重量轻、性能优良而成为接收机天线的主要类型。通常微带天线是由一块厚度远小于工作波长的介质基片和两面各覆盖一块用微波集成技术制作的辐射金属片(铜或金片)构成(图 8-2)。其中覆盖基片

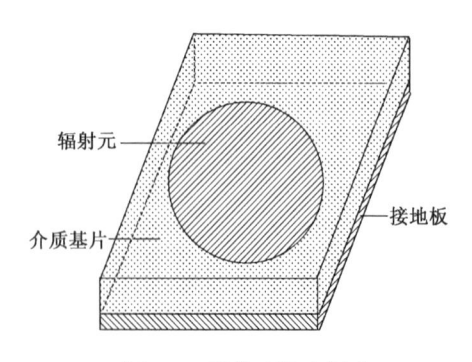

图 8-2 微带天线示意图

底部的辐射金属片，称为接地板；而处于基片另一面的辐射金属片，其大小近似等于工作波长，称为辐射元。微带天线结构简单且坚固，可用于单频、双频收发天线，更适宜与振荡器、放大器、调制器、混频器、移相器等固体元件敷设在同一介质基片上，使整机的体积和重量显著减少。这种天线的主要缺点是增益较低，但可用低噪声前置放大器弥补。目前，大部分测量型接收机用的都是微带天线，这种天线最适于安装在飞机、火箭等高速运动的物体上。

## 8.2.2 GNSS 接收机工作原理

GNSS 接收机的接收单元主要由信号通道单元、存储单元、计算和显示控制单元、电源四个部分组成。

**1. 信号通道**

信号通道是接收单元的核心部分，由硬件和软件组合而成。每一个通道在某一时刻只能跟踪一颗卫星，当某一颗卫星被锁定后，该卫星占据这一通道直到信号失锁为止。因此，目前大部分接收机均采用并行多通道技术，可同时接收多颗卫星信号。对于不同类型的接收机，信号通道的数目也由 1 到 220 不等。信号通道有平方型、码相位型和相关型三种不同类型，它们分别采用不同的解调技术，以下我们作简单的介绍。

$$f(t) = c(t)\cos(\omega t + \varphi_0) \tag{8-1}$$

平方后得

$$f^2(t) = c^2(t)\cos^2(\omega t + \varphi_0)$$

式中，$c(t)$ 为调制码振幅，其值为+1 或 –1，平方后有 $c^2(t) = 1$。于是有

$$f^2(t) = [1 + \cos(2\omega t + 2\varphi_0)]/2 \tag{8-2}$$

这说明接收到的卫星信号经平方后，调制码信号完全被消除，而得到频率为原载波频率 2 倍的纯载波信号(称为重建载波)，利用该信号便可进行精密的载波相位测量。平方型通道的优点是无须掌握测距码的结构便能获得载波信号。但是平方型通道消除了信号的测距码和数据码，从而无法解译出 GNSS 卫星信号中的导航电文。

码相位型通道所得到的信号不是重建载波，而是一种所谓的码率正弦波(图 8-3)。它是由从 $A$ 点输入的接收码乘以延迟 1/2 码元宽度的时延码而得到。码相位测量是依靠时间计数器实现的。时间计数器由接收机时钟的秒脉冲启动，并开始计数，当码率正弦波的正向过零点时关闭计数器。开关计数器的时间之差，相应于码率正弦波中不足一整周的小数部分，而码相位的整周数仍为未知，还需要利用其他方法解算。码相位通道测定站星距离中不足一个码元宽度的小数部分，而站星距离是码元宽度的多少倍，通常可用多普勒测量予以解决。码相位通道的优点是：用户无须知道伪噪声码的结构即可进行有码相位测量，这对非特许用户很有利。码相位通道的缺点和平方型通道一样，需要另外提供卫星星历，用以测后数据处理。

目前，相关型通道广泛应用于各种 GNSS 信号接收机中。它可从伪噪声码信号中提取导航电文，实现运动载体的实时定位。伪噪声码跟踪环路用于从码信号中提取伪距观测量，并通过对卫星信号的解调，获取仅含导航电文和载波的解扩信号。载波跟踪环路的主要作用是根据已除去测距码的解扩信号实现载波相位测量，并获取导航电文(数据码)。此外，它还具有良好的信噪比，因此为 GNSS 接收机所普遍采用。当然相关型通道的缺点是要求用户掌握伪随机噪声码的结构，以便接收机产生复制码信号。

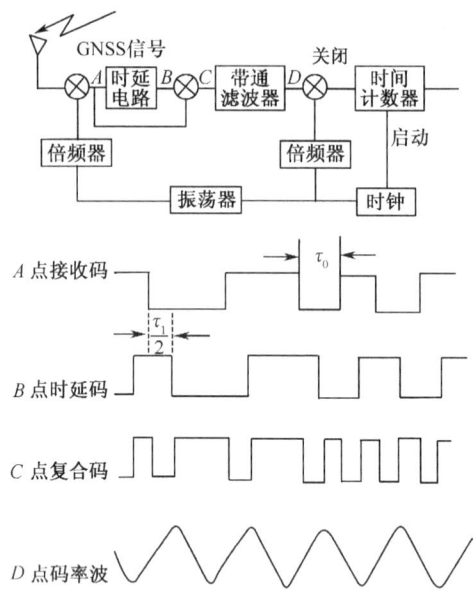

图 8-3 码相位型通道示意图

### 2. 存储单元

GNSS 信号接收机内设有存储器以存储所解译的卫星星历、伪距观测量、载波相位观测量及各种测站信息数据。在 1988 年以前，接收机基本采用盒式磁带记录器，如 WM101 卫星信号接收机，就是采用带有时间标识符的每英寸 800bit 的记录磁带。目前大多数接收机采用内置式半导体存储器，如 Ashtech Z-12 97 款接收机，就配备了 2~85Mbit 内存卡供选用。保存在接收机内存中的数据可以通过数据传输接口输入到微机内，以便保存和处理观测数据。存储器内通常还装有多种工作软件，如自测试软件、天空卫星预报软件、导航电文解码软件、单点定位软件等。

### 3. 计算和显示控制单元

计算和显示控制单元由微处理器和显示器构成。微处理器是 GNSS 信号接收机的控制系统，接收机的一切工作都是在微处理器的指令控制下自动完成。其主要任务是：

(1) 在接收机开机后立即对各个通道进行自检，并显示自检结果，测定、校正并储存各个通道的时延值。

(2) 根据各通道跟踪环路所输出的数据码，解译出卫星星历，并根据实测 GNSS 信号到达接收机天线的传播时间，计算出测站的三维地心坐标，按预置的位置更新率不断更新测站坐标。

(3) 根据测得的测站点近似坐标和 GNSS 卫星历书，计算所有在轨卫星的升降时间、方位和高度角。

(4) 记录用户输入的测站信息，如测站名、天线高、气象参数等。

(5) 根据预先设置的航路点坐标和测得的测站点近似坐标计算导航参数，如航偏距、航偏角、航行速度等。

GNSS 信号接收机一般都配备液晶显示屏向用户提供接收机工作状态信息，并配备控制键盘，用户通过键盘控制接收机工作。有的导航型接收机还配有大显示屏，直接显示导航信息甚至导航数字地图。

**4. 电源**

GNSS 信号接收机电源一般采用蓄电池，机内一般配备锂电池，用于为 RAM 存储器供电，以防止关机后数据丢失。机外另配有外接电源，通常为可充电的 12V 直流镉镍电池，也可采用普通汽车电瓶。

## 8.3 几种常见 GNSS 卫星信号接收机

目前国内通常使用的测量与导航型 GNSS 信号接收机主要有：美国 Magellan(麦哲伦)公司、Trimble 公司，欧洲 Leica 公司，我国南方公司、中海达公司及上海华测公司生产的系列产品。本节将对以上产品进行介绍。

### 8.3.1 Ashtech 系列 GNSS 接收机

美国 Magellan 公司于 1986 年创立，1987 年开始营业。该公司主要从事制造和销售 GNSS 信号接收机及其相关设备，并于 1988 年推出了第一台 Ashtech Ⅻ 型接收机。1993 年美国 Magellan 公司发明了 Z 跟踪技术，该技术可以在 AS 技术实施时减少其对定位精度的影响。世界上第一批 RTK 系统，是其在 1994 年 10 月配合我国当时的石油部门引进的。中国是世界上第一个使用 RTK 系统的国家。

目前，该公司除了早期生产的 LT 和 MT 单频机及 LD 和 MD 双频机外，Ashtech 的主要产品还有：Ashtech Z-12 双频卫星信号接收机是 MD-Ⅻ 测量型接收机的改进型。该机采用了 Z 跟踪技术，可消除 AS 技术的影响。Z-12 为 12 通道全视野操作，可进行 C/A 码与 $L_1$、$L_2$ 全波载波相位测量，其标称定位精度，静态/快速静态定位精度为 $\pm(5mm+1ppm\times d)$[①]，高程精度为 $\pm(17mm+17ppm\times d)$；方位精度(arcsec)为 $0.4+2.0$/基线长(km)。实时动态 RTK 一般工作距离为 12km，最大工作距离为 40km。其定位精度为 $\pm(1cm+2ppm\times d)$。

因为 Z-12 为双频接收机，可以消除信号传播时的电离层误差。所以适合长距离、长基线测量，基线长可扩展到上千公里。选配扼流圈天线可进一步削弱天线相位中心迁移误差和多路径效应产生的误差，被广泛应用于大地测量、地壳形变和地质灾害监测。Z-12 也可升级为 RTD 和 RTK，进行实时差分动态定位和实时相位差分动态定位，如图 8-4～图 8-7 所示。

Ashtech 的 RTK 手簿软件，如图 8-8 所示。Ashtech 系列产品中，LOCUS 是一款单频测量型接收机，它采用了接收机与天线一体化设计，并采用电池内置和红外数据通信技术，使体积更小，如图 8-9 所示。除此之外，还有一种单频 RTK 接收机，称为 GG24，它具有 24 个通道，已具备了同时接收美国 GPS 卫星和俄罗斯 GLONASS 卫星信号的功能。

图 8-4 Ashtech Z-12 双频接收机

图 8-5 Ashtech Z-12 双频接收机天线

---

[①] $1ppm=10^{-6}$，$d$ 为被测两点间的距离，后同。

图 8-6  Ashtech Z-12 RTK 流动站 　　　　　图 8-7  蓝精灵——Pro MARK2 接收机

图 8-8  RTK 手簿软件 　　　　　　　　　　图 8-9  LOCUS 接收机

## 8.3.2 天宝系列 GNSS 接收机

Trimble(天宝)导航公司成立于 1978 年，是美国一家从事测绘技术开发和应用的高科技公司，主要生产 GNSS 相关产品，并拥有多项相关注册专利。2000 年收购了瑞典著名的光谱精仪(捷创力)公司，提升了天宝公司在激光产品和全站仪等光学产品方面的技术水平。2003 年 7 月又收购了加拿大 Applanix 公司，成功进入惯性导航/GNSS 结合技术领域。2012 年 4 月，天宝导航有限公司再次收购了谷歌旗下著名的 3D 绘图软件 Sketchup。下面介绍该公司主要的 GNSS 接收机类型。

Trimble R8 系统(图 8-10)采用四馈点式的天线可使系统内置相位中心的稳定性达到亚毫米级精度；系统包含有内置的 WAAS 和 EGNOS 功能，可以在无基准站的情形下提供实时差分定位；带有内置无线电台的 Trimble R8 系统现可以在基准站和流动站之间互换，内置无线电台发射范围 3~5km。Trimble R8 是一款 24 通道，双频接收机，其天线和数据电台与接收机整合为一体，仅重 1.3kg。R8 码相位差分定位精度平面为 $\pm(0.25\text{m} + 1\text{ppm}\times d)$、高程为 $\pm(0.50\text{m} + 1\text{ppm}\times d)$、WAAS 差分定位精度一般小于 5m；静态和快速静态测量精度平面为 $\pm(5\text{mm} + 0.5\text{ppm}\times d)$、高程为 $\pm(5\text{mm} + 1\text{ppm}\times d)$；动态测量定位精度平面为 $\pm(10\text{mm} + 1\text{ppm}\times d)$、高程为 $\pm(20\text{mm} + 1\text{ppm}\times d)$。

Trimble 5800 接收机(图 8-11)是集成性能优良的天线、无线电、蓝牙通信和内部微型电池为一体的测绘单元，仅重 1.21kg。Trimble 5800 具有 24 通道，内置 Trimble Maxwell 芯片，内置的蓝牙功能真正实现了单杆无电缆测量，内置的 WAAS 和 EGNOS 功能提供了无基准站的实时差分定位，而且 Trimble 5800 有简单的单键操作功能，其 3 个 LED 状态指示器显示卫星锁定、电源和无线电信号。其性能指标：码差分定位精度平面为 $\pm(0.25m+1ppm\times d)$、高程为 $\pm(0.50m+1ppm\times d)$、WAAS 差分定位精度小于 5m；静态和快速静态测量精度平面为 $\pm(5mm+0.5ppm\times d)$、高程为 $\pm(5mm+1ppm\times d)$；实时动态(RTK)定位精度平面为 $\pm(10mm+1ppm\times d)$、高程为 $\pm(20mm+1ppm\times d)$。初始化可靠性：典型值大于 99.9%。

图 8-10　Trimble R8　　　　　　　　图 8-11　Trimble 5800

Trimble(天宝)R2 GNSS 接收机(图 8-12)具有亚厘米级的定位精度，可用于杆塔放样、道路及建筑工地测量、地下资产(如管道、电缆)测量等领域中的精密勘查测量。Trimble R2 能够跟踪所有 GNSS 卫星系统和增强系统，并配有一个集成的 Trimble Maxwell$^{TM}$ 6 芯片和 220 个通道，提供高精度的定位功能。从传统的 RTK、VRS 网络，到通过卫星和互联网提供的 Trimble RTK$^{TM}$ 改正服务，可以灵活地选择改正源，从而达到更高的实时定位精度。

Trimble 已研发出 Floodlight$^{TM}$ 卫星阴影消除技术，确保 R2 接收机在条件恶劣的环境中也能够提供可靠、准确的数据。配备了这种 GNSS 技术的仪器，即使卫星信号被树冠和建筑物等遮盖物阻挡时，依然可以显著提高定位能力和精度。Trimble(天宝)R2 GNSS 接收机定位性能，①SBAS(WAAS/EGNOS/MSAS)定位精度：平面为 $\pm0.50m$、高程为 $\pm0.85m$；②码差分定位改正类型精度：平面为 $\pm(0.25m+1ppm\times d)$、高程为 $\pm(0.50m+1ppm\times d)$；③RTK 定位精度：平面为 $\pm(10mm+1ppm\times d)$、高程为 $\pm(20mm+1ppm\times d)$；④网络 RTK 精度：平面为 $\pm(10mm+1ppm\times d)$、高程为 $\pm(20mm+1ppm\times d)$。

Trimble(天宝)R10 GNSS 智能接收机(图 8-13)，具有 Trimble HD-GNSS 高精度定位处理引擎、Trimble SurePoint$^{TM}$ 精密定点控制技术和 Trimble xFill$^{TM}$ 断点续测技术，确保快捷准确地采集数据。在 R10 中，集成的 Trimble HD-GNSS 处理引擎超越了传统的固定/浮动技术，尤其是在困难的环境中，比传统 GNSS 技术提供的误差估算评价更加精确。它不但显著地减少了收敛时间，并且提高了定位精度及可靠性。R10 系统中的 Trimble 360 接收技术使用了两个集成 Trimble Maxwell$^{TM}$ 6 芯片，支持来自所有的 GNSS 星座和星站差分系统的信号。R10 GNSS 智能接收机定位性能，①码差分定位精度：平面为 $\pm(0.25m+1ppm\times d)$、垂直为 $\pm(0.50m+1ppm\times d)$；②SBAS 差分静态定位精度：平面为 $\pm(3mm+0.5ppm\times d)$、高程为 $\pm(5mm+0.5ppm\times d)$；③静态和快速静态定位精度：平面为 $\pm(8mm+1ppm\times d)$、高程为 $\pm(15mm+1ppm\times d)$；④实时动态测量(单基线<30km)精度：平面为 $\pm(10mm+1ppm\times$

$d$)、高程为 $\pm(20\text{mm}+1\text{ppm}\times d)$；⑤网络 RTK 定位精度：平面为 $\pm(10\text{mm}+0.5\text{ppm}\times d)$、高程为 $\pm(20\text{mm}+0.5\text{ppm}\times d)$。

图 8-12　R2 GNSS 接收机

图 8-13　R10 GNSS 智能接收机

### 8.3.3　徕卡系列 GNSS 接收机

徕卡公司是由瑞士 Wild 公司与 Kern 公司、美国 Magnavox 公司与 Cambridge 公司、德国 Leitz 公司等合并组成，2005 年合并为海克斯康测量技术集团公司。徕卡公司于 1984 年底生产出 WM101 型单频接收机，之后又推出 WM102 型双频接收机；1992 年推出 Wild200 测量系统。该仪器不但体积小、重量轻，而且具有功能强大的后处理软件 SKI。该软件采用了解算整周未知数的快速逼近技术，开发了快速相对定位模式。1995 年徕卡公司再次推出 Wild300 测量系统，并开发了实时动态定位(RTK)功能，可供 Wild 200/300 测量系统用户使用。1999 年徕卡公司又推出了 Wild530 测量系统，它采用了 SR9500 传感器，具有 12 个通道，可进行窄相关 C/A 码伪距与 $L_1/L_2$ 全波长载波相位测量。徕卡公司的一项专利技术是 P 码辅助跟踪技术，该技术比经典的相关接收技术高出 13dB 的噪声比。

2004 年徕卡公司推出了能与全站仪联合作业的 1200 系列产品，并于 2009 年升级为 1200 + 系列接收机(一体机见图 8-14、分体机见图 8-15)具有集成一体化 RTK 系统和基于四星(GPS、GLONASS、Galileo 和中国北斗)的测量技术，可有效地提高测量作业的工作效率。

图 8-14　1200 + 一体机

图 8-15　1200 + 分体机

1200＋系列接收机的通道数为 28(GPS)＋2(ABAS)或 72(GPS)＋GLONASS＋Galileo；置信度为 99.99%；数据输出率为 20Hz；静态定位平面精度为 ±(3mm＋0.5ppm×$d$)，高程精度为 ±(6mm＋0.5ppm×$d$)；动态定位平面精度为 ±(10mm＋1ppm×$d$)，高程精度为 ±(20mm＋1ppm×$d$)；RTK 的作业距离大于 30km。

徕卡 GNSS 后处理软件 LGO 可以处理 GNSS、全站仪、电子水准仪数据，并且能够进行严谨的三维平差；在复杂的或者多种设备同时进行数据采集的工作中，LGO 软件支持影像图的使用，可提供一个清晰直观的参照。

### 8.3.4 南方系列 GNSS 接收机

广州南方测绘科技股份有限公司于 1989 年在广州创立，是一家集研发、制造、销售和技术服务为一体的测绘地理信息产业集团。业务范围涵盖测绘装备、精密测量系统、精准位置服务、数据工程、地理信息软件系统及智慧城市应用等方面，公司致力于行业信息化和空间地理信息应用价值的提升。南方测绘专注测绘地理信息行业，坚持自主创新，振兴民族产业，陆续实现了测距仪、电子经纬仪、全站仪、GNSS 等测绘仪器的国产化，取得了一系列拥有自主知识产权的技术成果，成为中国电子测绘仪器的开创者。下面介绍其主要的 GNSS 接收机类型。

南方灵锐 S60(图 8-16)是一款高度集成一体化设计、高品质液晶屏实时显示、操作便捷的静态单频接收机。其主机系统是基于全新的 32 位处理器的 ARM 架构，CPU 速度高达 400MHz，接收机的文件系统采用与 PC 机 Windows 兼容的标准磁盘文件系统和 USB 连接标准协议。灵锐 S60 的主要技术指标为：静态平面精度为 ±(5mm＋1ppm×$d$)，静态高程精度为 ±(10mm＋1ppm×$d$)，12 通道，$L_1$ 载波，C/A 码。

南方灵锐 S82 2008(图 8-17)是一款在老款 S82 RTK 动态测量系统发展起来的全内置一体化工业三防设计的双频接收机。其主要特点有：主机系统为 32 位处理器的 ARM 架构；即插即用的 USB 高速下载；UHF 电台、GPRS/CDMA 网络数据传输模式；无缝兼容 CORS 系统；支持 GLONASS 系统；四馈点双频双星天线，可以有效防止多路径效应；带有 SBAS 星站差分功能等；S82 为 28～54 通道的接收机，并预留有 72 通道升级。灵锐 S82 的主要技术指标为：静态平面精度为 ±(3mm＋1ppm×$d$)，静态高程精度为 ±(5mm＋1ppm×$d$)；RTK 平面精度为 ±(1cm＋1ppm×$d$)，高程精度为 ±(2cm＋1ppm×$d$)；码差分定位精度为 0.45m(CEP)；单机定位精度为 1.5m(CEP)。

图 8-16　南方灵锐 S60

图 8-17　南方灵锐 S82 2008

南方银河 1 RTK(图 8-18)测量系统，仪器高 11.2cm，直径 12.9cm，重量仅 970g，是国产小型化 RTK 测量系统之一。其主机特点为：定位输出频率 1～50Hz，初始化时间小于 10s，初始化可靠性 >99.99%，全星座接收技术，能够支持来自所有现行的和规划中的 GNSS 星座信号，可靠的载波跟踪技术极大地提高了载波测量精度，从而为用户提供高质量的原始观测数据，实现智能动态定位，适应各种恶劣环境的变换，具有更远距离的高精度定位处理引擎。南方银河 1 号定位精度：静态测量为 $\pm(2.5\text{mm}+0.5\text{ppm}\times d)$、实时动态测量为 $\pm(10\text{mm}+1\text{ppm}\times d)$。

南方灵锐 S86T(图 8-19)新一代 RTK 系统，采用了世界先进主板 Trimble 核心，从而保证了 S86T 具有智能、高效及稳定的性能；S86T 传承了灵锐系列多星系统、高精度、高兼容、低功耗的特性，更适合用于 RTK 测量系统。其主机特点为：采用世界级先进主板 BD970，把 Trimble 的嵌入式定位技术作为精确定位应用的核心，提供长期的无障碍运行保证。采用了双蓝牙技术，通过手机接收差分信号，实现了实时数据更新，内置发射电台，满足典型距离内的全无线测量作业；另外，UHF 数据链及低仰角跟踪技术，结合南方的电台设计与制造经验，提升了电台稳定的作用距离，减少了多路径效应的影响，实现了国产接收机与进口接收机的联用。南方灵锐 S86T 技术指标，①RTK 定位精度：平面为 $\pm(10\text{mm}+1\text{ppm}\times d)$、高程为 $\pm(20\text{mm}+1\text{ppm}\times d)$；②静态、快速静态定位精度：平面为 $\pm(2.5\text{mm}+1\text{ppm}\times d)$、高程为 $\pm(5\text{mm}+1\text{ppm}\times d)$；③码差分定位精度为 0.45m(CEP)；④单机定位精度为 1.5m(CEP)。

图 8-18　南方银河 1 RTK　　　　　　　图 8-19　南方灵锐 S86T

### 8.3.5　中海达系列 GNSS 接收机

广州中海达卫星导航技术股份有限公司成立于 1999 年，是专业从事 GNSS 研发、生产及销售的高新技术产业集团公司，具有二十多年 GNSS 产品研发、技术应用及市场服务经验，拥有专业级 GNSS 仿真环境实验室、技术研发中心及 GNSS 生产制造车间。公司具备全套 GNSS 技术检测设备，建有严密的测试流程和检测规范，其产品主要有高精度测量型 GNSS 系列产品、超声波数字化测深仪系列、GIS 数据采集系统及海洋工程应用集成系统等。下面介绍其主要的 GNSS 接收机类型。

中海达 V8 CORS RTK 系统(图 8-20)，是中海达测绘创新推出全新一代基于 CORS 技术的 RTK 系统。系统采用超长距离 RTK 技术，预留 GLONASS 信号通道可升级为双频双星系统；系统引入语音智能技术实现"语音导航操作"，对仪器主机操作全过程语音提示；融入 U 盘式文件管理技术，拖拽式文件下载；一体化全内置加固机身，军标三防设计；成熟的 GPRS/CDMA 网络传输技术，GPRS/CDMA/UHF 一键切换模式；全面无缝兼容 CORS 系统和采用自主建站 HDCORS 技术,为一款 54 通道接收机。精度平面为±(2.5mm + 1ppm×$d$),高程为±(5.0mm + 1ppm×$d$);RTK 定位精度平面为±(1cm + 1ppm×$d$),高程为±(2cm + 1ppm×$d$);码差分定位精度为 0.45m(CEP);单机定位精度为 1.5m(CEP)。

中海达 HD8200X 一体化智能静态测量系统(图 8-21),采用一体化设计,主机芯片采用 32 位处理器的 ARM7 结构,并行 12 通道+$L_1$ C/A 码;采用语音智能技术,操作语音提示、状态报警,实现语音人机对话;系统采用项目式数据文件管理模式;系统操作简洁,可直接通过面板设置卫星数、采样间隔、截止角等静态关键参数。中海达 HD8200X 的主要精度指标平面精度为±(5mm + 1ppm×$d$),垂直精度为±(10mm + 1ppm×$d$),作用距离≤50km。

图 8-20　中海达 V8 CORS RTK 　　　　图 8-21　中海达 HD8200X

中海达第五代智能 RTK 测量系统 iRTK5(图 8-22),采用 OLED 液晶触控设计,配有测量引擎 BD990,多通道 Maxwell7 技术,支持全星座全频段解算,快速精准定位。另外,支持星站差分服务,全球单机精准定位 4cm,内置 16GB 大容量存储、4G 全网通通信和 4G 网络天线,支持 OTG 功能。中海达 iRTK5 技术指标,①RTK 定位精度:平面为±(8mm + 1ppm×$d$)、高程为±(15mm + 1ppm×$d$);②静态定位精度,平面为±(2.5mm + 0.5ppm×$d$)、高程为±(5mm + 0.5ppm×$d$);③星基增强系统(SBAS)定位精度为 0.5m。

中海达 V100 网络 RTK 系统(图 8-23),是一款小型化 GNSS RTK 接收机,采用多星多频技术,内置全星座主板,智能实时内核平台,使其具有快捷、稳定、省电、双模长距离蓝牙及 NFC 快速闪联功能。采用天宝 BD970 主板,不但性能好,而且稳定性好,精度高;另外,采用 IPOWER 智平衡节能技术,整体作业时长至 13 小时,当主机电量不足时,可通过手薄进行数据传输,以延长整体作业时长,大电池 6300mAh,支持充电宝供电。使用 NFC 硬件

图 8-22　中海达 iRTK5 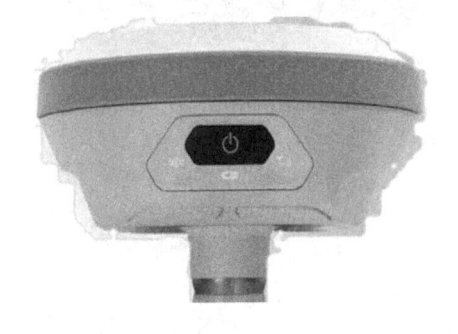　　　　图 8-23　中海达 V100 网络 RTK 系统

射频识别通信技术,配合全新手薄,实现闪(仅需 1s)联配对。中海达 V100 网络 RTK 系统技术参数,①RTK 定位精度:平面为 $\pm(8\text{mm}+1\text{ppm}\times d)$、高程为 $\pm(15\text{mm}+1\text{ppm}\times d)$;②静态、快速静态定位精度:平面为 $\pm(2.5\text{mm}+1\text{ppm}\times d)$、高程为 $\pm(5\text{mm}+1\text{ppm}\times d)$;③码差分定位精度为 0.25m;④SBAS 定位精度为 0.5m。

### 8.3.6 华测系列 GNSS 接收机

上海华测导航技术股份有限公司创建于 2003 年,是一家集高精度 GNSS 相关软硬件产品研发、生产、销售于一体的"国家火炬计划重点高新技术企业",拥有 11 款高精度测地型 GNSS 生产许可证。公司主要产品和服务涵盖高精度测地型 GNSS、GIS 数据采集终端、无线数据传输设备、水上测量产品、组合导航系统、变形监测系统等。下面介绍其主要的 GNSS 接收机类型。

华测 i90 惯导 RTK(图 8-24)是在传统 RTK 的基础上集成了惯导模块,实现惯性导航与卫星定位融合解算,提升了用户作业效率;i90 惯导 RTK 采用虚拟嵌入式 SIM 卡(eSIM),不但稳定性好,而且实现了不插卡即可进行网络作业。华测 i90 惯导 RTK 内置高精度 IMU 惯导模块,采用卫星+惯导组合定位的方式解算,可实现任意姿态测量,在工程测量和常规测绘中更加高效稳定。当测点被遮挡、作业环境危险或无法直接测量时,只要将对中杆的底部对准测点,亦可完成测量任务。惯性导航系统高达 200Hz 的实时倾斜补偿,不受磁场、高压线、大型金属构筑物对精度的影响。华测 i90 惯导 RTK 技术参数,①静态测量精度:平面为 $\pm(2.5\text{mm}+0.5\text{ppm}\times d)$、高程为 $\pm(5\text{mm}+0.5\text{ppm}\times d)$;②RTK 测量精度:平面为 $\pm(8\text{mm}+1\text{ppm}\times d)$、高程为 $\pm(15\text{mm}+1\text{ppm}\times d)$。

华测 T8 智能 RTK 测量系统(图 8-25)是一款高端的 GNSS 测量仪器,能满足各类工程测量需求。220 通道北斗全星座,支持 30°以内倾斜测量;采用双电池智能切换技术,可随时根据使用中的各电池电压不同而智能切换,支持热插拔,6800mAh 超大电量为野外工作的持久续航提供了保证;标配 32GB 超大内置存储,支持 8 进程数据同时记录。华测 T8 智能 RTK 测量系统技术指标,①静态测量精度:平面为 $\pm(2.5\text{mm}+0.5\text{ppm}\times d)$、高程为 $\pm(5\text{mm}+0.5\text{ppm}\times d)$;②RTK 测量精度:平面为 $\pm(8\text{mm}+1\text{ppm}\times d)$、高程为 $\pm(15\text{mm}+1\text{ppm}\times d)$;③单机精度 1.5m。

图 8-24 华测 i90 惯导 RTK           图 8-25 华测 T8 智能 RTK 测量系统

## 8.4 GNSS 接收机的选用与检验

GNSS 测量等级和精度与接收机的数量、标称精度有着密切的关系。在此将介绍如何根

据观测等级、精度要求等来选用 GNSS 接收机,并对其进行检验。

### 8.4.1 GNSS 接收机的选用

GNSS 接收机的选用,可根据 2009 年国家质量技术监督局的国家标准《全球定位系统(GPS)测量规范》或相关行业标准,并结合所要完成项目的规模、对点位精度的要求及观测等级进行。选用接收机的数量可参照表 8-1 的规定执行,应该注意的是,表中给出的仪器数量是在具体测量时,最少不得少于该数量。

表 8-1 接收机选用

| 级别 | AA | A | B | C | D、E |
| --- | --- | --- | --- | --- | --- |
| 单频/双频 | 双频/全波长 | 双频/全波长 | 双频 | 双频或单频 | 双频或单频 |
| 观测量至少应有 | $L_1$、$L_2$ 载波相位 | $L_1$、$L_2$ 载波相位 | $L_1$、$L_2$ 载波相位 | $L_1$ 载波相位 | $L_1$ 载波相位 |
| 同步观测接收机数 | ≥5 | ≥4 | ≥4 | ≥3 | ≥2 |

另外,还应根据项目对点位和基线的精度要求,选取相应精度级别的 GNSS 接收机,确保外业观测资料能够满足具体项目对精度的要求。接收机精度的选用可参照表 8-2 执行。

表 8-2 精度分级

| 精度级别 | 固定误差 $a$/mm | 比例误差系数 $b$ |
| --- | --- | --- |
| AA | ≤3 | ≤0.01 |
| A | ≤5 | ≤0.1 |
| B | ≤8 | ≤1 |
| C | ≤10 | ≤5 |
| D | ≤10 | ≤10 |
| E | ≤10 | ≤20 |

### 8.4.2 GNSS 接收机检验

新购置的 GNSS 接收设备应按规定进行全面检验后方可使用,对于使用中的 GNSS 接收设备每年应定期对相关项目进行检验。GNSS 接收设备检验包括:一般检视、通电检验、试测检验。

**1. 一般检视**

一般检视应符合下列规定:

(1) 接收机及天线的外观应良好,型号应正确;各种部件及其附件应匹配、齐全和完好。

(2) 需要紧固的部件不得松动或脱落;设备使用手册、后处理软件操作手册及磁(光)盘应齐全;锁定卫星的能力,RTK 与 RTD 初始化时间等。

(3) 天线、基座圆水准器及光学对中器是否正确;天线测高尺是否完好,尺长精度是否正确;锁定卫星的能力,RTK 和 RTD 初始化时间等。

(4) 数据传录设备及软件是否齐全,数据传输性能是否完好,并通过实例计算,测试和评估数据后处理软件。内容包括软件安装使用情况,通信与数据传输情况,静态定位与基线向量解算情况等。

**2. 通电检验**

通电检验应符合下列规定:

(1) 有关信号灯、按键和显示系统工作应正常。

(2) 利用自测命令进行测试后，检验接收机锁定卫星时间的快慢、接收机信号的强弱及信号失锁情况。

**3. 试测检验**

接收设备一般检视和通电检验完成后，应在不同长度的标准基线上进行下列测试：

(1) 接收机内部噪声水平测试及接收机天线相位中心稳定性测试。

(2) 接收机测量误差检定，内容包括静态测量精度及静态重复测量精度等。

(3) 接收机野外作业性能及不同测程精度指标测试。

(4) 接收机频标稳定性检验和数据质量评价。

(5) 接收机高低温性能测试及其综合性能评价等。

GNSS 接收设备每年应定期进行年检，内容包括一般检视、通电检验两项。不同类型的接收机参加共同作业时，应在已知高差的基线上进行比较测试，超过相应等级限差规定时不得使用。当接收机或天线受到强烈震动后，或更新接收机部件，或更新天线与接收机的匹配关系后，应按新购仪器全面检验。天线或基座的圆水准气泡、光学对中器，作业期间至少应每月检校一次。

## 8.4.3 GNSS 接收机的维护

(1) GNSS 接收设备应指定专人保管，不论采用何种运输方式，均要求专人押运，并应采取防震措施，不得碰撞、倒置和重压。作业期间，必须严格遵守技术规定和操作要求，作业人员应经培训合格后方可上岗操作，未经许可非操作人员不得擅自操作仪器。

(2) GNSS 接收设备应注意防震、防潮、防晒、防尘、防腐、防辐射等，定期应对软盘驱动器或磁带机的磁头进行清洗；电缆线不得扭曲，不得在地面上拖拉、碾砸，其接头与连接器要经常保持清洁。

(3) 作业结束后，应及时擦净接收机上的水汽和尘埃，并放在仪器箱内。仪器箱应置于室内通风、干燥阴凉处。每隔 1~2 个月通电检查一次，接收机内电池应保持充满电状态，外接电池应按电池要求按时充放电。当箱内干燥剂呈红色时，应及时更换，在仪器交接时应按一般检视的项目进行检查，并填写交接情况记录。

(4) 当接收机采用外接电源时，应检查电压是否正常，电池正负极不得装反。

(5) 当天线设置于楼顶、高标及其他设施的顶端作业时，应采取加固措施，在雷雨天气作业时应有避雷设施或停止观测。

(6) 严禁拆卸接收机各部件，天线电缆不得擅自切割改装、改换型号或加长。如发生故障，应做好记录，并请专业人员维修。GNSS 定位测量所用的通风干湿表及空盒气压表应定期送计量鉴定部门检验，在有效期内使用。

## 习　题

1. GNSS 信号接收机的软件和硬件包括哪些内容？并说明各自的作用。
2. 简述 GNSS 信号接收机的分类。
3. 简述 GNSS 信号接收机的工作原理。
4. GNSS 信号接收机检验的目的是什么？它包括哪些内容？
5. GNSS 信号接收机在使用中应注意哪些问题？

# 第9章 GNSS 在控制测量、精密工程测量及变形监测中的应用

## 9.1 概 述

GNSS 是一种全天候、高精度的连续定位系统，并且具有速度快、费用低、方法灵活多样和操作简便等优良特性而被广泛应用于控制测量、工程测量和变形监测中。自这一高新技术出现以来，其应用广泛、普及之快是前所未有的。时至今日，可以说 GNSS 定位技术不但取代了利用常规测角、测距手段来建立大地控制网，而且也取代了常规的工程测量和变形监测等。

应用 GNSS 定位技术建立的控制网称为 GNSS 网，一般可分成两大类：一类是全球或全国性的高精度 GNSS 网，这类网中相邻点的距离在数千公里，其主要任务是作为全球高精度坐标框架或全国高精度的坐标框架，为地球动力学和空间科学技术方面的科学研究工作服务，或用于研究地区性的板块运动和地壳形变规律等问题。另一类是区域性的 GNSS 网，它包括城市或施工区域以及变形监测控制网等，这类网中的相邻点间距离为几公里至几十公里，其主要作用和任务是直接服务于国民经济建设。

现在，GNSS 精密定位技术对经典测量学和导航学等方面都产生了极其深刻的影响。在测量学中的主要应用范围包括：大地测量、地球动力学的研究、地区性测量控制网的联测、海洋测量、精密工程测量、工程变形监测、航空遥感、土地资源调查和地籍测量等；在导航学中的应用主要包括：车辆、船只和飞机的精密导航、测速，以及运动目标的监控与管理等。除此之外，卫星定位技术在运动载体的姿态测量、弹道制导、卫星的定轨、精密测时，以及在气象学和大气物理学的研究领域，也有着广泛的应用。

## 9.2 GNSS 在控制测量中的应用

控制测量是 GNSS 定位技术应用的一个重要领域。其主要作用是：
(1) 建立和维持高精度三维地心坐标系统。
(2) 不同大地控制网之间的联测和转换。
(3) 建立新的地面控制网。
(4) 检核和改善已有的地面控制网。
(5) 对已有地面控制网进行加密。
(6) 研究与精化大地水准面。

因为 GNSS 测量精度高，花费时间少，作业方法多样灵活，所以它可应用于各种形式的控制测量工作。同时，它在应用高精度 GNSS 相对定位技术，建立短边(1~10km)加密控制网及不同大地网之间的联测等方面，也发挥着重要的作用。

## 9.2.1 全球或全国性的 GNSS 网

大地测量的任务之一是研究地球的形状及其随时间的变化,因此,如何建立全球覆盖、统一坐标系统的高精度大地控制网是大地测量工作者多年来一直思考的。在空间技术和射电天文技术高度发达的前提下,才得以建立跨洲的全球大地网,但因为 VLBI、SLR 技术所使用的仪器设备昂贵且非常笨重,所以在全球也只建立了少数高精度大地点,直到卫星测量技术逐步完善才使全球覆盖的高精度 GNSS 网得以实现,从而建立起了高精度的(点位误差 1~2cm)、全球统一的动态坐标框架,为大地测量及相关地学研究打下了坚实的基础。

1991 年国际大地测量协会决定在全球范围内建立一个 IGS 观测网,我国于 1992 年 6~9 月实施了这一项目,目的是建立新一代地心参考框架,并求出该系统与原有国家坐标系统的转换参数,以优于 $10^{-8}$ 量级的相对精度确定测站间基线向量,布设成国家 A 级网,作为国家高精度卫星大地网的骨架,并奠定了大地测量、地壳运动及地球动力学研究的基础。

建成后的国家 A 级网共由 28 个点组成,经过严密的数据处理后,在 ITRF91 地心参考框架中的点位精度优于 0.1m,边长相对精度优于 $1\times10^{-8}$,此后在 1993 年和 1995 年又两次对 A 级网进行了复测,其点位精度已提高到厘米级,边长相对精度达 $3.0\times10^{-9}$。

作为我国高精度坐标框架的补充及国家建设的需要,又在国家 A 级网的基础上建立了国家 B 级网共布测 730 个点左右,总独立基线数 2200 多条,平均边长在我国东部地区为 50km,中部地区为 100km,西部地区为 150km,经整体平差后,点位地心坐标精度达 ±0.1m,基线边长相对中误差可达 $2.0\times10^{-8}$,高程分量相对中误差为 $3.0\times10^{-8}$。

国家 A、B 级网已成为我国现代大地测量和各种基础测绘的基本框架,在国民经济建设中发挥着重要的作用。国家 A、B 级控制网以其特有的高精度全面改善和加强了我国传统天文大地网,从而克服了传统天文大地网的精度不均匀,系统误差较大等缺点。通过解算 A、B 级网与天文大地网之间的转换参数,建立了地心参考框架和国家坐标的转换关系,从而拓宽了国家大地点的服务应用领域。利用 A、B 级网的高精度三维大地坐标,并结合高精度水准测量,大幅度提高了确定我国大地水准面的精度,特别是克服了我国西部大地水准面存在较大系统误差的缺陷。

## 9.2.2 区域性 GNSS 大地控制网

所谓区域网是指国家 C、D、E 级 GNSS 网或专为工程项目布设的工程网。其特点是控制区域有限(一个市或一个地区),边长短(一般从几百米到 20km),观测时间短(从快速静态定位的几分钟至一两个小时)。由于 GNSS 定位的高精度、快速度、省费用等优点,在我国建立区域大地控制网的手段已基本被 GNSS 所取代。就其作用而言可分为:①建立新的地面控制网;②检核和改善常规地面网;③对已有的地面网进行加密;④拟合区域大地水准面。

**1. 建立新的地面控制网**

虽然我国在 20 世纪 70 年代以前就已布设了覆盖全国的大地控制网,但由于各种原因,现存控制点已不多,当在某个区域需要建立大地控制网时,首选方法就是 GNSS。

**2. 检核和改善常规地面网**

由于地面已有的经典控制网受当时观测手段限制,精度与点位分布都不能满足国民经济发展的需要,但是考虑到历史的继承性,最经济、有效的方法就是利用 GNSS 对原有老网进行全面改造,合理布设 GNSS 点,并尽量与老网重合,再把 GNSS 数据和经典控制网一并联合平差处理,从而达到对老网的检核和改善的目的。

**3. 加密已有控制网**

由于已有的地面控制网,除了本身点位密度不够外,人为破坏也相当严重,因此,为了满足国民经济基本建设的需求,采用 GNSS 对重点地区进行控制点加密是一种行之有效的手段。布设加密网时要尽量和本区域的高等级控制点重合,以便较好地进行新网和老网匹配,从而避免控制点误差的传播。

**4. 拟合区域大地水准面**

GNSS 控制网不但可以确定平面位置,而且能够确定控制点间的相对大地高差,如何充分利用这种高差信息是诸多学者关注的问题。地形图测绘和工程建设都依据水准高程,因此必须把 GNSS 测得的大地高差以某种方式转化成水准高差,以便工程建设使用。通常的方法有:①采用一定密度及合理分布的 GNSS 水准高程测点(即 GNSS 点上联测水准高程),用数学手段拟合区域大地水准面;②利用区域地球重力场模型来改化 GNSS 大地高程为水准高程。

## 9.3 GNSS 在精密工程测量中的作用

虽然精密工程测量是以毫米级乃至亚毫米级精度为目标的测量工作,但随着 GNSS 系统的不断发展与完善,软、硬件性能的不断改进,已广泛地应用于精密工程测量,如桥梁工程、隧道与管道工程、海峡贯通与连接工程、精密设备安装工程等。

### 9.3.1 利用 GNSS 建立精密工程控制网的可行性

传统的精密工程控制网,一般是用 ME5000 测距仪和 $T_3$ 精密光学经纬仪来施测。为研究用 GNSS 来建立精密工程控制网的可行性,武汉大学测绘学院在某山区水利工程测量中布设了如图 9-1 所示的精密工程控制网。该网由 5 个点组成,每点都建立水泥墩,设有强制对中装置。该网中最长边为 1313.5m,最短边长为 359.5m,平均为 701.3m。首先用 ME5000 测边,用 $T_3$ 测角,然后进行 GNSS 测量。接收机采用 TurboRogueSRN8000,观测 2 小时,并采用精密星历,起算点坐标通过与武汉大学测绘学院的跟踪站联测求出。经过平差计算,求出全网各边长及点位坐标,结果见表 9-1 和表 9-2。由表 9-1 可见,GNSS 边长与 ME5000 测出的同一条边长较差中误差为 ±0.34mm,且其较差 $\Delta S$ 有正有负,无系统性差异。从表 9-2 可看出,GNSS 测出的点位坐标与用 ME5000 和 $T_3$ 测得的点位坐标较差中误差为 ±0.29mm,其较差 $\delta$ 有正、有负,也无系统性差异。由此可见,采用 GNSS 测得的控制网边长与点位坐标精度和传统方法相当,所以完全可用来建立精密工程控制网。

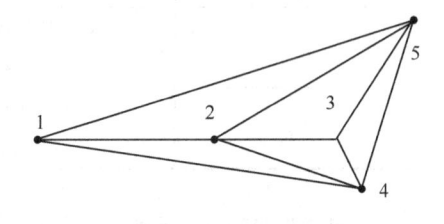

图 9-1 控制网图

**表 9-1  GNSS 网与边角网边长比较表**

| 边名 | $S_{\text{GNSS}}$/mm | $S_{\text{ME5000}}$/mm | $\Delta S$/mm |
|---|---|---|---|
| 2—3 | 466244.1 | 466244.3 | −0.2 |
| 2—4 | 652860.9 | 652861.4 | −0.5 |
| 4—5 | 642664.7 | 642664.3 | +0.4 |

续表

| 边名 | $S_{\text{GNSS}}$/mm | $S_{\text{ME5000}}$/mm | $\Delta S$/mm |
| --- | --- | --- | --- |
| 2—5 | 748678.5 | 748678.8 | −0.3 |
| 1—5 | 1313470.2 | 1313470.5 | −0.3 |
| 1—4 | 1178112.5 | 1178112.4 | +0.1 |
| 3—5 | 359343.8 | 359344.0 | −0.2 |
| 1—2 | 582651.0 | 582650.7 | +0.3 |
| 3—4 | 359894.2 | 359893.7 | +0.5 |

$$\sigma_{\Delta S} = \sqrt{\frac{\Delta S \Delta S}{n}} = \pm 0.34 \text{mm}, \quad |\Delta S|_{\max} = 0.5 \text{mm}$$

$$\sigma = \sqrt{\frac{[\delta\delta]}{n}} = \pm 0.29 \text{mm}, \quad |\delta|_{\max} = 0.5 \text{mm}$$

**表 9-2　GNSS 网与边角点位坐标比较表**

| 点号 | 平面坐标 GNSS/m | 平面坐标 ME5000 + T$_3$/m | 差值 $\delta$/mm |
| --- | --- | --- | --- |
| 4 | $x$ = 1417.2750<br>$y$ = 812.9388 | 1417.2747<br>812.9388 | +0.3<br>0.0 |
| 3 | $x$ = 1092.8954<br>$y$ = 968.8289 | 1092.8957<br>968.8289 | −0.3<br>0.0 |
| 2 | $x$ = 1189.8049<br>$y$ = 1424.8904 | 1189.8044<br>1424.8908 | +0.5<br>−0.4 |
| 1 | $x$ = 1337.9964<br>$y$ = 1988.3808 | 1337.9967<br>1988.3807 | −0.3<br>+0.1 |
| 5 | $x$ = 774.7064<br>$y$ = 801.8232 | 774.7066<br>801.8229 | −0.2<br>+0.3 |

长江水利委员会综合勘测局，同样也进行了由 10 个点 18 条边组成的 GNSS 测量与高精度大地测量对比试验，GNSS 施测时采用 SOKK1A GSS1A 单频接收机，使用广播星历和随机软件进行了平差计算，结果为：$m_x = \pm 3.1$mm，$m_y = \pm 2.4$mm，$m = 6.5$mm。也满足了水利工程施工控制网的精度要求。

## 9.3.2　GNSS 在工程测量中应用示例

**1. 在直线加速器控制测量中的应用**

1984 年 8 月，Geo/Hydro 公司曾用 Macrometre V-1000 型卫星信号接收机，在美国斯坦福直线加速器(stanford linear collider，SLC)工程施工中，承担了精密控制测量工作，该控制网的布设如图 9-2 所示。

直线加速器安置在直线部分，粒子要在直径约为 1km 的环形通道上相撞。为了在环形通道内安装上千块磁铁，必须布设一个高精度的控制网，其点位误差要求在 ± 2mm 以内。但由于该网布设范围仅约 4km，在相对定位中，卫星轨道误差的影响较小，电离层和对流层的影响也基本可以消除，定位的精度将主要受相位观测误差、天线相位中心偏差和多路径效应的

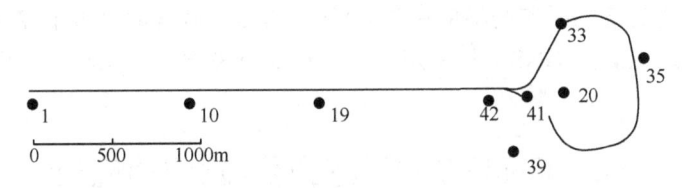

图 9-2 GNSS 在斯坦福加速器控制工程中的应用

影响。该公司利用上述接收机，在 9 个测站上(直线部分四个站，其余位于环形部分)进行了精密的测量，观测数据经综合处理后得出控制点的水平位置精度为 1~2mm，高程的精度为 2~3mm，基本满足了上述加速器设备安装的要求。

### 2. 在隧道贯通控制测量中的应用

隧道的贯通测量是铁路、公路隧道和海底隧道工程，以及城市地铁等地下工程的重要任务。隧道贯通测量的基本要求是在隧道两端的开挖面处(有时还有中间开挖面)，通过联测建立起始的基准方向，以控制隧道开挖的方向，保证隧道的准确贯通。因为经典的测量方法要求控制点之间必须通视，致使测量工作变得较为复杂。所以 GNSS 测量的特点具有特别重要的意义。

目前，在各种隧道工程控制测量中，GNSS 精密定位技术的应用已较为广泛，并且充分地显示了这一技术的高精度与高效益。

在此，我们简单地介绍一下在横跨英法海峡的欧洲海底隧道工程中，GNSS 定位技术的应用情况。

为了适应社会政治、经济和文化交流与发展的需要，几个世纪以来，在英法海峡建造一条海底隧道(图 9-3)，以便把英法两国联结起来，一直是欧洲人梦寐以求的事情。但一直到 1987 年这项工程才开始动工，最终在 1991 年贯通，并于 1994 年 5 月开始运营。

英法海底隧道，也称欧洲隧道，位于英国的多佛尔以西，法国的加来西南，全长约 50km。隧道的最深处位于海底以下约 40m。整个隧道工程划分为四个施工段，每个施工段要开挖三条管道。在该海底隧道工程中，要保证各施工段开挖的管道均能准确的贯通，则要求隧道工程的控制测量具有极高的精度。因此，在隧道的初步设计阶段，曾用经典方法在两岸各布设了一个平面测量控制网，经平差后，其相对误差达 $4 \times 10^{-6}$，也就是说，对约 50km 长的隧道，其横向与纵向中误差可达约 20cm。

为了改善隧道控制测量的精度，在 1987 年使用了 TI4100 接收机在两岸同时观测了 3 个控制点(图 9-4)，并将观测结果与经典网进行了联合平差，结果使控制网的相对精度提高到

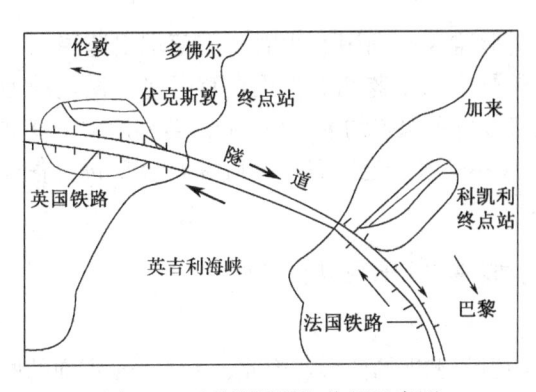

图 9-3 "欧洲隧道"位置示意图

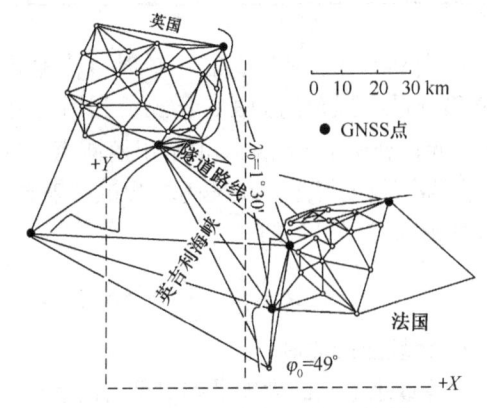

图 9-4 "欧洲隧道"的平面控制网

1×10⁻⁶。由此，上述隧道的纵向与横向中误差降为 5cm，显著地改善了控制网的精度，保障了隧道的准确贯通。在此，GNSS 精密定位技术在欧洲隧道这一工程中，做出了具有深远意义的贡献。

## 9.4　GNSS 在工程变形监测中的应用

工程变形包括建筑物的位移和由于人为因素而造成的建筑物或地壳的形变。因为 GNSS 测量具有高精度的三维定位功能，所以它是监测各种工程变形极为有效的手段。工程变形主要类型包括：大坝的变形、陆地建筑物的变形和沉陷、海上建筑物的沉陷、资源开采区的地面沉降等。

### 9.4.1　GNSS 用于工程变形监测的可行性

在工程变形监测中，通常要达到毫米级或亚毫米级的精度，而监测的边长一般为 300～1000m。在这样短的边长上，GNSS 能否达到上述精度，为此武汉大学测绘学院做了模拟试验。

测试工作在武汉大学测绘学院的卫星跟踪站与四号教学楼之间进行。试验过程中跟踪站上的接收机天线始终保持固定不动，四号教学楼楼顶的接收机天线安置在一个活动的仪器平台上，平台可以在两个相互垂直(东西和南北方向)的导轨上移动。移动量通过平台上的测微器精确测定(其精度可保证优于 0.1mm)，因而天线的位移值可视为已知值。然后通过与 GNSS 定位结果进行比较来检核精度，以评定利用 GNSS 定位技术进行变形观测的能力。试验时每隔 5 小时左右移动一次天线平台。数据处理采用改进后的 GAMIT 软件和精密星历进行，并分别计算了 5 小时解，2 小时解和 1 小时解。5 小时、2 小时、1 小时解的测试分别进行了 10 组，其结果列于表 9-3。

表 9-3　边长监测测试结果表

| 精度　　　时间<br>指标 | 5h | 2h | 1h |
|---|---|---|---|
| 位移分量中误差 $M_{\delta_x}$ | ±0.36mm | 0.54mm | ±0.91mm |
| 位移分量中误差 $M_{\delta_y}$ | 0.37mm | ±0.64mm | ±0.78mm |
| 位移分量误差 ≤0.5mm | 89% | 61% | 48% |
| 位移分量误差 ≤1.0mm | 100% | 94% | 72% |
| 位移分量误差 ≤2.0mm | — | 100% | 98% |
| 最大误差 | 0.7mm | 1.7mm | 2.4mm |

从表 9-3 可以看出，若用单基准点来进行变形监测，利用 5 小时观测值求出监测点平面位移分量中误差约为 ±0.4mm；利用 2 小时观测值求出监测点平面位移分量中误差约为 ±0.6mm；利用 1 小时观测值求出监测点平面位移分量中误差约为 ±1.0mm。若利用两个基准点，其监测精度可进一步提高。测试结果表明，只要采取一定的措施，利用 GNSS 进行各种工程变形监测是可行的。

### 9.4.2　GNSS 在工程变形监测中应用示例

**1. 大坝变形监测**

水库或水电站的大坝受到水负荷的重压，可能引起水坝的变形。因此，为了安全方面的原因，应对大坝的变形进行连续而精密地监测。这对于水利水电部门是一项重要的任务。

GNSS 精密定位技术与经典测量方法相比，不仅可以满足大坝变形监测工作的精度要求(0.199～1.099m)，而且便于实现监测工作的自动化。一般情况下，大坝外观变形监测自动化系统包括数据采集、数据传输、数据处理三大部分。下面以隔河岩水库大坝监测为例进行介绍(隔河岩水库位于湖北省长阳县境内，是清江中游的一个水利水电工程，坝长 653m，坝高 151m)。

1) 数据采集

数据采集分基准点和监测点两部分，由 7 台 Ashtech-12 接收机组成。为提高大坝监测的精度和可靠性，大坝监测基准点宜选 2 个或 2 个以上点，并分别位于大坝两岸。基准点点位不但要稳定，而且能满足 GNSS 观测条件。

监测点应能反映大坝形变，并能满足 GNSS 观测条件。根据以上要求，隔河岩大坝外观变形监测系统基准点为 2 个、监测点为 5 个。

2) 数据传输

根据现场条件，数据传输采用有线(坝面监测点和观测数据)和无线(基准点观测数据)相结合的方法，网络结构如图 9-5 所示。

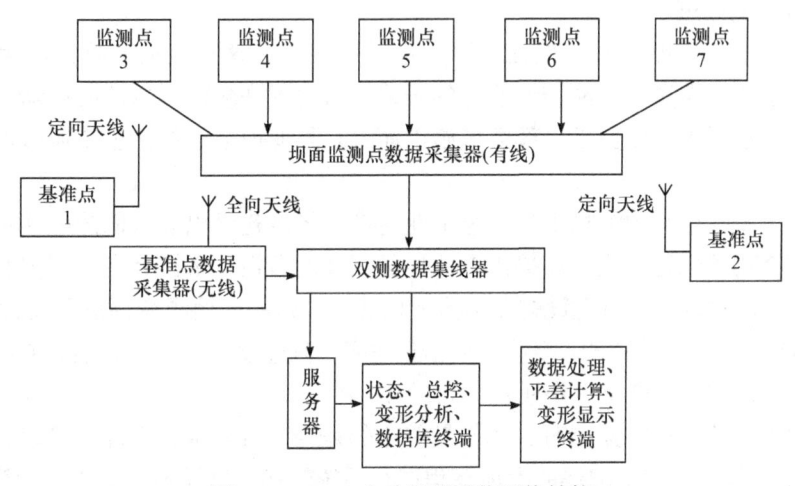

图 9-5 GNSS 自动监测系统网络结构

3) 数据处理、分析和管理

整个系统由 7 台接收机组成，在一年 365 天中，需连续观测，并实时将观测资料传输至控制中心，进行处理、分析、储存。系统反应时间小于 10 分钟(即从每台接收机传输数据开始，到处理、分析、变形显示为止，所需总的时间小于 10 分钟)，为此，必须建立一个局域网，有一个完善的软件管理、监测系统。

整个系统为全自动，应用广播星历 1～2 小时观测资料解算的监测点位水平精度优于 1.5mm(相对于基准点，以下同)，垂直精度优于 1.5mm。

目前在水库或水电站的大坝监测中，整个系统构成可采用图 9-6 所示的数据采集、传输、处理、分析和管理结构。

4) 在大坝监测中应注意的问题

为了提高利用 GNSS 技术进行大坝监测的精度和可靠性，在基准点选埋时，应将其选在大坝下游地质结构稳定的开阔地带基岩上。在数据处理中应重点从模型优选(如对流层模型等)、监测方案优选、监测周期优选等方面考虑；另外，还应在软件自动设置参数求得的基线

图 9-6 监测系统

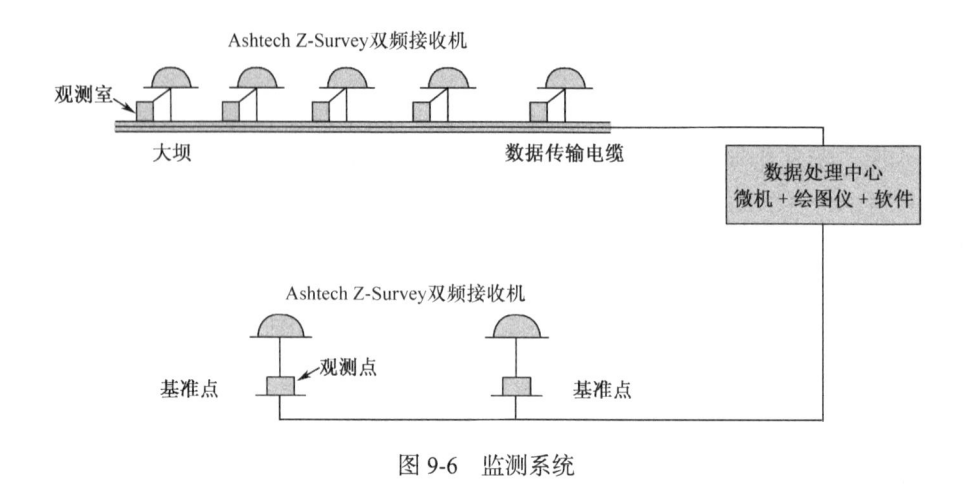

向量基础上，再与改变参数后(如卫星高度角、参考卫星等)解出的基线向量进行比较，以获得最佳结果。

**2. 地面沉降的监测**

随着地下资源的不断开采，地面沉降现象不断发生，这将直接影响人民生命财产的安全。例如，由于地下煤炭、石油和天然气的开采，引起了许多矿区的地面沉降；在城市，由于过量抽取地下水资源，或由于局部区域施工面大量降低地下水位，也使城市地面产生了明显的沉降现象。

地下资源开发区地面的沉降现象，与工业生产、经济建设以及人们的生活密切相关。因此，对上述沉降现象进行监测，以提供有关地面沉降的数据，掌握其变化规律和制定相应的防治措施，是矿区建设和城市建设的一项重要任务。在这一应用领域，采用 GNSS 测量技术是十分经济有效的。由于 GNSS 测量无须相互通视，且速度快，作业灵活，它与传统沉降监测方法相比，野外作业强度小，作业效率高。

在对地面垂直位移进行监测时，我们最关心的是相对沉降量，因此，可以直接利用大地高程系统，而无须将 GNSS 测得的大地高程进行系统转换。这样不但简化了计算工作，而且可以保障观测结果的精度不受损失，也是具有一定的意义。例如，上海市的地面沉降监测就是采取了这一方法，取得了很好的效果。

**3. 海上勘探平台沉降监测**

海上石油及天然气的开采，也可引起海底地壳的沉降，从而造成勘探平台的沉降。根据北海油田的监测资料，这种沉降速率每年可达 10~15cm。因此，及时监测海上勘探平台的水平和垂直位移情况，对确保安全生产是极其重要的。随着我国海上资源的不断勘探和开采，此项工程也显得十分重要。

由于受到距离的限制，利用经典大地测量方法监测海上平台的位移，一般是很困难的。而 GNSS 因其操作简单、快捷，测站间不需通视，且距离不受限制，从而为海上勘探平台的监测工作开辟了重要的途径。利用高精度的相对定位方法，对海上平台进行监测时，应定期地进行重复观测，其周期长短，应针对测量精度和平台可能产生的沉降量而定。因为平台位移监测的精度要求很高，所以，在具体作业中，应注意削弱多路径效应等系统性误差的影响，同时在内业数据处理中，应设法削弱卫星轨道误差的影响。

## 习 题

1. 试比较常规控制测量与 GNSS 控制测量的优缺点。
2. 试说明 GNSS 在控制测量中的应用前景。
3. 试论述 GNSS 应用于精密工程测量的优缺点。
4. 你认为 GNSS 应用于变形监测中应注意哪些问题?

# 第 10 章  GNSS 在航空遥感中的应用

## 10.1 概 述

遥感(remote sensing)一词早在 20 世纪 60 年代就由美国人布鲁依特作为科学术语提出，在 1961 年美国密执安大学发起的"环境遥感讨论会"上被正式采用。

"遥感"一词的字面含义就是遥远地感知，即不与探测对象接触而收集有关该对象的信息。现代遥感的定义是，观察者不直接接触物体或观察对象，而利用飞机、卫星等其他飞行器作为运载工具，用光学或电子的光学仪器接收物体或观察对象发射或反射来的电磁波信息，并将这些信息记录下来或传输到地面，经过处理后，识别地物(或事像)属性的过程。现在，遥感技术已广泛应用于地形测绘、空中摄影、航空地质、农林调查、地球资源探测、军事侦察等国民经济和国防建设的诸多方面。

摄影测量是利用摄影所得的像片，研究和确定被摄物体形状、大小、位置、属性相互关系的一种技术。摄影测量技术的发展可分为三个阶段，在电子计算机问世之前，人们通常用光学、机械或光学机械等模拟方法实现摄影光束的几何反转。这类模拟方法称为经典的摄影测量，但经典的摄影测量存在精度低，提供的产品单一等明显的缺点与局限性。当计算机问世后，在摄影测量领域内，各种光学或机械的模拟解算方法可以被由严密公式解算的解析方法所替代。随着计算机技术的迅猛发展，解析摄影测量方法已成为世界各国主要的摄影测量方法。将像片影像本身进行数字化，可以获得以不同灰度级别形式表示的数字影像，对数字影像的处理和分析，导致栅格式全数字自动化摄影测量兴起。摄影测量有两大主要任务，其中之一是空中三角测量，即以航摄像片所量测的像点坐标或单元模型上的模型点为原始数据，以少量实测的地面控制点坐标为基础，用计算方法求解加密点的地面坐标。在 GNSS 出现以前，航测地面控制点的施测主要依赖传统的经纬仪、测距仪及全站仪等，但这些常规仪器测量都必须满足控制点间通视的条件，在通视条件较差的地区，施测起来十分困难。GNSS 测量不需要控制点间的通视，而且测量精度高、速度快，因而 GNSS 测量技术很快就取代常规测量技术而成为航测地面控制点测量的主要手段。但从总体上讲，地面控制点测量仍是一项十分耗时的工作，未能从根本上解决常规方法(首先进行航空摄影，其次进行野外控制点联测，最后才能进行航测成图)作业周期长、成本高的缺点。

随着动态定位技术的飞速发展，促进了 GNSS 辅助航空摄影测量技术的出现和发展。目前该技术已基本成熟，在国际和国内已用于大规模的航空摄影测量生产。实践表明该技术可以极大地减少地面控制点的数目，缩短成图周期，降低成本。

## 10.2 常规空中三角测量

空中三角测量是航空摄影测量室内加密的典型方法。空中三角测量按加密区域分为单航带法和区域网法；按加密方法可分为航带模型法、独立模型法和光束法。现以光束法为例来介绍空中三角测量。光束法是以每张像片所建立的光线束为平差单元，所以像点的空间直角

坐标 $x, y, -f$ 为光束法空中三角测量的观测值。整体平差要求：①各投影光束中各同名光线相交于一点；②控制点的同名光线的交点应与地面点重合。

共线条件方程

$$\begin{cases} x = -f \dfrac{a_1(X-x_s)+b_1(Y-y_s)+c_1(Z-z_s)}{a_3(X-x_s)+b_3(Y-y_s)+c_3(Z-z_s)} \\ y = -f \dfrac{a_2(X-x_s)+b_2(Y-y_s)+c_2(Z-z_s)}{a_3(X-x_s)+b_3(Y-y_s)+c_3(Z-z_s)} \end{cases} \quad (10\text{-}1)$$

是光束法平差的理论基础。

公式(10-1)中 $x_s, y_s, z_s$ 是摄站点在地面摄影测量坐标系 G-XYZ 中的坐标。X, Y, Z 是加密点或地面控制点在 G-XYZ 坐标系的坐标。$x, y, -f$ 是像点的空间直角坐标。$a_1, a_2, a_3, b_1, b_2, b_3, c_1, c_2, c_3$ 是 3 个外方位元素 $\varphi$、$\omega$、$k$ 的函数。我们知道，像点坐标可以从像片上量测得到。因而，从公式(10-1)中可知，光束法空中三角测量的待定值有两组，一组是每张像片的 6 个外方位元素(用 t 表示)，另一组是加密点的地面摄影坐标值(用 x 表示)。其误差方程式如下

$$V = (AB)\begin{pmatrix} t \\ X \end{pmatrix} - L \quad (10\text{-}2)$$

其法方程形式为

$$\begin{bmatrix} N_{11} & N_{12} \\ N_{21} & N_{22} \end{bmatrix} \begin{pmatrix} t \\ X \end{pmatrix} = \begin{bmatrix} A^{\mathrm{T}} L \\ B^{\mathrm{T}} L \end{bmatrix} \quad (10\text{-}3)$$

求解方程式时，可采用消去一组未知数，求解另一组未知数的方法。常规的方法是消去像片外方位元素这一组，直接求解加密点的地面坐标值。

## 10.3 GNSS 辅助空中三角测量

GNSS 辅助空中三角测量的基本思想是用差分相位观测值进行相对动态定位获取摄影站坐标，作为区域网平差中的附加非摄影测量观测值，以空中控制取代地面控制(或减少地面控制)的方法来进行区域网平差。

### 10.3.1 精度分析

根据公式(10-1)、(10-2)和(10-3)可知，方程式中包含有像片的 6 个外方位元素，而 GNSS 用于空中三角测量的实质在于利用机载(或其他飞行器)GNSS 测定的天线相位中心位置，从而间接确定摄影站的坐标(外方位直线元素)。GNSS 用于空中三角测量的关键，在于天线相位中心位置的精度能否达到要求。根据计算机模拟计算结果表明，利用 GNSS 确定摄影机位置的坐标在区域网联合平差中十分有效，中高精度的 GNSS 定位测量即可满足航摄测图的规范要求(表 10-1)。

表 10-1 空中三角测量(联合平差)要求 GNSS 定位精度

| 地图比例尺 | 像片比例尺 | 空三所需精度 $\mu_{X,Y}$ | $\mu_Z$ | 等高距 | 定位精度 $\sigma_{X,Y}$ | $\sigma_Z$ |
|---|---|---|---|---|---|---|
| 1∶100000 | 1∶100000 | 5m | < 4m | 20m | 30m | 16m |
| 1∶50000 | 1∶70000 | 2.5m | 2m | 10m | 15m | 8m |

续表

| 地图比例尺 | 像片比例尺 | 空三所需精度 $\mu_{X,Y}$ | $\mu_Z$ | 等高距 | 定位精度 $\sigma_{X,Y}$ | $\sigma_Z$ |
|---|---|---|---|---|---|---|
| 1∶25000 | 1∶50000 | 1.2m | 1.2m | 5m | 5m | 4m |
| 1∶10000 | 1∶30000 | 0.5m | 0.4m | 2m | 1.6m | 0.7m |
| 1∶5000 | 1∶15000 | 0.25m | 0.2m | 1m | 0.8m | 0.35m |
| 1∶1000 | 1∶8000 | 5cm | 10cm | 0.5m | 0.4m | 0.15m |

表10-1所要求的GNSS定位精度是完全可以达到的，而且其确定的每个摄影站位置均相当于一个控制点，因而可将地面控制减少至最低限度，甚至完全不需要地面控制。由于摄影站坐标的加入，增强了图形强度，从而使空中三角测量加密的精度进一步提高。

### 10.3.2 机载GNSS天线相位中心位置的确定

在GNSS辅助空中三角测量中机载(或其他飞行器)天线相位中心位置的确定一般可分为三步。首先确定各GNSS历元的机载天线相位中心位置，然后再根据摄影机曝光时刻内插得到曝光时刻载波相位的机载天线相位中心位置，最后将GNSS定位成果转换至国家坐标系。

**1. 各历元机载天线相位中心位置的确定**

利用安装在航空摄影飞行器上的一台接收机和安置在地面参考站上的一台或几台接收机同时测量卫星信号，并通过动态差分定位技术获取各历元的机载天线相位中心位置。为提高定位精度，一般采用基于载波相位观测值的动态差分定位方法，并在数据处理中采用最小二乘法或卡尔曼滤波。

由于传统动态定位方法要求在动态定位前进行静态初始化测量，这样，不但延长了观测时间，增大了数据量，而且也延长了飞行器起飞前的等待时间；另外，为尽量避免卫星信号发生周跳或失锁，必须要求飞行器转弯坡度角小，转弯半径大，加大了飞行航程，延长了航线间隔时间。随着整周模糊度在航测解算OTF的成功应用，上述因机载GNSS测量引入的限制都将迎刃而解，机载接收机则可在飞机到达摄区时打开，从而减少不必要的数据记录。

**2. 曝光时刻机载天线相位中心位置的内插**

动态定位所提供的是各观测历元的动态接收天线的三维位置，而GNSS辅助空中三角测量所需要的是某一曝光时刻航空摄影相机的位置。因为曝光瞬间时刻不一定与观测历元重合，所以，摄影机曝光瞬间机载天线位置必须根据相邻历元的天线位置内插得到。

如果将曝光瞬间同步记录在接收机数据流中，则曝光时刻机载天线位置可由内插解决。新式航摄像机如 Wild RC20 等可在曝光瞬间发出一束 TTL 电平的脉冲(一些老的航摄像机改造后也可发出脉冲)，并将这一脉冲在接收机数据流中注记相应的脉冲输入时刻。以该时刻为引数，在相邻的观测历元天线位置间内插(或拟合)即可获得曝光瞬间机载接收天线的位置。

内插(拟合)精度取决于两方面。一方面是取决于 Event Mark 时标的精度；另一方面则取决于选择的内插模型是否与内插区段内机载接收天线动态变化相一致。由于接收机 Event Mark 时标的精度能达到±2μs。因而即使在飞机运行速度高达200m/s时，由该时标误差引起的内插误差也仅为0.4mm，对GNSS辅助空中三角测量而言是完全可以忽略不计的。

内插误差与历元间机载接收机天线的动态变化有关，因此，为了减少内插误差，提高定位精度，可采取以下措施：①提高GNSS数据采样率。数据采样率越高，则观测历元时间间隔越短，机载接收机天线运动的描述也越精确。②采用有效的内插方法。

在 GNSS 辅助空中三角测量中，由于飞机的航速较大，数据采样率一般均要求小于或等于 1s。在航线飞行中飞机一般作近似匀速运动，因而可采用直线内插或低阶多项式拟合模型。实验证明，一般选择插值时刻前后各两个历元进行二次多项式拟合效果较好。

**3. 坐标转换及高程基准**

动态定位所提供的定位成果属于 GNSS 坐标系，而我们所需空中三角测量加密成果是属于某一国家坐标系，因此必须解决定位成果的坐标转换问题。在精确已知地面基准站在 GNSS 坐标系中的坐标，且已知其与国家坐标系之间的转换参数时，可将动态定位成果转换为国家坐标。数据处理一般采用基线向量网的约束平差法。约束平差在国家大地坐标系中进行，约束条件是属于国家大地坐标系的地面网点固定坐标、固定大地方位角和固定空间弦长，因此，为进行机载天线位置的坐标转换，则必须有两个以上的地面控制点，且这些点应有国家坐标系或地方坐标系中的坐标，并进行了 GNSS 相对定位，其中一控制点在航飞时作为地面基准点，那么以该点为固定点条件进行约束平差，并将求得的欧拉角与尺度比用于转换机载天线——基准站的 GNSS 坐标系坐标。

GNSS 定位所提供的是以椭球面为基准的大地高，而实际所需要的是以似大地水准面为基准的正常高程，因此应进行高程基准转换。高程基准的转换通过测区内若干已知正常高程的控制点按 GNSS 水准方法建立高程异常模型(当测区地形变化较大时应加地形改正)进行。

## 10.4 机载 GNSS 天线与摄影机偏心测量

为了不影响卫星信号的接收，天线一般安装在飞机顶部纵轴线上，以减小飞机姿态的变化而影响接收卫星信号的效果，而航摄仪总是安装在飞机的底部。若将它们之间的偏心分量作为未知参数在光束平差中求解出来，除要求航摄仪与飞机之间保持刚体结构外，还必须保证有足够数量的控制点，从而制约了 GNSS 辅助空中三角测量的发展。由于接收天线在摄影机都固定安装在飞机上，其间偏心距为一常数 $e$，且在像方坐标系中的 3 个分量 $(u,v,w)$ 可以预先测定出来，此时天线相位中心与摄影中心之间的变换关系表示为

$$\begin{bmatrix} X_s \\ Y_s \\ Z_s \end{bmatrix} = \begin{bmatrix} X_A \\ Y_A \\ Z_A \end{bmatrix} - R \begin{bmatrix} u \\ v \\ w \end{bmatrix} \tag{10-4}$$

式中，$X_A$、$Y_A$、$Z_A$ 为机载天线相位中心坐标；$X_s$、$Y_s$、$Z_s$ 为摄影中心坐标；$R$ 为由像片的三个姿态角决定的定向旋转矩阵，$R = f(\varphi,\omega,k)$。

偏心分量可采用近景摄影测量方法、经纬仪测量法和平板玻璃直接摄影法测定，其测定偏心分量的精度可达厘米级。不管采用何种方法测定偏心，一经测定，则认为摄影机相对飞机机身是一个刚体。只有这样，公式(10-4)的变换才有意义。而实际上，在航空摄影过程中，为确保摄影机主光轴朝下对准飞行航迹，有时应对安置相机的座架做适当的调整，其变化可在相机座架上观测得到，并由其所构成的旋转矩阵应当采取前乘偏心分量，即公式(10-4)可改写为

$$\begin{bmatrix} X_s \\ Y_s \\ Z_s \end{bmatrix} = \begin{bmatrix} X_A \\ Y_A \\ Z_A \end{bmatrix} - R \cdot R_C \begin{bmatrix} u \\ v \\ w \end{bmatrix} \tag{10-5}$$

式中，$R_C$是由相机座架调整的小角度所构成的旋转矩阵。理论上相机座架调整后的小角度应当记录下来，以便公式(10-5)使用。然而这些角度值需要人工记录，但由于在航摄飞行过程中，航摄人员负担较重，特别是在低空飞行情况下，有时需要经常调整相机座架，因而航摄人员往往无法逐片记录下这些角度值。为此，人们开发出一种自动记录相机座架调整角度的技术，从而改变了采用人工记录的局面。从理论上讲，在实际作业中这些小角度的变化必须加以考虑。在无地面控制和四角布设控制点时，偏心分量测定误差对 GNSS 辅助空中三角测量平差结果的影响是不同的，在无地面控制情况下辅助光束法区域网平差的精度与天线—相机间偏心分量的测定精度密切相关。偏心分量测定误差越小，则区域网平差精度越高，其偏心分量的平差值越接近真值。若在四角布设地面控制，则可抑制偏心分量测定误差的传播。区域网的平差精度几乎与偏心分量的解算精度无关，即使在未测定偏心分量的情况下，也可保证平差结果的精度，其偏心分量的解算精度可达厘米级，即在四角有控制点的情况下，辅助光束法区域网平差对偏心分量的测定精度要求不高，实际作业时容易满足其精度要求。

## 10.5 GNSS辅助空中三角测量平差及结果分析

### 10.5.1 GNSS辅助空中三角测量的区域网平差

GNSS 辅助空中三角测量的基本思想是用差分相位观测值进行相对动态定位所获取的摄站坐标，作为区域网平差中的附加非摄影测量观测值，以空中控制取代地面控制(或减少地面控制)的方法来进行区域网平差。在各种 GNSS 辅助空中三角测量方法中以辅助光束法区域网平差最为严密，其函数模型是在自检校光束法区域网平差的基础上，辅之以摄站坐标与摄影中心坐标的几何关系及其系统误差改正模型后所得到的一个基础方程。与经典的自检校光束区域网平差法方程相比，主要是增加了镶边带状矩阵的边宽，而没有破坏原法方程的良好稀疏带状态结构。因而对该法方程的求解依然可采用边法化边消元的循环分块解法。然而区域网平差中，一并求解漂移误差改正参数可能会使法方程面临奇异解问题，为此，地面必须有足够的控制点。

### 10.5.2 GNSS辅助空中三角测量结果分析

GNSS 辅助空中三角测量的优点在于所需地面控制点数量较少，且精度满足摄影测量要求，从而减少了航测外业工作量，缩短了成图周期。由此可见动态定位技术会对空中三角测量产生巨大的影响，并会给摄影测量领域带来一次技术革命。

为研究 GNSS 辅助空中三角测量的可行性，并进行相应的理论研究、软件开发，将辅助空中三角测量用于我国航空摄影测量生产实践，武汉测绘科技大学李德仁院士、刘基余教授于1990年申请了国家测绘局测绘科技发展基金项目，通过模拟实验、理论分析、软件设计以及对1994年5月太原机载 GNSS 航摄的数据分析，充分证明了辅助空中三角测量的可行性和可靠性，该项目已于 1994 年底通过国家级鉴定。为尽早将该技术推向实用，1995 年 7 月在天津蓟县地区进行了生产性试验，并已用于中越边境的航空摄影测量，其资料已作为中越边境陆地边界谈判的依据。现将其中太原试验的辅助空中三角测量试验介绍分析如下：

1994 年 5 月在山西太原进行了机载 GNSS 航摄飞行。该试验为 2.4km 见方的正方形区域，北高南低，高差大约为 154m，属平原丘陵地。试验区均匀分布有 191 个永久性地面标志点，所有这些标志点均有国家 54 系坐标，精度达到二等点精度。航摄飞行采用中国航空遥感服务公司"里尔 36A"航摄飞机装配 RC-20 相机飞机一个架次，历时一个小时，共拍摄了 156 张航空像片。

航摄过程中，在飞机上、试验场东南角、中央和机场附近分别安放 1 台 Trimble4000SST 双频接收机，接收机按 2s 数据采样率采集数据。曝光时刻通过 Event Mark 接口记录在 GNSS 数据流中。本次飞行采用主区南北方向进行摄影，共飞行 4 条航线，每条航线 8 张像片。

GNSS 动态定位数据采用武汉测绘科技大学研制的 DDKIN 动态定位软件解算，并按曝光时刻内插后转换至国家 54 坐标系。空中三角测量按经典的自检校区域网光束法平差和辅助光束法区域网平差两种方式计算(表 10-2 和表 10-3)。

表 10-2 自检光束法区域网平差结果

| 平差方案 | $\sigma_0$ $\mu_M$ | 精度值/cm ||||  以像片比例尺计算精度值($\sigma_0$) ||||
|---|---|---|---|---|---|---|---|---|---|
| | | XY || Z || XY || Z ||
| | | m | μ | m | μ | m | μ | m | μ |
| 周边布点 | 10.3 | 5.4 | 5.2 | 22.5 | 16.0 | 1.0 | 1.0 | 4.4 | 3.1 |
| 四角布点 | 10.2 | 7.3 | 19.1 | 63.7 | 216.8 | 1.4 | 3.7 | 12.5 | 42.5 |

表 10-3 辅助光束法区域网平差结果

| 平差方案 | $\sigma_0$ $\mu_M$ | 精度值/cm ||||  以像片比例尺计算精度值($\sigma_0$) ||||
|---|---|---|---|---|---|---|---|---|---|
| | | XY || Z || XY || Z ||
| | | m | μ | m | μ | m | μ | m | μ |
| 无地面控制 | 9.7 | 11.3 | 23.2 | 24.0 | 35.2 | 2.3 | 4.8 | 4.9 | 7.2 |
| 四角布点 | 10.4 | 6.5 | 7.9 | 23.3 | 18.1 | 1.2 | 1.5 | 4.5 | 3.5 |

注：$m = \sigma_0 \sqrt{tr(Q_{xx})/n}$ 是以平差获得的物点坐标之协方差矩阵表示的区域网平差的理论精度；$\mu = \sigma_0 \sqrt{\sum \Delta_i^2 / n}$ 是以野外检查点坐标残差表区域网平差的实际精度 ($i = X, Y, Z$)。

经典的自检校光束法区域网平差分为两种方案。第一种方案采用周边布点，即于区域的周边平均两条基线布设一个平高控制点，区域中间平均四条基线布设一个高程控制点，全区共布设 12 个平高点和 2 个高程控制点；第二种方案仅在区域的四角布设 4 个平高控制点。对上述两种方案均采用带 3 个附加参数的自检校光束法区域网平差，根据 94 个野外检查点得到表 10-2 所列平差结果。由表列数据可以看出，周边与四角布点两种方案的平差精度相比，理论上平面为 1:1.4，高程为 1:2.8，而实际平面为 1:3.7，高程为 1:3.7，理论精度与实际精度存在较大的差距。就加密的实地精度而言，周边布点，平面为 ±5.2cm，高程为 ±16.0cm；四角布点，平面为 ±19.1cm，高程为 ±216.8cm。试验表明，区域网平差平面精度随平面控制点跨距大小的变化不大，而高程精度极大地取决于高程控制点的跨距。

GNSS 辅助光束法区域网平差分为两种方案。一是无地面控制方案，即用机载天线相位中心的北京 54 坐标系取代地面控制点坐标进行平差计算；二是四角布点方案，即用区域四角 4 个平高控制点联合机载天线相位中心进行全区带一组漂移误差改正参数的区域网联合平差。根据 103 个野外检查点得到平差结果列于表 10-3。由表列数据可以看出，无地面控制方案下的加密实际精度平面为 ±23.2cm，高程为 ±35.2cm，但理论精度与实际精度存在着一定的差距。在四角布点方案下辅助光束区域网平差精度有了显著的提高，其平面达到±7.9cm，高程达到±18.1cm，且实际精度与理论精度一致。

比较表 10-2 和表 10-3 可以发现，四角控制下的经典自检校光束法区域网平差方案和无地面控制辅助光束法区域网平差方案理论精度与实际精度均存在一定的差距，这表明在这两种方案下均存在一定的系统误差，这一系统误差既可能是摄影测量方面的也可能是动态定位成果本身或坐标转换过程中引入的。周边布点下的经典自检校光束法区域网平差方案和四角控制辅助光束法区域网平差理论精度与实际精度相符，表明系统误差已很好地消除，且四角控制辅助光束法精度几乎接近于周边布点下经典自检校光束法区域平差，而所需控制点仅为后者的 29%。随着区域网的增大，该比例将变得更小。

综上可见，高精度 GNSS 动态定位的航空摄影测量技术已经成熟。我国已在北京市、海南省、中越边境等地区实施了 GNSS 航空摄影测量，并将在全国推广。随着这一技术的不断推广和应用，将产生重大的社会效益和经济效益。

## 习 题

1. 通过 GNSS 应用于航空摄影测量的可行性分析，说明其应用前景。
2. 如何保证机载 GNSS 天线相位中心的位置精度。

# 第 11 章　GNSS 在土地资源调查中的应用

## 11.1　土地资源调查的目的与任务

### 11.1.1　土地资源调查的目的

土地资源调查是对土地资源的类型、数量、质量、空间变异、生产潜力、适宜性及其他社会经济活动中利用和管理的状况进行综合考察的一项基础性工作，其目的主要有以下四种。

**1. 为土地资源管理提供基本数据**

土地资源是人类最为宝贵的自然资源，如何对土地资源进行科学的管理是缓和当前与土地紧张关系的基础，也是保持可持续发展的关键。特别是在中国这样人口众多而土地资源又特别稀缺的国家，应该像抓人口问题那样抓土地资源管理工作。因此，土地资源详查同人口普查一样，是进行土地管理工作的基本手段。

土地管理一般有两个方面的内容，即对土地利用情况的监测和对土地所有权、使用权的管理。科学的土地资源管理必须全面掌握有关土地资源数量、质量和分布方面的资料，而且必须建立土地登记统计制度和土地档案，用图件、表格或土地资源管理信息系统存储多类土地类型的面积和空间分布、土地利用现状及其界线、土地的质量状况和土地的权属等。

**2. 是合理利用和保持生态平衡的基础工作**

我国人口多而耕地少，充分珍惜每寸土地，合理开发与利用每寸土地是我们的基本国策。而土地利用规划是合理组织土地利用的一项综合性措施，它是在综合考察区域土地资源的基础上，对土地资源的特征和数量、质量、空间分布、适宜性、生产潜力等做出评价后，提出的土地资源合理利用与开发的意见和规划方案的一项系统工程。

**3. 土地资源调查是土地资源动态监测的实现过程**

由于人们的生活、住房，国家的建设等因素，使非农业用地迅速扩大，而且由于缺乏科学的管理、滥用耕地，土地资源浪费现象十分严重。另外，由于不合理的土地利用而造成水土流失、土地退化、土地沙化和土地污染的状况也越来越严重，因而必须周期性地开展土地资源清查工作，以便对土地利用现状和土地质量、数量的变化实现动态监测，随时采取措施，保护土地资源，改善或调整土地利用方式和土地利用结构。

**4. 土地资源调查是制定国民经济计划的依据**

制订国民经济计划，合理安排农林牧副渔业的比例关系，确定农、牧、林、特产品的生产指标，国家征购任务和投资方向，都必须以土地总面积、各类用地面积分布和质量状况为依据。当然，在进行农业区划，合理布局农业生产，确定各区的农业发展方向和农业生产结构，以及各种农业产品指标、建设措施等，也必须以土地面积和质量状况为依据。

### 11.1.2　土地资源调查的任务

土地资源调查的任务是清查土地类型、数量、质量、空间分布、利用现状，并给以综合评价。土地资源调查分为概查和详查两类。具体任务包括以下三方面。

**1. 清查各类土地资源的数量**

因为我国的土地资源调查工作还很不深入，也不够全面，虽然新中国成立以来曾组织过几十次自然资源考察活动，但这些调查工作都是围绕一定目标或针对某个特殊区域开展的，所以所获数据缺乏系统性，不同来源或不同研究深度的调查数据往往有很大的出入，无法统一。例如，由各地统计汇总的耕地面积不足 15 亿亩[①]，但用卫星像片量算或由典型调查推算的面积，却有 18 亿、20 亿甚至 22 亿亩的各种说法。因为评价标准不同，对天然草地、宜农荒地和宜林荒山荒地的面积，有时也不一致。一般野生生物资源基本上没有确切的数量概念。从 1983 年开始的全国县级土地详查工作是我国第一次全国统一协调开展的土地资源调查。在清查土地资源数量方面，其任务是查清各级用地单位的土地总面积和土地类型面积及其分布；查清各级用地单位的土地利用类型面积及其空间布局；查清水利工程、交通用地等线状地物(主要是沟、渠、路)的面积及其分布。

全国第二次土地调查于 2007 年 7 月 1 日全面启动，至 2009 年完成。调查的主要任务包括：农村土地调查，清查每块土地的地类、位置、范围、面积分布和权属等情况；城镇土地调查，掌握每宗土地的界址、范围、界线、数量和用途；基本农田调查，将基本农田保护地块(区块)落实到土地利用现状图上，并登记上证、造册；建立土地利用数据库和地籍信息系统，实现调查信息的互联共享。

第三次全国国土调查(原称为第三次全国土地调查)是第三次全国性的国土调查(土地调查)，自 2017 年起开展。第三次全国国土调查是一次重大国情国力调查，也是国家制定经济社会发展重大战略规划、重要政策举措的基本依据。

2021 年 8 月 26 日上午，自然资源部召开新闻发布会，公布第三次全国国土调查主要数据成果。数据显示，我国耕地面积 19.179 亿亩，园地 3 亿亩，林地 42.6 亿亩，草地 39.67 亿亩，湿地 3.5 亿亩，建设用地 6.13 亿亩。数据还显示，10 年间，生态功能较强的林地、草地、湿地河流水面、湖泊水面等地类合计增加了 2.6 亿亩，可以看出我国生态建设取得了积极成效。

**2. 清查土地资源的质量，并进行综合评价和分等定级**

查清土地各构成要素的基本情况，包括地形地貌、土壤、气候、水文地质、植被以及有关的社会经济条件等，然后进行综合叠加。对区域土地资源的特征如质量、适宜性、生产潜力等做出全面评价，为土地利用规划提供现实依据。

根据土地利用现状的分析和土地评价的结果，提出区域土地资源合理开发利用、整治、管理的意见和具体的规划方案。

**3. 土地资源调查的成果最后以系列成图的形式表达**

包括相同比例尺的不同专业的专题系列图，如土地利用现状图、土地类型图、土地适宜性图、土地生产潜力图以及土地资源的各构成要素图；同一专业的不同比例尺的系列图，如 1∶1000，1∶10000，1∶50000，1∶500000，直至 1∶100 万。这些系列图件一环紧扣一环，彼此互相补充，达到从不同侧面、不同程度，由局部到整体、由要素到系统地反映土地这一自然地理综合体的面貌。

---

[①] 1 亩 = 0.0667 公顷。

## 11.2 土地资源调查的内容与方法

### 11.2.1 土地资源调查内容

土地资源调查包括对土地资源构成要素的调查和分析,以及土地类型和土地利用类型的空间分布、数量、质量、权属调查,并在此基础上进行土地统计、土地登记以及土地评价、土地利用规划和土地管理方面的工作。如果土地资源调查以一定周期重复进行,则就是土地资源的动态监测。

当然,由于不同时期土地资源调查的具体目标和侧重点不同,土地调查的内容和项目也是不一样的。如以反映土地类型及其数量、质量、空间分布为主题的土地类型调查;以反映土地质量为主的气候、土地、植被、地质、地貌、水文等的土地构成要素调查;以反映土地利用状况为主的土地利用现状调查,以及区域土地资源综合开发和利用为目标的区域土地资源综合调查等。

### 11.2.2 土地资源调查的基本方法

土地资源调查的主要成果是各种专题图件,如土地利用现状图、土地类型图、各土地资源要素图等。当然,由于比例尺的不同,所要求的精度也不同,因而在土地资源调查中采用的方法也不同。一般的 1∶1 万、1∶2.5 万、1∶5 万,甚至 1∶10 万比例尺土地资源专题图主要采用航空遥感方法;小于 1∶10 万的比例尺土地资源专题图目前已采用卫星遥感的方法;而大于 1∶1万的超大比例尺土地资源调查虽然也有用航测的方法施测的,但更多的却是用经纬仪测图法、大平板仪测图法或以经纬仪与小平板联合测绘法施测的。因此这一节中将简单介绍一下在土地资源调查中常用的常规仪器测图法和遥感调查方法。

**1. 经纬仪测图**

经纬仪测图方法具有轻便、灵活、工作效率较高等优点。在起伏较大的地区使用这种方法测图更有其优越性。用这种方法测图,一个小组可由观测员、记录计算员、绘图员各一名和立尺员两名组成;一个小组需配备一台经纬仪、两支水准尺(多用塔尺)、一卷皮尺、一块图板和图板架、一个量角器(或直角坐标展点器)、一副三角板以及一台可编程小型计算器等仪器和工具。

1) 图根控制点的测绘

控制点分为平面控制点和高程控制点。它们是地形测量的依据,是地形图的重要数学基础之一。为了保证地形图既有必要数学精度,又不至于浪费人力、物力和时间,控制测量应根据测区的大小、地形及已有控制点情况,由高级到低级,分级扩展、加密,构成控制网。图根控制点是在高级控制点的基础上,直接为测图而发展的一些控制点。一般来说,图根控制点的坐标和高程都是用图根控制测量的方法测定的。它们是测定地物、地貌平面位置和高程的直接依据。

2) 碎部点的观测

主要的地物特征点以及所有的地貌特征点,都应该用经纬仪配合水准尺进行观测。不需要高程注记的次要地物特征点,可以用其他方法施测。如用皮尺按直角坐标法或距离交会法测定这些特征点的平面位置。

在一个测站上完成准备工作之后,用经纬仪配合水准尺,观测碎部点的具体过程如下:

(1) 松开经纬仪照准部制动螺旋,用望远镜照准待测的碎部点,直接在水准尺上读出并记录视距(即上下视距丝间隔与视距乘常数之积)。

(2) 旋转望远镜微动螺旋,使望远镜中丝切准仪器高 i 处,指挥立尺员到下一个待测碎部点立尺,读出并记录中丝瞄准高 i 时的水平盘读数。

(3) 使竖盘指标水准管气泡居中，读出并记录竖盘读数。

用上述方法和操作步骤继续观测其他碎部点。每观测 20~30 个点后，应将望远镜照准起始方向，以检验起始方向水平度盘读数有无变化。若无变化或虽然有变化，但变化值并未超限，则可继续观测。若变化值超限，上述观测成果便不可靠，应查明原因，将水平度盘重新归零后，重测不可靠的碎部点。

**2. 平板仪测图**

大平板仪测图方法的优点是作业组的人数较少，但观测和绘图集中在测绘员一个人身上，故影响工作效率的提高。这种测图方法在平坦地区使用比在山区更为有利。

将大平板仪精确安置好，经检查、整平、对中、定向均符合要求后，量取并记录仪器高。然后用照准仪照准任一已知高程点，用视距测量的方法测算出该点高程。将其与图上高程注记比较，若高程较差不超过 1/5 等高距，则证明测站高程无误，可以进行碎部测量。

观测时，测绘员把照准仪放在图板上测站点的左侧附近，照准立于碎部点的标尺，依次读出视距、中丝瞄准高和竖盘读数。记录员将上述读数记录后，用计算器算出测站点到碎部点的图上水平距离以及碎部点高程，报给绘图员，并将计算结果记入手簿中。若照准仪直尺边未紧贴图上的测站点，应平移平行尺，使其边缘紧贴图上测站点。从图上测站点出发，沿平行尺边缘向碎部点方向，量出算得的该点图上距离，刺点后，在点位右侧注记该点高程。每测绘 20~30 个碎部点后，应照准已知点方向，检查平板位置是否变动，以免引起大的返工。

**3. 全站仪测图**

全站仪测图方法的优点是作业组的人数较少，但可直接获得观测点的坐标。这种测图方法不但精度高，而且速度快，在与绘图软件结合后，可直接得到数字地形图。这样，不但提高了测图效率，而且也增强了数据的共享性。这种测图方法不但适应于平坦地区，而且在山区更为有利。

**4. 航空遥感调查**

航摄像片调绘是在充分研究影像特征(形状、色调、纹理、图形等)与地物、土地构成要素、土地利用等的相互关联或对应关系的基础上进行土地类型、土地利用的判读、调查和绘注等的工作。航片调绘一般包括地类调查、线状地物调绘以及境界和土地权属界的调绘等内容。利用航空像片进行土地资源调查可以将大量野外工作转移到室内来完成，当然也不能完全废除野外工作。从 1985 年起开展的全国县级土地资源详查工作基本上要求采用航片调绘方法。

土地资源调查中航片调绘主要包括资料分析和划分航片调绘面积、室内预判、外业调绘和补测、室内转绘和整饰四个阶段。

**5. 卫星遥感监测与机助制图**

土地是一个动态的生态系统，由于人为经营的不合理往往会引起土壤侵蚀、土地沙化、土壤次生盐渍化等土地退化问题。对土地资源的监测除实地进行定位观测取得实地资料以外，也可用不同时期的遥感影像进行叠加、综合、对比，即可以准确反映出土地资源的变化动态。卫星遥感的多时相特性使之真正成了土地资源动态监测的有效工具。

另外，卫星遥感图像记录了地物波谱辐射能量的空间分布，以及辐射能量的强弱与实际地物的辐射特性的相关性，并以 CCT 磁带的形式提供给用户，因此为计算机图像处理和机助制图提供了可能。采用计算机可以对卫星遥感的图像数据进行各种处理、校正、增强，并提取出人们感兴趣的各种信息。遥感数字图像处理将现代的计算机技术与卫星图像的处理和专业解译相结合，为专业目标识别而处理，并逐步实现了制图的自动化，因此已成为土地资源遥感调查中很有前途的方法之一。

## 11.3 实时动态测量系统

### 11.3.1 RTK 测量方法概述

实时动态(real time kinematic，RTK)测量系统，是 GNSS 测量技术与数据传输技术相结合而构成的组合系统。它是 GNSS 测量技术发展中的一个新的突破。

RTK 技术是以载波相位观测量为根据的实时差分测量技术。大家知道，GNSS 测量工作的模式已有多种，如静态、快速静态、准动态和动态相对定位等。但是，利用这些测量模式，如果不与数据传输系统相结合，其定位结果均需通过观测数据的测后处理而获得。因为观测数据需要在测后处理，所以上述各种测量模式，不仅无法实时地给出观测站的定位结果，而且也无法对基准站和用户站观测数据的质量进行实时地检核，因而难以避免在数据后处理中发现不合格的测量成果，需要返工重测。

实时动态测量的基本思想是，在基准站上安置一台接收机，对所有可见 GNSS 卫星进行连续观测，并将其观测数据通过无线电传输设备，实时地发送给用户观测站。在用户站上，接收机在接收卫星信号的同时，通过无线电接收设备接收基准站传输的观测数据，然后根据相对定位的原理，实时地计算并显示用户站的三维坐标及其精度。

这样，通过实时计算的定位结果，便可监测基准站与用户站观测成果的质量和解算结果的收敛数据，从而可实时地判定解算结果是否成功，以减少冗余观测，缩短观测时间。

RTK 测量系统的开发成功，为 GNSS 测量工作的可靠性和高效率提供了保障，这对 GNSS 测量技术的发展和普及，具有重要的现实意义。不过，这一测量系统的应用，也明显地增加了用户的设备投资。

### 11.3.2 RTK 测量系统的设备

RTK 测量系统主要由 GNSS 接收机、数据传输系统、软件系统三部分组成。

**1. GNSS 接收机**

RTK 测量系统中至少应包含两台 GNSS 接收机，其中一台安置于基准站上，另一台或若干台分别置于不同的用户流动站上。基准站应设在测区内较高点上，且观测条件良好的已知点上。在作业中，基准站的接收机应连续跟踪全部可见 GNSS 卫星，并利用数据传输系统实时地将观测数据发送给用户站(图 11-1)。接收机可以是单频或双频。当系统中包含多个用户接收机时，基准站上的接收机多采用双频接收机，其采样时间间隔应与流动站接收机采样时间间隔相同。

**2. 数据传输系统**

基准站同用户流动站之间的联系是靠数据传输系统(简称数据链)来实现的。数据传输设

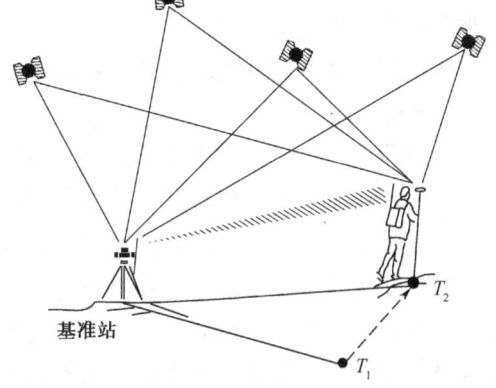

图 11-1 RTK 测量示意图

备是完成实时动态测量的关键设备之一，由调制解调器和无线电台组成。在基准站上，利用调制解调器将有关数据进行编码调制，然后由无线电发射台发射出去，在用户站上利用无线电接收机将其接收下来，再由解调器将数据还原，并发送给用户流动站上的 GNSS 接收机。

### 3. RTK 测量的软件系统

软件系统的功能和质量，对于保障实时动态测量的可行性、测量结果的可靠性及精度具有决定性意义。实时动态测量软件系统应具备的基本功能为：

(1) 整周未知数的快速解算。
(2) 根据相对定位原理，实时解算用户站在 GNSS 坐标系中的三维坐标。
(3) 根据已知转换参数，进行坐标系统的转换。
(4) 求解坐标系之间的转换参数。
(5) 解算结果的质量分析与评价。
(6) 作业模式(静态、准动态、动态等)的选择与转换。
(7) 测量结果的显示与绘图。

## 11.3.3　RTK 测量作业模式及应用

根据用户的要求，目前实时动态测量采用的作业模式主要有以下几种。

### 1. 快速静态测量

采用这种测量模式，要求 GNSS 接收机在每一用户站上静止地进行观测。在观测过程中，连同接收到的基站的同步观测数据，实时地解算整周未知数和用户站的三维坐标。如果解算结果趋于稳定，且精度已满足设计的要求，便可适时的结束观测工作。

采用这种模式作业时，用户站的接收机在流动过程中，可以不必保持对 GNSS 卫星的连续跟踪，其定位精度可达 1~2cm。这种方法可应用于城市、矿山等区域性的控制测量、工程测量和地籍测量等。

### 2. 准动态测量

采用这种测量模式，通常要求流动的接收机在观测工作开始之前，首先在某一起始点上静止地进行观测，以便采用快速解算整周未知数的方法实时地进行初始化工作。初始化后，流动的接收机在每一观测站上，只需静止观测几个历元，并连同基准站的同步观测数据，实时地解算流动站的三维坐标。目前，其定位的精度可达厘米级。

但这种方法要求接收机在观测过程中，保持对所测卫星的连续跟踪。一旦发生失锁，便需要重新进行初始化工作。

准动态实时测量模式，通常主要应用于地籍测量、碎部测量、路线测量和工程放样等。

### 3. 动态测量

动态测量模式，一般需首先在某一起始点上，静止地观测数分钟，以便进行初始化工作。之后，运动的接收机按预定的采样时间间隔自动地进行观测，并连同基准站的同步观测数据，实时地确定采样点的空间位置。目前，其定位的精度可达厘米级。

这种测量模式，仍要求在观测过程中，保持对观测卫星的连续跟踪。一旦发生失锁，则需要重新进行初始化。这时，对陆地上的运动目标来说，可以在卫星失锁的观测站上，静止地观测数分钟，以便重新初始化，或者利用动态初始化(AROF)技术，重新初始化。而对海上和空中的运动目标来说，则只有应用 AROF 技术，重新完成初始化的工作。

实时动态测量模式，主要应用于航空摄影测量中采样点的实时定位，航道测量，道路中线测量，以及运动目标的精密导航等。

目前，实时动态测量系统，已在约 30km 的范围内，得到了成功的应用。随着数据传输设备性能和可靠性的不断完善和提高,以及数据处理软件功能的增强,它的应用范围将会不断地扩大,其定位精度也将不断提高。

## 11.4 CORS 系统原理

连续运行参考站系统(continuous operational reference system,CORS)是一个或若干个固定连续运行的 GNSS 参考站,它是利用现代计算机、数据通信和互联网(LAN/WAN)技术组成的网络,可实时地向不同类型、不同需求及不同层次用户自动提供经过检验的不同类型的 GNSS 观测值(载波相位、伪距),各种改正数和状态信息等。

**1. 单基准站 CORS 系统**

该系统类似于一加一或一加 N 的 RTK,只不过其基准站是一个连续运行的基准站。它是将卫星定位技术、软件开发技术和通信技术有机地结合起来,从而为用户提供全新、透明、实时可视的测量服务。基准站上有一个能实时监控卫星状态的软件,存储和发送相关数据,同时还有一个服务器提供网络差分服务及用户管理,如图 11-2 所示。

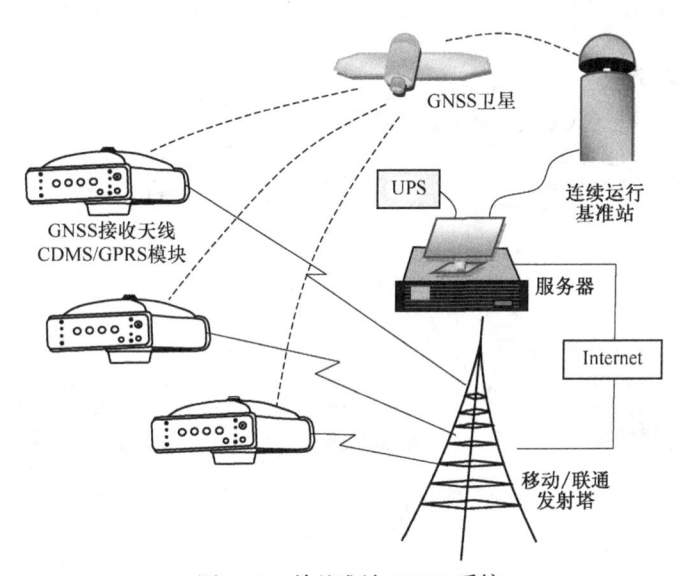

图 11-2  单基准站 CORS 系统

**2. 多基准站 CORS 系统**

该系统是由分布在一定区域内的多个单基准站组成,各基准站均将数据发送到同一个服务器内。流动站在作业时只需要发送它的概略位置信息到服务器,系统则自动将距离较近的基准站差分数据发送给流动站,从而保证流动站在 CORS 覆盖区域作业时,系统总能够提供离流动站最近的参考站数据。

根据系统功能的要求,该系统由以下几个单元构成:CORS 基准站、网络服务器、电源系统和用户系统。该系统原理如图 11-3 所示。

**3. 网络 CORS 系统**

在网络 CORS 系统中,是将所有分布在一定区域内多台基准站的原始数据传回控制中心,利用系统软件对接收到的坐标和原始数据进行系统综合误差的建模。当移动站在工作时,只需要先向控制中心发送一个概略坐标(GGA 数据),控制中心收到这个位置信息后,便可根据用户位置，由计算机自动地将该位置改正的 GNSS 轨道误差，电离层、对流层及大气折射引起的误差发送给移动站。其差分效果相当于在移动站旁边生成了一个模拟的参考基准站，从而解决了 RTK 作业距离上的限制问题，并保证了用户的精度(图 11-4)。

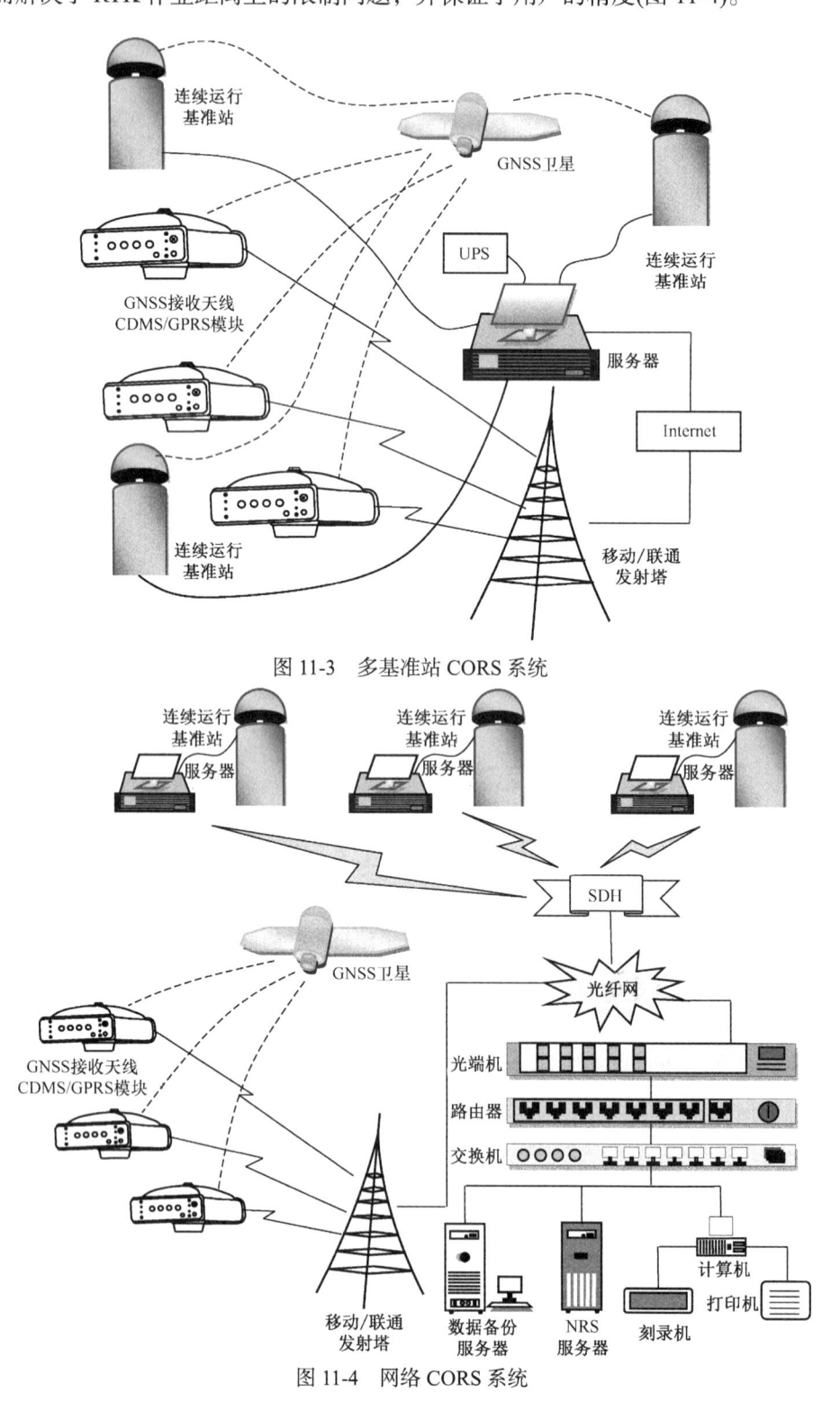

图 11-3　多基准站 CORS 系统

图 11-4　网络 CORS 系统

## 11.5 GNSS 在土地资源调查中的应用

根据土地资源调查的目的与精度要求，结合 CORS 系统及 RTK 测量的精度(一般为厘米精度)，可将它们应用于土地资源调查。

GNSS 测量技术与其他土地资源调查方法相比，具有精度高、操作简便、灵活、工作效率较高等优点。特别是在地形起伏较大、植被覆盖度较小的地区采用这种方法更显其优越性。

### 11.5.1 CORS 系统及 RTK 技术在图根控制测量中的应用

常规控制测量如三角测量、导线测量，均需要测站之间相互通视，这样不但费工费时，而且精度不均匀，外业测量中不可能实时知道测量成果的精度。而静态相对定位虽然不需要测站之间通视，但却需要事后进行数据处理，不能实现实时定位并知道定位精度，必须经过内业处理后方可得到测量结果和相应的精度，若此时发现精度不合乎要求，则必须进行外业返工测量。而用 CORS 系统或 RTK 技术进行图根控制测量，既可实时知道定位结果，又可知道定位精度，这样可大大提高作业效率。

目前应用 CORS 系统或 RTK 技术进行实时定位精度可达厘米级，因此，对于一般图根控制测量的精度是完全可以满足的。

### 11.5.2 CORS 系统或 RTK 技术在碎部测量中的应用

碎部测量一般是首先根据控制点进行图根点加密，然后在图根点上用经纬仪或平板仪进行碎部测图。这种方法均要求测站与碎部点之间相互通视，且至少应有 2~3 人操作。

利用 CORS 系统或 RTK 技术进行土地资源调查(碎部测量)时，流动站仅需一人背着仪器在待测的碎部点上待上 1~2s 并同时输入特征编码，通过电子手簿或便携微机记录，在点位精度合乎要求的情况下，则可将某一个区域内的地形地物点位通过专业绘图软件绘制成地形图。

在土地资源调查精度要求不太高时，也可采用手持的 GNSS 接收机直接进行。

习 题

1. 简述 CORS 系统及 RTK 系统的构成及其定位原理，并说明两者的联系与区别。
2. 结合土地资源调查的目的和任务，说明 CORS 系统及 RTK 的作用。
3. 试比较传统的土地资源调查方法与利用 CORS 系统及 RTK 进行土地资源调查的优缺点。

# 第12章 GNSS在地质调查、地形测量、地籍测量及水下地形测量中的应用

## 12.1 概述

地形测量是为城市、矿区地质填图以及为各种工程设计和施工提供不同比例尺的地形图,以满足规划、设计和各种经济建设的需要。地籍及房地产测量是精确测定土地权属界址点的位置,同时为土地和房产管理部门测绘大比例尺的地籍图和房产图,并量算土地和房产面积。

采用常规的测图方法(如经纬仪、全站仪等),通常是先布设控制网点,这种控制网一般是在国家高等级控制网点的基础上加密次级控制网点。然后依据加密的控制点和图根控制点,测定地物点和地形点在图上的位置并按照一定的比例和符号绘制成图。

GNSS可以高精度并快速地测定各级控制点的坐标。特别是应用CORS系统或RTK技术,甚至无须布设各级控制点,仅依据一定数量的基准点,便可以高精度并快速地测定界址点、地形点、地物点的三维坐标,并利用测图软件在野外一次测绘成电子地图,然后通过计算机和绘图仪、打印机输出各种比例尺的图件。

在应用RTK技术进行定位时要求基准站接收机实时地把观测数据(如伪距或相位观测值)及已知数据(如基准点坐标)传输给流动站接收机,流动站在观测到四颗卫星后,可以实时地求解出厘米级精度的流动站位置。这比静态、快速静态定位需要事后进行处理来说,定位效率会大大提高。故RTK技术在测量中的应用立刻受到人们的重视和青睐,其应用范围不断扩大。

## 12.2 GNSS在地质调查中的应用

### 12.2.1 地质图的作用

地质调查是一项综合性的基础地质工作,是各项地质工作的先行步骤,是运用地质理论及各种技术手段在一定区域内系统地进行综合性调查工作,以查明区域内的地层、岩石、地质构造、矿产、水文地质、地貌及第四纪地质的基本特征和相互关系,为国民经济建设、国防建设和科学研究提供基础地质资料。

### 12.2.2 传统地质填图步骤

传统的地质填图可分成以下步骤:

(1) 选择合适的地形图作为地调图的底图,并且作为底图的地形图的精度应能满足地质调查图的要求。通常地形图的比例尺应为地调图比例尺的2~5倍。

(2) 测制地质剖面是地质调查重要的基础工作。它是利用原始的测量手段,建立地层层序和确定地层的地质年代,了解岩体的岩石特征和可能存在的相带,以查明各种地质体的构

造特征和相互关系。

(3) 野外地质填图是将实地确定的各种地质、矿产现象勾绘于地形图上。

(4) 室内综合编图。

(5) 检查、清绘制版、印刷、出版。

### 12.2.3 CORS 系统及 RTK 技术在地质填图中的应用

利用 CORS 系统及 RTK 技术进行地质填图的数据采集，可以直接在地形底图上进行填图。这样，既可以减小地形图的扩放和缩编误差，同时还可减少野外填图数字化过程及底图的套合误差。

总之，利用 CORS 系统或 RTK 技术进行地质填图，不仅能减少传统方法中的底图扩放误差和数字化过程中的套合误差，而且可以在地形图上做任意剖面。同时，它减少了野外工作量，缩短了成图周期，克服了传统方法中的一些缺点，增强了数据的共享性，有利于数据的二次开发利用。

## 12.3 GNSS 在地形测量中的应用

### 12.3.1 CORS 系统及 RTK 技术在地形控制测量中的应用

常规控制测量如三角测量、导线测量，要求点间通视，费工费时，而且精度不均匀，外业中不知道测量成果的精度。静态相对定位测量虽然无须点间通视就能够高精度地进行各种控制测量，但是需要事后进行数据处理，不能实时定位并知道定位精度，内业处理后发现精度不合要求必须返工测量。而用 CORS 系统或 RTK 技术进行控制测量既能实时知道定位结果，又能实时知道定位精度，这样可以大大提高作业效率。应用 CORS 系统或 RTK 技术进行实时定位可以达到厘米级的精度，因此，除了高精度的控制测量仍采用静态相对定位技术之外，CORS 系统或 RTK 技术也可用于地形图测绘中的控制测量，地籍及房产测量中的控制测量和界址点点位的测量。

### 12.3.2 CORS 系统及 RTK 技术在地形测绘中的应用

地形测图一般是首先根据控制点加密图根控制点，然后在图根控制点上用经纬仪测图法或平板仪测图法测绘地形图。近几年发展到用全站仪和电子手簿采用地物编码的方法，利用测图软件测绘地形图。但都要求测站点与被测的周围地物地貌等碎部点之间通视，而且至少要求 2~3 人操作。

采用 CORS 系统或 RTK 技术进行测图时，仅需一人背着仪器在要测的碎部点上待上 1~2s 并同时输入特征编码，通过电子手簿或便携微机记录，在点位精度合乎要求的情况下，把一个区域内的地形地物点位测定后回到室内或在野外，用专业测图软件就可以输出所要求的地形图。用 CORS 系统或 RTK 技术测定点位不要求点间通视，仅需一人操作，便可完成测图工作，大大提高了测图工作的效率。

## 12.4 GNSS 在地籍测量中的应用

### 12.4.1 地籍测量

地籍测量是调查和测定土地(宗地或地块)及其附着物的界线、位置、面积、质量、权属和利用现状等基本情况及其几何形状的测绘工作。在权属调查的基础上，地籍测量所绘制的图件包括地籍图、宗地图等。宗地图为分户地籍图，是土地权属登记的附图。而地籍图一般是分幅进行测量的，农村居民点地籍图则为岛图形式。地籍图的内容包括控制点、必要的地形要素、全部的地籍要素和文字、数字注记。平坦地区的地籍图可以不测绘等高线；起伏较大地区或有特殊要求时，也应测绘等高线或曲线。当然，在进行测量之前必须进行地籍调查和权属界线的实地勘察丈量，为土地登记和发放土地证提供依据。通过颁发土地证和建立土地登记卡，地籍测量资料成为具有法律效力的文件。

地籍测量与城市测量有着密切的联系，只不过城市测量偏重于城市土地的整体利用与城市规划；而地籍测量则偏重于城镇宗地单元的权属和界址。因此，地籍测量同工程测量和城市测量一样，应遵循测绘的原则，即先控制后碎部，从高级到低级，由整体到局部进行。

### 12.4.2 CORS 系统及 RTK 在地籍和房产测量中的应用

地籍和房产测量中应用 CORS 系统或 RTK 技术测定每一宗土地的权属界址点以及测绘地籍与房地产图，能实时测定有关界址点及一些地物点的位置，并能达到要求的厘米级精度。利用 GNSS 获得的数据并结合绘图软件可及时精确地获得地籍与房地产图。但在影响卫星信号接收的遮蔽地带，则应使用全站仪、测距仪、经纬仪等测量工具，采用解析法或图解法进行细部测量。当然，也可采用倾斜摄影的方法进行地籍和房产测量。

在建设用地勘测定界测量中，CORS 系统或 RTK 技术可以实时地测定界桩位置，确定土地使用界限范围，计算用地面积。利用 CORS 系统或 RTK 技术进行勘测定界放样是坐标的直接放样，建设用地勘测定界中的面积量算实际上是由 GNSS 数据处理软件中的面积计算功能直接计算并进行检核，避免了常规解析法放样的复杂性，简化了建设用地勘测定界的工作程序。

在土地利用动态检测中，也可利用 CORS 系统或 RTK 技术。传统的动态野外检测采用简易补测、全站仪补测或平板仪补测法，如利用钢尺采用距离交会、直角坐标法等进行实测丈量，对于变化范围较大的地区采用全站仪补测。这种方法速度慢、效率低。而应用 CORS 系统或 RTK 技术进行动态检测则可提高检测的速度和精度，省时省工，真正实现实时动态监测，保证了土地利用状况调查的现势性。

## 12.5　差分 GNSS 在水下地形测量中的应用

差分 GNSS 以其为用户提供全球、全天候、连续、实时、高精度的三维位置、三维速度和时间信息等独特优点，在水深测量中得到了广泛的应用，为在宽阔海域、港湾水深测量、航道水深测量、挖漕水下地形测量、固定断面水深测量、沉船沉物测摸等提供了极为便利的测量手段，是测量手段质的飞跃。

江河的整治与开发、航道的管理和维护以及港口的改扩建，一切有关水下建筑物的建设都需要水下地形图。水下地形图是由同步采集的水深和平面位置的外业测量和内业数据编辑处理而成的图。

水深测量通常是采用砣测、绳测、杆测或回声测深仪进行的。在测量水深的同时通过潮位观测站进行潮位观测，用于改正水深测量值，最后成为水下地形图上的高程值。

平面位置的取得，以往是采用六分仪后交、经纬仪前交、红外测距仪三边交会、微波定位系统等方法来进行，但这些测量方法对工况条件要求高、操作复杂、劳动强度大、自动化程度低，较大程度上影响了出图的精度及时间。差分 GNSS 的使用从根本上解决了这些问题。

将差分 GNSS、测深仪以及其他终端设备结合起来，就构成了一套完整的水下地形测绘系统(图 12-1)，能应用于一切航道、海港等领域内的各种测量作业。现以美国 Motorola 公司生产的差分 GNSS 结合其水道测量软件，对差分 GNSS 在水深测量中的应用作以下介绍。表 12-1 为该软件的主菜单(中文含义)。

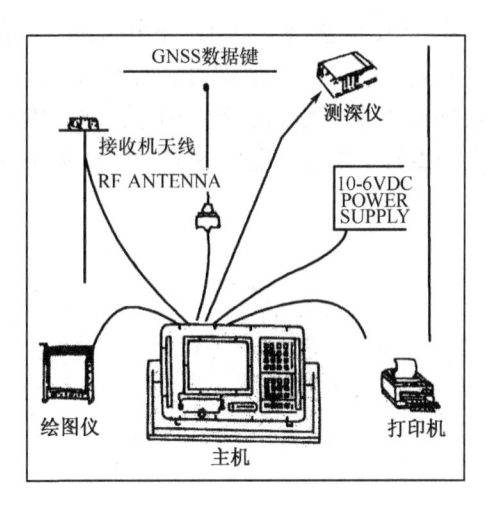

图 12-1 水下地形测绘系统

表 12-1 测量主菜单

| 测量 | 数据处理 | 设置 | 绘图 | 数字化 | 大地测量 |
|---|---|---|---|---|---|
| 航道设计 | 数据编辑 | 色彩设置 | 批量绘图 | 数字化水深 | 天体方位计算 |
| 设计 | 边缘 | 数据路径 | 1 断面 | 数字化岸线 | 坐标系转换 |
| 数据转换 | 轮廓 | 数字化仪 | 2 断面 | 人工输入岸线 | 极坐标转换 |
| 数据传输 | 数据压缩 | 语言选择 | 绘图 | 人工输入目标 | 大地参数设定 |
| 接口测试 | 格式转换 | 菜单色彩 | 绘图文件 |  | 坐标转换 |
| 导航 | 文件管理 | 屏幕选择 | 覆盖块 |  | 点位计算 |
| 软件设置 | 水深预排序 | 绘图仪选择 | 新建绘图文件 |  | 装载测量参数 |
| 测量 | 排序 | 接口设置 | 断面模型 |  | 测量单位转换 |
| 航迹 | 声速改正 |  |  |  |  |
| 视图 | 潮汐 |  |  |  |  |
| 退出 | 人工潮汐 |  |  |  |  |
|  | 图示潮汐 |  |  |  |  |
|  | 土方计算 |  |  |  |  |
|  | 文件组合 |  |  |  |  |
|  | 文件集合 |  |  |  |  |

差分 GNSS 在水深测量中主要由测前准备、测量作业、内业处理三部分组成。

## 12.5.1 测前准备

测量工程师根据测量任务书要求，在进入测量工地前，必须完成测线设计、输入；测量地区大地参数修改；导航文件、绘图文件、测区设置文件的建立等工作(图 12-2)。

**1. 测线设计输入**

根据技术规范要求，在已有图籍资料上设计测量断面线(测线)应尽量与航道(或深槽或岸线)垂直布置(图 12-3),并量出设计线的起始点的坐标值,如水道顺直,则只需测量 1 个断面起止点的坐标值即可,然后在输入时选用平移的方式产生同样断面间隔的测量线。该软件亦可根据水道情况产生阶梯式测量线、辐射状测量线、搜导式测量线、中心测量线(图 12-4),亦可产生多达 12 个线路折线点,最后产生测量线文件。

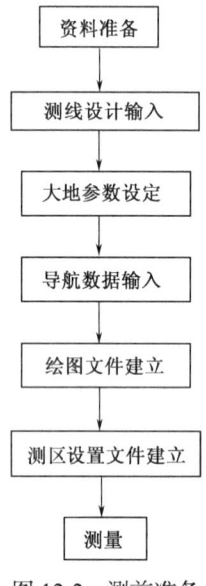

图 12-2 测前准备

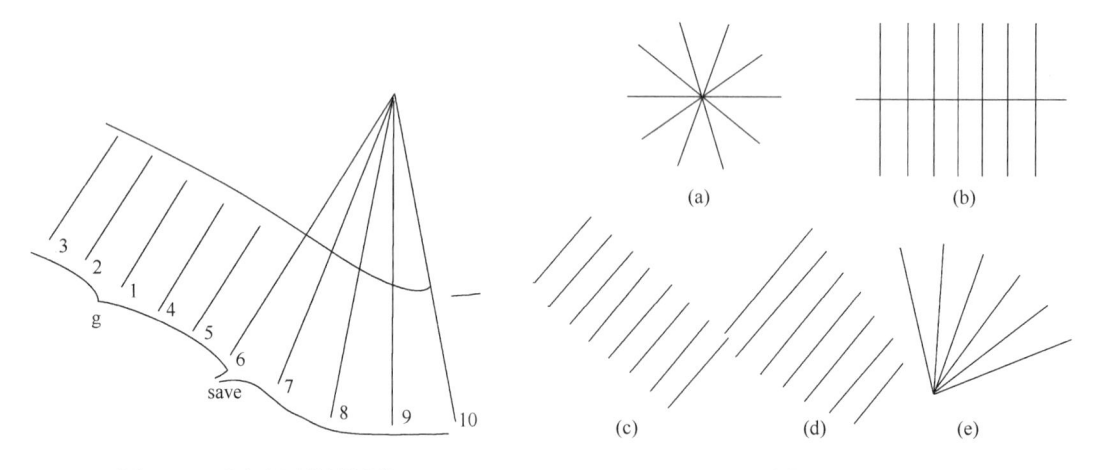

图 12-3 垂直布置的测量线

图 12-4 其他布置的测量线

### 2. 大地参数修改

大地参数的选用对测量结果的好坏起直接作用,因此,每接到一个新任务,每到一个新的测区,都得根据测量任务的要求修改大地参数。一般要对坐标系统、投影方式、测量单位、测区所在半球位置、椭球体参数等 5 项进行修改后存在软件的大地参数文件中,以便测量时调用。

表 12-2 以我国长江航道白茆水道为例,选用 KRASSOVSKY 椭球体;选用 UTM 投影;米制单位;测区在北半球;长半轴;短半轴;扁平率倒数(293.300);中央子午线(123.00°);比例系数(1.000);虚设东向 500000.000m。

表 12-2　大地参数的修改

| 坐标系统 | 投影选择 | 球体位置 | |
|---|---|---|---|
| AIRY | ENGINEERING | *NORTH | |
| MOD.AIRY | LAMBERTOC | 　SOUTH | |
| AUSTRAL.NAT | MERCATOR | | |
| BESSLL 1041 | TRANSVERSEMERCATOR | 椭球体参数 | |
| CLARBE 1866 | UENATIONALGRID | A： | 6487245.0000 |
| CLARBE 1880 | * UTM | B： | 6356863.0190 |
| EVEREST | RIJKSDRIEHOER | I/F | 298.30000000 |
| MDD EVEREST | IRISHNATIONALGRID | C：MERIDTAN： | 123.00000000 |
| FISGHER 1968 | | SCALEFAC.： | 1.0000000000 |
| GRS-1967 | | NORTHPAR.： | 0.000000000 |
| GRS-1980 | | SOUTHPAR.： | 0.000000000 |
| HELMERT 1986 | | REF.LAT.： | 0.000000000 |
| HOUGH | 测量单位 | FALSEEAST： | 500000.0000 |
| INTERNATIONL | U.S.SURVEYFOOT | FALSENORT： | 0.0000 |
| * KRASSOVSRY | 　INTERNATIONALFOOT | | |
| SA-1969 | * MEITERS | | |
| WGS-60 | | | |
| WGS-66 | | | |
| WGS-72 | | | |
| WGS-84 | | | |
| SAVEDATA：Y/N | | OUTPUTTOPRINTER<br>QUIT | |

### 3. 导航文件

集导航系统的使用情况、校正系数、船台通信与离线的偏距和其他测量信息的数据在一起组成测量程序所使用的导航文件(表 12-3)，用户可根据测量任务书要求修改下列项目。

(1) 距离门限值：该值为控制水深测量航行过程中的位置跳跃。程序规定，先前接收点与新计算导航点的距离小于门限值即该点被记录下来，反之则被拒绝，因此，该值易采用较大值。

(2) 屏幕更新点：在水深测量过程中随时移动屏幕海图，以使测量船保持在观察范围内。为了让测量操作员较直观地看到部分航迹，在屏幕更新时保留一定数量的先前点。

(3) 标记点增量：根据测图比例及取样方式规定程序产生标记点。

(4) 测量开始门限值：规定测量船距测量线任一端的距离小于等于门限值时自动开始记录数据的值(程序可以人工

表 12-3　导航参数设置

| 导航参数设置 |
|---|
| 距离门限值：250.00 |
| 屏幕更新点：20.00 |
| 标记点增量：1.00 |
| 测量开始门限值：30.00 |
| 测量船天线高度：20.0 |
| 导航系统数量：1.00 |
| 离线距离说明：100.00 |
| 船台通信机深度：0.00 |
| 通信机偏前距：0.00 |
| 通信机偏左距离：0.00 |
| 测量船大概位置 $X$：0.00 |

手动控制数据记录的开始和结束)。

(5) 测量船天线高度：输入水深测量船的接收卫星天线高度。

(6) 导航系统数量：它是水深测量过程中正在工作的导航系统数量(一般设为"1")。

(7) 离线距离说明：超出此值的位置和水深将不在绘图机上绘出。

(8) 船台通信机深度：此值作测量船吃水校正用(一般设为"0")。

(9) 通信机偏离天线前方距离、通信机偏离天线左边距离：这两项是通信机偏离导航天线的前方距离和左边距离。原则上应尽量把通信机直接放在导航天线的下面。

(10) 测量船大概位置：这两项对于方位/方位定位与系统是必要的，否则把它们设置为"0"。

**4. 绘图文件**

根据测区需要制作图幅的大小、起点(左下角)坐标、绘图比例、图纸旋转方位、绘图选择等绘图参数，在程序中生成绘图文件供水深测量现场跟踪用和后处理时制图用(表 12-4)。

表 12-4 绘图文件设置

| 绘图选择 | | 方位选择 | |
|---|---|---|---|
| 1——航迹线 | | 1——垂直航迹(右边) | |
| 2——水深 | | 2——垂直航线(底部) | |
| 3——航迹和水深 | | 3——定位角度 | |
| | | ↑ 上移 | |
| | | ↓ 下移 | |
| 绘图长度($X$轴)： | 70.00cm | ESC 退出 | |
| 绘图宽度($Y$轴)： | 50.00cm | | |
| 起点 东($X$)： | 576000.00 | 文件名：HAL.PLT | |
| 起点 北($Y$)： | 6222500.00 | | |
| 绘图比例： | 10000.00∶1 | [绘图机设置] | |
| 旋转角度： | 0.00 | 语言：DMP/L | |
| 绘图选择： | 1.00(水深) | 步长：0.025mm | |
| 水深间的距离： | 50.00cm | 波特率：9600 | |
| 水深方向选择： | 1.00 | 奇偶校验：无 | |
| 绘制水深角度： | 315.00 | 数据位：8 | |

其中：

(1) 绘图选择：根据测量工作需要可选择框图提示航迹线"1"，水深线"2"，航迹线加水深"3"，一般外业水深测量跟踪时设置为"1"，内业制图时设置为"2"。

(2) 水深间的距离、水深方向选择、绘制水深角度：这三项根据任务要求选择并输入。

**5. 设置测量文件**

将需要测量的水道名设为"设置文件名"，然后将为测量该水道所准备的导航文件、绘图文件、测量线文件和导航系统、测深仪类型以及是否连接打印机等集合成测量设置文件，供水深测量时使用(表 12-5)。

表 12-5 测量文件设置

| 设置文件名： | HAL. SET |
|---|---|
| 导航文件名： | HAL. NAV |
| 绘图文件名： | HAL. PLT |
| 测量线文件名： | HAL. LIN |
| 海岸线文件名： | HAL2. DIG |
| 潮汐文件名： | NONE(无) |
| 测量数据文件名： | HAL(NAME) |
| 测量数据文件格式： | ALL(全部) |
| 打印机状态： | EVENTS(特征点) |
| 数据采集模式： | NORMAL(一般方式) |
| 定位导航系统： | MOTOLA SIXGUN |
| 回声测深仪型号： | DIGITECE. 01RES |
| 测量点采集方式： | DISTANCE(航行距离) |
| 左/右事件： | AUTO NONE(自动方式) |

其中：

(1) 测量数据文件名：为程序命名文件时使用的总的称谓，一般设置成与水道名称相符，便于查找和内业处理。

(2) 数据记录格式：一般设置为"ALL"格式存储数据，设置为"ALL"，即将测量中的所有信息存盘以便以后处理。

(3) 数据采集格式：测量程序应取导航设备每次发送的更新数据的方式为数据采集格式，有一般方式和高速方式两种，建议设置为一般方式即可。

(4) 导航系统：为测量程序指定水深测量使用导航系统名称，该软件系统支持 43 种不同类型的导航系统。

(5) 回声测深仪：为测量程序指定水深测量所用回声测深仪类型，该软件系统支持 32 种不同类型的回声测深仪。

(6) 测量点划分基础：允许测量程序根据舵手航行距离(或时间或接收的导航信息数量)来作为基础划分测量标记点。

## 12.5.2 测量作业

完成以上准备工作后，就可以进入水深测量作业了。水深测量作业亦是时间、位置、水深等测量数据的采集工作。测量程序是一个上线指导和数据采集程序，它能够利用不同类型的导航通信接收机，提供精确的位置信息，能够计算出多种椭球体和投影下的位置数据，还能支持不同类型的回声测深仪。在测量数据不断采集，不断存盘的同时，同步向测深仪、绘图机、打印机、导航仪发出标记、跟踪、动作信息以及屏幕输出测量信息(图 12-5)。测量员通过使用功能键控制操作参数。常使用的测量跟踪操作代码参数见表 12-6。

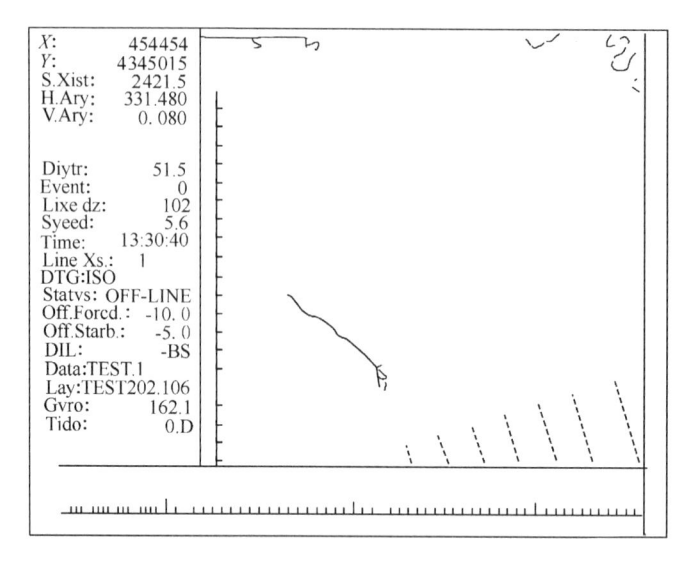

图 12-5 屏幕显示图

表 12-6 屏幕功能显示

| 测量跟踪时操作代码参数 ||||
|---|---|---|---|
| ↑：屏幕上移 | L：改变测量线号 | /：打印机开关 | HOME：将船位于屏幕中央 |
| ↓：屏幕下移 | M：激活测量菜单 | \：TURBO 方式开关 | CTRL+A：显示稳定航向 |
| ←：屏幕左移 | N：人工定位标记 | 。：设置目标 | CTRL+B：显示测量船 |
| →：屏幕右移 | O：新增测量线 | !：改变绘图机型号 | CTRL+F：延长在线时间 |
| A：改变绘制水深角度 | P：暂停程序运行 | @：海岸线调入或消除 | CTRL+G：人工输入航向 |
| B：响铃开关 | Q：退出测量程序 | #：人工输入目标 | CTRL+M：屏幕扩大300% |
| C：左右指示仪比例 | R：整理屏幕 | $：改变测量仪型号 | CTRL+P：屏幕缩小300% |
| D：改变距离门限值 | S：人工在线 | P：缩小屏幕比例 | CTRL+S：改变屏幕纵横比 |
| E：手动离线 | T：查看内存空间 | %：改变天线偏距 | CTRL+T：画航道模型 |
| F：改变定位点号 | U：+0.1 吃水修正 | ∧：接收转换点文件 | CTRL+V：显示测量船航速 |
| G：改变上线门限值 | V：-0.1 吃水修正 | *：定位系统转换 | CTRL+X：验证 GNSS 数据 |
| H：测量船更新位置 | W：调头测量开关 | +：缩小屏幕比例 | 4：改变船用天线高度 |
| I：键盘开关 | X：增大指示仪比例 | -：扩大屏幕比例 | 3：改变测量线序号增量 |
| J：改变标记点增量 | Y：+0.1 修正水深 | [：用于标记点的海岸 | 2：改变标记点序号增量 |
| K：修改指示仪比例 | Z：-0.1 修正水深 | =：改变测量线增量 | 1：连接 KLEIN595 扫描仪 |

其中常用功能键有：

S：该键用于人工开始测量线的测量(在线控制)。

E：该键用于人工控制结束测量线测量(离线控制)。

L：该键用于强行激活当前测量线。

N：该键用于在"在线"状态下人工干预标记点(特征点，如航标等助航设施的定位等)。

＋：使电子海图比例尺缩小30%，屏幕图形扩大。

－：使电子海图比例尺增大30%，屏幕图形缩小。

O：该键用于输入新增加测量线(设计以外)的 $X$、$Y$ 坐标，操作员可在测量现场根据工作需要增加测线。

#：该键用于在测量跟踪屏幕上设置或消除目标。

M：该键用于显示可用键盘中所选择的菜单。测量员可以通过按"M"键得到的键功能来进行用户需要的操作。

## 12.5.3　内　业　处　理

内业处理即为后处理，包括数据编辑、绘图两大部分。

**1. 数据编辑**

测量外业数据采集完成后，即可通过数据编辑软件将外业数据调出并修正满意后，建立一个新的文件来存储这些数据。在数据编辑中，可通过非常直观地用电子表格(表 12-7)、图形修改、重新计算坐标等修改方式进行数据修正，并可调入潮汐资料，修改水深后存储起来。

表 12-7　电子表格

| TIME HHMMSS | POS # | RAW DEPTH | CORRECTIONS ZERO/SV TIDE | | DRAFT | POSITIONS | |
|---|---|---|---|---|---|---|---|
| | | | | | | $X$ | $Y$ |
| 143223 | 1 | 63.5 | 0.0 | －2.5 | 0.0 | 454636.604 | 944749.54 |
| 143225 | 1 | 63.7 | 0.0 | －2.5 | 0.0 | 454640.134 | 944743.85 |
| 143225 | 1 | 63.8 | 0.0 | －2.5 | 0.0 | 454642.874 | 944739.43 |
| 143226 | 1 | 63.9 | 0.0 | －2.5 | 0.0 | 454645.664 | 944734.93 |
| 143226 | 1 | 64.1 | 0.0 | －2.5 | 0.0 | 454645.694 | 944728.83 |
| F1MANUAL | F2FILE | F3CALC | F4MERGE | F5VIEW | F6PRIN | F7SAVE F8TIDE F9STATS | |

**2. 绘图**

主要功能是将外业采集的测量点数据文件，通过数据编辑，潮汐改正后，并根据测量任务要求绘出所需的图纸。

主要步骤是：

(1) 对跟踪绘图文件进行修改，将绘图选择修改为"2"。

(2) 进入数据编辑栏，按照测量图纸比例对外业采集的测量数据进行测量数据编辑(图 12-6)和测量点排序。

(3) 调出潮汐文件与排序后的水深组成一个水深值改正后测量数据文件。

(4) 对水深改正后的文件进行数据格式转换(转换成 cad 能接收的格式)。

(5) 根据测量任务要求绘制出所需要的图纸，软件可以绘出测量航迹图、航迹与水深组合图、水深图或绘出投影坐标图(图 12-7)与地理坐标图。

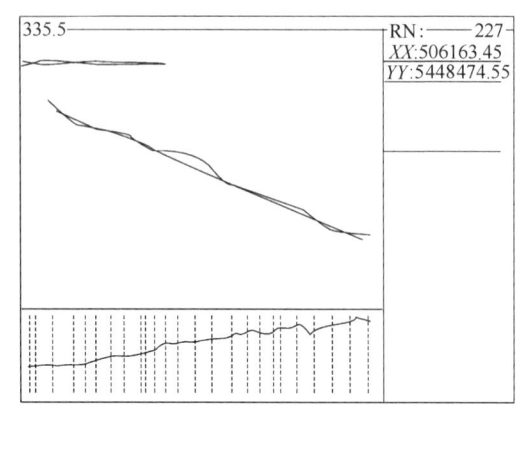

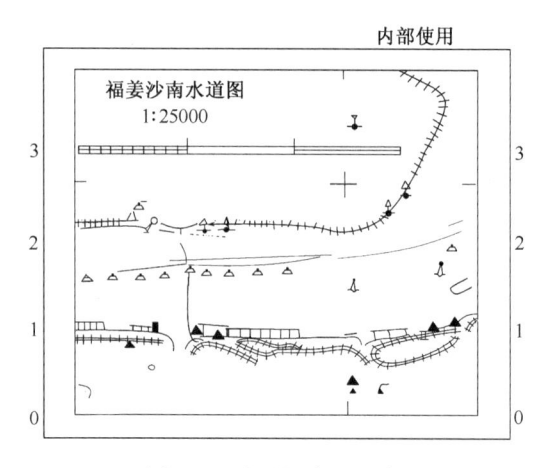

图 12-6　图形修改界面　　　　　　　图 12-7　投影坐标图示例

## 习　题

1. 试比较利用 GNSS 测量定位技术与常规方法进行地质调查、地形测量、地籍测量的区别，并说明各自的优缺点。
2. 试论述 GNSS 测量定位技术在水深测量中的优越性。

# 第13章 GNSS在其他领域中的应用

## 13.1 GNSS在地球动力学及地震监测中的应用

GNSS在地球动力学中的应用，主要是利用GNSS来监测全球和区域板块运动，监测区域和局部地壳运动速度，从而进行地球成因及动力机制的研究。根据测定的板块运动的速度和方向，求出地壳运动的变形量，分析应变积累，研究地下断层活动模式及应力场变化，开展地震危险性估计，做地震预报。1996年，武汉测绘科技大学利用云南滇西两期GNSS监测资料，反演红河断裂带地下断层活动模式，对云南丽江地震做了较为准确的中期(1~3年)预报，其震中位置误差为2km，震源深度误差为0~6km，震级完全准确，证明了用GNSS监测资料进行中期地震预报的可行性。

用GNSS来监测板块运动和地壳形变的精度，在水平速度上可达2mm/a，水平方向形变可达到1~2mm/a，垂直方向可达2~4mm/a，基线相对精度可达$10^{-9}$。这一精度完全可以用来监测板块运动和地壳运动。

我国地壳运动监测网可分为A、B、C 3个层次。其中A级网，边长50~100km，1~2年观测一次，主要用于研究区域性的应变模型；B级网，边长一般在15~25km，每年进行3~4次观测，主要用于研究特定断层的活动特征；C级网，边长一般在5~10km，点的具体位置应根据A、B级网监测结果分析后设定，应进行连续实时监测，15~30分钟完成监测数据的传输与处理，进行具体的地震预报。

下面介绍几个地壳形变监测网。

### 13.1.1 首都圈GNSS地壳形变监测网

首都圈(北纬38.5°~41.0°，东经113.0°~120°)是中国东部新构造最强烈地区，曾发生过强烈地震10多次(如1976年唐山地震)。为监测首都圈地震情况，1994年通过专家论证，决定建立首都圈地表形变监测网。该网共57个GNSS监测点，点距为50~100km，控制面积约15万$km^2$，每年复测一次。对应力集中地段，点位再加密到20~30km一个点，每年测2~4次。预期监测的相对精度优于$5×10^{-8}$。目前，已建立了连续运行监测站，实时获取高精度的地壳形变数据。

### 13.1.2 青藏高原地球动力学监测网

青藏高原位于欧亚板块与印度板块缝合处，是世界上研究板块构造运动的最佳地区。从20世纪20年代开始，世界各国地球动力学家，纷纷到青藏高原进行喜马拉雅山地区板块与地壳运动的研究，研究结果都表明喜马拉雅山地区在快速地隆升。中国青藏高原科学考察队，经过对1959~1961年和1979~1981年相隔20年两期精密水准资料的分析，得出青藏高原上升速率是由北往南递增，狮泉河—萨嘎—邦达一带平均上升速率为8.9mm/a，拉萨—邦达段上升速率达10mm/a。印度根据1972~1973年到1977~1978年5年间的水准测量资料分析得出，喜马拉雅山板块上升速率为 2~18mm/a，尼泊尔为 6~7mm/a。自 1987 年开始，世界各国纷纷应用 GNSS 进行青藏高原板块相对运动监测。

武汉测绘科技大学于 1993 年沿青藏高原公路，从格尔木至聂拉木，布设了由 12 个监测点组成的地球动力学监测网，全网长约 1470km，宽 60km，最长边为 1085km，平均为 180km。1993 年 7~8 月进行第一期观测，1995 年 6~7 月进行第二期观测，采用 Rogue SNR 8000 接收机，白天、夜晚各观测一个时段，时段长为 9 小时。基线解算采用武汉测绘科技大学改进后的 GAMIT 软件，用 IGS 精密星历，统一归算至 ITRF$_{94}$ 框架。网平差后两期基线平均相对精度分别为 $2.8\times10^{-8}$ 和 $1.6\times10^{-8}$。经变形分析，青藏高原每年大约以 33.4mm 的速度向北偏东 30°方向向西伯利亚运动。

1995 年 5 月，国家测绘局与德国应用大地测量研究所合作，开展了由 8 个点组成，平均边长为 187km，从格尔木至珠穆朗玛峰南麓的绒布寺，横跨 4 个大构造断裂带的监测。观测采用 8 台 Trimble4000SSE 接收机，同步连续观测 6 天。数据处理采用双频 P 码和双频相位组合观测值，IGS 精密星历，BerneseV3.45 软件，归算至 ITRF$_{94}$ 框架。其基线重复性精度达 $1\times10^{-8}\sim3\times10^{-8}$，坐标精度优于±5cm。

近些年来，我国利用 GNSS 对青藏高原的监测，无论是监测范围、点位密度及精度，还是监测频率都有很大程度的提高，以研究板块水平运动和地壳垂直运动。

### 13.1.3 龙门山 GNSS 地壳形变监测网

由中国和美国合作的龙门山 GNSS 地壳形变监测网，位于我国西南地区，横跨四川、云南两省，东西宽约 500km，南北长约 1000km。该网布设 13 个监测站(每个站由一个主点，三个副点组成)，点距为 42~250km。已于 1991 年、1993 年、1995 年进行了三期观测。解算采用 GAMIT 软件，解算结果三期基线长变化量在 0.19~6.25cm 之间，相对精度优于$1\times10^{-7}$。

自 20 世纪 90 年代以来，世界各国纷纷布设地壳运动监测网。据报道，日本已布设了由 1000 多 GNSS 永久站组成的阵列地壳形变监测站，以预报地震。意大利已布设了地壳运动监测网。中欧 16 个国家将联合布设 GNSS 监测网，以合作研究大地测量与地球动力学。加拿大在其西部，布设了 GNSS 变形阵列。埃及在其境内也布设了 GNSS 监测网。南美洲的南部，已开展 SAGA 会战，以研究南美洲地壳形变。澳大利亚、南加利福尼亚、东地中海、苏门答腊、黑海—高加索地区等都布设了地壳运动 GNSS 监测网。自 1994 年开始，我国参加了由十几个国家、20 多个在南极台站参加的"国际南极 GNSS 会战"，研究南极板块运动及地形变。菲律宾已开始用 GNSS 监测马戎火山喷发前后的地面形变。

## 13.2 GNSS 在城市规划中的应用

### 13.2.1 城市规划的任务

**1. 城市规划的任务**

城市规划是一定时期内城市发展的目标和计划，是城市建设的综合部署，也是城市建设管理的依据。

由于城市涉及的面很广，要进行城市建设，就会遇到多种多样、错综复杂的问题。例如，在什么地方建设城市，城市与所在地区的关系如何，城市的规模应该有多大，是什么性质的城市，在城市功能布局上如何满足生产、生活的需要，如何使城市的各项建设具备可靠的工程技术基础，如何使城市有一个健康、卫生的环境，以及美丽统一和谐的面貌等。

从城市的实践看，凡是认真编制了城市规划，并按照规划进行建设的，就能做到全面安排，从而促进生产力的发展。反之，如果没有城市规划，或者不认真编制城市规划，盲目、任意地建设，必然会招致城市布局混乱，建设矛盾加大，不利于生产与生活，浪费国家建设资金，浪费土地资源，延误建设进度，造成规划长时间内难以更改、挽回等后果。

**2. 城市规划工作的基本内容**

城市规划的工作任务就是根据国民经济发展计划，在全面研究区域经济发展的基础上，根据城市的历史和自然条件，确定城市的性质和规模，以及各部分的组成，选择这些组成部分的用地，加以全面的组织和合理的安排，使它们各行其所、互相配合，为生产和生活创造良好的环境。

城市规划工作的基本内容包括：

(1) 调查、搜集和研究城市规划工作所必需的基础资料。

(2) 根据国民经济计划，或长远发展设想以及区域规划提出的要求，并根据城市规划任务书，确定城市性质和发展规模，拟定城市发展的各项技术经济指标。

(3) 合理选择城市各项建设用地，确定城市规划结构，并考虑城市长远的发展方向。

(4) 拟定原有市区的利用、改建的原则、步骤和办法。

(5) 拟定城市建设布局的原则和设计方案。

(6) 确定城市各项市政设施和工程措施的原则和技术方案。

(7) 根据城市基本建设的计划，安排城市各项近期建设项目，为各单位工程设计提供依据。

当然，城市规划必须从实际出发，针对各种城市不同性质、特点和问题，确定规划的主要内容和处理方法，不能生搬硬套。

## 13.2.2 GNSS 在城市规划中的应用

根据城市规划的任务和基本内容可知，城市规划最基本的要求就是城市的现状图。只有掌握了城市的现状，才可能做出切合实际的城市规划。而用常规的测量方法，很难实时动态的做出城市的现状图，因此也就很难做出切合实际的规划。

利用 GNSS 精密定位技术，建立城市基准控制网。基准网建立后，在各基准站上长期固定的安置卫星信号接收机，并利用无线电技术实时向外发播差分信号，而各流动站上只需一台接收机即可实现实时差分。这样不但大大减少了外业工作量，而且也提高了工作效率，同时可实时为城市规划提供现状图。目前，我国许多城市建设的 CORS 系统，正在为城市的动态变化和城市规划发挥着重要作用。

## 13.3 GNSS 在气象信息测量中的应用

GNSS 理论和技术经过多年的发展，其应用研究及应用领域得到了极大的扩展，其中一个重要的应用领域就是气象学研究。利用 GNSS 理论和技术来遥感地球大气，进行气象学的理论和方法研究，如测定大气温度及水汽含量，监测气候变化等，叫作 GNSS 气象学(GNSS meteorology，GNSS MET)。GNSS 气象学的研究于 20 世纪 80 年代后期最先在美国起步，在美国取得理想的试验结果之后，其他国家如中国、日本等也逐步开始进行研究。

### 13.3.1　GNSS 气象学简介

大气温度、大气压、大气密度和水汽含量等量值是描述大气状态最重要的参数。无线电探测、卫星红外线探测和微波探测等手段是获取气温、气压和湿度的传统手段。但是它们与 GNSS 手段相比，具有明显的局限性。无线电探测法虽然观测值精度较好，垂直分辨率高，但地区覆盖不均匀，在海洋上几乎没有数据。而被动式的卫星遥感技术虽可以获得较好的全球覆盖率和较高的水平分辨率，但垂直分辨率和时间分辨率很低。利用 GNSS 手段来探测大气的优点是：它可以覆盖全球、费用低廉、精度高、垂直分辨率高。根据 1995 年 4 月 3 日美国发射的用于气象学研究的 Microlabl 低轨卫星的早期结果显示，对于干空气，在从 57km 至 3540km 的高度上，所获得的温度可以精确到 ±1.0℃ 之内。正是这些优点使得其成为大气遥感的最有效方法之一。

当 GNSS 发出的信号穿过大气层中的对流层时，受到对流层折射影响，其信号要发生弯曲和延迟，其中信号的弯曲量很小，而信号的延迟量很大，通常在 2~3m，在精密定位测量中，大气折射的影响是被当作误差源而要尽可能将它的影响消除干净。而在 GNSS MET 中，与之相反，所要求得的量就是大气折射量，通过计算可以得到我们所需要的大气折射量，再通过大气折射率与大气折射量之间函数关系可以求得大气折射率。而大气折射率又是气温 $T$、气压 $P$ 和水汽压力 $e$ 的函数，知道了这些参数我们就可求得所需的大气参量。

### 13.3.2　GNSS 气象学分类

根据 GNSS MET 观测站的空间分布来分类，可以分为两大类：①地基 GNSS 气象学(ground-based GNSS MET)；②空基 GNSS 气象学(space-based GNSS MET)。

地基 GPS 气象学是将接收机安放在地面上，就同常规的 GNSS 测量一样，通过地面网的测量结果来估计一个地区的气象元素。

空基 GNSS 气象学就是利用安装在低轨卫星(low earth orbit，LEO)上的接收机来接收 GNSS 信号，当 GNSS 信号与 LEO 卫星上接收机天线经过地球上空对流层时 GNSS 信号会发生折射，这一测量大气折射的方法叫作掩星法。该方法是 20 世纪 60 年代由美国喷气推进实验室和斯坦福大学为研究行星大气层和电离层而发展起来的，通过对含有折射信息的数据进行处理，可计算出大气折射量，从而估计出气象元素的大小。

但无论是地基还是空基 GNSS MET，其目标都是计算出大气折射量。其不同之处在于空基 GNSS MET 涉及的数据处理更麻烦一些，因为安装在低轨卫星的接收机跟 GNSS 卫星一样，也是运动的，而且在接收机接收到的所有卫星信号中，并不像地面上的接收机那样，所接收到的卫星信号中必定包含有大气折射信息。

### 13.3.3　GNSS 气象学的原理

在对 GNSS 数据进行处理时，一般像对待基线向量一样，将大气折射量视为未知参数进行估计。在数据处理中通常是根据观测时间的长短、基线的长短、观测时的气象条件等因素，来设定大气折射未知参数估计的个数。通过这种办法估计出来的大气折射量的精度很高，一般可达毫米级。而大气折射量的大小是由 GNSS 信号穿过对流层时路径上的大气折射率 $n$ 决定的，因为某处的大气折射率 $n$ 是该处的气压、温度和湿度的函数，所以可以建立起大气折射量与气象元素之间的关系。为方便起见，定义折射数 $N = (n-1) \times 10^6$。在处理对流层大气折射时一般是将空气分为两部分，一部分是干空气，另一部分是湿空气。GNSS 信号延迟中，湿空气所占的比重比干空气所占的比重要小得多，但湿空气这一部分的变化要比干空气的大，而且比干空气更不稳定。湿空气的变化极难估计，是造成大气折射量估计不准的主要原因，从而影响着气象元素的计算准确性。

**1. 干空气情形**

对于干空气，折射数 $N_{dry}$ 可表达为

$$N_{dry} = 77.6 \frac{P}{T} \tag{13-1}$$

式中，$P$ 是以毫巴(mb)为单位的气压；$T$ 为绝对温度。引入有关物理量的数值之后，可求得 $N_{dry}$ 与大气密度 $\rho$ 之间的关系为

$$N_{dry} = 77.6 \cdot \rho \cdot R$$

式中，$\rho$ 是以 $kg/m^3$ 为单位的空气密度；$R$ 是干空气的气体常数。该方程表明在干空气条件下 $\rho$ 与 $N_{dry}$ 成正比，所以 $P(r)$ 可以从 $N_{dry}$ 中容易地得到，即可从干空气的大气折射率 $\mu$ 得到。

干空气状态方程为

$$\rho = 0.3484 \frac{P}{T} \tag{13-2}$$

解以上方程，$P(r)$ 可从 $\rho(r)$ 得到

$$\frac{\partial P}{\partial z} = -g\rho \tag{13-3}$$

式中，$z$ 是高度；$g$ 是重力加速度，从某个足够的高度出发，使 $P=0$，我们可以解得 $P(z)$。利用状态方程，温度 $T$ 可从 $P$ 和 $\rho$ 得到

$$T(z_i) = \frac{1}{R} \frac{\int_{z_i}^{\infty} g(z) N(z) dz}{N(z_i)} \tag{13-4}$$

**2. 干、湿空气情形**

若考虑到水汽的存在，则应对上面描述的过程进行修改。当包括水汽效应时，折射数表达式为

$$N = 77.6 \frac{P}{T} + 3.75 \times 10^5 \times \frac{e}{T^2} \tag{13-5}$$

显然，在这里等号右边第一项是干空气的影响，第二项是湿空气即水汽的影响。其中 $e$ 是以毫巴为单位的水汽压力，其他参数的含义同上面所述。

在公式(13-5)中，当 $e=0$ 时，即不考虑水汽压力的时候，上式就可变为公式(13-1)。但实际上，水汽压力是存在的，而且在近地面部分还是最重要的，不能忽略。遗憾的是，人们不能单单从 GNSS 信号中分离出干空气与湿空气对折射数 $N$ 的影响，所以必须借助于其他观测量或其他模型与上述模型一并处理，进而分离出干空气与湿空气对折射数 $N$ 的影响。在对流层以上的高空，水汽对折射率的影响低于 2%，这种情况下水汽含量不是大问题。类似地，冬季极地大气水汽对折射率的影响也总是可以忽略的。

从以上分析可知，对流层的温度轮廓线可以从测量中反演出来，进行降水量预报。这种方

法在热带地区效果最好,那里的温度轮廓线表现出相对小的变化,而水汽场的时空变化很大。

## 13.3.4 GNSS/MET 的应用前景

GNSS/MET 探测数据具有覆盖范围广(全球)、垂直分辨率高、数据精度高和长期稳定的特点,对它的研究将对天气预报、气候和全球变化监测等领域产生深刻的影响。

**1. 天气预报**

由于数值天气预报(NWP)模式必须用温、压、湿和风的三维数据作为初值,而目前提供这些初始化数据的探测网络的时空密度极大限制了预报模式的精度。无线电探空资料一般只在大陆地区存在,而在重要的海洋区域,资料极为缺乏。即使在陆地区域,探测一般也只是间隔 12 小时进行一次。虽然目前气象卫星资料可以反演得到温度轮廓线,但这些轮廓线有限的垂直分辨率使得它们对预报的影响相当小。而 GNSS/MET 观测系统可以进行全天候的全球探测,加上观测值的高精度和高垂直分辨率,使得 NWP 精度的提高成为可能。这样,可以提高数值天气预报的准确性和可靠性。

**2. 气候的全球变化监测**

全球平均温度和水汽是全球气候变化的两个重要指标。与传统的探测方法相比,GNSS/MET 探测系统能够长期稳定地提供相对高精度和高垂直分辨率的温度轮廓线,尤其是对流层顶部和平流层下部区域。特别应指出的是,从 GNSS/MET 数据计算得到的大气折射率是大气温度、湿度和气压的函数,因此可以直接利用大气折射率来监测全球气候的变化。

**3. 其他应用**

由于 GNSS/MET 观测数据可以足够的时空分辨率来提供全球电离层映像,这将有助于大气动力过程及其与地气过程关系的研究。例如,重力波使中层大气与电离层之间进行能量和动量交换,通过测量 LEO 卫星和 GNSS 卫星之间信号路径上总的电子含量(TEC)来追踪重力波。

GNSS/MET 提供的温度轮廓线还可以用于其他卫星系统中,如臭氧($O_3$)的遥感系统中需要提供精确的温度轮廓线,而 GNSS/MET 数据可以很好地满足这一要求。

## 13.4 GNSS 在公安、交通系统中的应用

随着世界经济的发展,城市建设规模的不断扩大,作为城市交通工具的车辆日益增多,交通的经营管理与合理调度,车辆的指挥和安全管理已成为公安、交通系统中一个重要的问题。过去用于交通管理系统的设备主要是无线电通信设备,由调度中心向车辆驾驶员发出调度命令,驾驶员只能根据自己的判断说出车辆所在的大概位置,而在生疏地带或在夜间则无法确认自己的方位甚至迷路。因此,不论从调度管理方面及安全管理方面,其应用都受到限制。GNSS 具有为车辆、轮船等交通工具进行具体、实时导航定位的能力,并通过车载接收机使驾驶员能够随时知道自己的具体位置。通过车载电台将定位信息发送给调度指挥中心,调度指挥中心便可及时掌握各车辆的具体位置,并在大屏幕电子地图上显示出来。目前,用于公安、交通系统的 GNSS 主要有:车辆 GNSS 定位与无线通信系统相结合的指挥管理系统;应用 GNSS 差分技术的指挥管理系统。

### 13.4.1 GNSS 车辆定位管理系统

GNSS 车辆定位管理系统主要是由车载接收机自主定位,结合无线通信系统将定位信息发

往监控中心(即调度指挥中心)，监控中心再根据地理信息系统基础数据及软件对车辆进行调度、管理及跟踪。该系统已分别用于城市公共汽车及公安系统对车辆、船只的调度与监控。

GNSS 车辆定位管理系统主要设备与工作原理如图 13-1 所示。

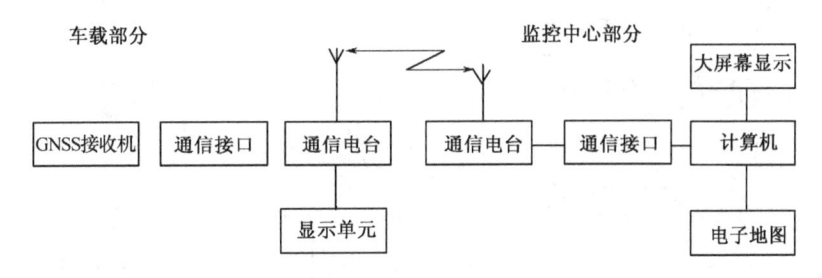

图 13-1  GNSS 车辆定位管理系统原理图

**1. 监控中心的主要功能**

(1) 数据跟踪功能。将移动车辆的实时位置以帧列表的方式显示出来，如车号、位置、速度、航向、时间、日期等。

(2) 图上跟踪功能。将移动车辆定位信息在相应的电子地(海)图背景上复合显示出来。电子地(海)图可任意放大、缩小、还原、切换，同时还可提供是否显示运行轨迹的选择功能。

(3) 模拟显示功能。可将已知的目标位置信息输入计算机并显示出来。

(4) 决策指挥功能。决策指挥可以通信方式与移动车辆进行通信。通信方式可用文本、代码或语音等实现调度指挥。

**2. 车载部分的主要功能**

(1) 定位信息的发送功能。GNSS 接收机可实时定位并将定位信息通过电台发送给监控中心。

(2) 数据显示功能。将自身车辆的实时位置在显示单元上显示出来，如经度、纬度、速度、航向。

(3) 调度命令的接收功能。接收监控中心发来的调度指挥命令，在显示单元上显示或发出语音。

(4) 报警功能。一旦出现紧急情况，司机启动报警装置，监控中心立即显示出车辆情况、出事地点、出事时间、车辆人员等信息。

GNSS 车辆定位可采用动态导航定位，其定位精度约为 10m 量级；亦可采用差分定位技术，其定位精度可达米级。

## 13.4.2 差分 GNSS 在车辆管理系统中的应用

在当前信息社会中，交通的合理调度与管理是十分重要的，也是促进社会生产和人类生活水平的关键环节。例如，出租汽车公司的汽车监测和调度、公共汽车的合理调度、公安警车的调度和指挥、运钞车的监控、各专业运输公司车辆的监控等，都需要实时向总部报告自己所在位置，或者总部实时地询问各车辆的位置，以便即时指挥调度和处理所发生的事件，为此过去各个部门根据自己的需要建立了专用系统。自 GNSS 出现以来，这一应用得到了长足的发展。目前，车辆定位系统在国内外得到广泛的应用。

一般来说，这种定位系统精度要求不高，只是范围要求很大，可采用标准 GNSS 定位服务和通信数据链组网即可。但是，在有些应用中，如警车、消防车、巡逻车等均在城市内行驶，过大的误差(如单点定位误差为 10m 量级)会将车辆误导到另一街巷，以致造成不必要的损失，因此也需要采用差分技术。可是，采用了差分技术，使每辆车上都接收改正数，势必造成系统过于复杂，所以，这一系统多采用集中差分技术。图 13-2 所示为集中差分工作原理。

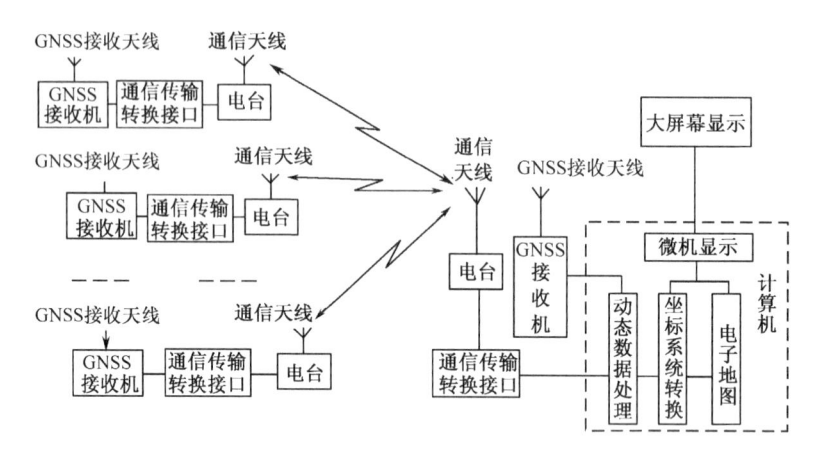

图 13-2　车辆定位指挥调度集中差分原理图

如图 13-2 所示，每辆车装有 GNSS 接收机和通信电台，调度中心设在基准站附近，坐标精确已知，也安装有接收机、通信电台和数据处理器、大屏幕显示器。工作时，各车辆将其位置、时间和车辆编号一同发送到调度中心。调度中心用差分改正数对其改正，并计算出精确坐标，经过坐标转换后，显示在大屏幕上。

利用这种差分定位系统有如下几个特点。

(1) 集中差分功能可以简化车辆的设备，提高工作效率及可靠性。车辆只接收 GNSS 信号，不必考虑差分信号的接收。调度室集中差分处理，易于显示、记录和存档。

(2) 数据通信可采用现有的车辆通信设备，这样既保留原有的无线通话，又能进行无线数据通信，只要增加通信转换接口即可，因而节约了设备，降低了成本。

(3) 每辆车给以固定编号，它与定位信息一同编入电文，按时或按总部指令将其发送给总部。调度室据此即可识别车辆，并显示在电子地图上。在电子地图上可显示出各车辆的位置，为调度和指挥提供信息。

另外武警巡逻车辆的快速调动和合理安排，会大大提高武警部队在治安和追捕逃犯方面的快速反应能力。因此，国外一些先进国家都建立了这一系统，在我国一些城市也开始建立这一系统。

此外，它在交通管理方面日益显示其潜在能力。另外，在改进汽车驾驶员路线跟踪潜力的商业性估价中发现，由于导航问题所带来的浪费相当于非商业车辆总行程的6.4%，总时间的 12%。对于超出的行程，仅考虑汽车驾驶费、事故费和时间价值，每年对个人和社会所负担的费用估计为数百亿美元。由此可见，车辆配备有效的导航设备，就能减少对道路通行能力的要求，以便改善交通条件和节省巨大的经费开支。车辆由 GNSS 进行实时交通引导，提高了交通流量和系统动态相应通行条件，避免地区交通拥挤，有助于平衡交通管理。

车辆装载差分 GNSS 设备，还可对车辆各种传感器进行校准工作，如对计程仪、车速计、磁罗盘等的校准。

### 13.4.3 应用前景

汽车是现代文明社会中与每个人关系最密切的一种交通工具。据统计，仅几个发达国家的汽车拥有量已达数亿辆。因此，车辆导航将成为未来 GNSS 应用最大的潜在市场之一。2002 年，全世界用于车辆导航的总投资额约 30 亿美元，占当年 GNSS 应用总投资额的 1/3 左右。

在我国，特种车辆约有几百万辆。有关部门要求首先对运钞车、急救车、消防车、巡警车、迎宾车等特种专用车辆实现全程监控、引导和指挥，大量的开发应用热点集中在监控调度系统上。

使用多卫星系统，进行导航定位时，由于卫星多，可以保证实时定位的精度与可靠性。尤其是北斗系统的应用，进一步提高了实时定位的精度。

对用于调度指挥的监控系统来说，监控中心与其管辖的车辆之间由于通信电台的功率有限，其作用距离仅几十公里。增大监控作用距离，应当解决远距离通信问题，例如，增加通信中继站，延长作用距离，利用广播或卫星通信方式使监控范围覆盖更大的地域。

监控系统的功能应当是多方面的，如语音传输、视觉图像传输以及各种接受命令的车辆周围环境的情况录入存储等。

## 13.5 GNSS 在航海导航中的应用

卫星技术用于海上导航可以追溯到 20 世纪 60 年代的第一代卫星导航系统 Transit，这种卫星导航系统最初设计主要服务于极区，不能连续导航，其定位的时间间隔随纬度而变化。在南北纬度 70°以上，平均定位间隔时间不超过 30min，但在赤道附近则需要 90min。20 世纪 80 年代发射的第二代和第三代 Transit 卫星 Navars 和 Oscars 弥补了这种不足，但仍需 10～15 分钟。此外采用的多普勒测速技术也可以提高定位精度(需要准确知道船舶的速度)，主要用于 2 维导航。

GNSS 系统的出现克服了 Transit 系统的局限性，不仅精度高、可连续导航、有很强的抗干扰能力，而且能提供七维的时空位置速度信息。今天，很难想象哪一条船舶不装备 GNSS 导航系统和设备在大海中航行的情况。航海应用已名副其实为 GNSS 导航应用的最大用户，这是其他任何领域的用户都难以比拟的。

GNSS 航海导航用户繁多，其分类标准也各不相同，若按照航路类型划分、航海导航可以分为五大类：①远洋导航；②海岸导航；③港口导航；④内河导航；⑤湖泊导航。

不同阶段或区域，对航行安全要求和导航精度要求也因环境不同而各异，但都是为了保证最小航行交通冲突，最有效地利用日益拥挤的航路，保证航行安全，提高交通运输效益，节约能源。

按照导航系统的功能划分，GNSS 航海导航大致有以下几类：①自主导航；②港口管理和进港引导；③航路交通管理系统；④跟踪监视系统；⑤紧急救援系统；⑥GNSS/声呐组合用于水下机器人导航；⑦其他方面的应用。

### 13.5.1 差分 GNSS 在船舶进出港口中的应用

随着我国进出口贸易的发展，航运事业也相继发展，我国自己制造的远洋船舶不断增加，世界各国的船舶也大量驶入。这些船舶进出港口的导航安全十分重要，特别是在航道狭窄和能见度很低的气象条件下，更显得十分重要。因此，在沿海大型港口上建立差分 GNSS 导航和引航系统是当今港口建设的重大工程之一。

在进出港口时，由于有限的航道和有限的间距，尤其是船只交会的时候，要使导航精度满足避免搁浅和防止与其他船只相撞。根据特定的航道形状，通过直道段时不能掉头，因此必须保持导航精度为 10m。为了安全导航，驾驶员需要有连续、精确的横向偏离信息。所以，船舶进出港口的最低导航精度如表 13-1 所示。从表 13-1 可以看出，考虑到船体宽度和航道宽度两者的关系，船舶进出港口的导航精度要达到 8~20m。

表 13-1 船舶进出港口导航精度

| 要求 | 满足要求的最低性能标准 ||||||
|---|---|---|---|---|---|---|
| | 精度 | 覆盖 | 可用度 | 定位速率 | 容量 | 单值性 |
| 大船和拖船 | 8~20m | 海港附近 | 99.7% | 6~10s | 无限 | 99.9% |
| 小船 | 视港口而定 | 海港附近 | 99.7% | 15s | 无限 | 99.9% |
| 渔船、游船 | 视港口而定 | 海港附近 | 99.7% | 30s | 无限 | 99.9% |

因为商用普通接收机无法直接满足船舶进出港口的精度要求，于是差分定位技术便在船舶进出港口导航中发挥了重要作用。

如图 13-3 所示，在港口调度室建立差分 GNSS 基准站，随时发送差分改正数。进出港口的船舶安装能接收差分信号的 GNSS 接收机，就可以实时、高精度地显示自己的位置。

在设计适用于进出港口的接收机时，必须考虑其具有下述功能：

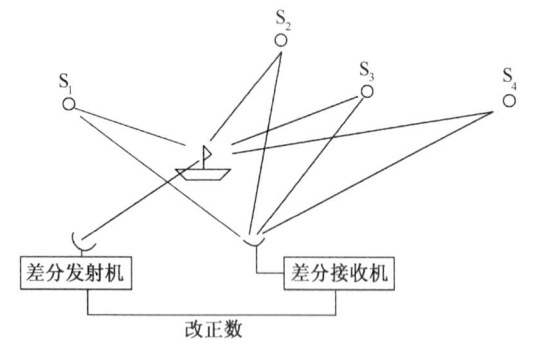

图 13-3 差分 GNSS 用于船舶进出港导航示意图

(1) 港口水域图显示系统图。港口附近水域、地形、地貌等要素以 1∶500000、1∶100000 和 1∶5000 比例尺编成数字地图，储存在微机中，根据需要可随时调用各种比例尺的地形图，将船舶的位置显示在显示器上。

(2) 改进数据处理系统。GNSS 接收机接收到卫星信号和差分信号后，输出的是地心坐标，必须将其地心坐标转换为我国采用的 2000 国家大地坐标系中的高斯平面坐标才能与上面港口附近的地形图联系起来，形成统一的航行图。

(3) 预置航线和航路。根据港口和航道划分，将港口分区，将航道分线，标出航道编号。由调度将准许航行的航线和进出港口泊位编号，告知该船舶，并在该船的航行图上显示出来。

(4) 计算航偏。由计算机计算出船舶所在位置与标准航线的偏离值，并给出校正航线的方向和大小。

(5) 控制测深仪。为避免搁浅、触礁，了解航道水下的状况，船舶均有测深仪。计算机控制测深仪的自动定标、开关量程转换以及自动报警等功能，并将有关信息在显示器上显示出来。

(6) 存储记录。将以上各种信息全部存储起来，供港口或施工部门核查。管理部门事后将此航行数据调出，显示该船的船迹图及航道边线，这对分析港口航行事故并做出正确判断有很大帮助。若用于港口和航道疏浚，则对判断挖泥船的开掘准确率，计算平均挖泥次数，提高挖泥效率都有很大帮助。

(7) 监视系统。设立电台将船舶的位置实时发送到调度室监视屏幕，屏蔽调度室的监视，可查看船舶进出港的情景。

利用差分 GNSS 进行船舶进出港口管理无疑具有极大优点。该系统功能强大，以高精度定位显示出所在地形图和本身的位置，能根据需要选用不同的比例尺，对船位和附近情况进行显示；该系统直观方便，使引航员能准确知道自己的位置和航行趋势；该系统是全天候的，能在能见度很低的雾天条件下正常工作，这是过去目视导标引航所不及的。

## 13.5.2 差分 GNSS 在船舶机动性能测定中的应用

### 1. 航速测定

要准确测定船舶航速，必须在离岸较远的深水区进行，特别是对吃水较深的大船。过去，在测试船舶的航速时，都是采用高精度无线电定位仪，选择在传播条件优越、格网分布均匀的高精度工作区，利用船载显示器的读数，记录两点的实际航行距离和时间，多次测定，相对误差不超过 1% 的情况下，求出平均时速。利用 GNSS 进行航速测定使航速测量更加简单方便，如果要求测定精度不高，可直接利用单点定位技术进行。目前，这一方法的精度仅能达到 5%～10%。如果要求测定精度仍达到 1%，则必须采用差分定位技术。

如图 13-4 所示，在 $A,B,C,\cdots,J$ 等点进行差分

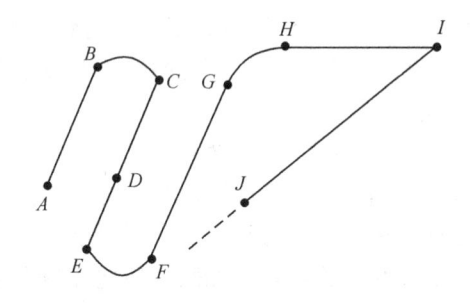

图 13-4  测量船速试验示意图

GNSS 定位，并计算出各点的平面坐标，求出 $AB, CDE, FG, \cdots$ 的距离，记录下通过 $AB, CDE, FG, \cdots$ 各段的航行时间，即可计算出船速。利用这种方法求得的航速，相对精度可达到 0.1%。

### 2. 旋回半径测量

所谓旋回半径是指船舶在一定的舵角和一定的速度条件下航行的圆形航迹半径，这是船舶机动性能的重要指标。舵角选择不同，所得到的旋回半径和旋回周期不同。在测量时，船长发出舵角令以后，启动 GNSS 接收机，同时接收卫星和基准站差分信号，实时输出经过改正的位置信息，每半分钟记取一次。先在同一速度和舵角条件下旋回 3～4 圈，然后，反向航行并记录位置信息。通过微机处理，可以把测量的结果绘制在航迹仪上，直接获得旋回圆曲线图，并计算出旋回半径和旋回周期。

这种测量要反复进行，以求出不同舵角时的旋回半径，这对船舶准确进出港和在窄航道中航行都有重要意义。图 13-5 所示为旋回半径测量示意图。

### 3. 舵角提前量测量

所谓到达航向所需舵角提前量是船舶航向改变 $\alpha$ 角时，从发出指令并开始转舵的位置 $A$，到新旧航引交会点 $B$，在原航向上继续行驶的一段距离 $AB$ (图 13-6)。由此可见，若船舶需要将航线改变 $\alpha$ 角，并在 $B$ 点进入新航线，必须提前下令在 $A$ 点开始转舵。所以，为防止船舶编队航行互相碰撞，以及保证单船安全通过狭窄航道，必须精确地知道船舶各种舵角和不同航速下到达新航向所需要的舵角提前量。这一数据对于正确操纵船舶航行具有十分重要的意义。

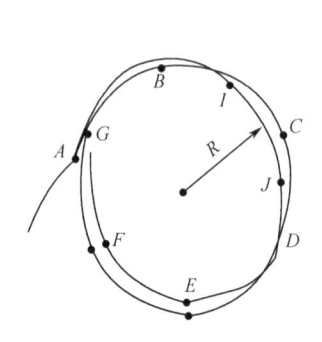

图 13-5　旋回半径测量示意图 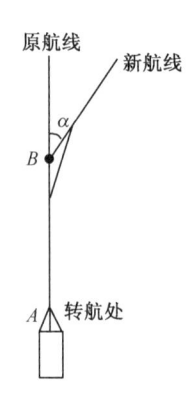　　　图 13-6　舵角提前量测量示意图

测试方法与测量旋回半径的方法相同。船舶在航行中，从下达转向舵角命令开始，连续记取差分 GNSS 定位数据，一直到进入新航线，然后绘制航迹图，求出 AB 距离，就可得到转换舵角的提前量。不同的舵角和速度有不同的提前量，必须分别测定作为船舶性能的一个参数。

**4. 船舶航向稳定性测量**

所谓航向稳定性即操纵能力，是指船舵位于船尾线时，船舶保持直线航行的能力。在实际航行中，由于各种原因，尽管舵角为 0，但船舶航向却在改变，驾驶员必须根据罗经指示值的变化，不断操纵船舶，使之保持在预定的直线上航行。如果航向稳定性较高，将会减弱驾驶员的劳动强度，确保航行安全。由此看来，确定每条船自身的航向稳定性就显得格外重要。

测量的方法与测量航速方法基本相同，所不同的是：①船舶不需改变航向，一直往前行驶；②观测要求的定位精度高一些，如果定位精度低，就无法测量出偏航的微小变化。测试时，要连续记取差分 GNSS 的位置信息，求出各点相对平均方位线的偏离量(图 13-7)，最后求出直线航行的稳定性。偏离量越小，稳定性越高，船舶性能就越好。在实际应用中，这一指标与考核及提高船员的操纵能力、节省油料和缩短航行时间密切相关。

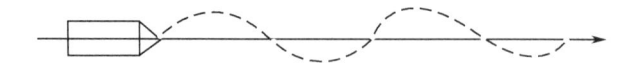

图 13-7　航向稳定性试验示意图

**5. 船舶惯性测量**

驾驶员从发出改变原运动状态的指令到船舶实际达到所要求的新运动状态之间的延长时间与空间位置的关系，表征了船舶的惯性。当船舶加速或减速，紧急启动和突然停车，前进和后退时，都会由于船舶自身的惯性，不能立即执行其命令。掌握船舶的惯性，对准确操纵、避免碰撞和处理其他紧急情况具有重要意义。

船舶惯性测量的方法与其稳定性测量相同。主要是测定从发出指令到船舶达到指令规定的状态之间的船舶位置(船迹)与时间变化的关系曲线。根据测出的船位与时间的变化，计算出起始点与终点之间的时间差和距离差，以及其间的变化梯度，就可以分析各种运动状态不同的惯性特性。

### 6. 对船舶辅助导航设备的校准

船舶上装备的导航设备有很多,如计程仪、罗经、陀螺等。这些设备结构简单,使用方便,特别是不依赖于外部信息,但这种设备的最大缺点是积累误差大,需要不断地校准。

过去,计程仪是由人工校准的。在试验区内浮标起点使计程仪置零,然后以恒速恒向直线航行,在浮标终点上核对计程仪显示的距离值。正反航向反复多次取平均值进行校准。对罗经的校准是利用船首尾声线对准岸上导标,稳定航向后,测量罗经的方位并与导标预知的方位进行比较,以实现校准。这种校准方法精度低,且受外界能见度条件的限制。

利用差分 GNSS 校准这种辅助导航设备,不但精度高,而且速度快。利用 GNSS 实时给出的船舶的平面位置,同时记取计程仪和罗经的读数。通过计算可以求出 AB 间的距离和方位,以此校准计程仪和罗经的距离和方位(图 13-8)。这种校准的精度高,距离误差小于 0.1%,航向误差小于 5′。

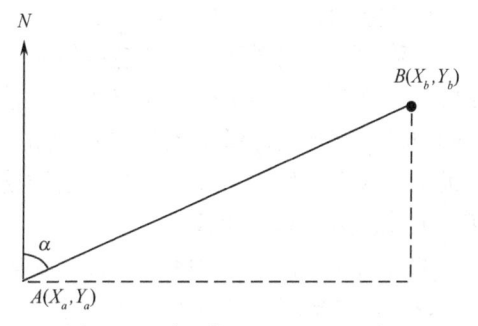

图 13-8 计程仪和罗经校准示意图

利用 GNSS 校准惯性导航系统,即 GNSS/INS 组织导航系统是一个精密导航方法,它已不属于单纯的 GNSS 应用问题,而是一项与差分定位技术同等重要的发展领域。

## 13.6 GNSS 在航空导航中的应用

尽管从纯技术革新和进步的意义上讲,第一代 Transit 卫星导航系统开创了导航技术的新纪元。但 Transit 并未在航空导航领域得到应用,卫星导航技术真正用于航空导航可以说是始于 20 世纪 80 年代初,即 1983 年,在当时仅有 5 颗 GNSS 卫星的情况下,Rockwell 的商用飞机 Sabreliner(佩刀客机)就载着《航空周刊和空间技术》的公证观测员和几名客人,从美国的艾奥瓦州首航大西洋到达法国的巴黎。其导航系统使用一台单通道双频军用接收机和一台单通道单频民用接收机进行全程导航,中途有四次着陆主要是为了等待卫星信号。这次 GNSS 导航是成功的,但 FAA 的官员对于利用 GNSS 进行航空导航仍持保留态度和疑虑,这些疑虑主要表现在以下几方面:①选择可用性问题;②5 颗卫星覆盖的连续性和可用性问题;③完善性问题;④费用(包括用户系统价格和 GNSS 收费)。

选择可用性影响导航系统的精度、完善性和服务连续性,影响 GNSS 用于航空导航的可靠性和航行安全,而用户导航系统和设备的价格以及 GNSS 的收费标准直接关系到用户的承受能力。

20 世纪 80 年代后期,GNSS 用户设备价格逐年下降,体积也越来越小,各种增强技术,差分技术和组织技术日趋成熟,GLONASS 也完全安装并投入使用,这些都为 GNSS 在航空导航中的应用带来了广阔前景。在此期间,ICAO 和 FANS 也制定了全球航空通信导航监视和空中交通管理(CNS/ATM)的发展纲要和规划。短短几年时间,大量的试验结论证明:GNSS 及其增强技术、差分技术和组合技术能够满足从航路到精密进场/着陆的精度、完善性、可用性和服务连续性的要求,传统的衡量机载导航系统性能的标准也必被导航特性 RNP 所代替。1994 年 4 月 15 日,南太平洋的岛国——斐济,成为把 GNSS 作为民航导航的唯一手段的第一个国家。

今天，GNSS 在航空导航中的应用更加广泛，如果按航路类型或飞行阶段划分，则涉及：①洋区空域航路；②内陆空域航路；③终端区的导引；④进场/着陆；⑤机场场面监视和管理；⑥特殊区域导航，如农业、林业等。

在不同的航路段及不同的应用场合，对导航系统的精度、完善性、可用性、服务连续性的要求不尽相同，但都要求保证飞机飞行安全和有效利用空域。

按照机载导航系统的功能划分，GNSS 在航空导航中的应用有以下几个方面。

**1. 航路导航**

航路主要是指洋区和大陆空域航路。各种研究和实验已经证明，GNSS 和一种称之为接收机自主完善性监测(RAIM)的技术不但能满足洋区航路对 GNSS 的导航精度、完善性和可用性的要求，而且也能满足大陆空域航路对精度、完善性和可用性的要求。GNSS 导航定位精度远优于现有任何航路导航系统，这种精度提高和连续性服务的改善有助于有效利用空域，实现最佳的空域划分和管理、空中交通流量管理以及飞行路径管理，为空中运输服务开辟了广阔的应用前景，同时也降低了营运成本，保证了空中交通管制的灵活性与可靠性。

GNSS 的全球、全天候、无误差积累等特点，更是目前中、远程航线上最好的导航系统。按照国际民航组织的部署，GNSS 将逐渐替代无线电导航系统。GNSS 不依赖于地面设备、可与机载计算机等其他设备一起进行航路规划和航路突防，为军用飞机的导航增加了许多灵活性。

**2. 进场/着陆**

包括非精密进场/着陆、CAT-Ⅰ、Ⅱ、Ⅲ类精密进场的要求；再用局域伪距差分技术/系统增强，能满足 CST-Ⅰ、Ⅱ类精密进场的要求。目前实验表明，采用载波相位差分技术，精度可达到 CAI-Ⅲb 类的要求。可以肯定，各种增强和组合系统(如 LAAS、WAAS、INS 等)与 GNSS 将成为进场/着陆的主要手段，仪表着陆将被最终取代。由于 GNSS 着陆系统设备简单、无须复杂的地面支持系统，它适合于任何机场，包括平原机场和山区机场。理论上，GNSS 着陆系统可以引导飞机沿着任意一条飞行剖面和进场路径着陆，这就增强了各种机场着陆的灵活性和盲降能力。

**3. 场面监视和管理**

包括终端飞行管理和机场场面监视/管理。场面监视和管理的目的就是要减少起飞和进场滞留时间，监视和调度机场的飞机、车辆和人员，最大效率地利用终端空间和机场，以保证飞行安全。数字地图和数字通信链为开发先进的场面导航、通信和监视系统提供了全新的技术，可以确信基于 GNSS/数字地图的场面监视和管理将为机场带来很大效益。

**4. 航路监视**

目前的监视是一种非相关监视系统，主要是利用各种雷达系统，可以和机载导航系统互相备份。但这种监视系统地面和机载设备复杂、价格高、监视精度随距离而变化，且监视距离有限，不可能实现全球覆盖和全球无间隙监视。机载 GNSS 导航系统通过通信链自动报告自己位置的这种"自动相关监视系统 ADS"为飞行各阶段的监视都会带来益处，特别是为洋区和内陆边远地区空域实现自动监视业务提供了机会。ADS 也为飞行员/管制人员之间双向数据传输和数字语音通信提供了可能。这将极其有效地减轻飞行员/管制人员的工作负担。

**5. 飞行试验与测试**

在新机型、新机载设备、机载武器系统或地面服务系统设计、定型、测试中，基于 GNSS 的飞行状态参数测量系统作为基准，将使飞行试验、数据处理和飞行测试变得简单，并节省了开支。

**6. 特种飞机的应用**

主要用于航空母舰上飞机着舰/起飞导引系统，直升机临时起降导引、军用飞机的编队、突防、空中加油、空中搜索与救援等。

**7. 航测**

除了一般飞机要求的导航、起降功能外，用于航测的飞机还需要提供记载测量或摄影设备的位置及信息交换、数据记录及事后处置。

**8. 其他应用**

如飞行训练，校验 ILS 系统等。尽管在目前的 DGNSS 进场/着陆演示飞行中，大都采用 ILS 作为基准系统来评估 DGNSS 着陆系统的能力，但事实上，DGNSS 的精度要优于 ILS 系统。在 ILS 没有关闭之前，用 DGNSS 校验 ILS，是一种价格低、精度完全满足校验 ILS 的基准系统。目前，采用光测和雷达价格高、设备庞大、复杂。

当然，以上并未包括 GNSS 在航空中应用的所有方面，并且新的应用途径仍在试验与开发之中。GNSS 作为多传感器导航系统的一部分已被用于海洋航路，大陆航路、终端区、非精度进场、Ⅰ类精密进场及Ⅱ/Ⅲ类精密进场。

用 GNSS 实现精密进场/着陆，美欧等国家和地区已做过许多实验和演示。作为 CAI-Ⅰ类精密进场的手段，德国不伦瑞克工业大学已于 1989 年 11 月在世界上首次完成了组合系统用于飞机自动着陆的试飞，美国 Honeywell 公司也用类似的装置完成了喷气飞机的自动着陆。国内航空界已进行了多方面的开发、试验、使用和应用，总部设在山西的中国通用航空公司(简称通航)，先后在伊尔-14，安-30、运-5、运-12、米-8 等十余种机型上进行了实验和运用。民用航线上的应用也正在展开，国际航空公司新到的一架波音 737 和南方航空公司的波音 777 飞机将其作为补充导航。此外，西北民航等其他地方航空公司也已实验了 GNSS 导航设备。

我国于 1991 年在航空航天工业部支持下，在国内首次进行了Ⅰ类进场/着陆试验。由六一五所牵头，试飞研究院、西北工业大学、北京航空航天大学参加。全部系统应用差分 GNSS/惯导系统/高度表组合，与自动驾驶仪交联，达到 CST-Ⅰ类进场的标准。第一期工程只由差分 GNSS/无线电高度表组成，并且不与驾驶仪交联，但可给驾驶员显示，并于 1992 年 12 月试飞成功。成果鉴定书中的试飞机结论为"DGPS/RA/NLC 试飞验证系统在阎良试飞研究院进行了试飞实验，共飞行了 17 架次。根据试飞结果，在决断高度上该系统的垂直和横向精度满足 ICSO 规定的Ⅰ级精密进场着陆标准，达到设计指标"。下滑轨迹定位的垂直和横向精度也达到上述指标，此外，西北工业大学还完成了 GNSS 与数字地图组合，高度补偿，位置差分，并于1992年通过了部级技术鉴定。南京航空航天大学完成了 GNSS/捷联惯导系统开发软件。六一八所已完成了 GNSS 与不同型号惯导的组合。在试飞研究院，在呼唤-2，运-7、轰-6，轰-7、教-8，直-9，歼八-Ⅱ上进行了不同目的的飞行。1996 年 1 月，电子部 20 所与美国 Rockwell 和德国 DASA 合作在西安进行了新航行系统概念验证飞行。所有这些活动都说明了 GNSS 对航空领域科研、开发、生产、实验、使用的重要性。

## 13.7 GNSS 在海洋测绘中的应用

### 13.7.1 概　　述

海洋测绘主要包括海上定位、海洋大地测量和海洋地形测量。海上定位通常是指在海上确定船舶位置或平台位置的工作。

海洋大地测量主要包括布设大地控制网，进行海洋重力测量，在此基础上进行水下地形测量，绘制水下地形图，确定海洋大地水准面。此外海洋测绘的工作还包括海洋划界、航道测量以及海洋资源勘探与开采(如海洋渔业、海上石油工业及专属经济区的开发等)、海底管道的铺设、近海工程(如海港工程等)、打捞等海洋工程测量。为科学研究服务(确定地球形状和外部重力场)的海洋测量除了海洋重力测量、平均海面测量、海底地形测量以外，还包括海流、海面变化、板块运动以及海啸等测量。

海上定位是海洋测绘中最基本的工作。由于海域辽阔，海上定位可根据离岸距离的远近而采用不同的定位方法，如光学交会定位，无线电测距定位、卫星定位、水声定位以及组合定位等。

限于篇幅，本节仅讨论 GNSS 在海洋导航、海洋定位、海洋大地控制网的建立以及水下地形测绘等方面的应用。

### 13.7.2 利用 GNSS 进行精密海洋定位

为了获得较好的海上定位精度，采用 GNSS 接收机与船上的导航设备组合来进行定位。例如，在伪距法定位的同时，用船上的计程仪(或多普勒声呐)、陀螺仪的观测值联合推求船位。目前，使用最多、发展最快的是以 GNSS 接收机与各种导航设备如罗兰–C、水声应答系统等组合起来的所谓组合导航定位系统。

对于近海海域，还可采用在岸上或岛屿上设立基准站，采用差分技术或动态相对定位技术进行高精度海上定位。如果一个基准站能覆盖1500km范围，那么在我国沿海只需设立3到4个基准站便可在近海海域进行高精度海上定位。经过多年研究，不断成熟的广域差分技术可以实现在一个国家或几个国家范围内的广大区域进行差分定位。

利用差分定位技术可以进行海洋物探定位和海洋石油钻井平台的定位。进行海洋物探定位时，在岸上建立一个基准站，另外在前后两条地震船上都安装差分接收机，前面的地震船按预定航线利用差分导航和定位，按一定距离或一定时间通过人工控制向海底岩层发射地震波，后面船接收机接收地震反射波，同时记录定位结果。通过分析地震波在地层内的传播特点，研究地层的结构，从而寻找石油资源的储油构造。同时根据地质构造的特点，在构造图上设计钻孔位置。利用差分技术按预先设计的孔位建立安装钻井平台，具体方法是在钻井平台上和海岸基准站上设置差分系统。如果在钻井平台的四周都安装 GNSS 接收机天线，由 4 个天线接收的信息进入同一个接收机，并且利用数据链通信电台将基准站观测的数据传送到钻井平台的接收机上，通过平台上的微机同时处理五组数据，就可以计算出平台的平移、倾斜和旋转，实时监测平台的安全性和可靠性。

### 13.7.3 我国沿海 RBN/DGNSS 系统

由交通部安全监督局统一组织、天津海上安全监督局海测大队组织实施的"中国沿海无线电指向标差分 GNSS(RBN/DGNSS)系统"于 1997 年底布设完毕。整个系统由 20 个 RBN/DGNSS基准站组成，形成从鸭绿江口到南沙群岛部分、覆盖我国沿海港口、重要水域和狭窄水道的差分导航服务网。

为保证 RBN/DGNSS 基准站具有精确的地心坐标，所有基准站网与国家 A 级网联网，并将基准站点的坐标也纳入 ITRF91 地心坐标系统。基准站间基线长度相对中误差达$10^{-8}$，在

ITRF91 框架中的地心坐标精度,在纬度、经度方向优于 15cm,垂直分量优于 25cm。在沿海 200 海里范围内,RBN/DGNSS 系统的定位误差小于 5m,在几十公里范围内,定位精度可达 1m 之内。

到 1996 年底,已有 6 座 RBN/DGNSS 开始实时地用无线电电波播发卫星定位的改正数,在其覆盖范围内的用户,都可以接收到这些改正数并用来修正自己接收机的定位结果,可达到 1~5m 的定位精度。它已在海上导航、定位、海图测量、中小比例尺港口、航道测量、岸线地形修测、航标定位及近海急、难、险、重等工程中发挥作用。

### 13.7.4 利用 GNSS 建立海洋大地控制网

建立海洋大地控制网,为海面变化和水下地形测绘、海洋资源开发、海洋工程建设、海底地壳运动的监测和船舰的导航等服务,是海洋大地测量的一项基本任务。

海洋大地控制网,是由分布在岛屿、暗礁上的控制点和海底的控制点组成。海底控制点由固定标志和水声应答器构成。

对于岛、礁上控制点点位,可用 GNSS 相对定位精确测定其在统一参考系中的坐标。而对于测定海底控制点的位置,则需要借助于船台或固定浮标上的接收机和水声定位设备,对卫星和海底控制点进行同步观测而实现。

如图 13-9 所示。$T_0$ 为设在海岸或岛礁上的基准点。$T_1, T_2, \cdots, T_i$ 为海底控制点。$P_K(t)$ 为测量船上接收机的瞬时位置,可以通过相对动态定位而精密确定。在用接收机同步观测 GNSS 卫星进行定位的同时,利用海底水声应答器同步测定 $P_K(t)$ 到 $T_i$ 之间的距离 $S_{ki}(t)$,则可得到距离观测方程

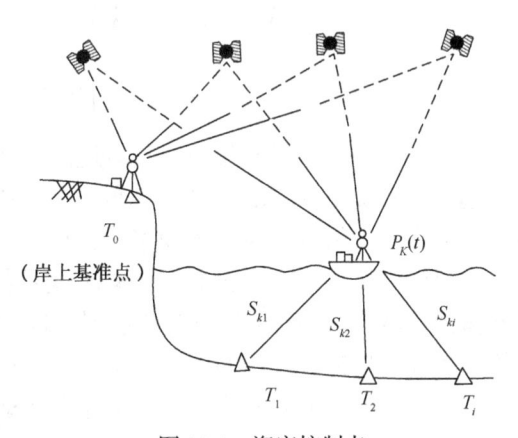

图 13-9 海底控制点

$$S_{ki}^2 = (X_k(t) - X_i)^2 + (Y_k(t) - Y_i)^2 + (Z_k(t) - Z_i)^2$$

式中,$[X_k(t), Y_k(t), Z_k(t)]$ 为接收机位置坐标;$(X_i, Y_i, Z_i)$ 为海底控制点的待定坐标。对船只移动进行多次观测,若有三个以上历元的同步观测结果,便可以通过平差的方法确定海底控制点的位置。

### 13.7.5 GNSS 在海洋地形测绘中的应用

海上航运、海洋渔业资源开发、沿海地区养殖业、海上石油工业以及海底输油管道和海底电缆工程,还有其他海洋资源的勘探与开发,水下潜艇的活动等都离不开水下地形图。

水下地形测量的基础为海道测量。如上所述,海底控制测量确定了海底控制点的三维坐标或平面坐标,而水下地形测量还要利用水声仪测定水深。水深测线间距依比例尺不同而变化,而水声仪器的定位控制除了近岸测量或江河测量可使用传统的光学仪器实施交会法定位外,其他较远区域多采用无线电定位。卫星定位技术的应用,可以快速高精度地测定水声仪器的位置。由于 GNSS 单点定位精度为米级,只可作为远海小比例尺海底地形测量的控制。对于较大比例尺测图,则可应用差分定位技术进行相对定位。

实际应用中将接收机与水声仪器组合，前者进行定位测量，后者同时进行水深测量，再利用电子记录手簿、计算机和绘图仪便可组成水下地形测量自动化系统。近十年来在国内外均有多种自动化系统产品出现。如美国的 IMC 公司生产的 HudroI 型自运定位系统，野外有两人便可完成岸上和船上的全部操作。当天所测数据 1~2h 便可处理完毕，并可即时绘出水深图、测线断面图、水下地形模型等。我国大连舰艇学院已于 1991 年生产出 HYS-103 型水深测量自动化系统。

1992 年，大连舰艇学院研制成功了 HSD-001 型 GNSS 海上动态测量定位系统。该系统是在 GNSS 接收机的基础上，由差分基准台，无线电传输设备和一系列软件构成。一个基准台站可供任意个船台进行差分定位。基准台站的作用是向船台发送一系列差分定位改正数。船台上启动微机工作后，根据不同的定位方式，对接收机的各种状态自动进行设定，不断收集接收机中的测量数据，对于来自基准台的差分数据，可自动收集并更新数据。船台软件还可按计划进行导航。该系统在南海进行水深测图，比单频定位精度提高约 10 倍，可以满足海上较大比例尺水下地形测量、海上工程勘探、海洋石油开采以及海洋矿藏开发等方面的需要。

## 13.8 GNSS 在水土保持生态建设中的应用

### 13.8.1 概 述

GNSS 是目前最理想的空间对地面、空间对空间的定位技术系统。它与遥感技术(RS)、地理信息系统技术(GIS)集成，组成"3S"技术系统，是当今国内外地学界的高新技术之一。GNSS 在水土保持、生态工程建设、水土流失监测中的应用发展很快。在全国水土流失监测中，对地表面监测充分利用了 GNSS 定位技术，实现了数据的快速采集、属性的实时分析。在黄河流域水土保持遥感普查和监测项目中，利用 GNSS 完成了重点监测区控制网的建立和用于内业定向的像片控制点的测量，并进行了水土流失微观变化的监测工作。但就目前的应用现状看，GNSS 在水土保持上的应用还远落后于其他行业，有待于进一步发展。水土保持生态建设是国家 21 世纪议程的重要内容之一，这项世纪工程，引起了国内国际的普遍关注。GNSS 的应用，将发挥其技术优势，对加快工程建设的速度，提高建设质量，增加科技含量，具有非常重要的作用。GNSS 可以应用于水土保持及生态工程建设的全过程，包括工程设计、工程施工放样、竣工验收、水土流失动态监测、人为新增水土流失调查、生态工程地理信息系统数据更新等内容。

### 13.8.2 GNSS 在水土保持及生态工程规划设计中的应用

在生态建设规划中，应调查评价土地利用现状、典型样点水土流失状况、地面坡度等数据，这些工作以往主要是依靠外业常规测量或借助地形图资料的方法获取。常规测量不但费时且价格高，地形图资料又不能反映最新地形地貌状况，而利用 GNSS 定位技术很容易实现图斑的跟踪、样点侵蚀量的调查及坡度量测工作，尤其是在设计阶段，对水保工程的设计具有很大作用。

**1. 土地利用现状调查**

在典型样点或典型小流域调查中，应用 CORS 系统或 RTK 技术，利用流动站对图斑进行跟踪测量，并辅助记录图斑属性代码。经室内处理，可得到典型区域精度比较高的地面三维土地利用图，并作为规划及治理措施设计的基础图件。

**2. 坡度、沟道比降调查**

可以用 GNSS 定位技术快速测出待测两点三维坐标，解算出两点距离和高差，求得坡度和沟道比降等指标。

**3. 拦泥坝工程设计**

利用 GNSS 定位技术测出坝址区一系列地形地貌特征点的坐标数据，利用相关软件编制出数字高程模型，再利用计算机辅助设计软件完成拦泥坝工程设计。用该方法进行工程设计，不但自动化程度比较高，而且可提供多种方案比较，同时对设计结果进行修改也相当方便。设计资料易于计算机管理，也有利于工程竣工验收。

GNSS 定位技术应用于水土保持、生态工程规划设计流程，如图 13-10 所示。

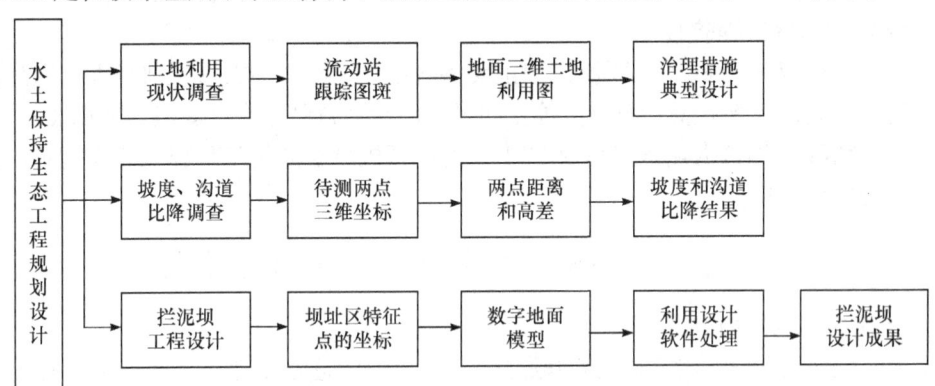

图 13-10 GNSS 定位技术应用于水土保持、生态工程规划设计流程框图

## 13.8.3 GNSS 应用于水土保持工程施工放样

在水土保持工程施工放样中，以往利用经纬仪、水准仪、皮尺、罗盘等仪器进行，不但仪器的操作比较烦琐，并要有一定的操作经验，尤其在地形条件复杂的区域，施工放样相当困难，精度难以保证。利用 CORS 系统或 RTK 定位技术，则很容易找到待定位的位置。若定位的精度要求不是很高，如梯田、造林地等的放样，则可利用手持接收机进行放样。这样不但简单易行，而且手持接收机价格非常便宜，一般基层水利水保部门都具备购买的条件。

用 GNSS 定位技术进行施工放样非常方便，根据所放样工程的精度要求的不同，可采用不同的放样方法。

**1. 梯田、造林地、牧草地等水保措施放样**

这类措施的放样精度一般要求比较低，用相对精度好一点的手持接收机就可完成。操作非常方便，像手持罗盘仪一样，在地头走动，寻找待定点坐标完成定位。

**2. 小型水利水保工程施工放样**

应用 CORS 系统、RTK 或 RTD 技术进行施工放样时，可预先将待定点坐标输入流动站手簿，按手簿上提示的方向寻找，很快就可确定待定点位置。用同样方法可确定一系列点，再将这些点连成开挖线，确定开挖面。也可以用于确定汇水范围线等。

## 13.8.4 GNSS 应用于水土保持生态建设工程竣工验收

水保生态工程竣工验收是工程建设的阶段性总结，验收结果直接反映工程建设质量的好坏以及工程任务完成情况等。因此正确翔实的验收结果至关重要。由于水保生态工程的特殊性，以往的验收大部分采用现场抽样查看的形式，对实施的图斑、位置无法精确测量和定位。如果使用 GNSS 定位技术，现场跟踪图斑，很快确定出图斑在图上的位置和面积，确定工程设计的完成情况。

GNSS在项目竣工验收中应用也很广,这里仅举两个例子说明。

**1. 小流域综合治理竣工验收**

对于小流域综合治理竣工验收应在地方水利水保部门自查自验的基础上进行。首先按验收要求抽取一定比例的图斑,在现场对抽查图斑用CORS系统或RTK技术跟踪,求出图斑的面积,与验收图上的图斑面积比较,确定正确率。如果将验收图输入到信息系统中,则可以把GNSS观测的结果与计算机连接,除能验证图斑的面积外,还可验证图斑边界和图斑位置的准确程度。经过信息系统综合分析,则可以正确评价一个流域综合治理的好坏。

**2. 小型水利水保工程验收**

用CORS系统或RTK技术,观测工程主要参数指标,计算拦泥坝坝顶高程、坝高、坝顶长、外坡比、内坡比、土方量、石方量等。如果原设计资料已输入计算机,或用GIS软件管理,则可把GNSS观测数据输入GIS系统中,由计算机自动分析工程施工完成指标与设计值的差别,评价工程质量。

### 13.8.5  GNSS应用于水土流失动态监测

**1. 水土流失监测的内容**

水土流失是我国最大的生态环境问题之一。要尽快治理水土流失,改善生态环境,就必须对水土流失的发生、发展、流失量、流失速度等进行监测,及时采取相应的治理措施。对水土流失的监测分为自然因素造成的水土流失和人为因素造成的水土流失两种类型。自然因素造成的水土流失监测,在宏观方面,可以用GNSS定位技术建立控制网,在此基础上进行像控点测量,为航空遥感像片的定向提供加密点,用于宏观区域和重点区域水土流失和土地利用信息的采集、提取;在微观监测方面,利用GNSS监测沟头前进速度,沟底下切速度,沟缘线后退速度,甚至可以监测典型样点水土流失量(流失厚度)。在人为新增水土流失监测方面应用更广,一是可以定期观测开挖面、堆积面的变化情况;二是利用WS现场测量挖填方量,堆积量,尤其是弃土弃渣量;三是可以用于人为破坏调查。对人为因素开荒、毁林等破坏水土保持的数量、面积,应用GNSS定位技术能在最短时间内比较准确地确定破坏面积及范围。GNSS定位技术应用于水土流失动态监测内容如图13-11所示。

**2. GNSS定位技术进行水土流失动态监测**

(1) 自然因素造成水土流失监测方法:首先,选定监测区域,收集监测区域有关资料(包括国家三角点、GNSS点及其他相关资料等),并根据监测区域大小,按规范要求进行GNSS控制网优化设计,选出最佳布网方案;其次,根据布网方案进行野外选点、造标、埋石、观测等;最后,根据观测资料进行基线解算,控制网平差计算,获得控制网各点坐标,作为动态监测的基础。在控制测量的基础上,可以根据不同的需求,进行不同的监测。

宏观监测方法:在TM影像上找出明显地物点,并基于已建立的控制网,求出一系列地物点坐标,作为TM影像几何精纠正的依据,用于宏观区域水土流失动态监测;根据航测成图的要求,选一部分地物特征点,进行外业观测,求出点的三维坐标,作为像片控制点坐标,进行室内空三加密,建立立体模型,采集有关数据,以便进行重点区域的监测。

微观监测方法:利用CORS系统或RTK技术,将GNSS的基准站设置于已知的控制点上,流动站则可沿沟缘线、饰边线、沟底线、沟头连续采集各点的坐标,并绘制出三维曲线,可同原来的航片及地形图进行比较,以获取其变化量。亦可以作为动态监测的基础,定期用同样方法观测,比较其变化情况。若利用GIS软件的分析功能对进行数据处理,则可求

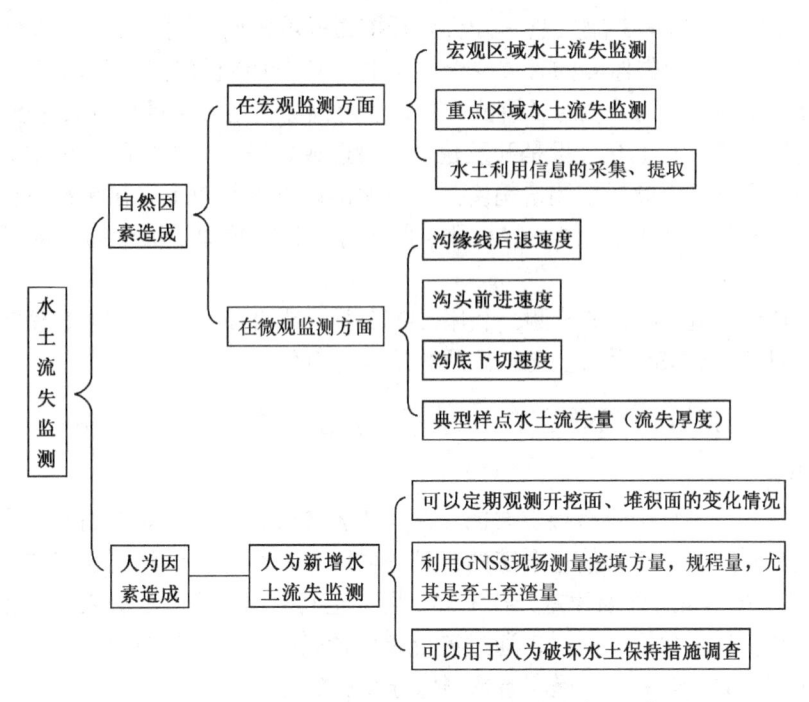

图 13-11 GNSS 定位技术应用于水土流失动态监测框图

得精确的变化量。用同样方法，可以在监测区布设一定数量的点，定期观测变化情况。具体步骤为：选一小支流，按一定网格划分，网格密度视精度要求而定，用 GNSS 测量定位技术精确测量各网格交点的坐标，利用相应的软件在计算机上编辑生成数字地面模型 DTM。用同样方法，定期观测，得到不同时期的 DTM，并利用地形分析软件求出两次所得 DTM 的变化量，若利用若干个不同时期的 DTM 差值，即可绘出水土流失量的变化曲线图。如果这个小支流选在有沟有坡的地方，从 DTM 的变化上可以看出，有的地方增加，有的地方减少，这则是有冲有淤的结果。这种方法尤其适应于没有不同时相的大比例尺航片的情况。如果有不同时相的大比例尺航片，也可以用全数字摄影测量的方法完成，如图 13-12 所示。

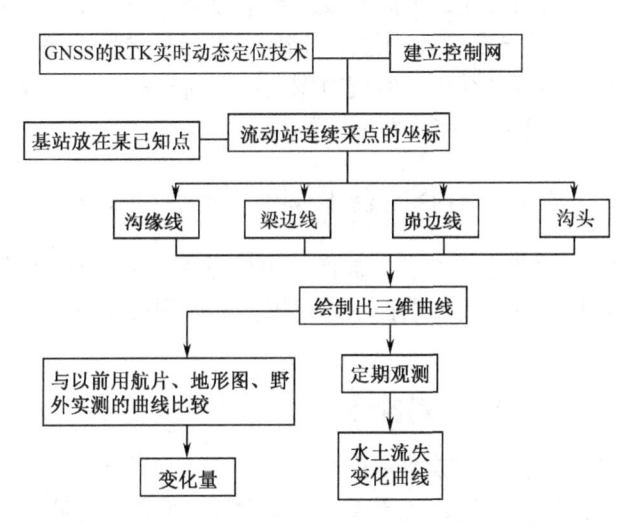

图 13-12 GNSS 定位用于水土流失微观监测流程框图

(2) 人为因素造成的水土流失监测方法。开挖面或堆积面监测：按《开发建设项目水土保持方案编制》及水土流失监测的有关要求，布设一定数量的监测点，利用 GNSS 定期观测监测点的坐标变化情况，则可及时了解流失量，也可预测新增流失量和流失速度。

弃土弃渣量测量：弃土弃渣量是开发建设项目造成新增水土流失的一个主要指标，关系到补偿费的多少问题，因此要求测量精度高，以便准确测得其数量。在测量中首先把堆积物近似成多面体，利用 GNSS 测出一些特征点的坐标，再模拟原地面形态，即可求出堆积物的量。

人为破坏林草、植被面积的量测：利用 CORS 系统或 RTK GNSS 技术，使流动站沿图斑边界走一圈，即可在 GNSS 手簿上显示出所测地块的面积。

### 13.8.6 GNSS 在水土保持信息系统中的应用

**1. 应用内容**

GNSS 在"3S"系统中具有很重要的作用。主要体现在：①建立控制网，为数字化测图提供野外基础控制数据。②为信息系统的维护提供图斑补测、补给和更新工作。已经成熟的 RTD 技术、RTK 技术及后处理的差分技术都是野外空间数据采集的方法之一，能为 GIS 提供质量好、精度高的矢量数据。同时，通过差分定位精确的优点，实测样地面积，以便建立图上面积与实际面积的数学关系，提高遥感图像分类的精度。

GNSS 在水土保持生态建设方面除上述几种主要用途外，还可用于调查路线上的车辆导航、道路定位、工程标志定位、监测站、水文站定位以及特征地物点定位等工作。

**2. 在水土保持信息系统中的应用**

(1) 为全数字摄影测量、水土保持信息采集提供控制网。其方法为：选择区域，控制网设计，野外选点，造标埋石，外业观测，室内解算，得到 GNSS 控制网中的点位坐标。在此网的基础上，再利用 GNSS 进行像控点测量，进行室内加密，建立立体模型。通过自动 DTM 和半自动 DTM 软件，生成数字地面模型，作为信息系统的地形数据。利用矢量采集软件采集土地利用图斑、水系、道路。居民地等数据作为 GIS 的专题数据。

(2) 对信息系统图斑的补测、补绘和更新。水土保持生态工程地理信息系统是一个动态系统，随着工程建设的发展而变化，因此要及时更新数据，补充新的图斑。对重点监测区和一些典型样区，用 CORS 系统或 RTK 技术对新完成的治理措施图斑和属性变更了的图斑观测，并将观测的数据输入到信息系统，实现对图斑的更新和补充。同样把水利水保工程项目竣工验收资料，输入到信息系统，完成数据的更新。

## 13.9 GNSS 在其他领域中的应用

本节主要介绍 GNSS 在农业、林业、旅游、野外考察及考古中的应用，当然，GNSS 的应用领域还很多，尤其是随着现代科学技术的发展，其应用的领域越来越多，在此不做一一介绍。

### 13.9.1 GNSS 在农业中的应用

在农业生产中增加产量和提高效益是根本目的。要达到增产高效的目的，除了适时种植高产作物，加强田间管理等措施外，还要弄清土壤性质，监测农作物产量、分布、合理施肥以及播种和喷洒农药等管理技术。尤其是在现代农业生产走向大农业和机械化道路中，大面积采用飞机播种和喷药，可降低投资成本，如何引导飞机做到准确投放，是十分重要的。

利用 GNSS 技术，配合遥感技术(RS)和地理信息系统(GIS)，能够做到监测农作物产量分布、土壤成分和性质分布，做到合理施肥、播种和喷洒农药，节约费用，降低成本，达到增加产量提高效益的目的，利用差分定位技术可以做到：

**1. 土壤养分分布调查**

在播种之前，可用一种适于在农田中运行的采样车辆按一定的要求在农田中采集土壤样品。车辆上配置有 GNSS 接收机和计算机，计算机中配置地理信息系统软件。采集样品时，接收机把样品采集点的位置精确地测定出来，将其输入计算机，计算机依据地理信息系统将采样点标定，绘出一幅土壤样品点位分布图。

**2. 监测作物产量**

在联合收割机上配置计算机、产量监视器和 GNSS 接收机，就构成了作物产量监视系统。对不同的农作物需配备不同的监视器，如监视玉米产量的监视器。当收割玉米时，监视器记录下玉米结穗数和产量，同时接收机记录下收割该片玉米所处位置，通过计算机最终绘制出一幅关于每块土地产量的分布图。通过对土壤养分含量分布图的综合分析，可以找出影响作物产量的相关因素，从而进行具体的田间施肥等管理工作。

**3. 合理施肥，精确农业管理**

依据农田土壤养分分布图，设置有 GNSS 接收机的"受控应用"的喷施器。在 GNSS 控制下，依据土壤养分含量分布图，能够精确给田地的各点施肥，施用的化肥种类和数量由计算机根据养分含量分布图控制。

在作物生长期的管理中，利用遥感图像并结合 GIS 可绘出作物色彩变化图。利用 GNSS 定位采集一定数量的土壤及作物样品进行分析，可以绘制出不同时期作物生长时的土壤含量的系列分布图。这样可以做到精确地对作物生长进行管理。

利用飞机进行播种、施肥、除草等工作，作业费用昂贵。合理地布设航线和准确地引导飞行，将大大节省飞机作业的费用。利用差分 GNSS 对飞机精密导航，会使投资降低 50% 左右。具体应用中，利用差分定位技术可以使飞机在喷洒化肥和除草剂时减少横向重叠，节省化肥和除草剂用量，避免过多的用量影响农作物生长。还可以减少转弯重叠，避免浪费，节省资源。对于夜间喷施，更有其优越性。因为夜间蒸发和漂移损失小，另外夜间植物气孔是张开的，更容易吸收除草剂和肥料，提高除草和施肥效率。依靠差分 GNSS 进行精密导航，引导农机进行夜间喷施和田间作业，可以节省大量的农药和化肥。

GNSS 在农业领域中的应用不仅是大面积农田，在小面积农田，特别是在格网种植的小面积内，应用小型自动化设备，配合差分导航设备、电子监测和控制电路，能够适应科学种田的需要，做到精确管理。这种设备投资较低，安装方便，操作灵活。

近年来我国对农业实行购买补贴政策，促进了不同规模动力的农业机械急剧增长，但农业机械化程度水平总体较低，农机供需匹配不合理、调度方式粗放、农机作业质量无法保障等问题日益突出。尤其是在"三夏、三秋"等关键农时和暴雨、洪涝、干旱期间，无法及时发挥农业机械化的抢农时、防灾害、增效益的作用。围绕"三农"经济的需求，结合 GNSS 导航定位技术，可合理指导农机调度和作业，实现农业自动化精准作业模式。基于 GNSS 导航定位的农机调度系统不仅能够安排农机作业，合理规划农机作业路径，集中抢收抢种，大幅提高作业效率和农机利用效率，并在关键农时或暴雨等恶劣天气前后，及时做出科学决策，以提高应急处理速度和救援效率。

总之，GNSS 在农业领域将发挥重要的作用。我们尚需进一步开展其在农业生产中的应用研究以及相关设备的研制，特别在大平原地区，利用大规模机械化生产的地区，应当重视其在农田作业和管理中的应用。

### 13.9.2　GNSS 在林业管理方面的应用

GNSS 在确定林区面积，估算木材量，计算可采伐木材面积，确定原始森林、道路位置，对森林火灾周边测量，森林病虫害的监控与防治，寻找水源和测定地区界线等方面可以发挥其独特而重要的作用。在森林中进行常规测量相当困难，而 GNSS 定位技术可以发挥它的优越性，精确测定森林位置和面积，绘制精确的森林分布图。

**1. 测定森林发布区域**

美国林业局是根据林区的面积和区内树木的密度来销售木材。对所售木材面积的用量闭合差必须小于 1%。在一块用经纬仪测量过面积的林区，采用 GNSS 沿林区周边及拐角处理进行定位测量并进行偏差纠正，得到的结果与已测面积误差为 0.003%，这一实验证明了测量人员只要利用 GNSS 技术和相应的软件沿林区周边使用直升机就可以对林区的面积进行测量。过去测定所出售木材的面积要求用测定面积的各拐角和沿周边测量两种方法计算面积，使用 GNSS 进行测量时，沿周边每点上都进行了测量，而且测量的精度很高很可靠。

**2. GNSS 技术用于森林防火**

利用实时差分 GNSS 技术，美国林业局与加利福尼亚的喷气推进器实验室共同制定了"Firefly"计划。它是在飞机的机动仪上安装热红外系统和 GNSS 接收机，使用这些机载设备来确定火灾位置，并迅速向地面站报告。另一计划是使用直升机或轻型固定翼飞机沿火灾周边飞行并记录位置数据，在飞机降落后对数据进行处理并把火灾的周边绘成图形，以便采取进一步消除森林火灾的措施。

**3. GNSS 在森林资源清查中的应用**

森林资源的清查就是定期、连续对清查范围内的固定样地进行调查、统计计算、拓扑分析，从而提供调查范围内不同时期森林资源的数量、质量及其变化规律，预测森林资源的发展趋势。

采用传统方法进行调查，每块样地至少需要 3 名技术人员和 3 名工人，并且需要查找引点、引线才能找到样地，不但费工、费时、费力，而且确定的位置偏差较大。利用 GNSS 导航定位技术进行调查时，只需 1 名技术人员和 2 名工人，预先输入网格样点坐标，即可找到样地，而且定位准确，效率高，通常情况下复位率可达 100%，效果显著；与传统方法相比，不但样点定位精度高(误差在 10m 以内)，而且效率至少提高 3 倍以上。

**4. GNSS 在森林病虫害防治中的应用**

要对森林病虫害进行防治，首先就是要确定发生病虫害的位置、面积，然后再根据这些基本信息确定采取的措施。利用 GNSS 技术和相应的软件，使用直升机沿着发生病虫害的森林周边进行飞行，即可确定出其面积的大小和具体位置。然后，根据病虫害的种类来确定用药，采用 GNSS 技术对直升机进行导航，完成空中精准喷洒农药，即可实现有针对性的森林病虫害防治。

### 13.9.3　GNSS 在旅游及野外考察中的应用

**1. GNSS 在旅游中应用**

人们总想在休闲娱乐之余多了解一些当地的风土人情及历史文化遗迹，以充实自己的精神生活。而通常情况下，旅游地对游客来说是一种陌生的环境，迷路是旅游过程中首先应解决的问题；其次，当危险在旅游过程中发生时，如何得到快捷有效的救援也是人们所希望解决的问题。利用 GNSS 导航及通信等功能，结合物联网和移动互联网技术，构建智慧文化旅游信息管理服务平台，不但可以充分挖掘旅游地的旅游资源，亦可避免旅游过程中危险的发生。通过智慧服务、管理及营销三方面将旅游资源和产品开发有机的结合，可以有效解决游客、景区、商家及旅游局的服务需求。

**2. GNSS 在野外考察中应用**

野外考察往往是去一些陌生而未知的地区，如原始森林、雪山峡谷及沙漠无人区等。此时仅靠传统的导航定位方法是难以满足人们的要求，甚至会使考察者迷失方向，发生意外事故。利用 GNSS 导航及通信等功能，在进行野外考察时，不但可以可随时为考察者提供自己所处的位置，而且可知道自己行走的速度和方向，不会使考察者迷失路途，顺利完成考察任务。同时，可将考察中发现的资源和现象位置准确的记录下来，标注于相应的图上，以满足今后人们开发利用的需要。与传统的野外考察导航方法相比，利用 GNSS 进行导航无论是安全性和可靠性都有其优越性，而且也大大的提高了工作效率，充分满足了野外考察者的需求，有着广泛的应用前景。

## 13.9.4 GNSS 在考古中的应用

在野外考古过程中，尤其是水下考古，若发现古迹就需要随时对位置、范围进行标定，以便后续开展保护和考古工作。然而，传统的方法已无法满足现代考古的需求，而利用 GNSS 的导航定位技术，则可在发现遗迹的同时标定其地理位置和范围，以便对为今后的保护、发掘提供准确的位置信息，尤其是对于水下考古方面更显示了其优越的特性。

在陆地考古时，经常由于工作区域的地形严重影响了考古过程中的布方，在丘陵和山地等地形复杂的地方按正南正北进行布方几乎是不可能的。同时，古代遗址方向是按当地的地形地貌安排的，如若一味地按正南正北方向进行布方，这将在具体的发掘中不好控制，亦会给后期的整理工作带来不必要的麻烦。而 GNSS 的使用将摆脱这些问题对陆地考古工作的困扰。在具体考古中，经常出现正北方向与实际地形不符造成十分不便的发掘探方，此时充分利用 GNSS 的定位功能，即可随意根据地形及地势情况进行布方，一般在这种情况下出土的遗迹现象均与布方的方向大体一致，在绘图时也比较容易。

与陆地考古不同，水下考古中，遗址的定位问题尤为重要，虽然每次工作结束后我们都要在其位置上放置浮标，以便下一次进行工作时比较容易地找到工作地点，但对于海上考古，其情况比较复杂，不能随人所愿，经常会因为各种原因使浮标丢失或偏移，且茫茫大海中没有参照物，导致无法正常恢复工作。与传统方法相比，GNSS 导航定位技术可容易地解决海上定位问题，不但使海上水下考古在位置的确定上容易得多，而且也大大提高了工作效率。

随着考古的发展和各种高科技技术在考古工作中的应用，GNSS 也在考古工作过程中被大量使用。在考古发掘工作中，其作用日益得到体现，尤其是在水下发掘、大遗址、地形复杂、大规模和多个发掘季节的考古工地，其优越性更加显著。

习 题

1. 我国的 GNSS 应用已涉及哪些领域？
2. 结合本章的内容，谈谈 GNSS 的应用前景。
3. 结合自身的实际情况，举例说明 GNSS 在某行业的应用。

# 主要参考文献

陈俊勇. 2003. 世界大地坐标系统 1984 的最新精化. 测绘通报, (2): 1-3
陈俊勇, 胡建国. 1998. 建立中国差分 GPS 实时定位系统的思考. 测绘工程, 7(1): 6-10
陈小明, 刘基余, 李德仁. 1997. OTF 方法及其在 GPS 辅助航空摄影测量数据处理中的应用. 测绘学报, 26(2): 101-108
陈永奇. 1997. 一种检验 GPS 整周模糊度解算有效性的方法. 武汉测绘科技大学学报, 22(4): 342-345
杜道生, 陈军, 李征航. 1995. RS、GIS、GPS 的集成与应用. 北京: 测绘出版社
高成发. 2000. GPS 测量. 北京: 人民交通出版社
管泽霖, 宁津生. 1981. 地球形状及外部重力场. 北京: 测绘出版社
黄丁发. 2009. GPS 卫星导航定位技术与方法. 北京: 科学出版社
黄劲松, 李征航. 1996. GPS 快速静态定位技术. 武汉测绘科技大学学报, (2): 40-44
李德仁. 1996. GPS 用于摄影测量与遥感. 北京: 测绘出版社
李明峰, 冯宝红, 刘三枝. 2006. GPS 定位技术及其应用. 北京: 国防工业出版社
李天文. 2021. 现代测量学. 3 版. 北京: 科学出版社
李天文, 陈靖, 胡斌, 等. 2008. 基于 ArcGIS 地面沉降三维可视化显示与分析. 山地学报, (4): 467-472
李天文, 李庚泽, 胡斌, 等. 2011. 基于 GPS 的陕西地壳水平运动规律研究. 西北大学学报(自然科学版), 41(5): 881-886
李天文, 梁伟峰, 李军峰, 等. 2005. 基于 GPS 的青藏块体东北缘现今地壳水平运动研究. 山地学报, (3): 260-266
李天文, 龙永清, 李庚泽. 2016. 工程测量学. 2 版. 北京: 科学出版社
李天文, 吴琳, 李家权. 2004. GPS 技术在滑坡监测中的应用. 山地学报, 22(6): 713-718
李征航, 徐德宝, 董挹英, 等. 1998. 空间大地测量理论基础. 武汉: 武汉测绘科技大学出版社
刘大杰, 白征东, 施一民, 等. 1997. 大地坐标转换与 GPS 控制网平差计算及软件系统. 上海: 同济大学出版社
刘大杰, 施一民, 过静珺. 1996. 全球定位系统(GPS)的原理与数据处理. 上海: 同济大学出版社
刘基余. 2008. GPS 卫星导航定位原理与方法. 2 版. 北京: 科学出版社
刘基余, 李征航, 王跃虎, 等. 1993. 全球定位系统原理及其应用. 北京: 测绘出版社
刘经南, 葛茂荣. 1998. 广域差分 GPS 的数据处理方法及结果分析. 测绘工程, 7(1): 1-5
宁津生, 刘经南, 陈俊勇, 等. 2006. 现代大地测量理论与技术. 武汉: 武汉大学出版社
宁津生, 罗志才, 杨沾吉, 等. 2003. 深圳市 1km 高分辨率厘米级高精度大地水准面的确定. 测绘学报, 32(2): 102-107
宁津生, 张目. 2003. 数字工程建设与空间信息产业化. 武汉大学学报(信息科学版), 28(1): 1-3
施闯. 2002. 大规模高精度 GPS 网平差与分析理论及其应用. 北京: 测绘出版社
宋成骅, 许才军, 刘经南, 等. 1998. 青藏高原块体相对运动模型的 GPS 方法确定分析. 武汉测绘科技大学学报, (1): 21-25
王广运, 陈增强, 陈武, 等. 1989. GPS 精密测地系统原理. 北京: 测绘出版社
王广运, 郭秉义, 李洪涛. 1996. 差分 GPS 定位技术与应用. 北京: 电子工业出版社
王勇智. 2007. GPS 测量技术. 北京: 中国电力出版社
魏子卿. 2003. 我国大地坐标系的换代问题. 武汉大学学报(信息科学版), 28(2): 138-144
魏子卿, 王刚. 2003. 用地球位模型和 GPS/水准数据确定我国大陆似大地水准面. 测绘学报, 32(1): 1-5
吴俐民, 吴学群, 丁仁军. 2006. GPS 参考站系统理论与实践. 成都: 西南交通大学出版社
徐绍铨, 张华海, 杨志强, 等. 1998. GPS 测量原理及应用. 武汉: 武汉测绘科技大学出版社
杨俊, 武奇生. 2006. GPS 基本原理及其 Matlab 仿真. 西安: 西安电子科技大学出版社
张勤, 李家权. 2005. GPS 测量原理及应用. 北京: 科学出版社
张勤, 李天文. 1999. 重力大地水准与 GPS 水准联合平差精化大地水准面. 西安工程学院学报, 21(1): 64-68
周忠谟, 易杰军, 周琪. 1992. GPS 卫星测量原理与应用. 北京: 测绘出版社
朱华统. 1990. 常用大地坐标系及其变换. 北京: 解放军出版社

Cross P, Hawksbee D J, Nicolai R. 1994. Quality measure for differential GPS positioning. The Hydrographical Journal, (72): 256-261

Frei E, Beutler G.1990. Rapid static positioning based on the fast ambiguity resolution approach "FARA": theory and first result. Manuscript Geodetic, 15(6): 355-362

Hein G W. 1988. Integrated processing of GPS and gravity data. Journal of Surveying Engineering, 114(4): 78-87

Heiskanen W A, Moritz H. 1967. Physical Geodesy. San Francisco: Freeman and Company

Jin X. 1997. Algorithm for carrier adjusted DGPS positioning and some numerical results. Journal of Geodesy, 71(1): 132-137

Langley R B. 1991. The GPS receiver: An Introduction. GPS World, 2(1): 95-106

Leick A. 1990. GPS Satellite Surveying. New York: John Wiley & Sons

Peter J, Teunissen G, Kleusberg A.1998. GPS for Geodesy.Berlin: Springer-Verlag

Zumberge J F, Heflin M B, Jefferson D C, et al. 1997. Precise point positioning for the efficient and robust analysis of GPS data from large network. Journal Geophysics Res., 102(B3): 481-486

# 附录　GNSS 静态测量数据处理

静态测量数据处理是 GNSS 控制测量中的一个重要环节，它通过对静态采集到的载波相位进行处理，从而得到地面坐标。下面以中海达随机附带的数据处理软件(HDS2003)为例说明数据处理的基本过程。

**1. GNSS 数据处理的流程**(附图 1)

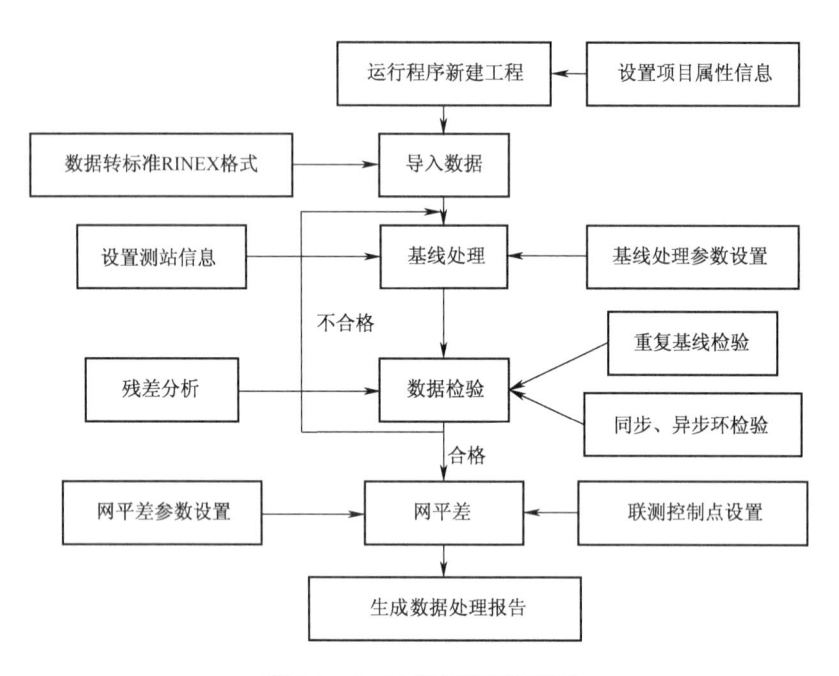

附图 1　GNSS 数据处理流程图

**2. GNSS 数据处理基本操作过程**

1) 新建项目(附图 2)

设置项目属性信息(项目细节、控制网等级、坐标系统、七参数转换)(附图 3)。

项目细节的内容是指项目的基本情况，其都会显示在网平差报告中；控制网的等级主要设置在数据处理过程中的许多检验限差指标，详细精度指标请参考相应的测量规范；坐标系统是指网平差时的投影坐标系统，主要设置其类型及中央子午线等参数；七参数转换是指坐标系统转换时的三个平移、三个旋转和一个比例参数。

2) 导入数据

选择"项目"菜单下的"导入"功能(附图 4)，将弹出数据类型选择窗口，列出了各种能加载的数据格式，而且软件能支持的格式除中海达自定义的格式以及标准的 RINEX 格式之外，还支持 Trimble、Ashtech、Leica 以及南方测绘公司等数据格式，若为其他格式可以统一转换成标准 RINEX 格式后再导入。

附图 2　新建项目 　　　　　　　　附图 3　项目属性设置

如选择"南方观测数据",将弹出一个文件对话框(附图 5)。文件对话框将自动转到当前项目所在的路径,并列出该路径下相应扩展名的文件。用户可以一次选择一个文件,也可一次选择多个文件。

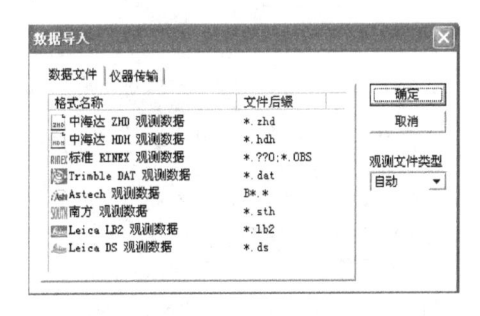

附图 4　导入数据 　　　　　　　　附图 5　选择文件

3) 设置站点信息

若测量过程中测站基本信息没有输入到 GNSS 观测文件中,可以直接编辑各测站数据文件中的测站信息(站点名、仪器高、天线类型等)(附图 6)。

4) 处理静态基线

(1) 设定静态基线处理参数(附图 7)。基线处理参数,用以确定数据处理软件采用何种处理方法来进行基线解算及其相关限定参数,通过控制参数的设定可以实现基线的优化处理。主要包括"数据采样间隔""截止角""参考卫星""电离层和对流层解算模型""数据处理频段"等。

附图 6　设置测站信息 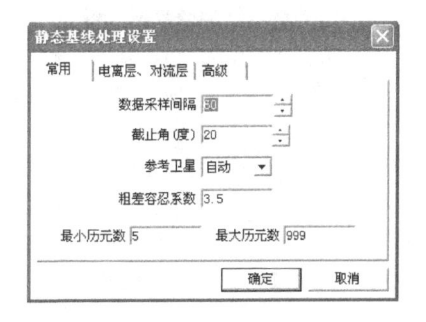　　　　　　附图 7　设置静态基线处理参数

(2) 基线解算，主要包括基线解算自检，读入星历数据，读入观测数据，三差解算，周跳修复，进行双差浮点解算，整周模糊度分析及双差固定解算等(附图8)。

(3) 基线质量的检验，主要包括残差分析、重复基线检查、同步环与异步环检查等。查看基线处理结果(数据解类型、Ratio、整周解误差)，一般系统能根据控制网等级设置的误差限差会自动进行检验和提示(附图9)。若出现超限可以结合残差图(附图10)，对基线解算数据进行适当的编辑并重新处理基线。检查同步环和异步环、重复基线(附图11)。

附图 8 基线处理过程

附图 9 基线处理结果

附图 10 残差图

附图 11 同步、异步环和重复基线检验

5) 网平差

(1) 网平差设置。在"网平差"菜单下选择"网平差设置"，将出现下面的对话框(附图12)，该对话框共分为平差设置(设置所要进行网平差的项目以及平差时的投影中央子午线)、自由平差(设置三维无约束平差的基本参数)、二维平差(设置二维约束平差的方案)、高程拟合(设置高程拟合的方式)、角度平差(设置角度平差的起算方位角)、边长平差(设置边长平差的起算边的边长)等。在进行约束平差时必须要有与静态基线网联测已知点。

(2) 进行网平差。包括提取基线向量网，基线向量网的连通检验，自由网平差，三维约束平差，二维约束网平差，水准高程拟合等(附图13)。

附图 12 平差参数设置

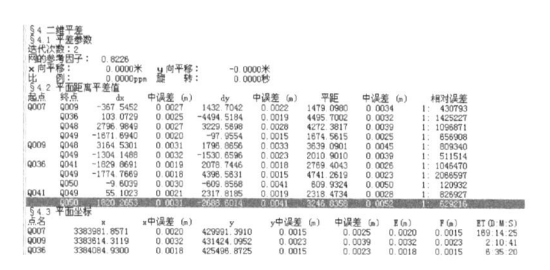

附图 13 网平差过程

(3) 输出平差报告(附图14)。

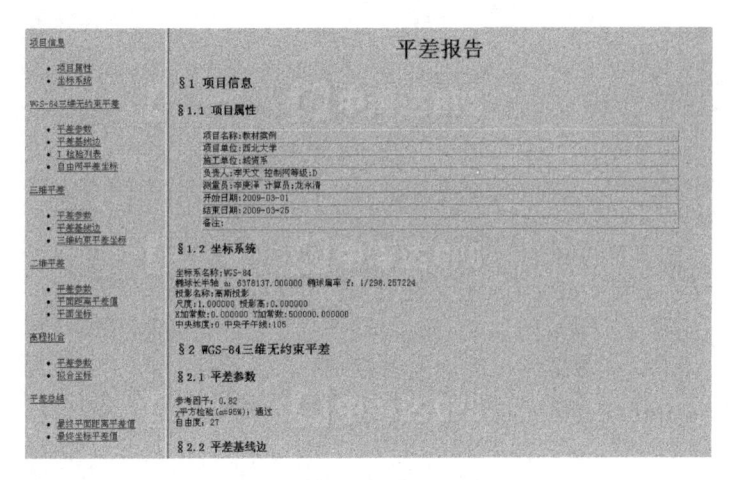

附图14　平差报告